机械装置的图谱化创新设计

Graphical Approach to Creative Design of Mechanical Devices

于靖军 裴 旭 宗光华 著

科学出版社
北京

内 容 简 介

构型是机械装置及装备创新的原始基础。受传统图谱法在平面机构及并联机构运动综合中成功应用的启发，本书建立了一套适用于复杂机构及装备的图谱化构型设计方法。通过将抽象思维与形象思维相结合，以期为工程师提供一种简单实用的创新设计手段。

全书共 8 章。第 1 章为绪论；第 2 章为图谱法的萌芽，定义了自由度线和约束线、自由度线图和约束线图、线图等效和冗余等基本概念，导出了自由度线与约束线之间的 Blanding 法则；第 3 章将 Blanding 法则纳入线几何的理论框架下，进一步推演出自由度与约束之间的广义 Blanding 法则；第 4 章主要讨论如何利用广义 Blanding 法则实现机械装置的构型设计；第 5 章是对第 3 章理论基础的深入扩展，即进一步将图谱法纳入旋量理论的框架内；第 6 章枚举性地给出了一些典型机械装置（包括经典机构等）的自由度 & 约束线图；第 7 章对并/混联装置的图谱法创新设计问题进行了深入讨论；第 8 章对当前国际机构学领域十分热门的柔性机构及其图谱化创新设计问题进行了详细阐述。

本书可作为高等院校机械工程及其相关专业研究生和高年级本科生的教材，也可作为相关领域科研人员的参考用书，尤其可供有关工程设计及技术人员自学使用。

图书在版编目（CIP）数据

机械装置的图谱化创新设计＝Graphical Approach to Creative Design of Mechanical Devices/于靖军，裴旭，宗光华著. —北京：科学出版社，2014
ISBN 978-7-03-039912-0

Ⅰ.①机… Ⅱ.①于… ②裴… ③宗… Ⅲ.①机械设计-图谱-研究 Ⅳ.①TH122

中国版本图书馆 CIP 数据核字(2014)第 038642 号

责任编辑：裴 育 / 责任校对：陈玉凤
责任印制：徐晓晨 / 封面设计：蓝正设计

科学出版社 出版
北京东黄城根北街 16 号
邮政编码：100717
http://www.sciencep.com

北京虎彩文化传播有限公司 印刷
科学出版社发行 各地新华书店经销
*

2014 年 3 月第 一 版　　开本：720×1000 1/16
2021 年 7 月第四次印刷　　印张：24
　　　　　　　　　　字数：471 000
定价：168.00元
(如有印装质量问题，我社负责调换)

前　言

　　增强自主创新特别是原始创新能力是 21 世纪科学技术发展的战略基点。机械产品设计过程中最能体现原始创新能力的阶段在于概念设计阶段,原始创新往往出现于此。当前,以机器人、数控机床为代表的现代机械装置与装备正在向高速、高加速、高精度、智能化、可重构等方向发展。现代制造业的飞速发展同时也为机械装置的原始创新提供了空前机遇。为满足机械装备或产品向"重大精尖"和"微小精密"等方向发展的需求,机械装置更是不断地推陈出新,具有并联、柔性、变胞等特征的各类新型机械装置正是在这样的背景下应运而生。

　　构型是机械装置及装备创新的原始基础,构型创新是自主创新的根本。作为构型创新的主要手段之一,构型方法研究已成为现代机构学的热点和难点。而创新设计方法的丰富与完善则大大提高了机构构型的种类与品质。因此,有关机械装置创新设计方法的研究对于提高机械产品的自主设计与创新有着十分重要的意义。

　　近年来,在平面、并联、柔性等研究方向,先后涌现出了多种构型综合方法,但多建立在复杂的数学工具或符号基础之上,对工程师及初学者而言掌握起来比较困难。在此背景下,建立简单实用的复杂机构创新技法及手段具有重要的学科发展和工程应用意义。

　　正当机构学者研究构型综合理论与方法如火如荼之际,2008 年,作者在一次偶然的机会看到了美国柯达公司工程师 Blanding 所著的 *Exact Constraint: Machine Design Using Kinematic Principle* 一书以及 MIT 硕士生 Hopkins 的学位论文 *Design of Parallel Flexure System via Freedom and Constraint Topologies*(FACT),发现旋量的几何特性可能带给构型设计某种便捷性。

　　如 *Exact Constraint: Machine Design Using Kinematic Principle* 的前言所述,"通过全面系统地探索那些历史悠久但有些抽象晦涩的运动学设计原理,读者可以从中获取一组独特而功能强大的法则和技巧。所有技巧的核心在于约束线图分析法则的运用。该方法可将机械连接的约束及自由度用一组空间线图来表示,以达到可视化的目的。任何机械装置中都可找到这类线图。一旦学会识别机器中的这些线图,机械设计工程师就能以全新的视角来了解机器的工作原理。这些原理集成在一起,就是精确约束设计原理。它将让设计者对机器的性能产生更为深层的理解,从而有助于设计者更容易地设计质优价廉的新装置"。为了规避晦涩难懂的数学理论及数学公式,该书提供了一套简单规则。优点于此,缺点亦然。无论在线图表达还是多样性设计方面该书仍存在几多不足。Hopkins 认识到了旋量理论与精确约束设计原理之间存在相关性,于是在引进 Blanding 线图表达的同时,着手开展旋量系几何图谱化的研究,提出了自由度与约束拓扑综合(FACT)方法,并将其用在柔性设计中。然而,Hopkins在整个研究中均未考虑FACT在刚性机构中的潜在作用。

受传统图谱法在平面机构及并联机构运动综合中成功应用的启发,结合旋量理论特有的代数几何双重特性,在Blanding、Hopkins等的前期研究成果基础上,作者近年来系统开展了图谱化的机械装置创新设计方法研究,建立了一套同时适用于刚性、柔性复杂机构及装备的构型设计方法;通过将抽象思维与形象思维相结合,以期为工程师和初学者提供一种简单实用的创新设计手段。

五年来,无论作者本人还是指导的博士、硕士研究生都在尝试将图谱法用于柔性、刚性机构的构型设计与分析中,确实受益颇多。一次与裴旭的讨论中产生了写本书的想法,希望使Blanding、Hopkins等的研究在理论上更加严谨,在应用上进一步拓展,使这种方法给更多人有益的启示。

作者撰写本书的目的就是将有关机器设计的运动学法则与技巧和数学工具(旋量理论)融合在一起,形成一本让科研人员和处于工程实践第一线的工程师都能受益的系统实用教程,将一种可视化的创新设计方法应用到解决机械概念设计问题的方方面面。

在对图谱法的阐述过程中,本书首先介绍基本概念,然后在这些基本概念的基础上提出设计原理、法则与方法,辅以由浅入深的数学解释和大家所熟悉的硬件实例。此举希望将抽象的概念变得更加形象具体。另外,尽管书中包含大量经典的机械装置实例,但并不是一本充斥着机构及机械装置的图册。为便于读者迅速掌握本书的方法,作者还可提供一组模块化可重构的柔性教具,有意使用者,可与作者联系。这里只有一个目的:更加形象地阐述一种简单实用的创新设计方法——图谱法。

本书的研究工作得到了国家自然科学基金(51175010,51175011,51275552,51305007)、教育部博士点基金(201111102130004)、高等学校全国优秀博士学位论文作者专项资金以及北京航空航天大学研究生精品课程建设项目的资助。感谢清华大学刘辛军教授和谢富贵博士、北京航空航天大学贾明博士以及李守忠、吴钪、东昕、李伟、李振国、旷静、余家柱、陆登峰等博士、硕士研究生对本书成果作出的贡献。同时,对参与本书部分内容研究的国际学者戴建生教授、Hopkins教授、苏海军教授以及孔宪文博士等致以由衷的敬意!

本书的出版得到了科学出版社的大力支持,在此表示诚挚的谢意。

由于作者的水平有限,书中难免有疏虞之处,敬请读者和专家批评指正。

于靖军
jjyu@buaa.edu.cn
2013年10月

目 录

前言
第1章 绪论 ······ 1
  1.1 创新设计 ······ 1
  1.2 基本概念 ······ 5
    1.2.1 机械装置的基本组成元素:构件与运动副 ······ 5
    1.2.2 运动链、结构与机构 ······ 9
    1.2.3 机械装置的简化表达 ······ 10
    1.2.4 自由度与约束 ······ 11
    1.2.5 结构分析与结构综合 ······ 11
  1.3 典型的机械装置 ······ 12
  1.4* 几种常用创新设计方法的比较 ······ 16
  1.5 本书内容 ······ 20
  参考文献 ······ 21
第2章 图谱法的雏形——精确约束设计原理 ······ 24
  2.1 自由度线与约束线 ······ 24
    2.1.1 自由度线 ······ 25
    2.1.2 约束线 ······ 25
    2.1.3 自由度(或约束)线图 ······ 27
  2.2 自由度(约束)的等效线 ······ 28
  2.3 冗余线 ······ 35
  2.4 自由度线图与约束线图之间的对偶关系——图谱法的萌芽 ······ 39
  2.5 基于图谱法的瞬时自由度分析 ······ 46
    2.5.1 自由度计算的基本公式 ······ 46
    2.5.2 自由度分析的图谱法 ······ 47
    2.5.3 实例分析 ······ 49
  2.6 本章小结 ······ 53
  参考文献 ······ 54
第3章 线图分析法的数学基础 ······ 55
  3.1 自由度线与约束线的数学描述 ······ 55
    3.1.1 直线与Plücker坐标 ······ 55

3.1.2 偶量与 Plücker 坐标 ………………………………………… 57
3.1.3 直线与偶量的物理意义 ……………………………………… 58
3.2 自由度线与约束线之间对偶关系的数学描述 ………………………… 60
3.2.1 两直线的互易积 ……………………………………………… 60
3.2.2 直线与偶量的互易积 ………………………………………… 61
3.2.3 两偶量的互易积 ……………………………………………… 61
3.3 自由度(约束)线图的数学描述 …………………………………………… 62
3.3.1 线集、线簇及分类 …………………………………………… 62
3.3.2 不同几何条件下的线集相关性判别 ………………………… 64
3.3.3 线空间 ………………………………………………………… 72
3.3.4 偶量空间 ……………………………………………………… 77
3.3.5 自由度(或约束)等效线的数学解释 ………………………… 79
3.3.6 子空间 ………………………………………………………… 83
3.4 自由度线图与其对偶约束线图之间几何关系的数学描述 …………… 84
3.4.1 线簇及偶量集的互易积 ……………………………………… 84
3.4.2 Blanding 法则的广义化 ……………………………………… 85
3.4.3 对偶线(子)空间的求解 ……………………………………… 86
3.5 自由度与对偶约束图谱 ………………………………………………… 89
3.5.1 自由度 & 约束线空间图谱(只含直线及偶量)的绘制 ……… 89
3.5.2 实例分析 ……………………………………………………… 100
3.6 本章小结 ………………………………………………………………… 103
参考文献 ………………………………………………………………………… 103

第4章 图谱法创新设计初探 ……………………………………………… 105
4.1 两个简单的构型设计实例 ……………………………………………… 106
4.2 同维子空间 ……………………………………………………………… 111
4.3 常见运动副的自由度 & 约束线图 ……………………………………… 117
4.3.1 简单运动副的自由度 & 约束线图 …………………………… 117
4.3.2 运动子链的自由度 & 约束线图 ……………………………… 119
4.3.3 复杂铰链的自由度 & 约束线图 ……………………………… 122
4.4 图谱法构造运动链 ……………………………………………………… 126
4.4.1 特定约束作用下的运动副空间 ……………………………… 126
4.4.2 利用约束 & 自由度线图构造运动链 ………………………… 130
4.4.3 不同自由度 & 约束线图下所对应的常用运动链 …………… 132
4.5 运动副(或约束)空间的分解 …………………………………………… 145
4.6 一个稍复杂的设计实例 ………………………………………………… 147

| 4.7　本章小结 ··· 149
　　参考文献 ··· 150

第5章　图谱设计的旋量解析 ·· 151
　5.1　旋量及其互易性 ·· 152
　　　5.1.1　旋量 ·· 152
　　　5.1.2　运动旋量和力旋量 ·· 154
　　　5.1.3　旋量的互易积 ·· 157
　　　5.1.4　特殊几何条件下的互易旋量对 ··· 159
　5.2　旋量系及其互易性 ·· 163
　　　5.2.1　旋量系的定义 ·· 163
　　　5.2.2　旋量系维数（或旋量集的相关性）的一般判别方法 ············· 166
　　　5.2.3　特殊几何条件下旋量系（旋量集）的维数——特殊旋量系 ···· 168
　　　5.2.4*　旋量系的分类及其线图表达 ·· 172
　5.3　互易旋量系——自由度空间与约束空间 ···································· 187
　　　5.3.1　互易旋量系 ·· 187
　　　5.3.2　旋量系与其互易旋量系之间的几何关系 ···························· 188
　　　5.3.3　互易旋量空间线图表达及图谱绘制 ·································· 189
　　　5.3.4　自由度空间与约束空间 ·· 190
　5.4　旋量空间中包含同维线子空间的条件 ······································· 192
　　　5.4.1　理论基础 ·· 192
　　　5.4.2　设计实例 ·· 194
　5.5　本章小结 ··· 196
　　参考文献 ··· 196

第6章　典型机械装置的自由度 & 约束线图 ····································· 199
　6.1　机构自由度分析中的困难与困惑 ··· 199
　6.2　经典机构及其自由度 & 约束线图 ·· 208
　6.3　可提供刚性约束的可拆连接 ·· 218
　6.4　一些典型的单自由度机械约束装置 ·· 221
　6.5*　位移子群 & 子流形与自由度 & 约束线图之间的映射 ··············· 223
　6.6　本章小结 ··· 231
　　参考文献 ··· 232

第7章　并/混联机械装置的创新设计 ··· 235
　7.1　并/混联机器及其应用 ·· 235
　7.2　并联机构中的旋量系及旋量空间 ··· 239
　7.3　并联机构的图谱化构型综合 ·· 244

  7.3.1 实用型并联机构的构型分布特征 …………………………………… 244
  7.3.2 一般综合过程 ………………………………………………………… 246
  7.3.3 并联机构驱动副的选取 ……………………………………………… 248
  7.3.4 构型综合实例 ………………………………………………………… 250
 7.4 混联装置的图谱化创新设计 ………………………………………………… 275
  7.4.1 五轴混联机械装置的结构特点 ……………………………………… 276
  7.4.2 一种高灵活性五轴混联机床的构型综合实例 ……………………… 280
 7.5 本章小结 ……………………………………………………………………… 285
 参考文献 …………………………………………………………………………… 285

第 8 章 柔性设计 …………………………………………………………………… 288
 8.1 柔性机构及其应用 …………………………………………………………… 288
 8.2 与柔性有关的基本术语及主要性能指标 …………………………………… 290
 8.3 材料选择 ……………………………………………………………………… 292
 8.4 加工方法概述 ………………………………………………………………… 293
 8.5 基本柔性单元及其等效自由度(或约束)模型 ……………………………… 295
  8.5.1 基本柔性单元 ………………………………………………………… 295
  8.5.2 基本柔性单元(对称结构)的等效自由度或约束模型 ……………… 295
 8.6 常见柔性铰链及柔性机构的分类 …………………………………………… 299
  8.6.1 柔性铰链的分类与枚举 ……………………………………………… 299
  8.6.2 常用柔性模块(机构)的分类 ………………………………………… 305
 8.7 柔性机构自由度分析的图谱法和解析法 …………………………………… 308
  8.7.1 柔性机构自由度分析的图谱法 ……………………………………… 309
  8.7.2* 柔性机构自由度分析的解析法 ……………………………………… 310
 8.8 柔性机构构型综合的图谱法 ………………………………………………… 314
  8.8.1 构型综合的基本思路 ………………………………………………… 315
  8.8.2 并联式柔性机构的构型综合 ………………………………………… 320
  8.8.3 串/混联式柔性机构的构型综合 ……………………………………… 328
 8.9 并/混联柔性机构构型设计的深层考虑 ……………………………………… 329
  8.9.1 简单全并联的实现条件 ……………………………………………… 329
  8.9.2 柔性机构的混联实现 ………………………………………………… 335
  8.9.3 柔性机构的驱动空间 ………………………………………………… 341
  8.9.4 大行程柔性精微机构的构型综合 …………………………………… 345
 8.10 柔性装置图谱化创新设计的应用实例 …………………………………… 348
  8.10.1 一种模块化、可重构柔性教具的设计与使用 …………………… 348
  8.10.2 柔性重力梯度敏感机构的概念设计 ……………………………… 353

8.11* 柔性机构创新设计的几种主要方法概述 ·················· 355
　　8.11.1 与图谱法相关的几种设计方法 ·················· 355
　　8.11.2 其他几种构型设计方法 ·················· 358
8.12 本章小结 ·················· 361
参考文献 ·················· 361

附录 A　柔度矩阵的建模与坐标变换 ·················· 367
A.1 柔度的坐标变换 ·················· 367
A.2 空间柔度矩阵的建模 ·················· 369
A.3 实例 ·················· 372
参考文献 ·················· 374

第 1 章　绪　　论

增强自主创新特别是原始创新能力是 21 世纪科学技术发展的战略基点。机械产品设计过程中最能体现原始创新能力的阶段要属概念设计阶段,原始创新往往出现于此。当前,以机器人、数控机床为代表的现代机械装置与装备正在向高速、高加速、高精度、智能化、可重构等功能特异型方向发展。现在制造业的飞速发展同时也为机械装置的原始创新提供了空前的机遇。为满足机械装备或产品向"重大精尖"和"微小精密"等方向发展的需求,机械装置更是不断地推陈出新,具有并联、柔性、变胞等特征的各类新型机构正是在这样的背景下应运而生。

创新设计(creative design)决定了机械产品的生命力。如果设计有缺陷,则制造出的将会是有先天不足的产品或"有残疾的机械"。对产品创新而言,机械装置的创新设计具有原创的特征性质,是机械发明中最具有挑战性和发明性的核心内容。而创新设计方法的丰富与完善则大大提高机构构型的种类与品质。因此,有关机械装置创新设计的研究对提高机械产品的自主设计、创新有着十分重要的意义。

1.1　创新设计

谈起"设计",人们并不陌生。因为在各行各业甚至日常生活中,人们总是和设计打交道。哪怕是孩提时在草纸上的涂鸦也能体现出某种设计思想。一方面,我们惊叹自然设计的伟大(图 1-1);另一方面,我们醉意于蒙娜丽莎等人工设计的奇思妙想;而在工程领域,源于工程师的设计同样十分重要,因为设计结果往往产生各种物化的生产力、新产品等,直接造福于人类(图 1-2)。

图 1-1　自然设计与黄金分割率　　　　图 1-2　人工设计实例

机械工程是工程的一个重要领域,机械设计(mechanical design)在其中的作用不可或缺。它的主要任务是设计与机械相关的装置、产品与系统等。机械是机器与机构的总称。其中,机器(machines)是一种根据某种任务要求而设计的通过部件变换来传递运动、能量、物料及信息的装置,如我们所熟悉的汽车、机器人等都属于典型的机器。尽管机器的表现形式多种多样、千差万别,但就其功能实现而言,都是通过"机械运动"来实现各物理量的传递和变换,而这种能实现特定运动传递与变换的子系统就是机构(mechanisms)。常见的机构包括齿轮(系)机构、凸轮机构、连杆机构等,其组成元素是构件和运动副。图1-3以单缸发动机为例,示意了机器与机构的差别。机构设计(mechanism design)的主要任务是确定机构的类型和自由度、决定构件及运动副的数目和种类、确定机构结构参数,以产生所期望的运动。因此,机构设计是机械设计的重要组成部分,位于设计过程的前端,属于概念设计(conceptual design)阶段。何为概念设计?概念设计是指在确定任务之后,通过抽象化,拟定功能结构,寻求适当的作用原理及其组合,确定出基本求解途径,得出求解方案。概念设计本质上是一个创造过程,同时也是最具难度的环节。

(a) 机器　　　　　　　　　　　　(b) 机构

图 1-3　机器与机构

机械装置的概念设计过程一般包括前期阶段的功能设计、原理设计及结构方案设计,以及后期阶段的运动学设计及动力学设计(如有必要)两个设计阶段(一般设计流程如图1-4所示)。前期设计阶段偏重于形象思维,最具创造性,设计难度也最大,相当部分的设计工作是非数据性、非计算性的,必须依靠知识和经验的积累和创新思维方法,创新的火花往往产生于这一阶段;后期设计阶段偏重于逻辑思维,着重改善机械的运动性能与动力性能。

纵观整个人类文明史,可以看到机械概念设计经历了以下四个阶段:

(1) **直觉设计阶段**:人类祖先为了生存或更加有效地保护自己,学会了制作弓箭、杠杆、辘轳、风车以及水利机械等。那时人们或是从自然现象中得到启示或是凭直觉设计机械,但并不知其所以然,从而驱使人们去分析研究这些机械的工作原理,并将其与数学结合起来,逐渐产生了力学与机构学雏形。

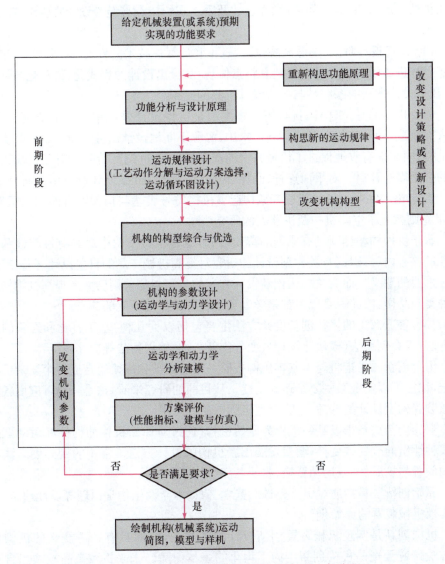

图 1-4 机械装置概念设计(即机构设计)的一般流程

(2) 经验设计阶段：自 17 世纪数学与力学结合后，人们开始应用数学及力学公式来解决机械设计中的一些问题。18 世纪工业革命后，有关机械的创造发明如雨后春笋般不断涌现。19 世纪成为科技发展史上一个重要时期，但这个时期的人们还不能提出更多的设计理论与方法指导机构设计。

(3) 传统设计阶段：进入 20 世纪的前半个世纪，图纸和图谱设计大大提高了设计效率和质量，同时设计基础理论和各种专业设计机理的研究也逐渐加强。通过建立百科全书式的机构图册、图谱，为设计者提供了大量的信息。至今这种设计方法仍然广泛采用,但其静态性、经验性及手工式的特点与经验设计阶段没有本质的区别。

(4) 现代设计阶段:随着系统论、信息论和计算机技术的发展,20世纪60年代机械设计进入了现代设计阶段。其特点体现在:突出设计的程式化、自动化与创造性,注重设计方法的系统性与先进设计工具的使用。

需要指出的是,机构创新与新装置发明是机械设计领域中永恒的研究主题。在人类改造环境、解放自我的不断需求中,源源不断地设计出各种新颖、合理、实用的机械,同时也有效地促进了机械科学向前发展。18世纪瓦特时代对于直线机构等的强烈需求开启了对平面连杆、凸轮、齿轮等"传统"机械设计及应用的研究,到19世纪勒洛(Reuleaux)时代逐渐架构起了机构符号表达与构型综合的理论框架,20世纪则掀起了空间机构及机器人的研究热潮。

鉴于机构构型创新具有原创的特质,同时也是机械发明中最具有挑战性和发明性的核心内容,因此有关构型设计的研究对提高机械产品的自主设计、创新有着十分重要的意义。而有关机构创新设计方法的丰富与完善则会大大提高机构构型的种类与品质,因此一直以来都是学者和工程师关注与研究的热点。

具有普适意义的机械创新设计方法主要包括以下几种:基于直觉和经验的设计方法;组合创新法(模块化设计);变异创新法;原始创新法等。

组合创新法是指将若干基本机构按照一定的原则和规律组合成一个复杂机械系统,往往可以实现某些复杂运动功能。从目前的研究来看,这是一类可应用各类机械装置构型设计的普适方法,有着极为广泛的应用。

变异创新法是指以某种机构为原始机构,通过对原始机构的构件和运动副进行某种性质的改变或变换,演变发展出新机构的设计方法。常用的变异创新法有机构倒置与扩展、等效运动置换、改变局部结构等。

原始创新法是指通过引入先进的数学工具、力学及生物学原理等设计理念,有效实现机械装置的原始创新。

机构创新是实现机械装置创新设计的基本条件,而具有普适意义的机构创新方法研究无疑是机构创新走向工程化的基本保障。未来机械产品亟须蕴含更高的技术附加值以及更强的市场竞争力。因此,研究机构的创新设计方法不仅具有重要的理论学术价值,而且具有较大的经济效益和社会效益。然而,较之只针对某种特异机构的创新设计方法,建立普适性的机构创新设计原理及理论体系更为困难。

传统机构的创新设计方法集中体现在构型研究上。勒洛是最早进行机构构型研究的学者,其最大贡献莫过于提出了机构的符号表达。俄国阿苏尔(Assur)提出的平面机构构型"杆组法"则是早期构型理论研究方面最重要的发现。但人类对复杂平面机构的构型综合取得重大突破是在20世纪60年代以后。其中的代表人物是美国哥伦比亚大学的弗洛丹斯坦（Freudenstein）教授，他提出了结构与功能分离的原则并采用图论来研究平面机构的拓扑综合。纵观20世纪60年代以来平面机构学的研究进展，衍生了很多行之有效的平面机构综合方法，具有代表性的方法有：图论法、阿苏尔杆组法、对偶数法等。运用这些方法，系统地综合出了许多新型的平面机构，相继解决了复杂的十杆以上平面机构的拓扑综合及同构问题。运用这些平面机构的综合方法，已经建立起平面机构拓扑结构综合较为完善的方法体系。一个重要标志是创立了完整的平面机构拓扑结构图谱，为平面机构概念设计的选型提供了强有力的保障。随着杆数的增多，拓扑结构中的同构问题越发复杂，对数学工具及方法的依赖性也越大，但可以为与其他学科交叉建立理论基础。

同样，从20世纪60年代开始，有关机构组合系统的自动化设计理论初露端倪。随着产业机械及其他各类机械产品的功能需求日益增强，基于元机构的模块化设计显现出越来越多的优势，相关的设计技法也成为学界的研究热点。利用计算机辅助概念设计进行机构计算综合（computational synthesis）成为当时机构学颇具代表性的研究方向。这种创新方法也是机构学界近40年来的研究热点，并取得了一定的研究成果。计算综合中比较典型的方法有：图论法、矩阵法、旋量理论、再生运动链法等。这种基于已知机构模块进行组合的设计方法，其共同特点在于：具有存储大量知识的成熟的机构运动方案知识库，且为开放式的。设计人员无须掌握太多的相关学科的背景知识就可利用计算机进行设计。计算机可根据机构的运动行为或功能需求，枚举机构的所有类型，识别满足结构要求的图形，绘制机构简图，甚至还可进行动态仿真。研究人员利用这种技法实现了对多种实用机构的创新设计，如长间歇机构、夹持机构、机车悬挂机构、窗槛锁紧机构等。然而，这种创新设计方法目前仍处于发展阶段，与实用化还有一定的距离。

1.2 基本概念

1.2.1 机械装置的基本组成元素：构件与运动副

构件（link）：机械装置中能够进行独立运动的单元体。构件可以是常见的刚体，如杆、齿轮、凸轮等；也可以是挠性体（如带、绳、链）或弹性体（如弹簧），甚至还可以是流体（如油、气体等）。图1-5列举出了一些常用的构件及其结构示意简图。机器人中的构件多为刚性连杆。但在某些特定应用中，构件的弹性或柔性不可忽视，或者本身即为弹性构件或柔性构件。

运动副（kinematic pair，简称关节或铰链）：是指两构件既保持接触又有相对运动的可动连接。

下面给出运动副的几种不同分类形式：

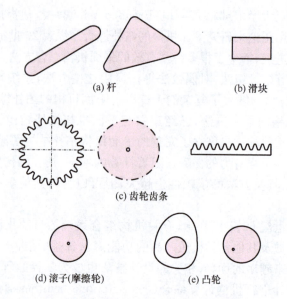

图 1-5 常用构件功能及结构示意简图

(a) 杆　(b) 滑块　(c) 齿轮齿条　(d) 滚子(摩擦轮)　(e) 凸轮

(1) 低副/高副：两构件为面接触/两构件为点、线接触。

(2) 根据运动副引入的约束数目不同，可分为Ⅴ级副、Ⅳ级副、Ⅲ级副、Ⅱ级副、Ⅰ级副等；还有一种特殊的约束——刚性约束，可完全约束两个刚体之间的相对运动。从机械连接角度来看，是种固定连接，如焊接、铆接、螺纹连接等。

(3) 根据低副所具有的运动性质，可细分为转动副、移动副、螺旋副、球销副、圆柱副、球副、平面副等。

19 世纪末期，勒洛发现并描述了 6 种可能的低副(表 1.1，不含虎克铰)。这些运动副能够在保持表面接触的同时相对运动，他把这些当作机械关节中最基本的理想运动副。在机械工程中，通常又称运动副为关节或者铰链。其中转动副与移动副是机械装置中最常用的两种运动副类型。

表 1-1　常见运动副的类型及其代表符号[1]

名称	符号	类型	自由度	图形	基本符号	简化符号
转动副	R	平面Ⅴ级低副	1R			
移动副	P	平面Ⅴ级低副	1T			

续表

名称	符号	类型	自由度	图形	基本符号	简化符号
螺旋副	H	平面V级低副	1R 或 1T	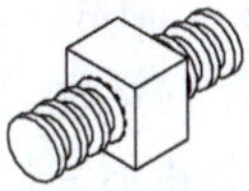	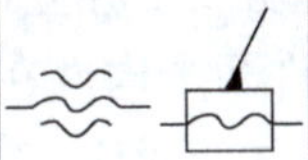	
圆柱副	C	空间IV级低副	1R1T	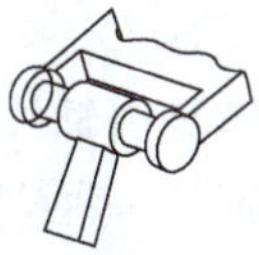	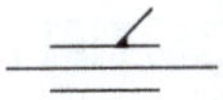	
虎克铰	U	空间IV级低副	2R		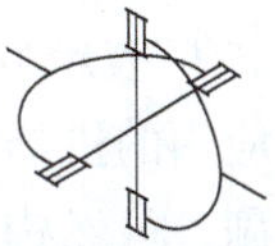	
平面副	E	平面III级低副	1R2T	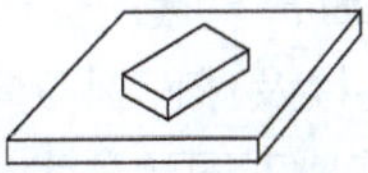	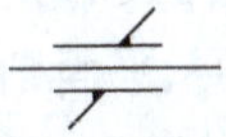	
球面副	S	空间III级低副	3R	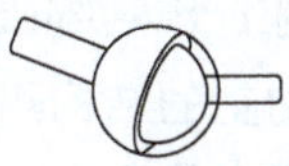		

- 转动副(回转副或旋转副,简写 R)是一种使两构件发生相对转动的连接结构。它具有1个转动自由度,约束了刚体的其他5个运动,并使得两个构件在同一平面内运动,因此转动副是一种平面V级低副。

- 移动副(滑动副,简写 P)是一种使两构件发生相对移动的连接结构。它具有1个移动自由度,约束了刚体的其他5个运动,并使得两个构件在同一平面内运动,因此移动副是一种平面V级低副。

- 螺旋副(简写 H)是一种使两构件发生螺旋运动的连接结构。它同样只具有1个自由度,约束了刚体的其他5个运动,并使得两个构件在空间某一范围内运动,因此螺旋副也是一种空间V级低副。

- 圆柱副(简写 C)是一种使两构件发生同轴转动和移动的连接结构,通常由共轴的转动副和移动副组合而成。它具有2个独立的自由度,约束了刚体的其他4个运动,并使得两个构件在空间内运动,因此圆柱副是一种空间IV级低副。

- 虎克铰(简写 U)是一种使两构件发生绕同一点二维转动的连接结构,通常采用轴线正交的连接形式。它具有2个相对转动的自由度,相当于轴线相交的两个转动副。它约束了刚体的其他4个运动,并使得两个构件在空间内运动,因此虎克铰是一种空间Ⅳ级低副。

■ 平面副(简写 E)是一种允许两构件在平面内任意移动和转动的连接结构,可以看作由 2 个独立的移动副和 1 个转动副组成。它约束了刚体的其他 3 个运动,只允许两个构件在平面内运动,因此平面副是一种平面Ⅲ级低副。由于没有物理结构与之相对应,工程中并不常用。

■ 球面副(球副,简写 S)是一种能使两构件在三维空间内绕同一点做任意相对转动的运动副,可以看作是由轴线汇交于一点的 3 个转动副组成。它约束了刚体的三维移动,因此球面副是一种空间Ⅲ级低副。

表 1-1 对以上 7 种常用运动副进行了总结。注意,表中的"R"在本书中表示转动自由度,"T"表示移动自由度,前面的数字表示相应的自由度数。

实际应用的机器人可能用到上述所提到的任何一类关节,但最常见的是转动副和移动副。虽然构件可以用任何类型的运动副进行连接,包括齿轮副、凸轮副等高副,但机器人的关节通常只选用低副,即转动副 R、移动副 P、螺旋副 H、圆柱副 C、虎克铰 U、平面副 E 以及球面副 S 等。

运动副还可以有其他不同的分类方式,如根据运动副在机构运动过程中的作用可分为主动副(积极副 active joint 或驱动副 actuated joint)和被动副(消极副 passive joint)。根据运动副的结构组成还可分为简单副(simple joint)和复杂铰链(complex joint)。这些概念将在本书后续章节中逐一进行介绍。

物理意义上的运动副表现形式其实还有很多,甚至表现为机构的方式。但从运动学角度,不同运动副之间、机构与运动副之间存在运动学上的等效性(equivalence in kinematics)。前面提到的球面副就是一个典型的例子,其运动学上可以等效为轴线汇交于一点的 3 个转动副。实际上,低副也可通过高副的组合来实现等效的运动和约束。例如,转动副可通过多个球轴承或滚子轴承(都是高副)并联组合而成,同样具有运动(或约束)等效性。另外,复杂机构可以等效为某一简单副,如平面平行四边形机构可以等效为一个移动副等。

随着近年来 MEMS/NEMS 技术的出现,机构的应用范围开始向微纳领域扩展。同样在仿生领域,设计加工一体化的机械结构将更具优势。作为需要装配的传统刚性铰链的有益补充,柔性铰链(flexure)应运而生。现有各种类型的柔性铰链都可以看作由基本柔性单元组成。这些柔性单元包括缺口型柔性单元、簧片型柔性单元、细长杆型柔性单元、扭簧型柔性单元等,同时它们也可以作为单独的柔性铰链使用。如图 1-6 所示,缺口型柔性铰链是一种具有集中柔度的柔性元件,它在缺口处产生集中变形;而簧片型和细长杆型柔性铰链在受力情况下,每个部分都产生变形,它们是具有分布柔度的柔性元件。

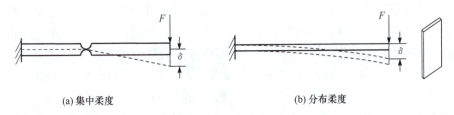

图 1-6　集中柔度和分布柔度

1.2.2　运动链、结构与机构

运动链(kinematic chain)：两个或两个以上的构件通过运动副连接而组成的系统称为运动链。组成运动链的各构件构成首末封闭系统的运动链称为闭链(closed-loop)；反之为开链(open-loop)。由开链组成的装置称为串联(serial)装置；完全由闭链组成的装置称为并联(parallel)装置；开链内部同时含有闭链的装置称为混联(hybrid)装置。各种运动链的实例如图1-7所示。

图 1-7　运动链的类型

结构(structure)：如果运动链中各活动构件之间都不存在相对运动，则此运动链就变成了结构(图1-8)。

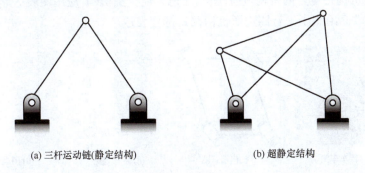

图 1-8　结构

机构:将运动链中的某一个构件或几个加以固定,而使另一个或几个构件按给定运动规律相对固定构件运动,如果运动链中其余各活动构件都具有确定的相对运动,则此运动链称为机构。其中的固定构件称作机架(base)。

根据机械装置中各构件间的相对运动为平面运动、球面运动和空间运动,可将其分为平面装置、球面装置和空间装置。此外,根据构件或运动副的柔度,还可以将机械装置分成刚性(rigid)装置、柔性(compliant)装置等。刚性装置是指理想情况下构件为刚体,运动副为理想刚度;而真实装置根本无法做到,从而影响性能(如刚度、精度等),柔性装置则考虑了这一点。

1.2.3 机械装置的简化表达

前面提到,无论是构件还是运动副,其实际结构和形状多种多样,采用图形表达十分复杂。采用简图或结构示意图表达(图1-5和表1-1)在运动学层面上可实现相同的功效。同样,实际的机械装置也是如此,为此引入了机构运动简图(kinematic diagram)或机构示意图(schematic diagram)的表达形式。前者与后者的区别在于前者不仅要用简图来表示构件和运动副,还要按照一定比例表示各构件及运动副与运动有关的尺寸及相对位置,而后者只是为了表明机构的组成和结构特征,而不严格按照比例绘制简图。在构型设计阶段,机构示意图已经足够。

无论是机构运动简图还是机构示意图,都属于形象的图形表达范畴。除此之外,机构表达尤其是连杆机构表达有时还采用抽象的符号表示(symbol representation)形式,以代替机构示意图表达。比较简单的方法是直接采用运动链中所含运动副符号表征,并作为命名机构的一种方式。例如,平行四边形机构可以表示成RRRR(或P_a)。

符号表示还有其他方式,比较典型的如结构表达(structure representation)或图表达(graph representation)。尤其后者基于图论,具有很强的数学支撑。目前,无论平面机构还是空间机构,连杆机构还是其他类型机构,应用图表达形式都非常普遍。图1-9给出了平行四边形机构及其符号表达。

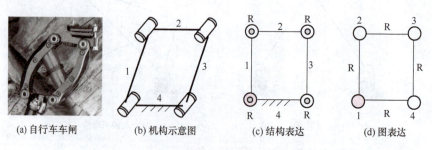

(a) 自行车车闸　　(b) 机构示意图　　(c) 结构表达　　(d) 图表达

图1-9　平行四边形机构的符号表示

1.2.4　自由度与约束

约束(constraint)：当两构件通过运动副连接后，各自的运动都会受到一定程度的限制，这种限制就称为约束。

自由度(degree of freedom, DOF)：确定机械装置的位形(configuration)或位姿(pose)所需要的独立变量或广义坐标数，也是独立输入的个数。例如：

(1) 平面内的质点具有 2 个自由度；空间内的质点具有 3 个自由度。

(2) 平面内的刚体具有 3 个自由度；空间内的刚体具有 6 个自由度。

空间中的一个刚体最多具有 6 自由度：分别沿笛卡儿坐标系(Cartesian frame，即直角坐标系)三个坐标轴的 3 个移动和绕 3 个轴线的转动。这是一种最基本的定量描述机构运动的方式。因此，任何刚体的运动都可以用这 6 个基本运动的组合来描述(图 1-10)。

无论质点还是刚体，如果受到约束的作用，其运动都会受到限制，其自由度数相应变少。具体被约束的自由度数称为约束度(degree of constraint, DOC)。根据麦克斯韦(Maxwell)理论，任何物体(无论刚性体还是柔性体)如果在空间运动，其自由度 f 和约束度 c 都满足如下公式：

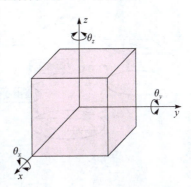

图 1-10　笛卡儿坐标系下刚体运动的分解

$$f+c=6 \tag{1.1}$$

如果在平面运动，则满足

$$f+c=3 \tag{1.2}$$

对机械装置而言，约束在物理上通常表现为运动副的形式。同样，约束对机械装置的运动会产生重要的影响，无论其构型设计还是运动设计以及动力学设计都必然要考虑到约束。对刚性机械装置而言，运动副的本质就是约束。

1.2.5　结构分析与结构综合

在对机械装置构型的研究过程中不可避免地要触及两个主题：结构分析(structure analysis)与结构综合(structure synthesis)。结构分析包括结构组成分析、自由度分析、奇异性分析等，其中自由度分析是基础。自由度分析是由给定的机械装置求取自由度数目及特性；而结构综合正好相反，是由给定的自由度数及自由度特性反求具体的机构构型，包括运动副的数目、运动副在空间的分布方式以及驱动副的选取等。结构综合有时也称为型综合、构型综合、几何综合等，属于概念设计的范畴，同时也是最体现创造力的阶段。因此，有时又将构型综合称为创新设计。

一般情况下,结构分析与结构综合是一对可逆的过程。但综合相对分析而言,由于存在多解性而变得纷繁复杂。图 1-11 给出了柔性机构构型分析与综合的一般过程,从中可看出某些端倪。

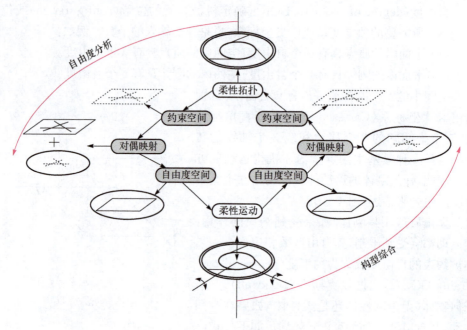

图 1-11　柔性机构构型分析与综合的一般流程

1.3　典型的机械装置

机械装置(mechanical device):用于某种特定目的或完成某些特定功能的机械设备[2]。典型的机械装置包括:运动执行装置、约束装置、可调装置等。

运动执行装置:包括可实现某种与运动有关功能(平移、旋转、特殊轨迹、缩放、可展、折叠、导向、指向、停歇、变胞等)的机构或系统,比较典型的代表如机床(machine tool)、机器人及操作手(robot and manipulator)等。

以机器人为例,根据结构特征是开链还是闭链,可分为串联机器人、并联机器人、混联机器人(有时也称串并联机器人)等。如图 1-12 所示,早期的工业机器人如 PUMA 机器人、SCARA 机器人等都是串联机器人,而像 Delta 机器人、Z3 刀头等则属于并联机器人的范畴。相比串联机器人,并联机构具有高刚度、高负载/惯性比等优点,但工作空间相对较小、结构较为复杂。这正好同串联机器人形成互补,从而扩大了机器人在构型方面的选择及应用范围。例如,Tricept 机械手模块则是一种典型的混联机器人,它正好"中和"了串联机器人与并联机器人两者的特点。

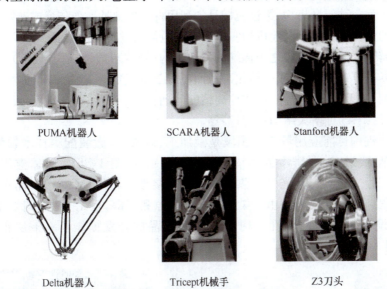

图 1-12 经典的机器人与操作手

约束装置(constraint devices):是指用于限制物体某些运动或自由度的机械连接。即通过合理约束机械中的运动构件,仅保留那些需要实现的自由度。例如,图 1-13(a)所示的销孔连接就是一种常用的约束装置,它可以提供 X 和 Y 两个方向的约束;又如,带有球铰的约束装置在机器中也很常见,甚至也可以在自然界中找到它们的身影,如人的髋关节就是球铰。这种类型的铰链由于可以提供 3 个空间共点约束且 3 个约束的交点在球心上,因此可实现绕着相交于球心处的 3 个轴线转动[图 1-13(b)]。

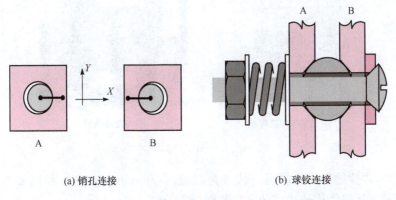

图 1-13 约束装置

按照 Blanding 的观点,柔性机构(compliant mechanism)本质上也是一种约束装置。作为一种新型机构,柔性机构是指利用材料的弹性变形传递或转换运动、力或能量的一种机构[3]。柔性机构实施运动时通常通过其柔性单元——柔性铰链来实现,如转动、移动等。较之于传统的刚性机构(铰链),柔性机构(铰链)具有许多优点,如:①可以整体化(或一体化)设计和加工,故可简化结构、减小体积和重量,免于装配;②无间隙和摩擦,可实现高精度运动;③免于磨损,提高寿命;④免于润滑,避免污染;⑤可增大结构刚度;等等。

柔性机构目前应用最广的领域是微加工、微操作、微装配等技术领域,特别是具有纳米级运动分辨率的超精密定位技术领域(图 1-14)。具体应用体现在微电子工程、航空航天、光学聚焦以及光纤对接等。另外,MEMS 产品在制备过程中有很高的精度要求。由于柔性机构无间隙和摩擦,且无需装配,因此很适合MEMS 设计。可以说,柔性机构为 MEMS 产品的开发提供了一条切实可行的途径(图 1-15)。

(a) 柔性铰链

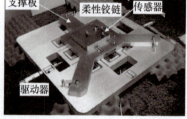
(b) 两种多轴柔性定位平台

图 1-14 精密柔性运动定位系统

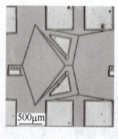
(a) 运动放大机构

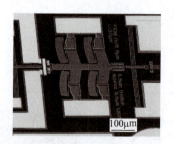
(b) 双稳态机构

图 1-15 柔性 MEMS

此外,柔性约束装置的另一代表是联轴器(coupling)——一种用来在接近同轴的两轴之间提供旋转约束的连接装置(图 1-16)。

可调装置(adjustable devices):是指机械装置中的某些自由度或拓扑结构可发

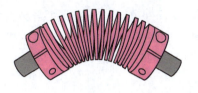 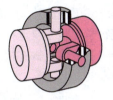 

图 1-16　柔性联轴器

生变化的机械连接。例如，简单的可调装置通过使用一般的机械螺栓即可实现。螺纹的端部可以看作点接触式的约束装置。通过旋转螺母，就可以调节物体被约束的位置，每次调整 1 个自由度[图 1-17(a)]。另外，RCC 装置也属于此类[图 1-17(b)]。

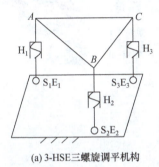 

(a) 3-HSE三螺旋调平机构　　　　　　(b) RCC可调装置

图 1-17　可调装置

作为可调装置的一种重要类型，可重构(reconfigurable)装置是一类可实现结构重组或构态变化的机械装置，典型的如变胞机构(metamorphic mechanism)[4]。在工作过程中，若在某瞬间一些构件发生合并/分离、或机构出现几何奇异，其有效构件总数或机构的自由度发生变化，从而产生了新构型的机构称为变胞机构。变胞机构的研究源于 1995 年应用多指手进行礼品纸盒包装的研究。礼品纸盒类似于花样折纸(origami)。借用折痕为旋转轴，连接纸板为杆件，折纸可以构造出一个机构。其典型的例子如图 1-18(a)所示的纸板式 Sarrus 机构。这一新类型机构除

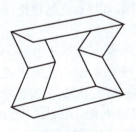  

(a) Sarrus机构　　　　(b) 可变轮径小车　　　　(c) 变胞并联机构[5]

图 1-18　可重构装置

了具有可展机构的高度可缩和可展性外,还可改变杆件数,改变拓扑图并导致自由度发生变化。用进化论和生物学细胞分裂重构和胚胎演变的观点来解释,这一机构具有变胞功能(metamorphosis)。变胞机构有很多应用,如变轮径小车[图 1-18(b)]、变胞并联机构[图 1-18(c)]等。

此外,调平装置(leveling device)也是另外一种可调装置,它在精密仪器领域得到了广泛应用,如用在 IC 工艺对准设备中[6]。从类型上又有被动调平与主动调平之分,主要用于姿态的调整,有时也要涉及位置的变化(图 1-19)。

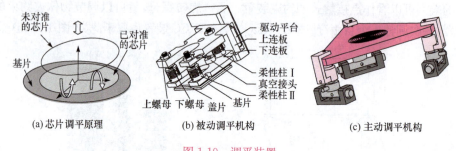

(a) 芯片调平原理　　(b) 被动调平机构　　(c) 主动调平机构

图 1-19　调平装置

1.4* 几种常用创新设计方法的比较

进入 21 世纪,有关刚性机械装置创新设计与构型综合方法的研究成为国际机构学界的一个热点,尤其体现在少自由度并联机构的构型综合。经过不断完善,逐渐形成了几种相对比较成熟的理论体系:位移子群 & 子流形法、旋量法、单开链法、虚拟链法、图论法、线性变换法及 G_F 集等。高峰教授在其专著中对上面提到的各类方法进行了简单评述[7],杨廷力教授对前三种方法进行了详细分析与总结[8]。当前学术界一致的看法是将旋量法作为约束构型综合理论,将其他方法(典型的有位移子群 & 子流形法和单开链法)视为运动构型综合理论;而根据它们的瞬时性和连续性,又将前者视为瞬时构型综合理论,后者视为非瞬时构型综合理论。总之,由于每种方法的出发点不同,所依赖的数学工具不同,都以独立的理论体系著称,因此视为不同的综合方法。

位移子群 & 子流形法与单开链法的关联:位移子群 & 子流形法由 Hervé 最先提出[9],他给出了 12 种刚体位移子群及其对应的机械生成元,由此组成的运动连接构成了具有非瞬时运动学及与机构运动位置无关特性的运动链。而后发现此方法几何条件限制较强,而综合出的机构类型相对有限,Angles[10]、Li 和 Huang[11,12]、Rico[13]、Meng 和 Li[14]等引入了位移子流形及其机械生成元,从而大大丰富了机构类型。单开链法由杨廷力教授[15~17]最先提出,他定义了由运动副和若干尺度型组成的多个运动单元,并基于集合论建立了相关运算法则。从中发现:

两种方法关联性极为密切,因为前者中低维位移子群&子流形的机械生成元正好可以和后者的运动单元相互对应。综合出的机构类型自然殊途同归。从技术路线来看:前者是从数学(Lie群和位移子流形)出发,再考虑机械元素与之对应;而后者正好相反,先从机械元素(各种运动单元或模块)出发,再引入数学工具(集合论)建立运算规则。

位移子群&子流形法与旋量法的关联:黄真教授最早系统性地将旋量理论用于机构的构型综合[18~21],而后Kong和Gosselin[22]、Fang和Tsai[23]等学者相继从不同的角度出发(Kong提出了虚拟链法、Fang采用了解析法),丰富和完善了此方法,并逐渐将此方法体系化。Ball[24]在其经典的旋量理论论著中给出了运动(副)与约束的互逆旋量系表达,从而抓到了机构自由度构型综合的本质。与位移子群&子流形方法的几何不变性(geometrical invariance)一样,旋量系与其反旋量系之间的互逆关系也满足几何不变性,而它们之间的互逆关系可以通过线性代数甚至几何法得到,使该综合方法变得更为简单、直观。该方法的不如意之处在于由于综合得到的机构可能具有瞬时性,因此还需给出非瞬时运动的条件或者进一步作瞬时性的判断。事实上,旋量理论与位移子群及微分流形也有着十分密切的联系[25,26]。数学上已经明确给出了李群与李代数之间的微分关系,两者之间可以相互映射,而某些特殊旋量系就是所对应位移子群的李代数。目前有学者正在研究位移子流形与特殊旋量系之间的映射机制,从而将可实现连续运动的位移子流形与具有某种特殊几何特性的旋量系有机联系在一起。换句话说,旋量理论中的运动瞬时性缺陷在很大程度上可通过与微分几何法的映射来弥补。图1-20示出了它们之间的联系。

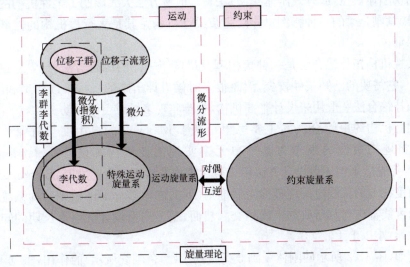

图1-20 位移子群&子流形与旋量系之间的关系

旋量法与单开链法的关联：两种看似无关的方法实际上拥有一个共同特性，即都是从运动副的轴线出发，前者体现在运动副旋量（系）上，而后者体现在具有特殊运动特性的复合单元（也包括运动副本身）上。本质上都是从机构的角度出发，而非将数学工具作为出发点。

总之，从以上三种方法中所得到的共同启示是：通过在机构元素与数学工具之间建立起有机的联系，可以有效地利用数学工具完成对复杂机构的系统化构型综合。

下面再来讨论一下柔性机械系统的构型综合问题。

柔性系统的构型综合与刚性装置有所不同。当前主要有三大类系统化方法：基于运动的等效刚体替代法（典型的为伪刚体法）、约束综合法以及基于能量等指标的拓扑综合法（图1-21）。

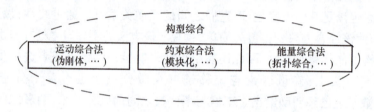

图 1-21　三种构型综合方法

传统意义上，柔性机构的拓扑往往源于刚性机构的构型，一种最为简单的方法便是采用替换法：将原有机构中的运动副分别用相对应的柔性铰链所替代。目前许多柔性机构在概念设计时都采用这种方法。反过来，对该类机构的分析正好可以采用伪刚体模型（或等效刚体模型）法[3]。但该方法大大限制了柔性机构的构型种类，毕竟刚是柔的一种特例；另外，复杂柔性机构尤其是大行程机构的性能很难得到保证。

柔性机构拓扑综合法是一种集构型及尺度于一体的综合方法[27~30]。在设计过程中，它需要的已知条件较少，因此很多时候设计出来的机构难以加工和组装。而且拓扑综合法一般用来设计平面机构，很难实现多轴或空间运动。

柔性机构约束综合法的主要思想是基于 Maxwell 的自由度与对偶约束原理[31]，将理想柔性约束作为基本单元来实现柔性机构的设计。Blanding[32]、Hale[33]等先后采用约束设计方法用于柔性机构的构型综合。尤其，Blanding 提出了自由度线与约束线之间应遵循对偶准则（下文称为 Blanding 法则），即系统的所有自由度线都应与其所有约束线相交。然而，基于约束设计法需要长期的知识和经验积累，难以上手。

例如，图1-22所示的刚体受到5条线约束（黑色细线所示）的作用，根据Blanding法则很容易找到允许该刚体运动的一条转轴位置（红色粗线所示），而且仅此一条。该法则确实提供了一种非常简单实用的机构自由度分析方法,但反过来如果将此法用于机构构型综合,就不那么容易了,例如将此例反过来。

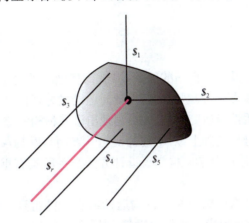

图 1-22 应用 Blanding 法则进行机构的自由度分析

可以看到,相对于刚性机构的构型综合,柔性机构的构型综合要复杂得多,因为后者要考虑的因素远远多于前者。尽管 Maxwell 的约束与自由度对偶原理仍然适用于柔性系统,但由于产生运动的元机构(即柔性单元)远比刚性机构丰富,这从自然界中所呈现的多种生物形态上可以充分反映出来,所以通过寻找一种有效的理论和方法,来实现像对刚性机构那样系统完全的构型综合,对柔性机构而言基本是一项不可能完成的任务。尤其,柔性机构的构型综合往往又和尺度综合、刚度综合密不可分。目前柔性机构构型综合方面的研究基本反映了这一现实。但不可否认的是,数学作为一种强大的工具,如果应用得当也可以有效地指导柔性机构的构型综合,进而大大丰富柔性机构的机型。问题的关键是能否找到这样合适的数学工具。

问题还不仅如此,能否想象可以利用同一种工具或者方法同时适用于刚、柔两类机械装置的构型综合与创新设计呢?

目前,数学中的图论、李群、旋量理论(李代数)等已在机构构型综合中得到普遍的应用。图论提供了数学推演的符号表达,但物理意义不明确;而约束不是群,因此不能直接应用群的概念。最有可能的是旋量理论,因为它可以完美地诠释自由度与约束之间的对偶关系,同时也能表征能量。下面就具体讨论一下基于旋量理论实现刚、柔两类机构构型综合的可行性。

在前面已经详细讨论了刚性机构构型综合的旋量法,并给出了与其他方法之间的有机联系。旋量法在刚性机构综合中表现的主要缺点是需要判断机构运动的瞬时性。而对于柔性精微机构,瞬时运动是完全可以接受的。另外,Blanding 利用其所提出的法则实现了一类柔性机构(以单自由度线约束为单元的柔性机构)的构型综合问题。而通过深入剖析 Blanding 法则可以发现：Blanding 法则完全可以从旋量理论中推演得到，换句话说，旋量理论就是 Blanding 法则的理论依据。

1.5 本书内容

构型是机械装置及装备创新的原始基础，构型创新是自主创新的根本。作为构型创新的主要手段之一，构型的创新设计问题已成为现代机构学的热点和难点。特别在平面、并联、柔性等研究领域，先后涌现出了多种构型综合方法，但多建立在复杂的数学工具或符号基础上，对工程师及初学者而言掌握起来比较困难。在此背景下，建立简单实用的复杂机构创新设计方法及手段具有重要的学科发展和工程应用意义。

传统图谱法在平面机构及并联机构运动综合中已得到了成功应用。受此启发，结合旋量理论特有的代数几何双重特性[1,21,34]，在 Blanding、Hopkins 等的前期研究[32,34]基础上，作者近年来系统开展了图谱化的机械装置创新设计方法研究[35,36]，形成了一套适用于复杂机构及装备的构型设计方法。通过将抽象设计与形象设计相结合，以期为工程师和初学者提供一种简单实用的创新设计手段。本书的主要目的就是希望能将此方法深入浅出地呈现给读者，使其从中受益。

全书共 8 章，主要内容如下：

第 1 章为绪论，主要介绍机械装置中涉及的基本概念，以及常用的几种机械装置创新设计方法及比较。

第 2 章定义了自由度线和约束线、自由度线图和约束线图、线图等效和冗余等基本概念及规则，由此引出了自由度线与约束线之间所遵循的 Blanding 法则（又称精确约束设计基本原理），为机械装置的图谱化表达提供了基本素材和手段。此章为图谱法的萌芽。

第 3 章通过引入线图的解析表达，将 Blanding 法则纳入线几何的理论框架下，并由此进一步推演出机械装置的自由度与约束之间应遵循的广义 Blanding 法则，此为图谱法的精髓所在。

第 4 章主要讨论如何利用广义 Blanding 法则来实现机械装置的创新设计，重点给出了创新设计多解问题的关键解决方案。

第 5 章是对第 3 章理论基础的深入扩展，完全将图谱法的基本思想纳入旋量理论的基本框架内，为图谱法提供了强有力的理论支撑，增强了该方法的生命力。由于本章涉及的理论知识较多，学有余力的读者可以有选择性地阅读此章内容。

第 6 章枚举性地给出了一些典型机械装置（包括经典机构等）的自由度 & 约束线图，希望读者对图谱法有一个更深的认识；更为重要的是从已有成功的范例中得到启示来设计满足需要的新装置。

第 7 章以当前热门的二维转动并联装置及五维联动混联装置为例,对并/混联装置的图谱化创新设计问题进行了讨论,这种例证式的描述也可适用于其他类型的刚性机构。

第 8 章对柔性(或柔顺)机构及装置的图谱化创新设计问题进行了详细阐述。

其中,带 * 号标注的章节,供学有余力的读者选读。

参 考 文 献

[1] 于靖军,刘辛军,丁希仑等. 机器人机构学的数学基础. 北京:机械工业出版社,2008.

[2] Yan H S. Creative Design of Mechanical Devices. Singapore:Springer-Verlag,1998.

[3] Howell L L. Compliant Mechanisms. New York:Wiley Interscience,2001.

[4] Dai J S,Jones J R. Matrix representation of topological changes in metamorphic mechanisms. ASME Journal of Mechanical Design,2005,127(4):837-840.

[5] 张克涛. 变胞并联机构的结构设计方法与运动特性研究. 北京:北京交通大学博士学位论文,2010.

[6] 王大志,何凯,杜如虚. 基于约束图谱旋量分析方法的调平机构约束设计. 机械工程学报,2011,47(19):49-58.

[7] 高峰,杨家伦,葛巧德. 并联机器人型综合的 G_F 集理论. 北京:科学出版社,2011.

[8] Yang T L,Liu A X,Luo Y F,et al. Comparison study on three approaches for type synthesis of robot mechanisms. Proceedings of ASME 2009 International Design Engineering Technical Conferences,San Diego,2009,MECH-86107.

[9] Hervé J M. Analyses structurelle des mecanismes par groupe des replacements. Mechanism and Machine Theory,1978,13(4):437-450.

[10] Angeles J. The qualitative synthesis of parallel manipulators. ASME Journal of Mechanical Design,2004,126(3):617-623.

[11] Li Q C,Huang Z,Hervé J M. Type synthesis of $3R2T$ 5-DOF parallel mechanisms using the Lie group of displacements. IEEE Transactions on Robotics and Automation,2004,20:173-180.

[12] Li Q C,Huang Z,Hervé J M. Displacement manifold method for type synthesis of lower-mobility parallel mechanisms. Sci. China Ser. E—Eng. & Mater. Sci. ,2004,47(6):641-650.

[13] Rico J M,Cervantes J,Tadeo A. A comprehensive theory of type synthesis of fully parallel platforms. Proceedings of ASME 2006 International Design Engineering Technical Conferences & Computers and Information in Engineering Conference,2006,DETC2006-99070.

[14] Meng J,Liu G F,Li Z X. A geometric theory for synthesis and analysis of sub-6DOF parallel manipulators. IEEE Transactions on Robotics,2007,23(4):625-649.

[15] Jin Q,Yang T L. Structure synthesis of parallel manipulators with three-dimensional translation and one dimensional rotation. Proceedings of 2002 ASME Design Engineering Technical Conference,Montreal,2002,MECH-34307.

[16] Jin Q, Yang T L. Theory for topology synthesis of parallel manipulators and its application to three-dimension-translation parallel manipulators. ASME Journal of Mechanical Design, 2004,126(4):625-639.

[17] 杨廷力. 机器人机构拓扑结构学. 北京:机械工业出版社,2004.

[18] Huang Z, Li Q C. On the type synthesis of lower-mobility parallel manipulators. Proceedings of the Workshop on Fundamental Issues and Future Research Directions for Parallel Mechanisms and Manipulators, Quebec, 2002, 272-283.

[19] Huang Z, Li Q C. General methodology for the type synthesis of lower-mobility symmetrical parallel manipulators and several novel manipulators. International Journal of Robotics Research,2002,21(2):131-145.

[20] Huang Z, Li Q C. Type synthesis of symmetrical lower-mobility parallel mechanisms using the constraint synthesis method. International Journal of Robotics Research, 2003, 22(1): 59-79.

[21] 黄真,赵永生,赵铁石. 高等空间机构学. 北京:高等教育出版社,2006.

[22] Kong X, Gosselin C M. Type Synthesis of Parallel Mechanisms. Heidelberg:Springer-Verlag,2007.

[23] Fang Y F, Tsai L W. Structure synthesis of a class of 4-DOF and 5-DOF parallel manipulators with identical limb structures. International Journal of Robotics Research, 2002, 21(9):799-810.

[24] Ball R S. A Treatise on the Theory of Screws. London:Cambridge University Press,1998.

[25] Murray R, Li Z X, Sastry S A. Mathematical Introduction to Robotic Manipulation. Boca Raton:CRC Press,1994.

[26] Selig J M. Geometrical Methods in Robotics. Heidelberg:Springer-Verlag,1996.

[27] Frecker M I, Ananthasuresh G K, Nishiwaki S, et al. Topological synthesis of compliant mechanisms using multi-criteria optimization. ASME Journal of Mechanical Design, 1997, 119(2):238-245.

[28] Hetrick J A, Kota S. An energy formulation for parametric size and shape optimization of compliant mechanisms. ASME Journal of Mechanical Design,1999,121(2):229-234.

[29] Wang M Y, Chen S, Wang X, et al. Design of multimaterial compliant mechanisms using level-set methods. ASME Journal of Mechanical Design,2005,127(5):941-956.

[30] Zhou H, Ting K L. Topological synthesis of compliant mechanisms using spanning tree theory. ASME Journal of Mechanical Design,2005,127(4):753-759.

[31] Maxwell J C, Niven W D. General Considerations Concerning Scientific Apparatus. New York:Courier Dover Publications,1890.

[32] Blanding D L. Exact Constraint:Machine Design Using Kinematic Principle. New York: ASME Press,1999.

[33] Hale L C. Principles and Techniques for Designing Precision Machines. Cambridge:Massachusetts Institute of Technology, Ph. D. Thesis,1999.

[34] Hopkins J B. Design of Parallel Flexure System via Freedom and Constraint Topologies (FACT). Cambridge: Massachusetts Institute of Technology, Master Thesis, 2007.

[35] Yu J J, Li S Z, Su H J, et al. Screw theory based methodology for the deterministic type synthesis of flexure mechanisms. ASME Journal of Mechanism and Robotics, 2011, 3(3): 031008.

[36] Yu J J, Dong X, Pei X, et al. Mobility and singularity analysis of a class of 2-DOF rotational parallel mechanisms using a visual graphic approach. ASME Journal of Mechanism and Robotics, 2012, 4(4): 041006. 1-10.

第 2 章　图谱法的雏形——精确约束设计原理

在精密工程领域，运动学设计（kinematic design）被认为是最重要的概念之一。与机构学中关注机构位置、速度及加速度分析等不同，运动学设计研究的是机构自由度、约束及其相互关系。它注重以最少的点接触来约束构件的运动，同时使构件具有期望的自由度。遵循这一原则的机械结构具有运动确定、重复精度高和元件变形小等优点。从理论上来说，运动学设计为机械概念设计提供了一种有效方法。它从自由度和约束的视角统一处理机械设计问题，能够保证机械结构在运动学原理上的正确性，可广泛应用于机械连接及机构设计，应用包括运动学连接、运动学夹具及精密定位平台等。

运动学设计的概念最早由苏格兰物理学家 Maxwell[1] 提出，他指出物体受到的约束数（c）与自由度数（f）之和等于 6，并提出了精密机械约束设计的一般原则——自由度与约束对偶原则。20 世纪 40 年代，英国的 Whitehead 讨论了自由度、约束及运动学设计的基本概念，并指出运动学设计是精密仪器和精密机构设计的基本准则。20 世纪 60 年代，美国柯达公司的 McLeod 定义了精确约束（exact constraint）的概念，它是指机械结构不存在欠约束和过约束，而是满足"正确运动学"的约束模式和所期望的自由度。所谓正确运动学是指机构受到的约束数与被约束的自由度数之和为 6。由此不难看出，精确约束设计和运动学设计实际上是同一概念。自 20 世纪 90 年代越来越多的工程师开始使用运动学设计方法。Lawrence 将运动学设计称为最少约束设计，并指出运动学设计能够指导设计师正确配置约束的数目和位置。1999 年，柯达公司的 Blanding[2] 出版了 *Exact Constraint*：*Machine Design Using Kinematic Principles* 一书，推进了精确约束设计向系统化方向发展[3]。目前，该书已作为美国精密工程学会（ASPE）的重要推荐书目。麻省理工学院的 Slocum 教授在其专著 *Precision Machine Design* 中将精确约束设计作为精密机械设计的基本原理之一。

本章将重点介绍 Blanding 等提出的"精确约束设计"基本原理。

2.1　自由度线与约束线

我们知道，三维空间中的自由物体具有 6 个独立的自由度——3 个移动（自由度）和 3 个转动（自由度）。而在平面二维空间中，一个物体最多只有 3 个自由度:2个移动和1个转动。这里,用符号 T 表示移动自由度,符号 R 表示转动自由度。

2.1.1 自由度线

为形象地描述转动(或转动副),转动自由度线可用一条与转动轴线重合的直线来表示,如图 2-1 所示。

(a) 转动轴　　　　　　(b) 转动自由度线

图 2-1　转动自由度线

类似地,移动自由度线可用一条与移动方向平行的带箭头直线来表示。由于移动只和方向有关,移动自由度线的位置并不影响移动的效果,所以称移动自由度线为自由矢量。另外,移动还可以看作是无穷远处的转动,因此有时也有用与之等效的转动自由度线来表示该移动[2]。如图 2-2 所示,移动自由度线应和与之等效的转动自由度线相垂直。

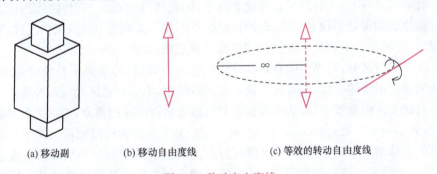

(a) 移动副　　　(b) 移动自由度线　　　(c) 等效的转动自由度线

图 2-2　移动自由度线

2.1.2 约束线

当在某一物体和参考物体之间建立起某种机械连接,并且造成了该物体的自由度数目(相对于参考物体)减少时,就称该物体被约束了。

这里,施加给某个物体上的独立约束与其减少的自由度之间是一一对应的。例如,一个二维平面中的物体,在自由状态下有 3 个自由度,如果对该物体施加 1 个约束,则该物体就只剩余了 2 个自由度。类似地,该二维空间中受到 2 个独立约束作用的物体则只剩余 1 个自由度;受到 3 个独立约束的作用则会导致该物体的自由度为 0。

考虑两端连着球铰的连杆，如图 2-3(a)所示。对于这样一根连杆，只有沿着连杆方向的运动被限制了，而其他方向的移动和转动都是自由的。可以看出，这个运动链的自由度数为 5，即仅提供 1 个约束，约束方向沿着连杆的轴线方向。所以，可将该运动链定义为一等效力约束模型，并用一条约束线来表示。该模型可抽象为一条两端为圆点的线段[2]，如图 2-3(b)所示，圆点表示球铰的位置，线段表示连杆的轴线。力约束线的效果如下：

物体上沿着力约束线上的所有点只能在垂直约束线的方向上移动，而不能沿着它移动。

(a) 两端为球铰连接的连杆　　(b) 等效约束线　　(c) 简化的约束线

图 2-3　约束线

当连杆运动后，约束线的方向会随着连杆运动。也就是说，图中的约束线仅是一个瞬时位置，因此由约束线位置推演的其他结果也具有瞬时性。

在瞬时条件下，连杆的角度变化非常小，因此连杆的长度、它与物体相连的位置对刚体的约束效果没有影响，即约束线的长度并不影响约束的效果。因此，通常情况下，可将图 2-3(b)所示的力约束线简化成直线，如图 2-3(c)所示。

为了进行区分，本书中的自由度线用**红色线条**表示，约束线用**黑色线条**表示。当不明确指明线的类型，或者研究两者相同特性时，不再刻意区别这两种线。

与研究自由度线类似，约束线也有对应移动自由度线的类型，可称之为力偶约束线，表示一个约束力偶(constraint couple)。如果一条力约束线可以理解为对单一方向上移动的限制，力偶约束线则可理解为对转动的限制。与移动自由度线相似，可将力偶约束线表示为图 2-4 所示的两种不同方式。线段两端的箭头形状是为了与力约束线进行区分。图 2-4(a)中的力偶约束线也是自由矢量。

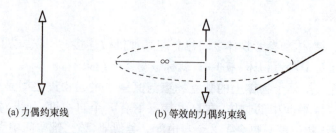

(a) 力偶约束线　　(b) 等效的力偶约束线

图 2-4　力偶约束线的表达

2.1.3 自由度(或约束)线图

一个运动链(或机构)中总是含有若干个运动副。如果每个运动副都表示成自由度线的形式,这些运动副就组成了一个瞬时自由度线图(freedom line pattern)。如图 2-5 所示的两个运动链,都可用自由度线图的形式来表示。

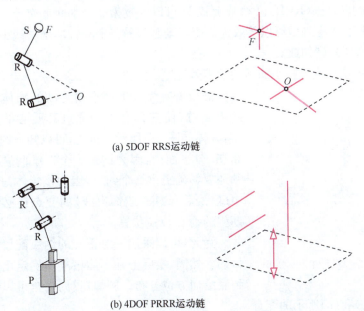

(a) 5DOF RRS运动链

(b) 4DOF PRRR运动链

图 2-5　运动链及其自由度线图

类似地,一个约束装置中若含多个约束,也可以将每个约束表示成约束线的形式,这些约束线也组成了一个瞬时约束线图(constraint line pattern)。如图 2-6(a) 所示的约束装置,可用约束线图的形式来表示,如图 2-6(b) 所示。

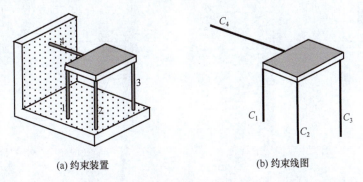

(a) 约束装置　　　　　　　　　　(b) 约束线图

图 2-6　约束装置及其对应的约束线图

2.2 自由度(约束)的等效线

运动学中,人们非常熟知的一个结论是:根据运动学等效原则,可将多自由度运动副等效成单自由度运动副的组合。例如,1个球铰 S 可以等效为 3 个空间汇交于一点的转动副(RRR);1个虎克铰 U 可以等效为 2 个平面汇交于一点的转动副(RR);1个圆柱副 C 可以等效为 1 个转动副与另一个与转动副轴线平行的移动副的组合(RP);诸如此类。

下面再来讨论另一类的运动学等效问题。

假设需要为一个做平面运动的物体设计一种约束装置,使它只有 1 个通过其质心的转动自由度,具体如图 2-7 所示。首先,可以知道约束肯定分布在 xy 平面内,因为这是一个二维问题;其次,必须还要精确提供 2 个约束,因为该物体只有 1 个自由度;最后,约束(或约束线)的交点还必须处于所期望的瞬心 O 点位置。

为此,可以采用一对正交的约束配置达到上述目的。然而,实际上并不能精准地确定出这对约束到底沿何方位分布。例如,我们完全可以任意选择如图 2-8(a)和(b)所示的配置。

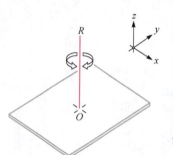

图 2-7 一维转动约束装置的设计

不仅如此,同样可以发现 2 条约束线之间可选择的角度并不是唯一的。例如,图 2-9(a)所示的一对约束与图 2-9(b)所示的约束具有同样的瞬心点 O。从中可以看出,在确定这对约束线的位置时有多种选择,只要它们相交在瞬心点 O 处即可。

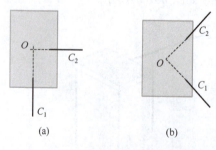

图 2-8 呈正交分布的约束配置

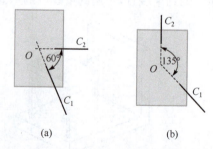

图 2-9 呈一般角度分布的约束配置

但是通过对比发现,在选择上述 2 条约束线间的角度时,尤其旨在限制沿着两正交方向移动的情况下,90°的相交角效果最好,而接近 0°或 180°的情况则最差,后者应尽力避免。

由此,可以总结一下一对相交约束的功能等效性:

相交于给定点的任何一对约束,在功能上与其他相交在同一平面上同一给定点的任意对约束都是等效的。该命题主要适用于小位移且约束间夹角不接近0°或180°的情况。

类似地,可以得到一对相交转动自由度的功能等效性。

任何一对相交的转动自由度将会和相交在同一点且在同一平面的其他自由度等效。该命题对小位移运动是成立的。

因此,一对相交约束线(自由度线)可以确定一族径向线(径向线圆盘),选择任意两条可以等效代替先前的一对(只要两者之间的角度不是很小)。可以推而广之,任意两条相交直线都可等效为圆心在其交点处的一个圆盘,圆盘内通过圆心的任意两条直线与原来的两条直线等效,具体如图2-10所示。

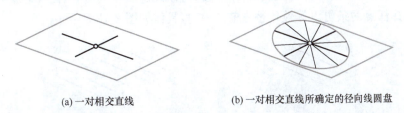

(a) 一对相交直线　　　　(b) 一对相交直线所确定的径向线圆盘

图2-10　两条相交直线与之所确定的径向线圆盘等效

一对相交的约束线或自由度线确定了一族径向线,从中选出任意两条(它们之间角度不要太小)可以等效替换先前的一对(对于小位移运动)。

这里定义的"相交"也包含平行情形,只是其交点位于无穷远处。因为在射影几何(projective geometry)中,平面平行是平面汇交的一种特例(交于无穷远点),如图2.11所示。

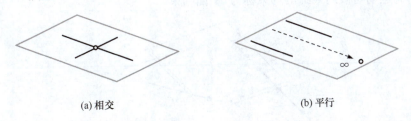

(a) 相交　　　　(b) 平行

图2-11　两直线共面的两种情况

借鉴前面所给出的相交约束线功能等效原则,任何一对约束,如果与给定的一对平行约束平行,由于它们的瞬心都将会相交在无穷远处的同一点,因此在功能上也是等效的。由此,可以得到如下推论:

如果平面内有2条平行约束线作用在一物体上,那么该平面上的任何2条平行直线都可以从功能上等效代替之前的一对(图 2-12)。

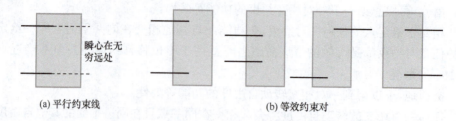

(a) 平行约束线　　　　　　　　(b) 等效约束对

图 2-12　平行约束的等效约束对

类似地,可以得到一对平行转动自由度线的功能等效性:

如果平面内有两条平行线可表示物体的 2 个转动自由度,那么该平面中的任意两条平行线都可以等效代替这 2 个转动自由度。

因此,一对平面平行约束线(自由度线)可以确定一族平面平行线(平面平行线族),选择任意两条可以等效代替先前的一对,具体如图 2-13 所示。

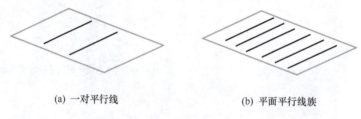

(a) 一对平行线　　　　　　　　(b) 平面平行线族

图 2-13　两条平行直线与之等效的平面平行线族

下面再来考虑另外一种特殊情况:平面内所有 3 个自由度均被约束,即有平面内既不平行也非共点的 3 条约束线同时施加到物体上(图 2-14),此时物体的自由度减为零。可以说,这个二维物体受到了"完全"或者"完整"的约束。而将这种平面内所有运动均被约束掉的约束称为"平面约束"。

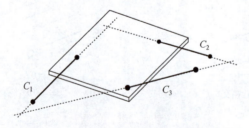

图 2-14　物体受平面 3 条独立约束线作用

借鉴前面所给出的约束功能等效原则,可以得到如下推论:

平面内任意既非平行也非共点的 3 条约束线与这 3 条约束线所确定的平面约束等效(图 2-15)。

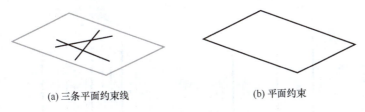

(a) 三条平面约束线　　　　　　　(b) 平面约束

图 2-15　三条约束线两两相交构成一个平面约束

下面来看几个空间的例子。首先考虑如图 2-16 所示的球铰链。众所周知,球铰限制了 x、y 和 z 方向的移动但允许绕 θ_x、θ_y 和 θ_z 方向的转动。相应的三条线表示该物体具有 3 个相交于球心的转动自由度。

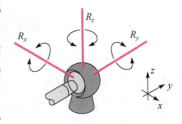

图 2-16　球铰链连接

根据自由度(约束)的功能等效性同样可以得到:

如果一种自由度或约束线图由 3 条不共面的共点直线组成,那么这 3 条相交的直线确定了一个三维径向线球,其中任意 3 条不共面的直线都可以等效代替之前的 3 条(图 2-17)。

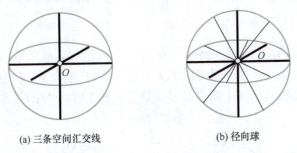

(a) 三条空间汇交线　　　　　　(b) 径向球

图 2-17　三条空间汇交线等效为一个三维径向线球

如果交点位于无穷远处,则上述情况演变成了三维空间平行的情形。同样可以得到如下结论:

如果一种自由度或约束线图由 3 条非共面的平行直线组成,那么这 3 条平行线确定了一个三维空间平行线族,其中任意 3 条平行线都可以等效代替之前的 3 条(图 2-18)。

注意,所有上述的等效关系都是用线来表示的,如果考虑移动或者力偶约束,也有类似的等效关系:

如果一种自由度或约束线图由 2 条互相独立的偶量(力偶约束线或移动自由度线)组成,那么这对相交的偶量就确定了一个径向圆盘,其中的任意两条都可以

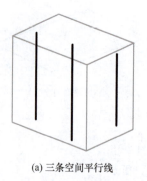 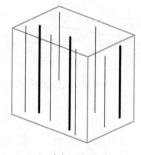

(a) 三条空间平行线　　　　　　(b) 空间平行线族

图 2-18　三条空间平行线等效为一个空间平行线族

等效代替之前的一对(图 2-19)。由于自由矢量与位置无关,任意两个自由矢量都可以通过平移后相交。因此,在表示这类线图时,并不标识交点。

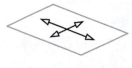

(a) 一对偶量　　　　　　(b) 一对偶量所确定的径向圆盘

图 2-19　两个偶量构成一个等效的径向圆盘

如果一种自由度或约束线图中只包含 3 个互相独立的偶量(力偶约束线或移动自由度线),那么这 3 个偶量确定了 1 个径向球(只是为了几何直观表示,无须有交点),其中任意独立的 3 个偶量都可以等效代替之前的 3 个(图 2-20)。

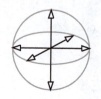 

(a) 3 个独立的空间偶量　　　　(b) 3 个独立的空间偶量所确定的径向球

图 2-20　3 个独立的偶量等效为 1 个径向球

不妨假想有两条平行线代表大小相等、方向相反的两个(约束)力,由此可形成一个(约束)力偶。根据前面介绍的力偶线表示方法(用力偶所在平面的法线来表示),并考虑两条平行线的维数是 2(本节后面会涉及这个概念),可以直接导出如图 2-21 所示的等效关系。

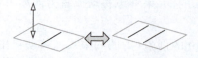

图 2-21　平面平行线的等效

如果一种自由度或约束线图中只包含有 1 条偶量和 1 条与该偶量垂直的线，则该线图和平面平行线图等效。

【例 2-1】 试分析平面 2R 机械手在图示位置下的自由度(图 2-22)。

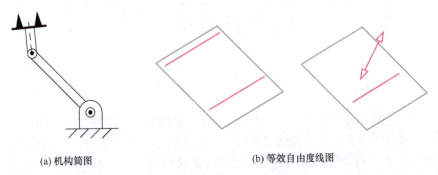

(a) 机构简图　　　　　　　　　　　(b) 等效自由度线图

图 2-22　平面 2R 机械手的自由度

注意到组成该机械手的 2 个转动副相互平行，因此该运动链的自由度线图为平面平行线族。根据图 2-21 所示平面平行线图的等效性，可直接判断出该机械手的末端自由度为 $1R1T$，其中转动自由度方向沿 2 个转动副的轴线方向，移动方向则与转动方向垂直。

将上述问题进一步扩展至空间。首先考虑空间平行的情况，如图 2-23 所示。按照图 2-24 所示的思维模式，将一个三维空间分解成两个二维平面，可以导出如图 2-25 所示的等效性。

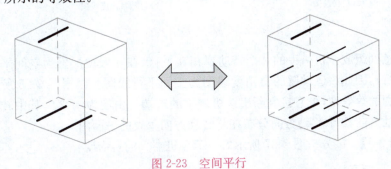

图 2-23　空间平行

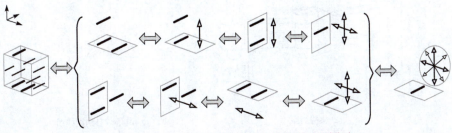

图 2-24　空间平行线图等效关系的推导过程图示

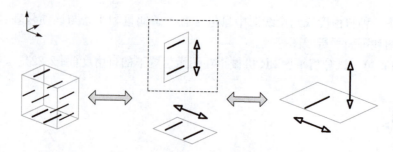

图 2-25　空间平行线图的等效

如果一种自由度或约束线图中只包含有 2 个偶量和 1 条与这 2 个偶量都垂直的线，则该线图与一包含垂直线的空间平行线图等效，或者与一空间线图（由其中 1 个偶量及 1 个包含垂直线的平面平行线图组成）等效。

【例 2-2】　试分析平面 3R 机械手在图示位置下的自由度（图 2-26）。

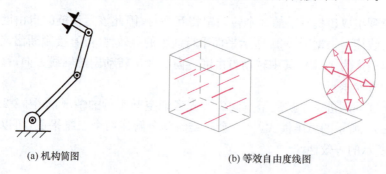

(a) 机构简图　　　　　　　　　(b) 等效自由度线图

图 2-26　平面 3R 机械手的自由度

注意到组成该机械手的 3 个转动副相互平行（在一般位形下为空间平行而非平面平行），因此该运动链的自由度线图为空间平行线图。根据图 2-25 所示空间平行线图的等效性，可直接判断出该机械手的末端自由度为 1R2T，其中转动方向沿各转轴方向，2 个移动方向分布在与转动方向垂直的平面内。

【例 2-3】　试分析图 2-27 所示 SCARA 机器人的自由度。

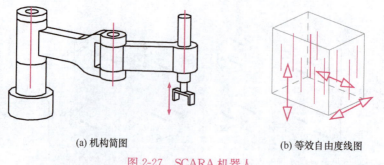

(a) 机构简图　　　　　　　　　(b) 等效自由度线图

图 2-27　SCARA 机器人

注意到组成该机器人的3个转动副的轴线相互平行(在一般位形下空间平行而非平面平行),移动副方向也与转动副轴线平行,因此该机器人的自由度线图由一个3维空间平行线图以及1维与所有平行线平行的偶量组成。根据前面介绍的空间平行线图的等效性,可直接判断出该机器人的末端自由度为1R3T,其中转动方向沿机器人的转轴方向。

回过头来考虑平面线图(位于同一平面上的所有线),如图2-28所示。按照图2-29所示的思维推理模式,可以导出图2-30所示的等效性。

图2-28 平面线图

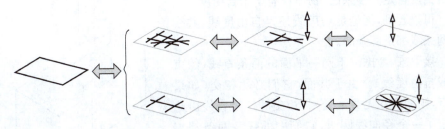

图2-29 平面线图等效关系的推导过程图示

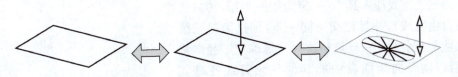

图2-30 平面线图的等效

可以看出:平面线图与由该平面内的径向线圆盘和与该平面法线平行的偶量共同组成的线图等效。

2.3 冗余线

在一个线图中,所有线并不一定都是独立的。我们将那些不独立的线称为冗余线。当一个线图中包含有冗余线时,还要能够对其进行正确的识别。一族含有冗余线的约束线图为过约束(overconstraint)线图;一族含有冗余线的自由度线图为冗余自由度(redundant DOF)线图。

事实上,通过已具备的直观知识可以辅助我们在各种线图中找到"冗余"线。

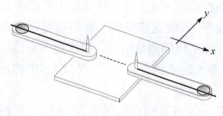

图 2-31 过约束

最简单的一种冗余是两条直线共线的情况。假设沿着同一约束线的方向同时对物体施加 2 个约束,如图 2-31 所示,将产生一种被称为过约束的情形。过约束通常将减弱原有的性能(如过盈配合、内应力等),造成更多的耗费(如采用过盈配合以及特殊的装配技巧),或者二者兼有之。

基于上述原因,通常情况下应避免过约束的发生。

类似地,两个共线的自由度也会导致冗余自由度。图 2-32 给出的就是包含两共线转轴的串联机构。物体看上去有 2 个自由度,但事实上,有一个自由度肯定是多余的,物体仅有 1 个自由度。

可以看到,无论是约束线还是自由度线,共线的两条线都是冗余的。

接下来,考虑位于同一平面的两条直线(约束线或自由度线)。由于共面,它们必然相交(如果平行,则相交在无穷远处)。相交的这对直线由此确定了一个径向线圆盘,它们中的任意两条都与初始的两条等效。这时,如果将作用在同一平面的第三条直线加入其中(一定为同一类型,约束线或自由度线),并且相交于同一点,则这第三条线必然是冗余的。一旦最初这对直线确定了径向线圆盘,则径向线圆盘中的其他任意直线便是冗余的。

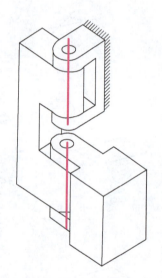

图 2-32 含两共线转轴的装置

【例 2-4】 试通过增加冗余线的方法找到二维偶量的等效线图。

具体推导过程如图 2-33 所示。

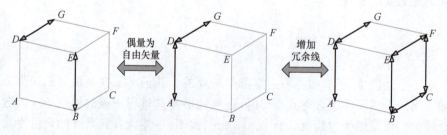

图 2-33 二维偶量的等效线图

继续有关冗余线的推理:3 条共面但不冗余的直线线图可以被等效表示为该

平面中任意一点处的径向线圆盘加上不是该圆盘中的第三条直线。如果将与前三条线共面的第四条线也加到该线图中,它将变成冗余线。

采用类似的方式,若从空间汇交于一点的 3 条直线所组成的线图开始推理,会发现通过汇交点的每条直线都是由最初 3 条直线所确定的一族径向线(球)中的一员。因此,如果相交于同一点的第四条线也加到该线图中,则它也是冗余的。当然,对于空间平行线,由于交点在无穷远处,上述结论也是成立的。

这些结论现在看似有些显而易见,至少 100 多年前的 Maxwell 就已明此理。当时他在一篇主题为"科学仪器的合理设计"的科学论文中总结了所有上面描述的过约束形式。谈到物体的约束,他说:"没有 2 个独立的共线约束存在;没有 3 个共面并且相交在平面内同一点或者平面内相互平行的独立约束;没有 4 个在同一个平面,或者汇交在空间一点,或者空间相互平行,或者更一般的,属于单叶双曲面[图 2-34(a)]的独立约束;对于 5 维和 6 维的情况更为复杂一些。"

例如,属于单叶双曲面的一种特殊分布,如图 2-34(b)所示,由 3 条相互正交异面的直线(AD、BC、GF)组成。

 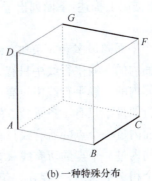

(a) 一般分布　　　　　　　(b) 一种特殊分布

图 2-34　单叶双曲面

上述 Maxwell 所列举的表示过约束的各种线图,我们称之为冗余线图(redundant line patterns)。如果这些线代表约束线,则将导致过约束。如果这些线表示自由度线,则会产生冗余自由度(或局部自由度)。

为此,将一个线图中独立线的数目称为该线图的维数。例如,一族平面相交(或平行)线图的维数为 2,一族空间相交(或平行)线图的维数为 3,单叶双曲面的维数也为 3。

除了单个线图外,两个或者两个以上的单个线图也可组成新的线图。例如,图 2-35 所示的线图即由两组平面相交线图组合而成。这类线图称为组合线图(compound line patterns)。

鉴于线图实质上是一种集合,满足集合的特征。因此,可借助集合论来对组合线图的维数进行判断,即采用集合论中的维数定理。

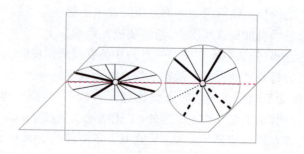

图 2-35　两圆盘相交

维数定理:两个子集合并集的维数等于各自维数之和减去其交集的维数。写成公式的形式,可表示成

$$\dim(S_A \cup S_B) = \dim(S_A) + \dim(S_B) - \dim(S_A \cap S_B) \tag{2.1}$$

例如,对于图 2-35 所示的组合线图,由于两个平面相交线图存在 1 条公共线,其维数应为 2+2-1=3。

总结:根据以上描述,下面列出了一些基本判断冗余线的依据,可满足一般的使用要求。

(1) 一个平面内最多有 3 条独立线;

(2) 平面内的一簇平行线中只有 2 条相互独立;

(3) 空间内的一簇平行线中只有 3 条相互独立;

(4) 平行偶量中只有 1 条是独立的;

(5) 平面内过一个点的所有线只有 2 条相互独立;

(6) 空间内过一个点的所有线只有 3 条相互独立;

(7) 两个相交平面内,各存在一组相交线(或一组相交、一组平行),如果交点落在两平面的交线上,则只有 3 条相互独立(图 2-36);

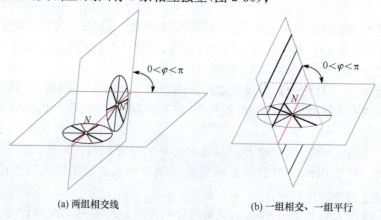

(a) 两组相交线　　　　　(b) 一组相交、一组平行

图 2-36　三维组合线图

(8) 有公共交线的两个或两个以上(含无穷多)相交平面内的所有线最多有 5 条相互独立[图 2-37(a)];

(9) 有公共法线的两个或两个以上(含无穷多)平行平面内的所有线最多有 5 条相互独立[图 2-37(b)]。

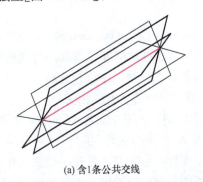

(a) 含1条公共交线　　　　　(b) 含1条公共法线

图 2-37　五维组合线图

【例 2-5】　试考察 Scott-Russell 机构(椭圆仪机构)的冗余(虚)约束情况。

通过判断构件 2 的受力情况来确定该机构是否存在冗余约束。构件 2 所受约束如图 2-38 所示,它受到 3 个平面汇交力约束的作用。根据前面有关结论,所组成的约束线图维数应为 2。因此,该机构中存在 1 个冗余约束。

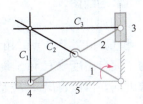

图 2-38　Scott-Russell 机构

2.4　自由度线图与约束线图之间的对偶关系——图谱法的萌芽

Maxwell 不仅列举了表示过约束或冗余自由度的各种线图,还给出一个非常重要的结论:任一物体的自由度与其所受的独立约束之间满足对偶(reciprocal)关系,用量化的公式表示如下:

$$f+c=6 \tag{2.2}$$

式中,f 表示自由度数;c 表示独立约束数。

无论从 Maxwell 公式还是我们的直觉都可以认识到:自由度与其对偶约束之间的关系是唯一确定的。如果施加给物体的约束已知,便可以确定出其自由度;另外,如果从物体想要的自由度特性出发,同样可以确定出施加到物体上的约束。但式(2.2)所给出的只是自由度与其对偶约束之间关系的量化表达,距离我们的希望还是非常远的。

我们希望找到机构自由度和其所受约束之间可能存在的某种定性的对偶关

系，从而对机构进行确定性的分析和设计，尤其希望通过简单的规则或直观的几何线条达此目的。例如，如果给出了施加在物体上的约束线图，便可以快速地确定出与其对偶的自由度线图；反之亦然。即已知一种线图，总可以得出另一种线图，不管代表的是物体所受的约束还是它的自由度，其对偶线图总可以用同样的方法快速得到。

对此，Blanding 在其专著 Exact Constraint：Machine Design using Kinematic Principles 中给出了这样一条存在于约束与自由度之间非常重要的对偶法则：

假设线图中有 n 条非冗余线，那么与其对偶的线图中将包含有 $(6-n)$ 条（非冗余）线，其中线图中的每条线都会和其对偶线图中的所有线相交。

上述法则被 Blanding 称为"对偶线图法则"，本书中简称 Blanding 法则。

某种意义上讲，约束线 C 与自由度线 R 之间的这种"相交"是一种一一映射。也就是说，如果 C 与 R 相交，同样意味着 R 与 C 也相交。将这一概念稍作扩展，即如果已知约束线图，就可以找到自由度线图；同样，当给定自由度线图时，也可以找到对应的约束线图。给定某一种线图，根据对偶法则，我们便可以找出唯一与其"对偶"的线图。

例如，图2-39(a)为受到5个独立约束限制的物体。C_1、C_2 和 C_3 相交于 A 点，C_4 和 C_5 相交于 B 点。由 Blanding 法则可知：物体将会有 $1(=6-5)$ 个自由度。为了使自由度线 R 和5条约束线都相交，它必须同时通过 A 与 B，即沿着 AB 连线方向。可以看出，R 线是唯一一条能和所有5条约束线都相交的直线。

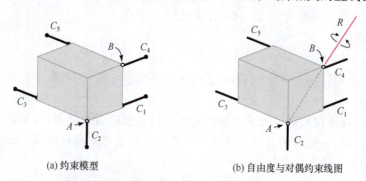

(a) 约束模型　　　　　　　　(b) 自由度与对偶约束线图

图 2-39　5维约束模型及其自由度（约束）线图

注意到图2-39(a)所示装置中的所有约束都在两个平面内，由此还可以找到另一种确定自由度线位置的方法。由于 C_1、C_2 和 C_4 在同一竖直平面内，因此要找的自由度线也一定在该平面内（因为它必须和 C_1、C_2 和 C_4 相交）。C_3 和 C_5 确定了另一平面（它通过物体的斜对角线），如图2-39(b)所示。任何位于第二个平面内的自由度线也都会与 C_3、C_5 相交。这样，两平面的交线就是该自由度线 R 的唯一可能位置，它也是空间中同时通过两个平面的唯一一条直线。由于该交线位于两个平面中,它将与所有 5 条约束线同时相交。

如图 2-40(a)所示的装置中同样受到 5 个独立的力约束作用。根据对偶线图法则可以知道:5 个独立力约束会导致只有 1 个转动自由度存在。另外,还知道转动自由度线 R 必须与所有 5 条力约束线相交。这种情况下,R 只有一种可能的位置。它通过 C_4 和 C_5 的交点,并且与 C_1、C_2 以及 C_3 平行,即相交在无穷远处。除此之外,在空间中再也找不到与所有 5 个力约束同时相交的其他直线 [图 2-40(b)]。

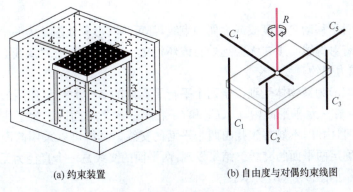

(a) 约束装置　　　　　　　　(b) 自由度与对偶约束线图

图 2-40　5 维约束模型及其自由度(约束)线图

下面考虑含有移动自由度线(或力偶约束线)的情况。根据 2.1 节介绍的移动自由度线与转动自由度等效的知识,可以看出:图 2-41(a)与(b)在表示未被约束的平面二维物体的自由度方面是等效的。

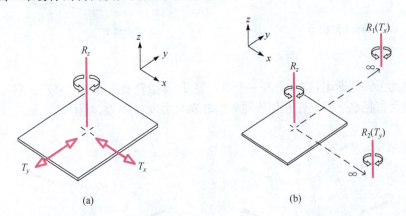

图 2-41　移动自由度与转动自由度之间的等效关系

从射影几何的观点,每一个移动自由度 T 还可以用转动自由度环来等效代替[4],转动环的半径无穷大,且转动环平面的法向量与移动方向相同,具体如图 2-42 所示。

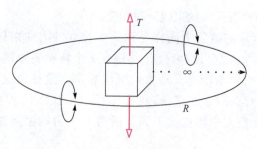

图 2-42　移动自由度的转动环表示方法

因此，对于移动自由度线或力偶约束线，都可将其形象地想象为一个半径无穷大的环，所有对偶线必须在无穷远处与该环相交。或者说，所有对偶线必须与移动自由度线或力偶约束线正交。

图 2-43(a)为某物体受到位于两个平行平面内的 5 个力约束作用的情形。其中，C_1 和 C_3 在一水平平面内；C_5、C_2 和 C_4 在另一水平平面内。为了找到物体所具有的唯一自由度，不妨首先找出两个平面的交线。具体可以采用前面寻找交点的方法，来确定两平面的交线。结果发现：两平面的交线是一个直径为无限大的水平圆的切线，如图 2-43(b)所示。

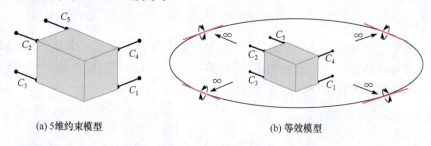

(a) 5 维约束模型　　　　　　　　(b) 等效模型

图 2-43　5 维约束模型及其等效模型

由此可以判断出，物体只有一个自由度 T，即沿竖直方向上的移动。它与作用在无限大直径水平圆上任意切线位置的转动自由度 R 等效，具体如图 2-44 所示。

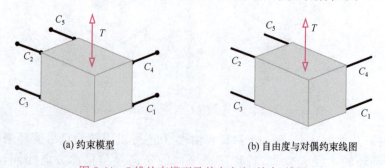

(a) 约束模型　　　　　　　　(b) 自由度与对偶约束线图

图 2-44　5 维约束模型及其自由度(约束)线图

从上面的例子可以看到：应用 Blanding 法则可以很直观地通过约束分布确定平面（或空间）装置的瞬时自由度情况，反之亦然。如图 2-45(a)所示，假设一条运动链由两端分别连接有虎克铰（简写 U）和球铰（简写 S）的连杆组成，简写 US 运动链。该运动链的自由度线图由代表各运动副的直线组成，根据 Blanding 法则，很容易确定出该运动受到 1 个力约束作用，该约束力的作用线通过两个运动副的铰点。如图 2-45(b)所示，假设有一条 PRRR 运动链，该运动链的自由度线图由代表各运动副的直线组成。根据 Blanding 法则，很容易确定出该运动受到 1 个力约束和 1 个力偶约束作用，根据前面介绍的等效线概念，可以看出该运动链对应的约束线图是一个平面平行线图。

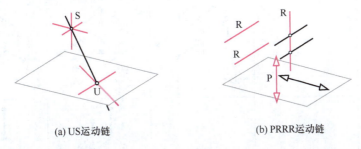

(a) US 运动链　　　　　　　　　(b) PRRR 运动链

图 2-45　与图 2-5 所示运动链相对应的自由度及其对偶约束线图

同样，根据 Blanding 法则很容易得到如表 2-1 和表 2-2 所示的平面及空间约束模型。模型中的各个约束均呈特殊分布，或者平行或者正交，以便于判断。

表 2-1　平面刚体的自由度与约束对偶关系图示

自由度		T		
		2	1	0
R	1	DOF=3	DOF=2	DOF=1
	0	—	DOF=1	DOF=0

注：本书表格中"—"代表不存在元素。

表 2-2　空间刚体的自由度与约束对偶关系图示

自由度		T			
		3	2	1	0
R	3	DOF=6	DOF=5	DOF=4	DOF=3
	2	—	DOF=4	DOF=3	DOF=2
	1	—	—	DOF=2	DOF=1
	0	—	—	—	DOF=0

【例 2-6】 试考察图 2-46(a)所示斜面机构的公共约束情况。

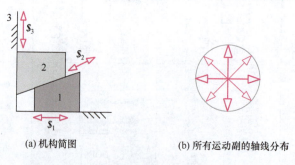

(a) 机构简图　　　　　　(b) 所有运动副的轴线分布

图 2-46　斜面机构

通过判断机构中所有运动副的分布情况来确定该机构存在的公共约束数。由于所有运动副都是移动副,且分布在同一平面内,具体分布情况如图 2-46(b)所示。根据前面有关结论,所组成的自由度线图维数应为 2。根据 Maxwell 对偶法则,该机构中存在的公共约束数是 4。

【例 2-7】 试画出图 2-47 所示 6 种约束装置的自由度线。

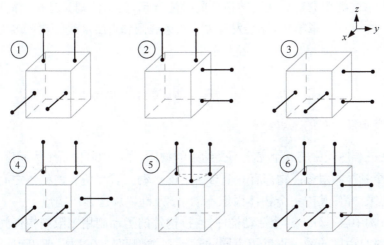

图 2-47　6 种约束装置

通过 Blanding 法则分别判断图 2-47 所示,6 种情况下的刚体运动情况。需要说明的是,首先要考虑是否有冗余线存在的情况。每种情况的具体自由度及约束线图分布如图 2-48 所示。

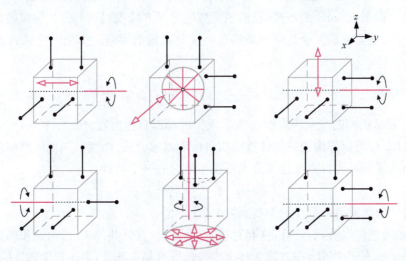

图 2-48　6 种约束装置的自由度线图

至此,有关精确约束设计的基本规则及基本原理已经介绍完了。这些规则让我们能够用代表约束和自由度的线图模型来分析各类机械装置。这种分析方法也被 Blanding 称为线图分析法,同时也是本书所提出的图谱法(graphical approach)雏形。该方法主要基于对两种线图(自由度线图和约束线图)的相互转换。而这种转换是建立在一系列简单法则基础之上的,从而允许一种线图向同类的等效线图或者不同类型的对偶线图转换。同时注意到,图谱法则又是相当简单、完美对称的。在后面的章节中,还会发现关于约束线图和自由度线图在更多方面的对称性。

2.5 基于图谱法的瞬时自由度分析

2.5.1 自由度计算的基本公式

若在三维空间中有 n 个完全不受约束的物体,并选中其中一个为固定参照物,这时,每个物体相对参照物都有 6 个自由度的运动。若将所有的物体之间用运动副连接起来,并使其中一个物体固定不动(作为机架),这样便构成了一个空间机构。该机构中含有 $(n-1)$ 个活动构件,连接构件的运动副用来限制构件间的相对运动,它对自由度的约束程度视不同的运动副类型而异。这样,便得到了传统的 Grübler-Kutzbach(GK)公式:

$$f = d(n-1) - \sum_{i=1}^{g}(d-f_i) = d(n-g-1) + \sum_{i=1}^{g} f_i \tag{2.3}$$

式中,f 为机构自由度数;g 为运动副数;f_i 为第 i 个运动副的自由度数;d 为机构的阶数。根据 Hunt[5]的研究,机构的阶数应等于 6 减去机构的公共约束数。

此外,还需考虑冗余约束和局部自由度对机构的影响。上面的公式可进一步修正为[6]

$$f = d(n-g-1) + \sum_{i=1}^{g} f_i + \nu - \zeta \tag{2.4}$$

式中,ν 表示机构的冗余约束数;ζ 表示机构的局部自由度数。

式(2.4)可以作为统一的计算机构自由度基本公式,而我们在机械原理教科书中给出的平面机构自由度计算公式可看作是它的一个特例:

$$f = 3(n-1) - (2P_L + P_H) \tag{2.5}$$

式中,P_L 为低副的个数;P_H 为高副的个数。

另外,还可以看到:计算正确的机构自由度数,其公共约束、虚约束和局部自由度的确定是真正关键所在。前文对这些概念虽然都有涉及,但还缺少理性的高度。为此,本书后面还有详细讨论。

2.5.2 自由度分析的图谱法

一般情况下,任何一种机械连接都可以看作由一个或多个中间体并联、串联或者混联而成。将具体的机械连接抽象出来,就是我们所熟悉的机构。图 2-49 给出了基于并联、串联或者混联连接的 3 种机械连接类型。

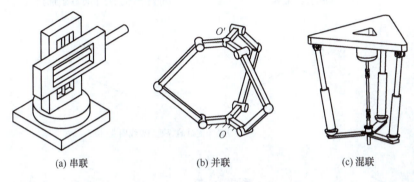

(a) 串联　　(b) 并联　　(c) 混联

图 2-49　3 种机械连接类型

如果是并联连接,则将约束相叠加;如果是串联连接,则将自由度相叠加;混联结构则需要将其分解成并联和串联,并遵循各自的法则。

图谱法可辅助分析机械装置的自由度特性。当机械装置较为复杂时,如并联装置、含有闭链的空间机械装置等,图谱法往往更能够发挥作用,简化分析过程,并具有较强的直观性。

当装置为串联,整个装置即为一个子链,只需将各个关节的自由度数相加即可。当装置中含有闭链,如并联机构时,需要先找出各个支链对动平台的约束线,然后将所有约束线组合在一起构成动平台约束线图,确定该线图的维数;再利用 Blanding 对偶法则确定动平台的自由度线图。下面用一个例子来说明[7~9]。

考虑一个平行四边形机构,图 2-50(a)为平面上的一个平行四边形,在图示的瞬时位置,四边形的相邻边互相垂直。要研究其上端杆件的运动情况,可视其上端杆是由两个支链与机架连接,即为并联情况。如图 2-50(b)所示,其支链是两端部为转动副的连杆。因此,对应的自由度线有两条,分别通过转动副,并垂直于平面。这样可找到 4 条约束线。根据等效关系,也可表示为图 2-50(c)所示的线图形式。将两个支链的约束线图叠加后得到 8 条约束线,由于平面机构有 3 个公共约束,所以去掉冗余的 3 条还有 5 个独立约束,如图 2-50(d)所示。因此,机构具有一个自由度,这个自由度线必须与所有的约束线相交,即一个移动自由度,如图 2-50(e)所示。

如果将上述平行四边形机构的所有转动副都换成球副,如图 2-51(a)所示,可组成一空间平行四边形机构。与平行四边形机构类似,其支链如图 2-51(b)所示,

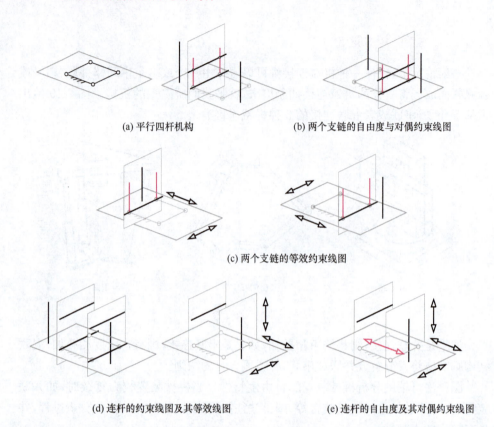

图 2-50 平面平行四边形机构的线图分析

通过两个球铰,每个球铰可分别绘制 3 条自由度线,总共 6 条,但由前面的结论可知,仅有 5 条是独立的,所以尚存在一条约束线,即通过两球铰中心的直线。将两条支链的约束线叠加,如图 2-51(c)所示,由此可找到 4 条独立的自由度线,根据线图等效性,进一步表示为图 2-51(d)所示的线图。说明空间平行四边形机构瞬时有 4 个自由度(3T1R)。

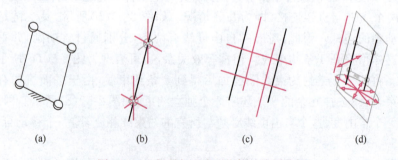

图 2-51 空间平行四边形机构的线图分析

2.5.3 实例分析

下面以稍微复杂些的二维并联转台为例,来说明图谱法在自由度分析中的应用[10]。

【例2-8】 试分析球面5R机构(图2-52)的瞬时自由度。

该机构可以看作是由两个支链组成的并联机构:其中转动副 R_1 连接杆1和机架,转动副 R_2 连接杆1和杆2构成第一条支链;转动副 R_5 连接机架与杆4,杆4再与转动副 R_4 相连组成第二条支链;两条支链分别通过转动副 R_3 和 R_4 连接杆3(作为动平台)。由于该机构的所有转动副均交于点 O,所以第一条支链的3条自由度线交于点 O[图2-53(a)]。

根据Blanding法则,第一条支链受到3条约束线作用,这3条约束线交于点 O,即空间内任意3条过点 O 的直线。根据线图的等效性,这些约束线可组成1个球体 S[图2-53(b)]。

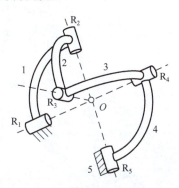

图2-52 球面5R机构

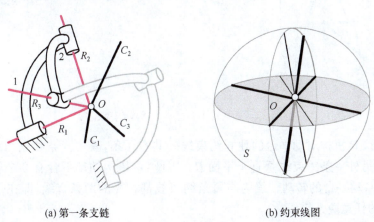

(a) 第一条支链　　　　　(b) 约束线图

图2-53 球面5R机构中一条支链的自由度与约束线图

第二条支链的两条自由度线也交于点 O,所以该支链受4条独立的力约束线作用[图2-54(a)],等效约束线图如图2-54(b)所示。该支链的约束线图为1条线和1个平面 Π。

对上述两条支链的约束线图叠加(取并集)得到该机构动平台的自由度及约束线图,如图2-55所示。

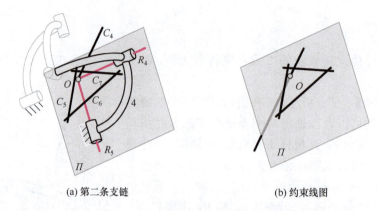

(a) 第二条支链 　　　　　(b) 约束线图

图 2-54　球面 5R 机构中另外一条支链的自由度与约束线图

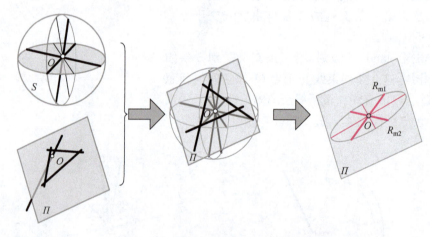

图 2-55　机构动平台的自由度与约束线图

球面 5R 机构对动平台的独立约束线一共有 4 条,其中 3 条独立约束线在平面 $\varPi$ 内,另外一条约束线垂直于平面 $\varPi$。因此,该机构的动平台有 2 个转动自由度。其中,动平台的转动轴线为与每条约束线都相交的两条直线,即在平面 $\varPi$ 内过点 O 的任意两条直线。

根据修正的 GK 自由度计算公式可得

$$f = d(n-g-1) + \sum_{i=1}^{g} f_i + \nu - \zeta = 3\times(5-5-1)+5+0-0 = 2$$

综上,通过图谱法简单直观地得到了球面 5R 机构的自由度,该分析结果与 GK 自由度公式的计算结果相吻合。

【例 2-9】　试分析 Omni-Wrist Ⅲ 的瞬时自由度。

如图 2-56 所示的 Omni-Wrist Ⅲ 由动平台、基平台和 4 条结构相同的支链组成。以第 1 条支链为例，该支链中，转动副 R_{14} 和 R_{13} 的轴线相交于动平台中心 O' 点；转动副 R_{11} 和 R_{12} 的轴线交于基平台的中心点 O；转动副 R_{12} 和 R_{13} 的轴线交于点 J_1。4 条支链的结构相同，间隔 90°排布，其中第 1、3 支链的运动副轴线相互平行，第 2、4 支链的运动副轴线相互平行，而第 1、2 支链的运动副轴线相互垂直。

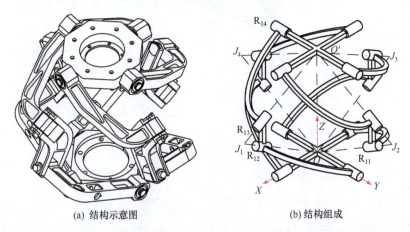

(a) 结构示意图　　　　　　(b) 结构组成

图 2-56　Omni-Wrist Ⅲ 机构

首先证明转动副 R_{14} 的轴线与基平台转动副 R_{11} 的轴线交于一点（或平行）。如图 2-57 所示，θ_1 与 θ_2 相等，$|J_1O'|=|J_1O|$，C 是 OO' 的中点，则 $|CO'|=|CO|$；J_{12} 和 J'_{12} 在 OO' 的镜像对称面 Π 上，CJ_{12} 和 CJ'_{12} 分别垂直于 OO'，所以 $\triangle OCJ_{12} \cong \triangle O'CJ'_{12}$，即可以得到 $|J'_{12}O'|=|J_{12}O|$，$|CJ'_{12}|=|CJ_{12}|$。由机构的对称性得到 $|J_1O'|=|J_1O|$，$|J'_{12}O'|=|J_{12}O|$，$\angle J_1O'J'_{12}=\angle J_1OJ_{12}=90°$，则 $|J_1J_{12}|=|J_1J'_{12}|$；由于 $|J_1J_{12}|=|J_1J'_{12}|$，$|CJ_{12}|=|CJ'_{12}|$，则 $\triangle J_1CJ_{12} \cong \triangle J_1CJ'_{12}$，由于上述两个三角形均在 OO' 的对称面 Π 内，因此 J_{12} 与 J'_{12} 重合。

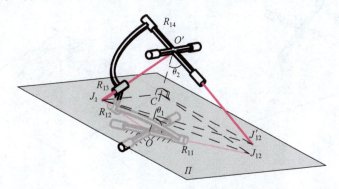

图 2-57　Omni-Wrist Ⅲ 机构一条支链简图

这样可以得到 Omni-Wrist Ⅲ 机构一条支链上的自由度线分布，如图 2-58 所示。转动副 R_{13} 的自由度线 R_{13} 与转动副 R_{12} 的自由度线 R_{12} 相交于点 J_1；转动副 R_{11} 的自由度线 R_{11} 与转动副 R_{14} 的自由度线 R_{14} 相交于点 J_{12}。

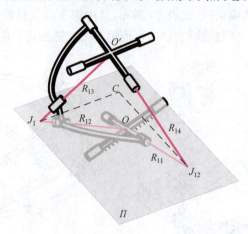

图 2-58　Omni-Wrist Ⅲ 机构中的一条支链自由度线图

根据 Blanding 法则，所有的自由度线和约束线相交，由此可以得到该支链的约束线分布，如图 2-59(a) 所示。其中，自由度线 R_{11}、R_{12}、R_{13} 和 R_{14} 与约束线 C_{11} 分别相交于点 J_1、J_{12}；与约束线 C_{12} 分别相交于点 O、O'。通过上述分析可以发现，每条支链为动平台提供了 2 个约束，即每条支链有 2 条约束线 C_{11} 和 C_{12}，一条约束线在机构的对称面 Π 内，一条约束线与对称面 Π 垂直相交于点 C。同理，其他各个支链为动平台提供相同类型的约束。由此可以得到整个机构的约束线与自由度线图情况，如图 2-59(b) 所示，其中 4 条约束线在机构的对称面 Π 内，另外 4 条约束线重合并与对称面 Π 正交于点 C。

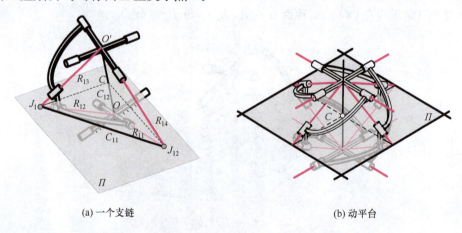

(a) 一个支链　　　　　　　　　　(b) 动平台

图 2-59　自由度与对偶约束线图

由于垂直于对称面 Π 的 4 条约束线重合，所以这 4 条约束线只为动平台提供了 1 个独立约束，该约束为公共约束，故机构的阶数为 5；由于平面内的 3 条独立线确定一个平面，因此在对称面 Π 内的约束线为动平台提供 3 个独立约束，剩下的 1 个约束为冗余约束。而根据上述分析，动平台一共受到 4 个独立的力约束，动平台的约束线图如图 2-60 所示。根据 Blanding 法则，可以找到独立的 2 条与之相交的直线 R_{m1}、R_{m2}，它们共同组成了一族平面径向线，如图 2-60 所示的红线，表明该机构的动平台具有 2 个瞬时转动自由度。

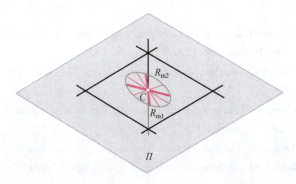

图 2-60 Omni-Wrist III 动平台的自由度与约束线图

采用修正的 GK 自由度计算公式可以验证以上分析是否正确：

$$f = d(n-g-1) + \sum_{i=1}^{g} f_i + \nu - \zeta = 5 \times (14-16-1) + 16 + 1 - 0 = 2$$

2.6 本章小结

本书所提的"运动学设计"主要研究的是机构自由度、约束及其相互关系。它注重以最少的点接触来约束构件的运动，同时使构件具有预期的自由度。遵循这一原则的机械结构具有运动确定、重复精度高和元件变形小等优点。它从自由度与约束的视角统一处理机械概念设计问题，能够保证机械结构在运动学原理上的正确性，可广泛应用于各类机械连接及机构设计中，应用包括运动学连接、运动学夹具及精密定位平台等。

本章重点介绍的就是"运动学设计"的基本原理——精确约束设计原理，由 Maxwell、Blanding 等提出。其核心思想是：机构或机械装置的所有自由度线与其约束线相交，简称 Blanding 法则。若将此法则以线图的形式来表达，通过引入等效线、冗余线等概念，即形成了本书图谱法的萌芽。

图谱法可辅助分析机械装置的自由度和运动特性。尤其当机械装置较为复杂时，如并联机构、含有闭链的装置等，图谱法往往更容易发挥作用，简化分析过程，并具有较强的直观性。

当机构或机械装置为串联,整个装置即为一个子链,只需将各个关节的自由度进行叠加即可。当机构或机械装置含有闭链,如并联机构时,需要先找出各个支链对动平台的约束线,然后将所有约束线组合在一起形成新的约束线图,确定该线图的维数;再利用 Blanding 法则进一步确定动平台的自由度线图。

参 考 文 献

[1] Maxwell J C, Niven W D. General Considerations Concerning Scientific Apparatus. New York:Courier Dover Publications,1890.

[2] Blanding D L. Exact Constraint: Machine Design Using Kinematic Principle. New York: ASME Press,1999.

[3] Hale L C. Principles and Techniques for Designing Precision Machines. Cambridge:Massachusetts Institute of Technology,Ph. D. Thesis,1999.

[4] Hopkins J B. Design of Parallel Flexure System via Freedom and Constraint Topologies (FACT). Cambridge:Massachusetts Institute of Technology,Master Thesis,2007.

[5] Hunt K H. Kinematic Geometry of Mechanisms. London:Oxford University Press,1978.

[6] 黄真,赵永生,赵铁石. 高等空间机构学. 北京:高等教育出版社,2006.

[7] 于靖军,刘辛军,丁希仑等. 机器人机构学的数学基础. 北京:机械工业出版社,2008.

[8] 裴旭. 基于图谱法的 VCM 机构构型综合. 北京:北京航空航天大学博士后出站报告,2011.

[9] Pei X,Yu J J. A visual graphic approach for mobility analysis of parallel mechanisms. Frontiers of Mechanical Engineering,2011,6(1):92-95.

[10] Yu J J, Dong X, Pei X, et al. Mobility and singularity analysis of a class of 2-DOF rotational parallel mechanisms using a visual graphic approach. ASME Journal of Mechanism and Robotics,2012,4(4):041006. 1-10.

第 3 章　线图分析法的数学基础

第 2 章给出了自由度与约束的几何描述;基于此几何描述,同时给出了一系列的规则(这也是 Blanding 本人所推崇的简单直观风格)。但相信很多人读完以后感到有些茫然,至少作者在给学生讲课时从他们的表情中可以看出端倪。例如,为什么所有相交于一点的平面直线其维数是 2? 甚至质疑 Blanding 法则的核心思想"所有(转动)自由度线与约束线相交"是否正确。虽然对于大多数的工程师及设计人员而言,知道如何使用简单的法则来指导设计,并从中受益就足够了,但人们更愿意探究其内在的本源,即所谓的"既知其然,亦知其所以然"。另外,任何一门自然科学,只要达到了一定高度,总是蕴含着某种内在原理,也需要借助更为严谨的理论予以解释;而且更为重要的是,辅以强有力的科学理论指导,原先的法则往往会更丰富和完善。这也是本书希望向读者解释清楚的。

鉴于本章涉及的数学基础源于旋量理论[1](screw theory)和线几何[2](line geometry),是一种对很多读者还颇为陌生的知识体系。数年的研究生讲课经验告诉我,对初学者而言这门知识的门槛真是不好迈入。因此,本书采取了曲径通幽、循序渐进、寓教于形、理论与应用实例相结合等方式来向读者介绍这门"高深"的理论,相信读完此书后无论对于初学者还是精通旋量理论的学者都会产生不一样的感受,并从中受益。

3.1　自由度线与约束线的数学描述

3.1.1　直线与 Plücker 坐标

首先来思考,如何能够表示任意一条空间位置确定的直线 L(图 3-1)。

直观上看,只要确定该直线上的两点(坐标)即可。如图 3-2 所示,假设直线 L 经过两个不同的点 $p(x,y,z)$ 和 $q(x',y',z')$。

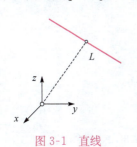

图 3-1　直线　　　　　　　图 3-2　直线

下面讨论如何表示该直线的方向。如果用向量 $\bar{s}(\mathcal{L},\mathcal{M},\mathcal{N})$ 表示该直线的方向,可以很容易得到

$$\mathcal{L}=x'-x=\begin{vmatrix}1&x\\1&x'\end{vmatrix},\quad \mathcal{M}=y'-y=\begin{vmatrix}1&y\\1&y'\end{vmatrix},\quad \mathcal{N}=z'-z=\begin{vmatrix}1&z\\1&z'\end{vmatrix} \quad (3.1)$$

而直线在空间的位置可通过直线上任一点的位置矢量(不妨取点 r)间接给定。如点 r 在 L 上,它一定与 p、q 共线,从而有表达式:

$$(p-r)\times \bar{s}=0 \quad (3.2)$$

注意,r 用直线上其他点 $r'(r'=r+\lambda\bar{s})$ 代替时,式(3.2)的结果并不发生改变,即 r 在直线上可以任意选定。将式(3.2)写成标准形式:

$$r\times\bar{s}=p\times\bar{s} \quad (3.3)$$

令向量 $\bar{s}_0(\mathcal{P},\mathcal{Q},\mathcal{R})=r\times\bar{s}$,代入式(3.3)得

$$\mathcal{P}=\begin{vmatrix}y&z\\\mathcal{M}&\mathcal{N}\end{vmatrix}=\begin{vmatrix}y&z\\y'-y&z'-z\end{vmatrix}=\begin{vmatrix}y&z\\y'&z'\end{vmatrix}=yz'-y'z$$

$$\mathcal{Q}=\begin{vmatrix}z&x\\\mathcal{N}&\mathcal{L}\end{vmatrix}=\begin{vmatrix}z&x\\z'-z&x'-x\end{vmatrix}=\begin{vmatrix}z&x\\z'&x'\end{vmatrix}=zx'-z'x$$

$$\mathcal{R}=\begin{vmatrix}x&y\\\mathcal{L}&\mathcal{M}\end{vmatrix}=\begin{vmatrix}x&y\\x'-x&y'-y\end{vmatrix}=\begin{vmatrix}x&y\\x'&y'\end{vmatrix}=xy'-x'y$$

写成矩阵的形式:

$$\begin{bmatrix}\mathcal{P}\\\mathcal{Q}\\\mathcal{R}\end{bmatrix}=\begin{bmatrix}0&-z&y\\z&0&-x\\-y&x&0\end{bmatrix}\begin{bmatrix}\mathcal{L}\\\mathcal{M}\\\mathcal{N}\end{bmatrix} \quad (3.4)$$

另外,考虑到 $\bar{s}\cdot\bar{s}_0=0$,则

$$\mathcal{L}\mathcal{P}+\mathcal{M}\mathcal{Q}+\mathcal{N}\mathcal{R}=0 \quad (3.5)$$

由此可见,任一直线完全可由两个矢量唯一确定。为此定义一个包含上述两个 3 维向量的 6 维向量,即

$$\bar{\$}=\begin{bmatrix}\bar{s}\\\bar{s}_0\end{bmatrix}=\begin{bmatrix}\bar{s}\\r\times\bar{s}\end{bmatrix} \quad \text{或} \quad \bar{\$}=(\bar{s};r\times\bar{s}) \quad (3.6)$$

这里将 $(\bar{s};r\times\bar{s})$ 称为直线 $\bar{\$}$ 的 Plücker 坐标①。

令 $s=\bar{s}/\|\bar{s}\|$,$s_0=r\times\bar{s}$,经过正则变换后,得到

$$\bar{\$}=\|s\|\begin{bmatrix}s\\s_0\end{bmatrix} \quad (3.7)$$

再令 $\rho=\|\bar{s}\|$,则

$$\bar{\$}=\rho\$ \quad (3.8)$$

---

① 直线的 Plücker 坐标表达形式最早由德国数学家 Plücker 提出,由此得名。

式中,$\$$ 为单位直线;ρ 表示幅值。因此,直线可以写成单位直线与幅值数乘的形式。用 Plücker 坐标表示为

$$\bar{\$} = (\mathcal{L}, \mathcal{M}, \mathcal{N}; \mathcal{P}, \mathcal{Q}, \mathcal{R}) \tag{3.9}$$

由此可知,$\mathcal{L}^2 + \mathcal{M}^2 + \mathcal{N}^2 = \rho^2$。进一步定义单位直线

$$\$ = (s; s_0) = (s; r \times s) = (L, M, N, P, Q, R) \tag{3.10a}$$

或

$$\$ = \begin{bmatrix} s \\ s_0 \end{bmatrix} = \begin{bmatrix} s \\ r \times s \end{bmatrix} \tag{3.10b}$$

或

$$\$ = s + \varepsilon s_0 \tag{3.10c}$$

式中,s 表示直线轴线方向的单位矢量,可用三个方向余弦表示,即 $s = (L, M, N)$,$L^2 + M^2 + N^2 = 1$;s_0 称作直线的线矩(moment of line),记为 $s_0 = (P, Q, R)$。

其中,式(3.10a)是直线的 Plücker 坐标表示形式,L、M、N、P、Q、R 称为直线 $\$$ 正则化的 Plücker 坐标;式(3.10b)是直线的向量表示形式;式(3.10c)是直线的对偶数(dual number)表示形式,其中 s 称为原部矢量,s_0 称为对偶部矢量。

本书无特殊说明,均考虑单位直线情况。

很显然,由于单位直线满足归一化条件 $s \cdot s = 1$ 和正交条件 $s \cdot s_0 = 0$,这样,它的 6 个 Plücker 坐标中只需要 4 个独立的参数来确定。注意:矢量 s 表示的是直线方向,它与原点的位置无关;而线矩 s_0 却与原点的位置选择有关。

【例 3-1】 经过坐标原点任意一条直线的 Plücker 坐标。此时,$s_0 = \mathbf{0}$,该直线的 Plücker 坐标可以写为:$\$ = (s; \mathbf{0}) = (L, M, M; 0, 0, 0)$,或

$$\$ = \begin{bmatrix} s \\ \mathbf{0} \end{bmatrix} \tag{3.11}$$

【例 3-2】 求图 3-3 所示两条直线的 Plücker 坐标。

观察两直线在坐标系中所处的方位,很容易找到

$$s_1 = (1, 0, 0)^T, \quad s_2 = (0, 0, 1)^T$$
$$r_1 = (0, 0, 1)^T, \quad r_2 = (1, 0, 0)^T$$

由式(3.10)可直接计算得到

$$\$_1 = (s_1; r_1 \times s_1) = (1, 0, 0; 0, 1, 0)$$
$$\$_2 = (s_2; r_2 \times s_2) = (0, 0, 1; 0, -1, 0)$$

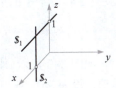

图 3-3 直线

3.1.2 偶量与 Plücker 坐标

再考虑另一种特殊情况:直线位于在距离原点无穷远的平面内(图 3-4)。

此时,矢量 s 无方向,但线矩 s_0 有方向。此时,s_0 与原点的位置选择无关,这说

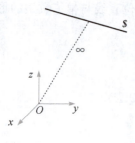

图 3-4 偶量

明它已退化为自由矢量或偶量(couple)。具体可写成如下形式：

$$\bar{\pmb{S}} = \|\pmb{s}_0\| \begin{bmatrix} \pmb{s}/\|\pmb{s}_0\| \\ \pmb{s}_0/\|\pmb{s}_0\| \end{bmatrix} \tag{3.12}$$

很显然，$\pmb{s}_0/\|\pmb{s}_0\|$ 是个单位矢量，将该单位矢量记为 $\pmb{\kappa}$。对上式取极限，即由直线上的点距离原点无穷远，可以推出 $\|\pmb{s}_0\| \to \infty$，因此

$$\lim_{\|\pmb{s}_0\| \to \infty} \bar{\pmb{S}} = (\lim_{\|\pmb{s}_0\| \to \infty} \|\pmb{s}_0\|) \left[\lim_{\|\pmb{s}_0\| \to \infty} \begin{bmatrix} \pmb{s}/\|\pmb{s}_0\| \\ \pmb{s}_0/\|\pmb{s}_0\| \end{bmatrix} \right]$$

$$\lim_{\|\pmb{s}_0\| \to \infty} \bar{\pmb{S}} = (\lim_{\|\pmb{s}_0\| \to \infty} \|\pmb{s}_0\|) \begin{bmatrix} \lim_{\|\pmb{s}_0\| \to \infty} \pmb{s}/\|\pmb{s}_0\| \\ \lim_{\|\pmb{s}_0\| \to \infty} \pmb{s}_0/\|\pmb{s}_0\| \end{bmatrix}$$

$$\lim_{\|\pmb{s}_0\| \to \infty} \bar{\pmb{S}} = (\lim_{\|\pmb{s}_0\| \to \infty} \|\pmb{s}_0\|) \begin{bmatrix} \pmb{0} \\ \pmb{\kappa} \end{bmatrix}$$

因此，定义单位偶量

$$\pmb{\$} = \begin{bmatrix} \pmb{0} \\ \pmb{\kappa} \end{bmatrix} \tag{3.13}$$

由于 $\pmb{\kappa}$ 表示的就是偶量方向，因此更习惯将上式写成

$$\pmb{\$} = \begin{bmatrix} \pmb{0} \\ \pmb{s} \end{bmatrix} \tag{3.14}$$

3.1.3 直线与偶量的物理意义

直线和偶量具有非常重要的物理意义。实际上，直线可以表示运动学中的转动（自由度）或者静力学中的力（或约束力）；而偶量可以表示运动学中的移动（自由度）或者静力学中的力偶（或者约束力偶）。

1. 刚体的瞬时转动和转动副

如图 3-5 所示，刚体绕某一个转动关节做瞬时转动。设 $\pmb{\omega}(\pmb{\omega} \in \mathbb{R}^3)$ 是表示其旋转轴方向的单位矢量，r 为转轴上一点。我们知道，描述刚体在三维空间上绕某个轴的旋转运动只用一个角速度方向矢量是不够的，还需要给出该点转动轴线的空间位置。很显然，根据前面对直线的定义，可以很容易地给出表示该转动关节转轴的单位直线 $(\pmb{\omega}; \pmb{v}_0)$，即

图 3-5 刚体的瞬时转动与转轴

$$\begin{bmatrix} \boldsymbol{\omega} \\ \boldsymbol{r} \times \boldsymbol{\omega} \end{bmatrix} \qquad (3.15)$$

当转轴通过坐标系原点时,表示该转轴的单位直线可以简化为$(\boldsymbol{\omega}; \boldsymbol{0})$。

2. 刚体的瞬时移动和移动副

如图 3-6 所示的刚体做平移运动。设 $\boldsymbol{v}(\boldsymbol{v} \in \mathbb{R}^3)$ 是表示移动副导路中心线方向的单位矢量。我们知道,对于移动运动,刚体上所有点都有相同的移动速度,也就是说,将速度方向平移并不改变刚体的运动状态,因而刚体移动是偶量。刚体移动对应的 Plücker 坐标为 $(\boldsymbol{0}; \boldsymbol{v})$。另外,刚体移动可以看作是绕转动轴线位于与 $\boldsymbol{v}$ 正交的无穷远平面内的一个瞬时转动。

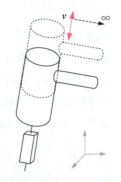

图 3-6 刚体的瞬时移动

3. 刚体上的作用力(或者力约束)

与刚体瞬时转动的表示相类似,作用在刚体上的纯力或者施加在刚体上的纯力约束也可以用直线来表示。

如图 3-7 所示,某刚体作用一个纯力或力约束。设 $\boldsymbol{f}(\boldsymbol{f} \in \mathbb{R}^3)$ 是表示该力作用线方向的单位矢量,c 为作用线上一点。同样,清楚描述该力只用一个方向矢量是不够的,还需要给点该作用线的空间位置。很显然,根据前面对直线的定义,可以很容易地给出表示该力作用线的单位直线 $(\boldsymbol{f}; \boldsymbol{\tau}_0)$,即

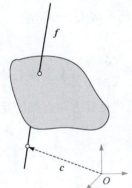

图 3-7 刚体受纯力(或者约束力)的作用

$$\begin{bmatrix} \boldsymbol{f} \\ \boldsymbol{c} \times \boldsymbol{f} \end{bmatrix} \qquad (3.16)$$

其中,单位直线的第二项 $\boldsymbol{\tau}_0 = \boldsymbol{c} \times \boldsymbol{f}$ 表示力对原点的力矩。当该力通过坐标系原点时,该直线可以简化为 $(\boldsymbol{f}; \boldsymbol{0})$。

4. 刚体上作用的力偶(或者约束力偶)

如图 3-8 所示的刚体受到纯力偶的作用。设 $\boldsymbol{\tau}(\boldsymbol{\tau} \in \mathbb{R}^3)$ 是表示力偶平面法线方向的单位矢量。实际上,力偶也是一个典型的偶量或自由矢量,也就是说,将力偶在其所在平面内平移并不改变它对刚体的作用效果。该自由矢量对应的 Plücker 坐标为 $(\boldsymbol{0}; \boldsymbol{\tau})$。另外,(约束)力偶也可以看作是一个作用在刚体上的"无限小的

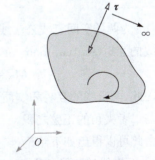

图 3-8 刚体受力偶(或者约束力偶)的作用

力"对原点的矩,该力的作用线与 τ 正交,并位于无穷远的平面上。

3.2 自由度线与约束线之间对偶关系的数学描述

物理上,当有一个力作用在刚体上,刚体会产生相应的运动,这时可用瞬时功率来描述。如果在其他方向上瞬时功率为零,则刚体所受的(其他)作用力为约束力(constraint force)。因此,可用瞬时功率来描述自由度和约束之间的对偶关系。即当刚体的瞬时功率为零时,就可满足它们之间的对偶关系。

为了深入地了解这种对偶性,不妨从数学角度来入手。

3.2.1 两直线的互易积

如图 3-9 所示,假设有两单位直线 $\$_1=(s_1;s_{01})$ 和 $\$_2=(s_2;s_{02})$。将 $\$_1$、$\$_2$ 的原部矢量与对偶部矢量交换后作点积之和,得到

$$\$_1 \circ \$_2 = \$_1^T \mathbf{\Delta} \$_2 = s_1 s_{02} + s_2 s_{01}$$
$$= L_1 P_2 + M_1 Q_2 + N_1 R_2 + L_2 P_1 + M_2 Q_1 + N_2 R_1 \tag{3.17}$$

式中,"$\circ$"表示互易积算子符号;$\mathbf{\Delta} = \begin{bmatrix} \mathbf{0} & \mathbf{I} \\ \mathbf{I} & \mathbf{0} \end{bmatrix}$,$\mathbf{\Delta}$ 实质上是一个反对称单位矩阵。形象地称上述运算为两直线的互易积(reciprocal product)。

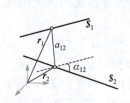

图 3-9 两直线的互易积

对式(3.17)进行展开,得到

$$\begin{aligned}\$_1^T \mathbf{\Delta} \$_2 &= s_1 s_{02} + s_2 s_{01} \\ &= s_1 \cdot (r_2 \times s_2) + s_2 \cdot (r_1 \times s_1) \\ &= (r_2 - r_1) \cdot (s_2 \times s_1) \\ &= -a_{12} \sin\alpha_{12} \end{aligned} \tag{3.18}$$

式中,a_{12} 为两条空间直线公法线的长度;α_{12} 为它们之间的夹角。而根据定义,两空间直线的互矩(mutual moment)为

$$M_{12} = \$_1^T \mathbf{\Delta} \$_2 = \$_2^T \mathbf{\Delta} \$_1 = M_{21} \tag{3.19}$$

因此,两直线的互易积实质上就是这两条空间直线的互矩,即两直线的公法线长度与二者夹角的正弦之积。

由此可以得出如下结论:

- 两直线的互易积为零($\$_1 \circ \$_2 = 0$)的充要条件是它们共面。反之,如果两直线的互易积不为零,则它们为异面直线(skew line)。

- 任意直线对其自身的互易积为零($\$ \circ \$ = 0$)。

3.2.2 直线与偶量的互易积

假设有一单位直线 $\$_1 = (s_1; s_{01})$ 和一偶量 $\$_2 = (0; s_2)$。将 $\$_1$、$\$_2$ 的原部矢量与对偶部矢量交换后作点积之和,得到它们之间的互易积:

$$\$_1 \circ \$_2 = s_1 \cdot s_2 \tag{3.20}$$

因此,直线与偶量的互易积实质上是两者的内积(inner product)。

为此,可以得出如下结论:

- 直线与偶量互易积为零的充要条件是两者的轴线正交。

3.2.3 两偶量的互易积

假设有两个偶量 $\$_1 = (0; s_1)$ 和 $\$_2 = (0; s_2)$。将 $\$_1$、$\$_2$ 的原部矢量与对偶部矢量交换后作点积之和,得到它们之间的互易积:

$$\$_1 \circ \$_2 \equiv 0 \tag{3.21}$$

为此,可以得出如下结论:

- 两偶量的互易积始终为零。
- 任意偶量对其自身的互易积为零。

【例 3-3】 试判断图 3-10 所示三种连续运动情况下的平面约束分布情况。

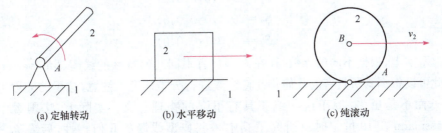

(a) 定轴转动　　　　(b) 水平移动　　　　(c) 纯滚动

图 3-10　三类连续运动

对于图 3-10(a)所示的定轴转动,根据自由度与约束之间的对偶法则,可直接判断出受到二维相交约束力的作用。对于图 3-10(b)所示的水平移动,根据自由度与约束之间的对偶法则,可判断出受到一维垂直约束力和一维约束力偶的共同作用。而对于图 3-10(c)所示的纯滚动,瞬心在 A 点;根据自由度与约束之间的对偶法则,可判断出受到过瞬心点的二维相交约束力作用。具体图示如图 3-11 所示。

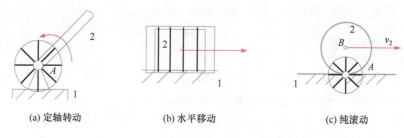

(a) 定轴转动　　　　　(b) 水平移动　　　　　(c) 纯滚动

图 3-11　三类连续运动的平面约束分布

3.3　自由度(约束)线图的数学描述

3.3.1　线集、线簇及分类

n 条单位直线 $\$_1, \$_2, \cdots, \$_n$ 可以组成一个线集(line set),记为 $S=\{\$_1, \$_2, \cdots, \$_n\}$。如果在线集 S 中,存在一组线性无关的单位直线 $\$_1, \$_2, \cdots, \$_r$,并且 S 中的其他所有直线都是这些 r 条直线的线性组合,则称该 r 条直线为线集 S 的一组基。即这 r 条直线连同它们的线性组合共同组成所谓的线簇 S,r 为该线簇的阶数或维数,记作 $r = \text{rank}(S)$。例如,由所有通过坐标原点的直线所组成的线集中,任意一条直线都可以通过下面 3 条正交(线性无关)的单位直线线性组合而成,它们组成了一个维数为 3 的线簇。

$$\begin{cases} \$_1=(1,0,0;0,0,0) \\ \$_2=(0,1,0;0,0,0) \\ \$_3=(0,0,1;0,0,0) \end{cases} \quad (3.22)$$

事实上,根据不同的维数,存在许多具有不同几何特性的线簇(line variety)。由此可以根据其所具有的几何特性将线簇进行分类研究。注意,这里的 n 取值为 1~6 而不是更多,源于这些线簇具有很强的物理意义。实际上,法国数学家 Grassmann 在 19 世纪时就研究了其中一些典型线簇的几何特性,后人称之为 Grassmann 线几何[3](Grassmann line geometry)。

如表 3-1 所示,Merlet 所给的 Grassmann 线几何包括以下内容:

由 1 条直线所组成的线簇其维数为 1(1a)。

线簇的维数为 2 时包括两种情况:①平面汇交于一点的任意多条直线(平面平行可以看作相交于平面无穷远点)组成平面线列(line pencil),但其中只有 2 条直线线性无关(2a);②异面(空间交错)的两条直线(2b)。

线簇的维数为 3 时包括四种情况:①空间汇交于一点的任意多条直线(空间平行可以看作相交于空间无穷远点)组成空间共点线束(line bundle),但其中只有 3 条直线线性无关(3a);②共面的任意多条直线组成共面线域(line field),其中也只

表 3-1　Grassmann 线几何[3,4]

维数	线簇种类
1	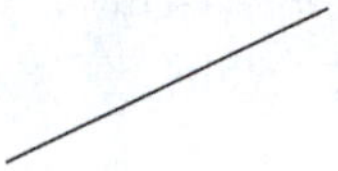 1a
2	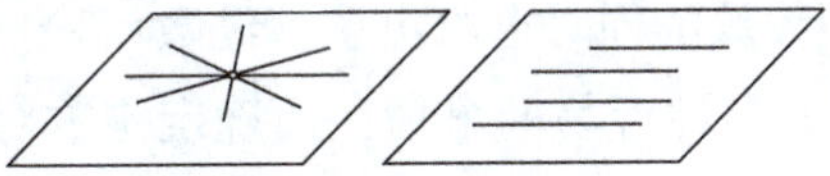 平面线列（平面汇交或共面平行） 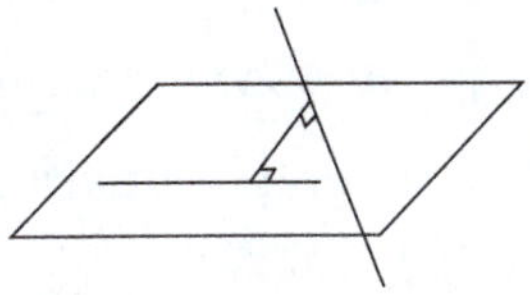 2a　　　异面（空间交错）的两条直线 2b
3	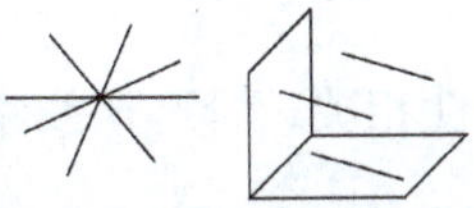 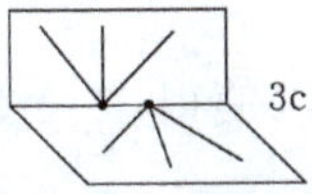 空间共点线束（包括平行）3a　　共面 3b　　两平面汇交线束  3c　　二次线列 3d 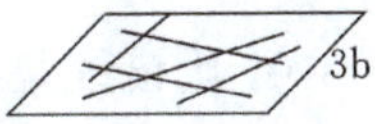
4	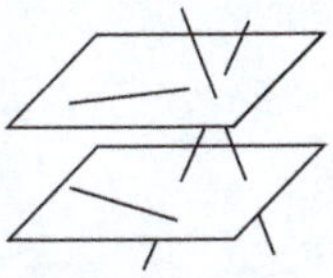 空间不平行、不相交的 4 条直线 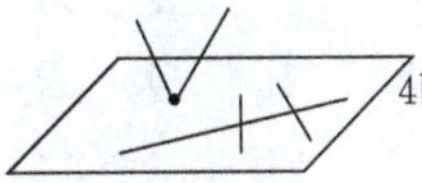 4a　　共面及共点 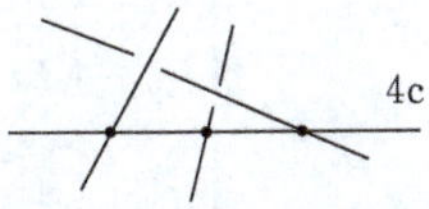 4b　　交 1 条公共直线，且交角一定 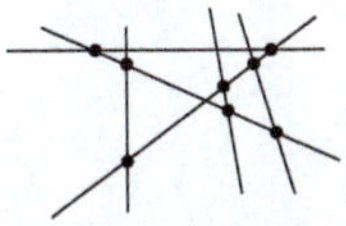 4c　　交 2 条公共直线 4d
5	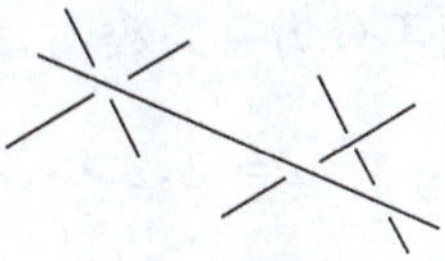 非奇异线丛 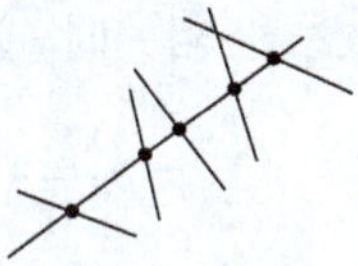 5a　　交 1 条公共直线 5b

有 3 条直线线性无关(3b)；③汇交点在两平面交线上的两个平面线列，其中也只有 3 条直线线性无关(3c)；④空间既不平行也不相交的 3 条直线组成二次线列(regulus)，它们线性无关，而它们的线性组合可构成一个单叶双曲面(3d)。后面将详细介绍这种二次线列的几何特性。

线簇的维数为 4 时称为线汇(line congruence)，它包括四种情况：①由空间既不平行也不相交的 4 条直线组成，它们线性无关(4a)；②由空间共点及共面两组线束组成，且汇交点在平面上，这时只有 4 条直线线性无关(4b)；③由有 1 条公共交线的 3 个平面线列组成，这种情况下，有 4 条直线线性无关(4c)；④能同时与另两条直线相交的 4 条直线，它们线性无关(4d)。

线簇的维数为 5 时称为线丛(linear complex),它包括两种情况:①由空间既不平行也不相交的 5 条直线组成一般线性丛,也称非奇异线丛,这 5 条直线线性无关(5a);②当所有直线同时与一条直线相交(或正交)时构成特殊线性丛或称奇异线丛,这时只有 5 条直线线性无关(5b)。

3.3.2 不同几何条件下的线集相关性判别

3.3.1 节中在给出了一些典型线簇的同时也给出了其维数(秩)。实际上对于复杂的线集而言,其维数的确定并非是件容易的事情。而确定维数对认识线簇而言却是最为基本的事情。那么如何来准确地确定其维数呢?本节将重点讨论这个问题。

设有由 n 条单位直线 $\$_1, \$_2, \cdots, \$_n$ 组成的集合 $\{\$_1, \$_2, \cdots, \$_n\}$,若存在不全为零的数 $\lambda_1, \lambda_2, \cdots, \lambda_n$,使得 $\sum_{i=1}^{n} \lambda_i \$_i = 0$,则该线集线性相关;否则,该线集线性无关。设线集中各条直线的 Plücker 坐标可表示为 $(L_i, M_i, N_i; P_i, Q_i, R_i)$,则该线集的线性相关性可用下列矩阵 $\boldsymbol{A}$ 的秩来判定:

$$\boldsymbol{A} = \begin{bmatrix} L_1 & M_1 & N_1 & P_1 & Q_1 & R_1 \\ L_2 & M_2 & N_2 & P_2 & Q_2 & R_2 \\ \vdots & \vdots & \vdots & \vdots & \vdots & \vdots \\ L_n & M_n & N_n & P_n & Q_n & R_n \end{bmatrix} \quad (3.23)$$

下面讨论线集的线性相关性与坐标系之间的关系。

当一组直线线性相关时,必可找到一组不全为零的数 $a_1, a_2, \cdots, a_n$,使得

$$\sum_{i=1}^{n} a_i \$_i = 0, \quad \$_i = \boldsymbol{s}_i + \varepsilon \boldsymbol{s}_{0i}, \quad i = 1, 2, \cdots, n \quad (3.24)$$

按直线的加法法则,有

$$\sum_{i=1}^{n} a_i \boldsymbol{s}_i = 0, \quad \sum_{i=1}^{n} a_i \boldsymbol{s}_{0i} = 0 \quad (3.25)$$

当坐标系由点 O 移至点 A,各直线变为 $(\boldsymbol{s}_i; \boldsymbol{s}_{Ai})$:

$$\boldsymbol{s}_{Ai} = \boldsymbol{s}_{0i} + \overline{AO} \times \boldsymbol{s}_i \quad (3.26)$$

为确定经坐标系变换后直线的相关性,分析其线性组合:

$$\sum_{i=1}^{n} a_i \$_{Ai} = \sum_{i=1}^{n} a_i \boldsymbol{s}_i + \sum_{i=1}^{n} a_i \boldsymbol{s}_{Ai}$$

$$= \sum_{i=1}^{n} a_i \boldsymbol{s}_i + \varepsilon \left(\sum_{i=1}^{n} a_i \boldsymbol{s}_{0i} + \overline{AO} \times \sum_{i=1}^{n} a_i \boldsymbol{s}_i \right) \quad (3.27)$$

代入式(3.26),三项均为零,所以得到

$$\sum_{i=1}^{n} a_i \boldsymbol{\$}_{Ai} = 0 \tag{3.28}$$

上式表明,在原坐标系下为线性相关的线集,在新坐标系下仍保持线性相关。容易证明本问题的对称命题,即在原坐标系下为线性无关的线集,在新坐标系下仍保持线性无关。所以,线集的线性相关性与坐标系的选择无关。这使得在后面的解析法分析中(如果需要),可以选取最方便的坐标系,从而可以最大程度地将直线表达式简化。例如,尽量使线集中各直线的 Plücker 坐标中出现更多的 1 和 0 元素[4]。

下面再来讨论线簇线性无关特性的应用。即根据"线集的线性相关性与坐标系的选择无关"的特性来讨论三维空间中线集在不同几何条件下的维数(或者最大线性无关组的维数),即所生成的线簇情况。考虑到三维空间内全部由直线组成的线簇其维数最大为 6。但在一些特殊几何条件下,其维数会退化,即满足维数公式:

$$\dim(\boldsymbol{S}) = \mathrm{rank} \begin{bmatrix} L_1 & M_1 & N_1 & P_1 & Q_1 & R_1 \\ L_2 & M_2 & N_2 & P_2 & Q_2 & R_2 \\ \vdots & \vdots & \vdots & \vdots & \vdots & \vdots \end{bmatrix} \tag{3.29}$$

这里利用上述方法来分析前面讨论过的特殊几何条件下线集的相关性问题(表 3-1)。

1. 共轴

不妨选择将参考坐标系的 X 轴与各条直线重合(图 3-12),则对于单位直线,其 Plücker 坐标是 $\boldsymbol{\$} = (1,0,0;0,0,0)$。由此可以判断,共轴条件下任意多条直线所组成的集合 $\boldsymbol{S}$ 其维数为 1,记为 $\dim(\boldsymbol{S}) = 1$。由此可得,共轴条件下的直线可构成一维线簇。

图 3-12 共轴条件下的线簇

如果用集合来表达,可表示成

$$^1\boldsymbol{S} = \{k\boldsymbol{\$} \mid \boldsymbol{\$} = (\boldsymbol{s}; \boldsymbol{r} \times \boldsymbol{s})\} \tag{3.30}$$

也可用更简单的集合符号来表达:

$$\mathcal{R}(N, \boldsymbol{s}) \tag{3.31}$$

式中,N 表示直线上的一点;$\boldsymbol{s}$ 表示直线的方向(单位矢量表示)。

2. 平面汇交

不妨将直线置于参考坐标系的 XY 平面内,且选择汇交点为坐标系的原点(图 3-13)。则对于单位直线,其一般表达是 $\$ =(L,M,0;0,0,0)$。由此可以判断,平面汇交条件下任意多条直线所组成的集合 S 其维数为 2,记为 $\dim(S)=2$。由此可得,共面共点的直线可构成二维线簇。

图 3-13 平面汇交条件下的线簇

如果用集合来表达,可表示成

$$^2S=\{\$ =k_1\$_1+k_2\$_2, \quad k_1\neq 0 \text{ 或 } k_2\neq 0\}$$

式中

$$\$_1=\begin{bmatrix}s_1\\r\times s_1\end{bmatrix}, \quad \$_2=\begin{bmatrix}s_2\\r\times s_2\end{bmatrix} \tag{3.32}$$

$$\$ =k_1\$_1+k_2\$_2=\begin{bmatrix}k_1s_1+k_2s_2\\r\times(k_1s_1+k_2s_2)\end{bmatrix}=\begin{bmatrix}s\\r\times s\end{bmatrix}, \quad s=k_1s_1+k_2s_2 \tag{3.33}$$

也可用更简单的集合符号来表达:

$$\mathcal{U}(N,n) \quad (n=s_1\times s_2) \tag{3.34}$$

式中,N 表示汇交点;n 表示汇交直线所在平面的法线(单位矢量表示)。

3. 共面平行

不妨将直线置于参考坐标系的 XY 平面内,且与 X 轴平行(图 3-14),则对于单位直线,其一般表达是 $\$ =(1,0,0;0,0,R)$。由此可以判断,共面平行条件下任意多条直线所组成的集合 S 其维数为 2,记为 $\dim(S)=2$。由此可得,共面平行的直线可构成二维线簇。

图 3-14 共面平行条件下的线簇

如果用集合来表达,可表示成

$$^2S=\{\$ =k_1\$_1+k_2\$_2, \quad k_1\neq 0 \text{ 或 } k_2\neq 0\}$$

式中

$$\$_1 = \begin{bmatrix} s \\ r_1 \times s \end{bmatrix}, \quad \$_2 = \begin{bmatrix} s \\ r_2 \times s \end{bmatrix} \tag{3.35}$$

$$\$ = k_1\$_1 + k_2\$_2 = \begin{bmatrix} (k_1+k_2)s \\ (k_1 r_1 + k_2 r_2) \times s \end{bmatrix} = \begin{bmatrix} s \\ r' \times s \end{bmatrix}, \quad r' = \frac{k_1}{k_1+k_2}r_1 + \frac{k_2}{k_1+k_2}r_2 \tag{3.36}$$

也可用更简单的集合符号来表达：

$$\mathcal{F}_2(N, s, n) \quad (s \cdot n = 0) \tag{3.37}$$

式中，N 表示平面上的一点；s 表示所有平行直线的方向（单位矢量表示）；n 表示平行直线所在平面的法线（单位矢量表示）。

4. 平面内两两汇交

不妨将直线置于参考坐标系的 XY 平面内（图 3-15），则对于单位直线，其一般表达是 $\$ = (L, M, 0; 0, 0, R)$。由此可以判断，共面条件下任意多条直线所组成的集合 S 其维数为 3，记为 $\dim(S) = 3$。由此可得，平面两两汇交的直线可构成三维线簇。

图 3-15 平面两两汇交条件下的线簇

如果用集合来表达，可表示成

$$^3S = \{\$ = k_1\$_1 + k_2\$_2 + k_3\$_3, \quad k_1 \neq 0 \text{ 或 } k_2 \neq 0 \text{ 或 } k_3 \neq 0\} \tag{3.38}$$

式中

$$\begin{cases} \$_1 = (s_1; r \times s_1) \\ \$_2 = (s_2; r \times s_2) \\ \$_3 = (s_3; r_3 \times s_3) \end{cases} \quad (s_3 = as_2 - bs_1, r_3 = r + as_2) \tag{3.39}$$

也可用更简单的集合符号来表达：

$$\mathcal{L}(N, n) \tag{3.40}$$

式中，N 表示平面上的一点；n 表示平面的法线（单位矢量表示）。

5. 空间共点

不妨将汇交点选作参考坐标系的原点（图 3-16），则对于单位直线，其一般表达是 $\$ = (L, M, N; 0, 0, 0)$。由此可以判断，空间共点条件下任意多条直线所组成的集合 S 其维数为 3，记为 $\dim(S) = 3$。由此可得，空间共点直线可构成三维线簇。

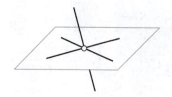 

图 3-16　空间共点条件下的线簇

如果用集合来表达，可表示成
$$^3S = \{\$ = k_1\$_1 + k_2\$_2 + k_3\$_3, \quad k_1 \neq 0 \text{ 或 } k_2 \neq 0 \text{ 或 } k_3 \neq 0\}$$

式中

$$\$_1 = \begin{bmatrix} s_1 \\ r \times s_1 \end{bmatrix}, \quad \$_2 = \begin{bmatrix} s_2 \\ r \times s_2 \end{bmatrix}, \quad \$_3 = \begin{bmatrix} s_3 \\ r \times s_3 \end{bmatrix} \tag{3.41}$$

$$\$ = k_1\$_1 + k_2\$_2 + k_3\$_3 = \begin{bmatrix} k_1s_1 + k_2s_2 + k_3s_3 \\ r \times (k_1s_1 + k_2s_2 + k_3s_3) \end{bmatrix} = \begin{bmatrix} s \\ r \times s \end{bmatrix}, \quad s = k_1s_1 + k_2s_2 + k_3s_3 \tag{3.42}$$

也可用更简单的集合符号来表达：
$$S(N) \tag{3.43}$$

式中，N 表示汇交点。

6. 空间平行

不妨选择参考坐标系的 X 轴与直线平行（图 3-17），则对于单位直线，其一般表达是 $\$ = (1, 0, 0; 0, Q, R)$。由此可以判断，空间平行条件下任意多条直线所组成的集合 S 其维数为 3，记为 $\dim(S) = 3$。由此可得，空间平行直线可构成三维线簇。

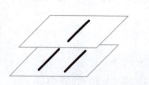 

图 3-17　空间平行条件下的线簇

如果用集合来表达，可表示成
$$^3S = \{\$ = k_1\$_1 + k_2\$_2 + k_3\$_3, \quad k_1 \neq 0 \text{ 或 } k_2 \neq 0 \text{ 或 } k_3 \neq 0\}$$

式中

$$\$_1 = \begin{bmatrix} s \\ r_1 \times s \end{bmatrix}, \quad \$_2 = \begin{bmatrix} s \\ r_2 \times s \end{bmatrix}, \quad \$_3 = \begin{bmatrix} s \\ r_3 \times s \end{bmatrix} \quad (r_1 \times r_2 \times r_3 \neq 0) \tag{3.44}$$

$$\$ = \sum_{i=1}^{3} k_i \$_i = \begin{bmatrix} (k_1 + k_2 + k_3)s \\ (k_1 r_1 + k_2 r_2 + k_3 r_3) \times s \end{bmatrix} = \begin{bmatrix} s \\ r' \times s \end{bmatrix}, \quad r' = \frac{k_1 r_1 + k_2 r_2 + k_3 r_3}{k_1 + k_2 + k_3} \tag{3.45}$$

也可用更简单的集合符号来表达：

$$\mathcal{F}(s) \tag{3.46}$$

式中，s 表示所有平行直线的方向（单位矢量表示）。

7. 交 3 条公共轴线

由于相交的两条直线一定互易，因此当有直线与这 3 条公共轴线同时相交时，可以很容易判断出：此条件下由任意多条直线组成的线集 S 其维数为 3，记为 $\dim(S)=3$。具体分为两种情况：一种为 3 条轴线不平行同一平面情况[图 3-18(a)]；另一种为 3 条轴线同时平行同一平面情况[图 3-18(b)]。前者对应的是单叶双曲面，后者对应的则是双曲抛物面。

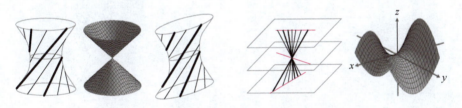

(a) 单叶双曲面　　　　　　　　　　(b) 双曲抛物面

图 3-18　与 3 条公共轴线相交的线簇（二次线列）

8. 两平面汇交线束的组合，汇交点在两平面交线上

不妨将直线分别置于参考坐标系的 XY 与 ZX 平面内，交线为 X 轴，汇交点取为原点（图 3-19）。这时，对于两组线束，其一般表达分别是 $\$_1=(L_1, M_1, 0; 0, 0, 0)$，$\$_2=(L_2, 0, N_2; 0, kN_2, 0)$。由此可以判断，此条件下由任意多条直线组成的集合 S 其维数为 3，记为 $\dim(S)=3$。

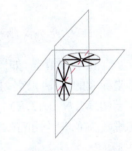

图 3-19　两平面汇交线簇

9. 平面汇交线束与平面平行线束的组合

不妨将直线分别置于参考坐标系的 XY 与 ZX 平面内，交线为 X 轴，汇交点取为原点（图 3-20）。这时，对于两组线束，其一般表达分别是 $\$_1=(L_1, M_1, 0; 0, 0, 0)$，$\$_2=(1, 0, 0; 0, Q_2, 0)$。由此可以判断，此条件下由任意多条直线组成的集

合 S 其维数为 3，记为 $\dim(S)=3$。

10. 共面与空间共点线簇

不妨将共面的直线置于参考坐标系的 YZ 平面内，共点直线的汇交点取为原点（图 3-21）。这时，对于两组线束，其一般表达分别是 $\$_1=(0,M_1,N_1;P_1,0,0)$，$\$_2=(L_2,M_2,N_2;0,0,0)$。由此可以判断，在此条件下由任意多条直线组成的集合 S 其维数为 4，记为 $\dim(S)=4$。

图 3-20 平面平行与平面汇交组合线簇

11. 交 2 条公共轴线

由于相交的两条直线一定互易，因此当所有直线都与 2 条公共轴线相交时（图 3-22），可以很容易判断出，此条件下由任意多条直线组成的线集 S 其维数为 4，记为 $\dim(S)=4$。

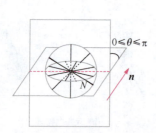

图 3-21 共面与空间共点组合线簇（点在面上）

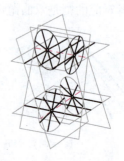

图 3-22 与 2 条公共轴线相交的线簇

12. 交 1 条公共轴线，且交角一定

存在两种情况，如图 3-23 所示。不妨以图 3-23(a) 为例，将各条直线均与参考坐标系的 X 轴相交，且与 X 轴的交角为直角。对于单位直线，其一般表达是 $\$=(0,M,N;0,Q,R)$。从而可以判断，这种情况下由任意多条直线组成的线集 S 其维数为 4，记为 $\dim(S)=4$。

13. 交 1 条公共轴线

不妨将各条直线均与参考坐标系的 X 轴相交（图 3-24），则对于单位直线，其一般表达是 $\$=(L,M,N;0,Q,R)$。从而可以判断，这种情况下由任意多条直线组成的线集 S 其维数为 5，记为 $\dim(S)=5$。此种条件下又称奇异线丛。

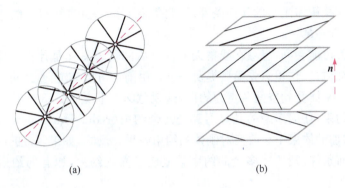

图 3-23　与 1 条公共轴线相交,且交角一定的线簇

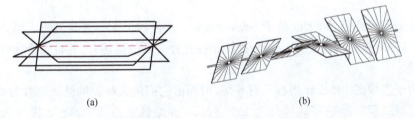

图 3-24　与 1 条公共轴线相交的线簇

14. 含 1 条公法线的平面线列组合

不妨取平行平面的法线为参考坐标系的 Z 轴（图 3-25），则对于单位直线,其一般表达是 $\$ = (L, M, 0; P, Q, R)$。由此可以判断,此条件下由任意多条直线组成的线集 S 其维数为 5,记为 $\dim(S)=5$。

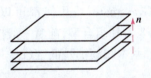

图 3-25　含 1 条公法线的平面线列组合

15. 非奇异线丛（无公共交线,空间交错）

非奇异线丛是指线丛中所有直线空间交错,且无公共交线,因此又称一般线丛（图 3-26）。例如,由一系列单叶双曲面组合而成的线簇就是非奇异线丛（第 5 章

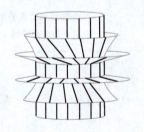

图 3-26　非奇异线丛

将具体讨论该线簇需满足的几何条件)。此条件下全部由直线组成的线集 S 其维数为 5,记为 $\dim(S)=5$。

这时有人可能会问,隐藏在线集无关性背后的物理意义是什么。这个问题在后面还要详细讨论,这里只先简单提及一下。由前文可以知道,直线可以表示约束力。如果一个刚体受到空间共点力约束,这就意味着非共面的 3 个共点力就足够实现预期的约束,任何多余的共点力都是冗余约束(redundant constraint)或者虚约束,即所增加的约束不会改变对刚体的约束效果。反之,如果多余的约束满足不了共点的几何条件,则这些多余的约束就变成了真正约束,原有的约束状态发生变化。

3.3.3 线空间

前面已经提到,Merlet 基于 Grassmann 线几何讨论了一些典型的线簇分类问题,总体来看这些是泛泛的,还缺少详细的、有针对性的描述,尤其是结合物理意义的阐述。

由于直线的 Plücker 坐标只有 6 维,因而由它们组成线簇的最高维数为 6。为此可根据线簇的维数将线簇分为 1、2、3、4、5、6 维线簇。其中,1~3 维为低维线簇;4~6 维为高维线簇。实际上,前文已经提到了若干种线簇;如表 3-1 中所描述的 Grassmann 线几何都可以构成线簇。根据几何特征,线簇又可分为基本型(表 3-2)和组合型,前者一般按照几何特征进行分类,而后者通常是由前者组合而成。基本线簇都是低维(1~3)系。

表 3-2 基本型线簇的可视化表达(线空间)

维数	图示	集合符号	几何条件
1		$\mathcal{R}(N,u)$	N 是直线上任意一点,u 表示直线的方向
2		$\mathcal{U}(N,n)$	N 在两直线所在平面上,n 是平面的法线
2		$\mathcal{F}_2(N,u,n)$	N 在两直线所在平面上,平行线的方向 u 与平面的线 n 满足 $u \cdot n=0$
2		$\mathcal{N}_2(u,v)$	u 和 v 分别代表 2 条发生线的方向

续表

维数	图示	集合符号	几何条件
3		$\mathcal{L}(N,n)$	n 是平面的法线
		$\mathcal{F}(u)$	u 表示所有平行线的方向
		$\mathcal{S}(N)$	N 是所有线的交点
		$\mathcal{N}(n)$	n 与所有发生线都正交
		$\mathcal{N}(u,v,w)$	u、v 和 w 分别代表 3 条发生线的方向

引入线空间(line space)的概念可以使线簇更加形象化。这里的线空间是指将各类线簇描述成几何空间的形式,其中的组成元素就是该线簇所包含的所有直线,如前面的线图表示。这种形象化的方式更习惯被称为可视化(或图谱化)表达,如表 3-2 所示的就是基本型线空间的线图表达形式。鉴于线簇的集合特性,线空间还可借助集合论的方法来进行描述。

图 3-27 给出了基本型线空间之间的映射关系。

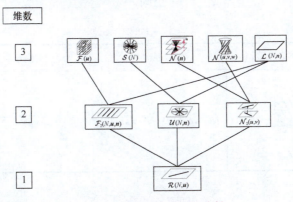

图 3-27 基本型线空间的映射

对以上基本型线空间枚举式求并(包括同类线空间,也包括满足某种特殊条件下的多个线空间求并),可以得到组合型线空间。通过这种方式,可以得到不同类型的高维线空间。例如,2 个平行的平面二维基本型线空间可以组合而成 1 个三维线空间,如图 3-28 所示。

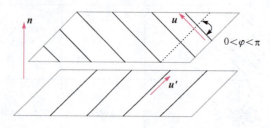

图 3-28　$\mathcal{F}_2(N,u,n) \bigcup \mathcal{F}_2(N',u',n)$

用集合符号表示为

$$\mathcal{F}_2(N,u,n) \bigcup \mathcal{F}_2(N',u',n)$$

考虑到

$$\mathcal{F}_2(N,u,n) \bigcap \mathcal{F}_2(N',u',n) = \mathcal{P}(n)$$

注意:式中的 $\mathcal{P}(n)$ 表示偶量。根据维数定理得到

$$\dim(\mathcal{F}_2(N,u,n) \bigcup \mathcal{F}_2(N',u',n)) = 2+2-1=3$$

再如,2 个基本型线空间组合而成的线空间(四维),具体如图 3-29 所示。

考虑到

$$\mathcal{F}(u) \bigcap \mathcal{F}_2(N,v,n) = \mathcal{P}(n)$$

根据维数定理得到

$$\dim(\mathcal{F}(u) \bigcup \mathcal{F}_2(N,v,n)) = 3+2-1=4$$

表 3-3 给出了一些典型的组合型线空间。

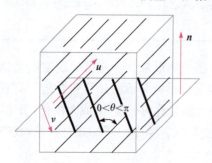

图 3-29　$\mathcal{F}(u) \bigcup \mathcal{F}_2(N,v,n)$

表 3-3　组合型线空间

维数	子类型图示	符号表达	需满足的几何条件
3		$\mathcal{U}(N,n) \bigcup \mathcal{F}_2(N',u',n')$	$u' \cdot n=0, \overline{NN'} \cdot n=0$

续表

维数	子类型图示	符号表达	需满足的几何条件
3	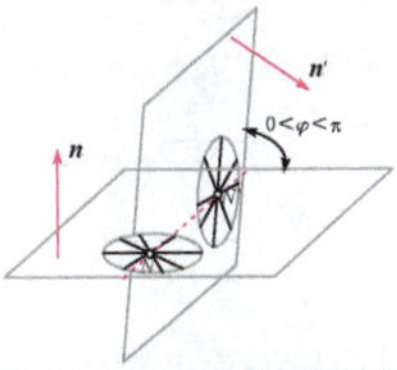	$\mathcal{U}(N,n) \cup \mathcal{U}(N',n')$	$n \neq n'$, $N \neq N'$, $\overline{NN'} \cdot n = 0$, $\overline{NN'} \cdot n' = 0$
	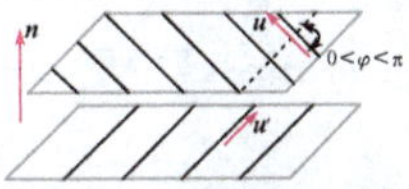	$\mathcal{F}_2(N,u,n) \cup \mathcal{F}_2(N',u',n)$	$n = n'$, $u \neq u'$, $\overline{NN'} \cdot n \neq 0$
4	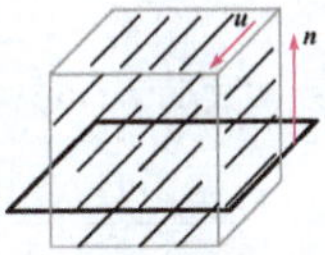	$\mathcal{L}(N,n) \cup \mathcal{F}(u)$	$u \cdot n' = 0$
	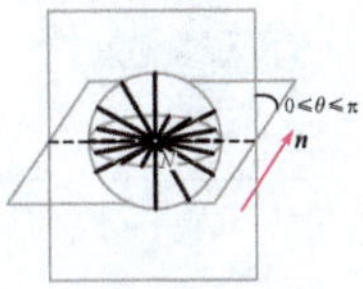	$\mathcal{L}(N,n) \cup \mathcal{S}(N')$	$\overline{NN'} \cdot n = 0$
	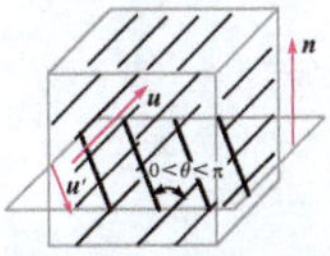	$\mathcal{F}(u) \cup \mathcal{F}_2(N,u',n)$	$u \neq u'$, $u \times u' = n$
	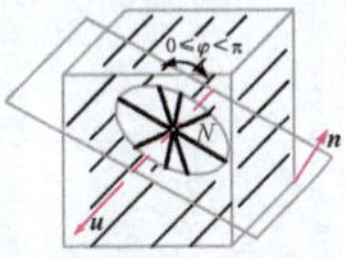	$\mathcal{F}(u) \cup \mathcal{U}(N,n)$	$u \cdot n = 0$
	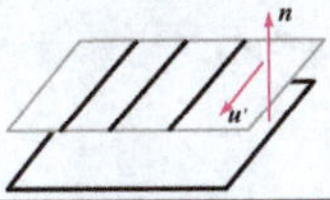	$\mathcal{L}(N,n) \cup \mathcal{F}_2(N',u',n)$	$n \neq n'$, $u = n \times n'$
	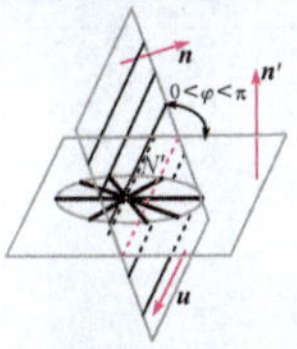	$\mathcal{F}_2(N,u,n) \cup \mathcal{U}(N',n')$	$u \cdot n' \neq 0$, $\overline{NN'} \cdot n = 0$
	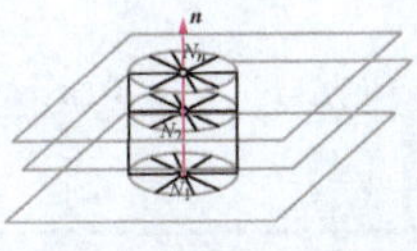	$\bigcup_i \mathcal{U}(N_i, n)$	$\bigcap_i \mathcal{U}(N_i, n) = \mathcal{P}(n)$

续表

维数	子类型图示	符号表达	需满足的几何条件
4	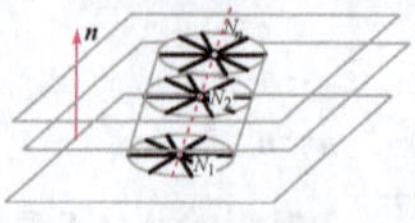	$\bigcup_i \mathcal{U}(N_i, n)$	$\bigcap_i \mathcal{U}(N_i, n) = \mathcal{P}(n)$, $\angle(\overline{N_i N_j}, n) \neq 0$
	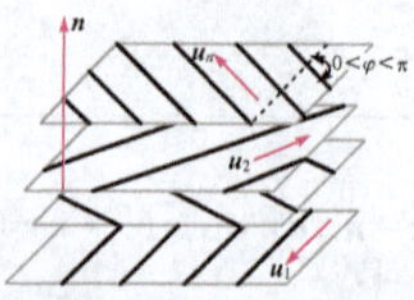	$\bigcup_i \mathcal{F}_2(N_i, u_i, n)$	$\bigcap_i \mathcal{F}_2(N_i, u_i, n) = \mathcal{P}(n)$, $u_i \neq u_j (i \neq j), \overline{N_i N_j} \cdot n \neq 0$
	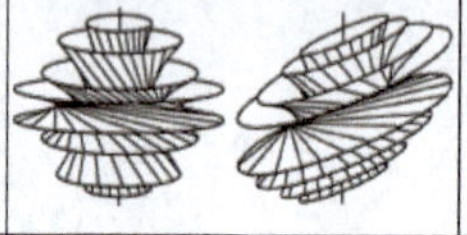	$\bigcup_i \mathcal{N}(d_i, \varphi_i) \cup [\bigcup_j \mathcal{N}(d_j, \varphi_j)]$	$d_i \tan \varphi_i = $ 常数 $1, d_j \tan \varphi_j = $ 常数 2
5	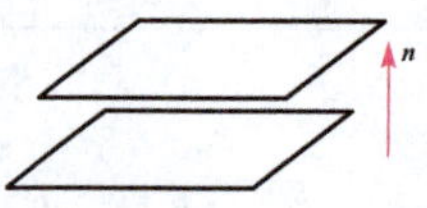	$\mathcal{L}(N, n) \cup \mathcal{L}(N', n)$	$\overline{NN'} \cdot n \neq 0$
	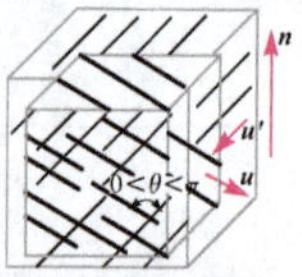	$\mathcal{F}(u) \cup \mathcal{F}(u')$	$u \neq u', u \times u' = n$
	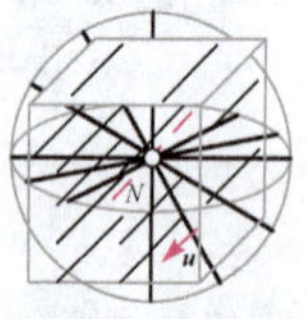	$\mathcal{F}(u) \cup \mathcal{S}(N)$	
	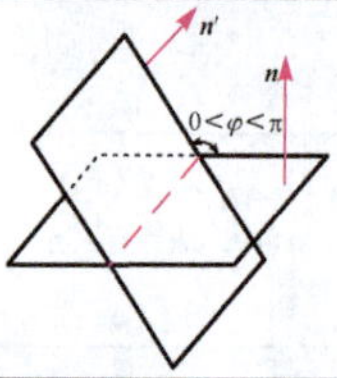	$\mathcal{L}(N, n) \cup \mathcal{L}(N', n')$	$n \neq n', \overline{NN'} \cdot n \neq 0$
	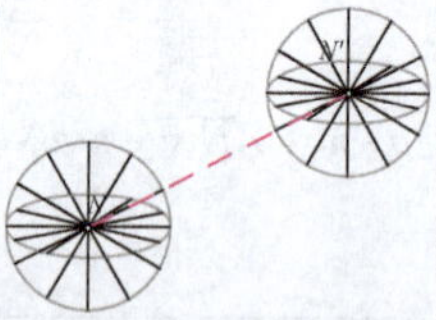	$\mathcal{S}(N) \cup \mathcal{S}(N')$	$N \neq N'$
	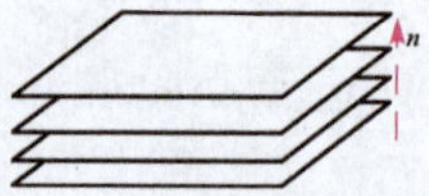	$\bigcup_i \mathcal{L}(N_i, n)$	$\bigcap_i \mathcal{L}(N_i, n) = \mathcal{P}(n)$

续表

维数	子类型图示	符号表达	需满足的几何条件
5	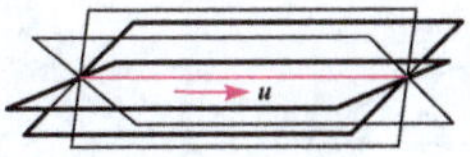	$\bigcup_i \mathcal{L}(N_i, n_i)$	$\bigcap_i \mathcal{L}(N_i, n_i) = \mathcal{R}(N, u), n_i \neq n_j (i \neq j)$
	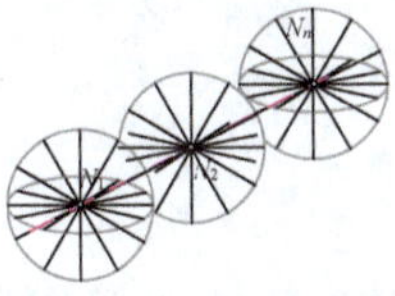	$\bigcup_i \mathcal{S}(N_i)$	N_i 共线
	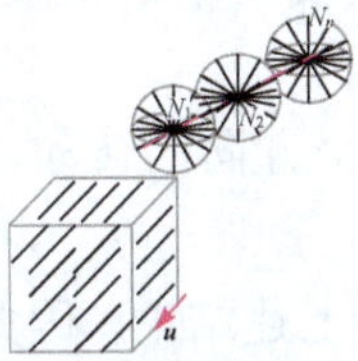	$[\bigcup_i \mathcal{S}(N_i)] \bigcup \mathcal{F}(u)$	$[\bigcup_i \mathcal{S}(N_i)] \bigcap \mathcal{F}(u) = \mathcal{R}(N, u)$, N_i 共线
	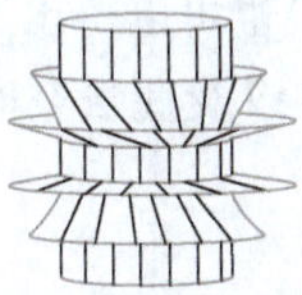	$\bigcup_i \mathcal{N}(d_i, \varphi_i)$	$d_i \tan \varphi_i = $ 常数
6	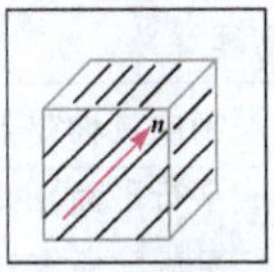	$\mathcal{L}(N, n) \bigcup \mathcal{F}(n)$	
	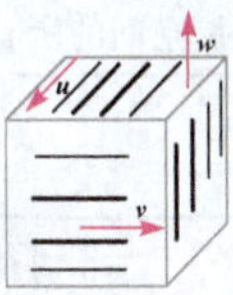	$\mathcal{F}_2(L, u, w) \bigcup \mathcal{F}_2(M, v, u)$ $\bigcup \mathcal{F}_2(N, w, v)$	$u \perp v \perp w$

3.3.4 偶量空间

第 2 章提到，由于偶量为自由矢量，只关注其法向矢量的方向而无须考虑其所在的位置。考虑到法向矢量的方向正好与移动方向相一致，因此本节采用两端带箭头的直线表示偶量，如图 3-30 所示。

全部由偶量组成的集合称为偶量集。

为形象地反映出偶量集的线性相关性，这里以约束力偶为例来说明各类偶量集的最大线性相关性：

(1) 无论是空间平行还是共面平行，方向是相同的，其实质上都是限制一个方向的转动，所以最大线性无关数是 1。

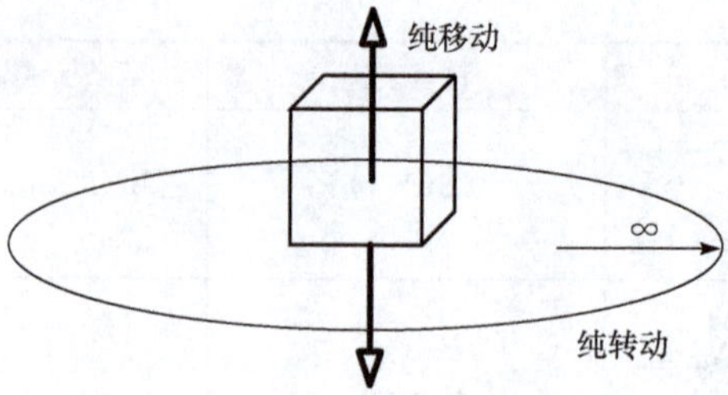

图 3-30 偶量的表达

(2) 无论是平面汇交还是在一个平面上两两相交,其实质上都是限制两个方向上的转动,所以最大线性无关数是 2。

(3) 在空间汇交的情况下 3 个力偶实质上是限制 3 个方向的转动,所以最大线性无关数是 3。

在空间中无论有多少个力偶,最后的结果都可以得出上述结论。因此,偶量集的最大维数是 3,而不是 6。从偶量的 Plücker 坐标表达 $(\mathbf{0};\mathbf{s})$ 也可以得出这一结论。

表 3-4 和表 3-5 分别给出了偶量集的线性相关性条件以及偶量空间的可视化表达形式。

表 3-4 偶量集的线性相关性

各偶量满足的几何条件	维数	所代表的物理意义
共轴或平行	1	沿偶量轴线方向的移动或者限制偶量轴线方向的转动
共面(含平面汇交或两两相交)	2	所有沿两偶量轴线所在平面(或平行平面)的移动或者限制与偶量轴线方向平行平面的所有转动
非共面(如空间汇交)	3	空间的所有三维移动或者限制空间的所有三维转动

表 3-5 偶量空间的可视化表达

维数	图示	集合符号	几何条件
1	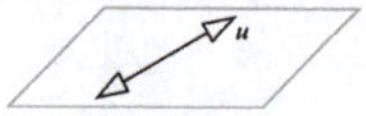	$\mathcal{P}(\boldsymbol{u})$	$\boldsymbol{u}$ 表示偶量的方向
2	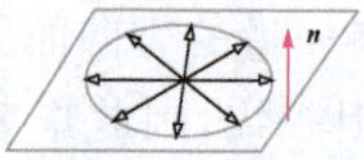	$\mathcal{T}_2(\boldsymbol{n})$	$\boldsymbol{n}$ 与平面内的所有偶量正交
3		$\mathcal{T}$	包含空间所有偶量

【例 3-4】 某些构件中存在的并不影响其他构件尤其是输出构件运动的自由度为局部自由度(passive DOF 或 idle DOF)。平面机构中,典型的局部自由度出

现在滚子构件中;空间机构中,如运动副 S-S、S-E、E-E 等组成的运动链中各存在 1 个局部自由度(图 3-31)。

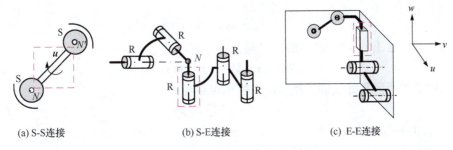

(a) S-S连接　　　　　(b) S-E连接　　　　　(c) E-E连接

图 3-31　局部自由度图示

具体可以从线空间的角度来解释局部自由度,由于

$$\mathcal{S}(N) \bigcap \mathcal{S}(N') = \mathcal{R}(N, u) \quad (3.47)$$

$$\mathcal{F}(u) \bigcap \mathcal{S}(N) = \mathcal{R}(N, u) \quad (3.48)$$

$$\mathcal{F}(u) \bigcap \mathcal{F}(v) = \mathcal{P}(w) \quad (3.49)$$

局部自由度的存在会导致机构的自由度数增加。例如,S-S 的运动副连接形式,理论上它有 6 个自由度,但实际上通过构件的连接,导致了其中一个自由度(移动自由度)的缺失,实际上只有 5 个自由度。因此,在实际计算机构自由度时应将局部自由度减掉。

【例 3-5】　平面运动链中,多由转动副和移动副组合而成;而空间运动链中,除了转动副和移动副之外,还可能包括圆柱副、球副、虎克铰、平面副等多自由度运动副类型。这些运动副的组合最终决定某一运动链的末端运动模式[5](motion pattern)或自由度类型。为此,定义运动链中所有运动副(轴线)的组合为运动副空间(kinematic pair space);而其末端运动模式或自由度类型定义为自由度空间(freedom space),与之对偶的所有约束组成约束空间(constraint space)。例如,平面 3R 机械手的运动副空间为 3 维空间平行线图[$\mathcal{F}(s)$],其自由度空间为 $\mathcal{R}(N, s) \bigcup \mathcal{T}_2(s)$(1R2T)。两者实质是一样的。

3.3.5　自由度(或约束)等效线的数学解释

仍以平面 3R 机械手为例,该机构的自由度空间可以表示为

$$\mathcal{R}(N, s) \bigcup \mathcal{T}_2(s) \quad (3.50)$$

其中含有 3 个线性无关量。写成 Plücker 坐标形式

$$\begin{cases} \$_1 = (s; r \times s) \\ \$_2 = (\mathbf{0}; s_2) \quad (s \cdot s_i = 0, i = 2, 3) \\ \$_3 = (\mathbf{0}; s_3) \end{cases} \quad (3.51)$$

通过线性组合($\$_1+\$_2,\$_1+\$_3$)可以得到另外一组基：

$$\begin{cases} \$_{e1}=(s;r\times s) \\ \$_{e2}=(s;r_2\times s) \\ \$_{e3}=(s;r_3\times s) \end{cases} \quad (3.52)$$

式(3.52)所给出的正是$\mathcal{F}(s)$的一组基。因此有

$$\mathcal{R}(N,s)\bigcup\mathcal{T}_2(s)=\mathcal{F}(s) \quad (3.53)$$

说明这两种线图是等效的。类似的方法也可以导出

$$\mathcal{F}_2(N,s,n)\bigcup\mathcal{P}(n) \quad (3.54)$$

与$\mathcal{F}(s)$也是等效的。

图 3-32 给出了上述等效线图的图示表达。

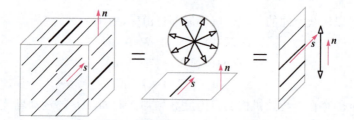

图 3-32　三维空间平行线图的等效线图

再以平面线图$\mathcal{L}(N,n)$为例。该线图的一组基(图 3-33)可以写成

$$\begin{cases} \$_1=(s_1;r\times s_1) \\ \$_2=(s_2;r\times s_2) \quad (s_3=as_2-bs_1,r_3=r+as_2) \\ \$_3=(s_3;r_3\times s_3) \end{cases} \quad (3.55)$$

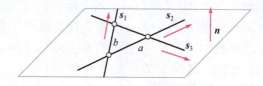

图 3-33　三维平面线图

通过对上式进行线性组合($b\$_1-a\$_2+\$_3$)，可以得到与式(3.55)等效的一组基。

$$\begin{cases} \$_1=(s_1;r\times s_1) \\ \$_2=(s_2;r\times s_2) \\ \$_3=(\mathbf{0};abs_1\times s_2) \end{cases} \quad (3.56)$$

式(3.56)所给出的正是组合线空间$\mathcal{U}(N,n)\bigcup\mathcal{P}(n)$的一组基表达。因此，$\mathcal{U}(N,n)\bigcup\mathcal{P}(n)$与$\mathcal{L}(N,n)$是等效的。

类似的方法可以导出

$$\mathcal{L}(N,n) \bigcup \mathcal{P}(n) = \mathcal{L}(N,n) \tag{3.57}$$

说明 $\mathcal{L}(N,n) \bigcup \mathcal{P}(n)$ 与 $\mathcal{L}(N,n)$ 也是等效的。

图 3-34 给出了平面线图的等效图示表达。

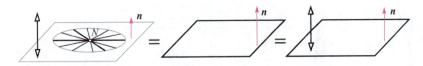

图 3-34 三维平面线图的等效线图

上面的例子中都涉及了直线与偶量相混合的情况。这种情况实际上比较复杂，第 5 章将重点讨论这一问题。但当满足某种特殊几何条件时，这类混合空间可以进行等效。可以证明，当混合空间中的所有偶量均与该空间中的所有直线正交时，可以等效成完全由直线组成的空间（即线空间）。表 3-6 给出了几种常见的含偶量的空间及其等效线空间。

表 3-6 含偶量的空间及其等效线空间

维数	含偶量子空间的线空间	等效线空间
2	(1+1)①	
3	(1+2)	
3	(2+1)	
3	(2+1)	

续表

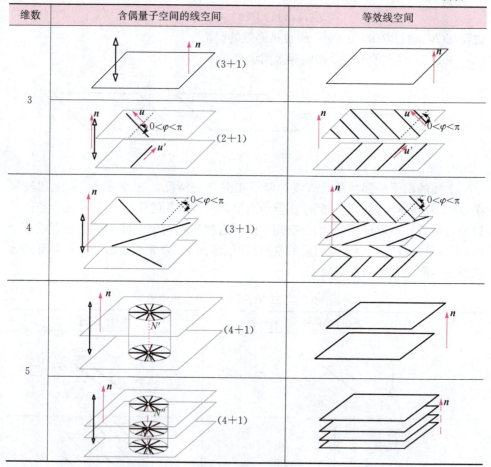

① $(a+b)$ 中,a 表示线子空间的维数,b 表示偶量子空间的维数。

值得说明的是:讨论这一问题有着很重要的物理意义。例如,后面会讲到的柔性机构设计问题,当设计实现某一特定运动模式的并联式柔性机构时,需要对其配置约束支链。而每个约束支链通常直接采用线约束形式的柔性单元,这意味着各支链的约束空间完全由约束力(直线)组成。这时等效线空间将起到很重要的作用。

再来看看等效线簇(或线空间)的物理意义。

对于一个具有 n 个单自由度关节(转动副或移动副)组成的串联操作手或由 n 个等效单自由度运动副(R、P)组成的支链,可以用运动副空间来描述它的运动,其末端的瞬时运动是该空间中 n 个运动副的线性组合。

如果该空间中的各元素线性无关,则必存在一个维数为 n 的基础解系。基于线性变换理论,末端执行器的运动完全可由基础解系中这 n 个量线性组合得到。

这 n 个量通过线性组合可生成一种或多种与基础解系形式不同的运动副子空间，但它们与基础解系都表示末端同一运动。为此，称根据线性组合得到的运动副子空间为基础解系的等效运动副空间（equivalent kinematic pair space）。类似地，如果运动副空间中各元素线性无关且它的秩 $r<6$，则该空间必存在一个维数为 r 的基础解系作为它的子空间。这 r 个元素通过线性组合可生成一种或多种与基础解系形式不同的运动副子空间，但它们与基础解系都表示末端的同一运动。

【例 3-6】 试通过等效方法构造与 RPP 运动链等效的运动链。

解 与 RPP 运动链对应的运动副空间中的一组基为

$$\begin{cases} \$_1 = (1,0,0;0,0,0) \\ \$_2 = (0,0,0;0,1,0) \\ \$_3 = (0,0,0;0,0,1) \end{cases} \tag{3.58}$$

对上式进行线性组合，可得到与之等效的运动副子空间：

$$\begin{cases} \$'_1 = \$_1 = (1,0,0;0,0,0) \\ \$'_2 = \$_1 + q_{21}\$_2 + r_{21}\$_3 = (1,0,0;0,q_{21},r_{21}) \\ \$'_3 = q_{31}\$_2 + r_{31}\$_3 = (0,0,0;0,q_{31},r_{31}) \end{cases} \tag{3.59}$$

式(3.59)表示所构造的等效运动链为 RRP，其中的 2 个转动副相互平行。或者

$$\begin{cases} \$''_1 = \$_1 = (1,0,0;0,0,0) \\ \$''_2 = \$_1 + q_{22}\$_2 + r_{22}\$_3 = (1,0,0;0,q_{22},r_{22}) \\ \$''_3 = \$_1 + q_{32}\$_2 + r_{32}\$_3 = (1,0,0;0,q_{32},r_{32}) \end{cases} \tag{3.60}$$

式(3.60)表示所构造的等效运动链为 RRR，其中的 3 个转动副相互平行。

从运动等效角度，以上 3 个运动链的末端都能产生同样的运动。因此，可以称这三个支链为等效运动链，如图 3-35 所示。

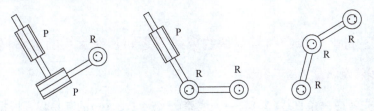

图 3-35 等效运动链

3.3.6 子空间

对于前面提到的各类线空间，总能在高维空间中找到若干种相同或不同类型的低维子空间（lower-dimensional subspace）及同维子空间（subspace with same dimensions）。例如，一个 3 维线空间，其中既包含 1 维子空间，也包含数种 2 维子

空间,甚至还包含数种 3 维子空间。对于 4~6 维线空间,则情况更为复杂。换句话说,任何高维空间都可以看作是由若干低维空间组合而成,如前面介绍的模块组合概念。

对于同维子空间,可视其与原空间等效。具体推导过程可如前面的线性变换法,也可通过集合运算的方法找到这种等效关系。例如,对于 3.3.5 节的例子,再通过集合运算来导出可能的同维子空间:

$$
\begin{aligned}
\mathcal{F}(s) &= \mathcal{R}(L,s) \cup \mathcal{R}(M,s) \cup \mathcal{R}(N,s) \\
&= \mathcal{F}_2(M,s,n) \cup \mathcal{R}(N,s) \\
&= \mathcal{R}(M,s) \cup \mathcal{P}(n) \cup \mathcal{R}(N,s) \\
&= \mathcal{R}(M,s) \cup \mathcal{R}(N,s) \cup \mathcal{P}(n) \\
&= \mathcal{F}_2(N,s,n) \cup \mathcal{P}(n) \\
&= \mathcal{R}(N,s) \cup \mathcal{P}(v) \cup \mathcal{P}(n) \\
&= \mathcal{R}(N,s) \cup \mathcal{T}_2(n)
\end{aligned}
\tag{3.61}
$$

对于低维子空间的物理意义更为重要,它将是未来我们对机械装置进行创新设计的基础,因为低维子空间往往对应的是基本运动单元(如各种运动副)或约束单元(如柔性铰链),而运动链又都是通过这些基本单元组合而成的。通过将高维空间向低维子空间分解,可以找到相对应的运动单元或约束单元,进而来配置相应的运动链或机械装置。

同时,这种分解一般总是存在着多解,从而为找寻多种设计方案提供了可能。这将是本书后面重点讨论的问题。这里不妨仍以 $\mathcal{F}(s)$ 为例,来找该空间中包含的所有子空间。由式(3.61)可知,其中的一维子空间有两种:$\mathcal{R}(M,s)$ 和 $\mathcal{P}(n)$;二维子空间也包括两种:$\mathcal{F}_2(M,s,n)$ 和 $\mathcal{T}_2(n)$;三维子空间除了自身外,还包含 $\mathcal{R}(L,s) \cup \mathcal{R}(M,s) \cup \mathcal{R}(N,s)$、$\mathcal{R}(M,s) \cup \mathcal{R}(N,s) \cup \mathcal{P}(n)$ 和 $\mathcal{R}(N,s) \cup \mathcal{T}_2(n)$ 三种。

3.4 自由度线图与其对偶约束线图之间几何关系的数学描述

3.4.1 线簇及偶量集的互易积

不妨先考虑一条直线($\$_r$)与一个线簇($\$_i, i=1,2,\cdots$)的互易积。根据定义

$$
\begin{aligned}
\$_r \circ \$_i &= s_r s_{0i} + s_i s_{0r} \\
&= s_r \cdot (r_i \times s_i) + s_i \cdot (r_r \times s_r) \\
&= (r_i - r_r) \cdot (s_i \times s_r) \\
&= -a_{ri} \sin\alpha_{ri}
\end{aligned}
\tag{3.62}
$$

式中,a_{ri} 为两条空间直线公法线的长度;α_{ri} 为它们之间的夹角。

因此,如果直线 $\$_r$ 与线簇 $S(\$_i, i=1,2,\cdots)$ 的互易积为零,则意味着 $a_{ri}=0$ 或

者 $a_{ri}=0$。前者表示直线 $\$_r$ 与线簇 S 中的各条直线都相交（空间汇交）；后者表示直线 $\$_r$ 与线簇 S 中的各条直线都平行（空间平行）。后者可以看作是前者的特例（相交于无穷远点），即直线 $\$_r$ 与线簇 S 中的各条直线都相交。这种互易关系可采用可视化图形来表达，如图 3-36 所示。

上述思想可扩展至对一个线簇（含偶量）S 与另一个线簇（含偶量）S_r 之间互易积为零情况下应满足几何条件的讨论。这里不再详述，而直接给出如下结论：

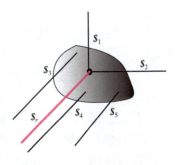

图 3-36　对偶空间

(1) S 中的所有直线都与 S_r 中的任一条直线相交；
(2) S 中的所有直线都与 S_r 中的任一偶量正交；
(3) S 中的所有偶量都与 S_r 中的任一直线正交；
(4) S 中的所有偶量可与 S_r 中的任一偶量方向任意分布。

3.4.2　Blanding 法则的广义化

第 2 章已经提到，Blanding[6] 在其专著 *Exact Constraint: Machine Design Using Kinematic Principles* 中，从机构自由度与约束度之间的对偶关系满足 Maxwell 公式出发，将机构的自由度与约束表示成空间线图形式，同时两者之间必须满足轴线相交的法则，即 Blanding 法则。基于此法则，可以很容易地通过自由度分析确定机构约束的分布，反之亦然。由此给出了一种颇具实用价值的基于空间线图可视化表达的机构概念创新设计方法。

大家可以惊奇地发现：去掉 Blanding 法则中对线图物理含义（自由度线图和约束线图）的束缚，并对照 3.4.1 节对线簇互易积的推演结果，两者的结论是惊人的相似。从另外一个角度讲，前面的推演给出了 Blanding 法则一种科学的理论依据。

这样，可以很自然地将 Blanding 法则广义化，即在不考虑其物理含义的情况下，给出一种通用的求解线簇与其对偶线簇的可视化方法。其法则如 3.4.1 节所给：对偶线簇中的每条直线 $\$_{ri}$ 应与线簇 S 中的各条直线都相交。

Blanding 法则广义化的另一重要体现在于：延续 Blanding 本人对 Blanding 法则诠释的物理意义，同时考虑偶量（约束力偶和移动自由度或移动副）的存在，从而给出确定自由度与约束之间对偶条件一种简便直观的方法。具体法则如下：

(1) 机构（机械连接）的所有转动自由度线都与其所受到的所有约束力作用线相交；
(2) 机构（机械连接）的所有移动自由度线都与其所受到的所有约束力作用线

正交；

（3）机构(机械连接)的所有转动自由度线都与其所受到的所有约束力偶方向正交；

（4）机构(机械连接)的所有移动自由度线与其所受到的所有约束力偶之间的方向任意。

有了上述几个原则，就可以更加容易地实现两种线图(自由度线图和约束线图)之间的相互转换，并完成对大多数机构的结构分析。例如，如果想获得与三维空间转动自由度线图对偶的约束线图，根据上述原则会很容易确定其约束线图，即与自由度线图形状完全相同，且所有约束线的交点与自由度线图中所有转动轴线的交点重合，具体如图 3-37 所示。

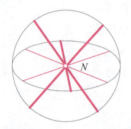

图 3-37　三维空间共点线图及其对偶空间

然而，上述原则的更大意义在于通过与前面给出的基本型线图的可视化表达相结合，可以生成比第 2 章自由度(或约束)线图更多更复杂的线图，即本章所提到的线空间。这样得到的线空间中不仅包含有原线图的信息，还包含有更多冗余线。

3.4.3　对偶线(子)空间的求解

下面再回到图 3-36 所示的线图中。如果想获得含 5 个转动副的自由度线图相对偶的约束线图，是一件很容易的事情(这时只需根据 Blanding 法则即可找到)。由于约束线图中只含一条独立线，因此其约束空间也很容易确定出来(这时，约束空间就是一维线空间)。反过来，若要获得与一维力约束空间相对偶的五维自由度空间或运动副空间，就不那么容易了。

下面不妨以此为例，给出两种求解对偶线(子)空间的方法。

方法一：解析推演法[7]

一维力约束空间中只存在一条独立直线，其一般表达式为

$$\$_r = (\bm{s}_r ; \bm{r}_r \times \bm{s}_r) = (l_r, m_r, n_r ; p_r, q_r, r_r) \tag{3.63}$$

式中，$\bm{s}_r = (l_r, m_r, n_r)^T$ 表示该直线的单位方向矢量，因此 $l_r^2 + m_r^2 + n_r^2 = 1$；$\bm{r}_r = (x_r, y_r, z_r)^T$ 表示该直线的位置矢量。通过求解式(3.62)，得到与该直线互易的 5

条独立直线：

$$\begin{cases} \$_1 = (1,0,0; -\dfrac{n_r y_r - m_r z_r}{l_r}, 0, 0) \\[4pt] \$_2 = (0,1,0; -\dfrac{l_r z_r - n_r x_r}{l_r}, 0, 0) \\[4pt] \$_3 = (0,0,1; -\dfrac{m_r x_r - l_r y_r}{l_r}, 0, 0) \\[4pt] \$_4 = (0,0,0; -\dfrac{m_r}{l_r}, 1, 0) \\[4pt] \$_5 = (0,0,0; -\dfrac{n_r}{l_r}, 0, 1) \end{cases} \quad (3.64)$$

通过对以上 5 条独立直线进行线性组合可得到通用的表达形式：

$$\$ = a\$_1 + b\$_2 + c\$_3 + d\$_4 + e\$_5 = (a,b,c; -\dfrac{dm_r + en_r + f}{l_r}, d, e) \quad (3.65)$$

式中，a、b、c、d 和 e 为任意常值，但不能同时为零；$f = a(n_r y_r - m_r z_r) + b(l_r z_r - n_r x_r) + c(m_r x_r - l_r y_r)$。这里仅考虑直线和偶量的情况。

【特例 3-1】 $a = b = c = 0$ 并正则化矢量，式(3.65)退化为一偶量：

$$\$ = (\mathbf{0}; \mathbf{s}) = (0,0,0; -\dfrac{dm_r + en_r + f}{l_r}, d, e) \quad (3.66)$$

式中，$\left(\dfrac{dm_r + en_r + f}{l_r}\right)^2 + d^2 + e^2 = 1$。而由式(3.63)可知，$\mathbf{s}^T \cdot \mathbf{s}_r = 0$，即所有与该直线互易的偶量都与之正交。

由该结论可以得到与该一维线空间对偶的一个 2 维偶量子空间(图 3-38)。

【特例 3-2】 满足条件 $\mathbf{s}^T \mathbf{s}^0 = 0$ 且 $\mathbf{s}^T \mathbf{s} = 1$，式(3.65)退化为一纯单位直线：

$$\begin{aligned}\$ &= (\mathbf{s}; \mathbf{r} \times \mathbf{s}) \\ &= \left(a,b,c; \dfrac{d(bn_r - cm_r) - cf}{cl_r - an_r}, d, \dfrac{d(am_r - bl_r) + af}{cl_r - an_r}\right)\end{aligned}$$
$$(3.67)$$

图 3-38　2 维偶量子空间

式中，$a^2 + b^2 + c^2 = 1$。

不失一般性，可取位置矢量 $\mathbf{r}_r = (x_r, y_r, z_r)^T$ 为特殊值，即 $\mathbf{r}_r = (0,0,0)^T$，则 $f = 0$。由此根据式(3.67)的表达式可以导出

$$\mathbf{r} \times \mathbf{s} = -\dfrac{d}{cl_r - an_r}(\mathbf{s}_r \times \mathbf{s}) = \lambda \mathbf{s}_r \times \mathbf{s} \quad (3.68)$$

式中，$\lambda = -\dfrac{d}{cl_r - an_r}$。

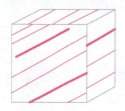

图 3-39　3 维空间平行直线子空间

如果 $s_r = s$，则表示直线与其互易直线相互平行，这时 $r \times s = 0$，则 $\$ = (s;0)$，代入式(3.63)永远满足，因此这里的 r 可以取任意值，即与该直线平行的互易直线可分布在空间任意位置。由该结论可以得到与该一维线空间对偶的一个 3 维线子空间(图 3-39)。

若 $s_r \neq s$，则表示直线与其互易直线不平行，这时根据式(3.68)可以得到 s_r 始终与 r 相交，即与该直线不平行的互易直线始终与之相交。由该结论可以得到与该一维线空间对偶的两种 5 维线子空间(图 3-40)。

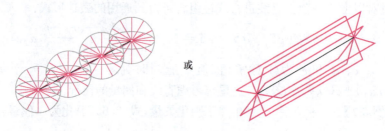

图 3-40　5 维线子空间

方法二：几何法

直接基于广义 Blanding 法则，同样可以找到其对偶线空间中的各类同维或低维子空间。

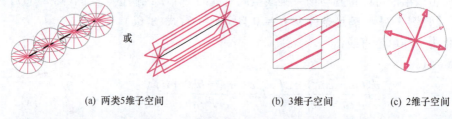

(a) 两类5维子空间　　　　(b) 3维子空间　　(c) 2维子空间

图 3-41　一维线图对偶空间的子空间

由上面的例子可以看出，已知某一低维(1 维或 2 维)线空间，来求解与之对偶的高维线空间虽然不太容易，但还是能够找出来的，而且具有唯一确定性。若将该实例进行扩展，通过变化维度特征，可以进而找到任一维度特征下自由度线空间与其对偶约束线空间，并绘制相关的自由度线空间与其对偶约束线空间图谱(简称"F&C 线空间图谱")。

3.5 自由度与对偶约束图谱

3.5.1 自由度 & 约束线空间图谱(只含直线及偶量)的绘制[8~11]

在讨论绘制 F&C 线空间图谱之前,先看一个稍微简单一些的例子。

【例 3-7】 试识别存在如图 3-42 所示正方体各边(有些情况可不受此条件限制)中的 1~6 维线图及其可能的对偶线图(考虑偶量元素的存在)。

不妨采用列表的形式,具体如表 3-7 所示。表中所列为典型类型,而不是全部。

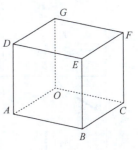

图 3-42 正方体

表 3-7 典型自由度与对偶约束线图

维数	线图类型	线图特征	对偶线图	对偶线图特征
1		直线 DG		2 个汇交平面,交线为 DG
1		偶量 DE		2 个平行平面,公法线平行于 DE
2		2 条平面汇交直线 AO、CO		包含汇交直线所在的平面 ABCO 和汇交平面外过汇交点的 1 条直线 GO
2		2 条平面平行直线 DG、EF		包含平行直线所在的平面 DEFG 和平面外与两平行直线平行的直线 AO、BC,其中 4 条为独立线

续表

维数	线图类型	线图特征	对偶线图	对偶线图特征
2	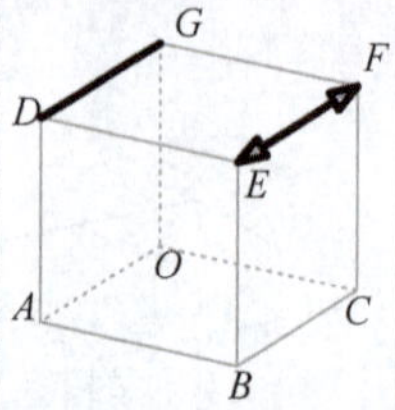	1条直线 DG 及 1 个与之平行的偶量 EF	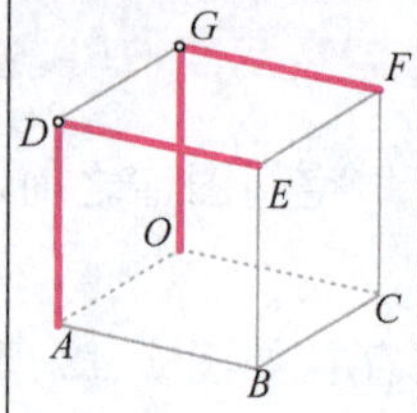	包含 2 组平面汇交直线 AD 与 DE、GD 与 FG
	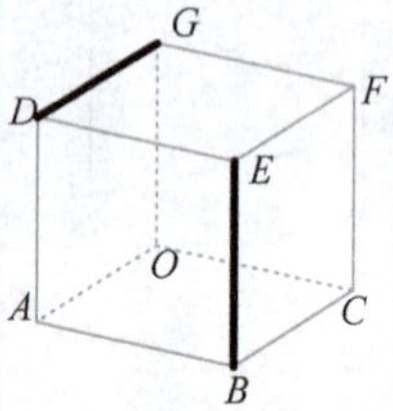	2条异面直线 DG、BE	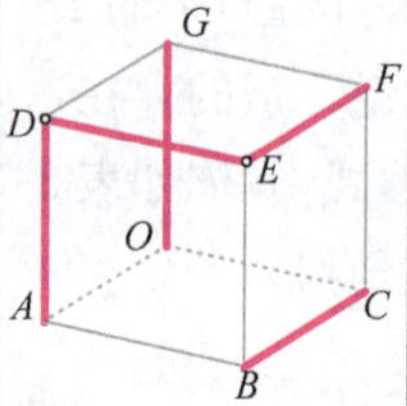	2 组平面平行直线 AD 与 OG、EF 与 BC 和 1 条两异面直线的公法线 DE,其中 4 条为独立线
	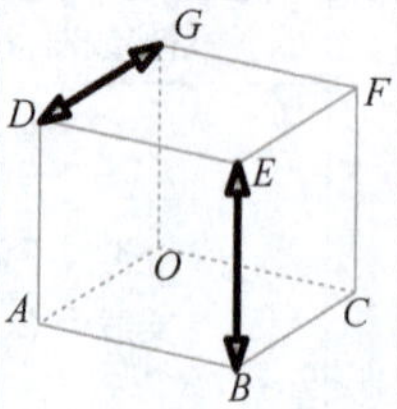	2条相互垂直的偶量 DG、BE	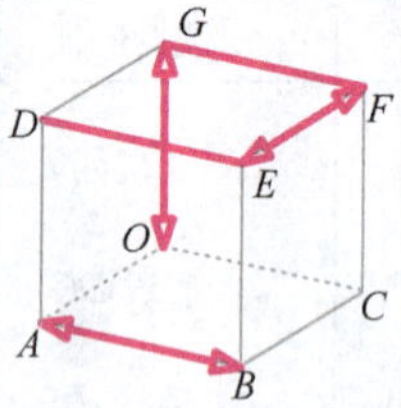	1 组平面平行直线 DE 与 GF 和 3 条相互垂直的偶量
	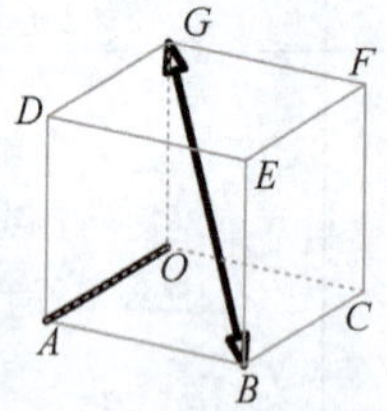	1条直线 AO 及 1 个与之斜交的偶量 BG	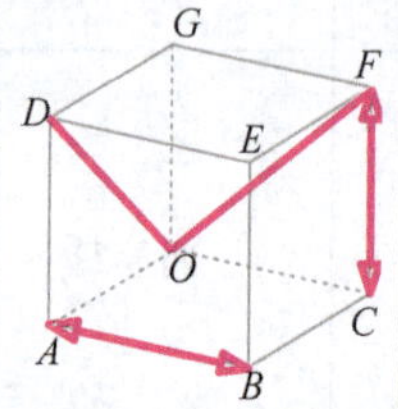	1 组平面汇交直线 DO 与 OF(该平面与 BG 正交)和 2 条与 AO 正交的偶量
3	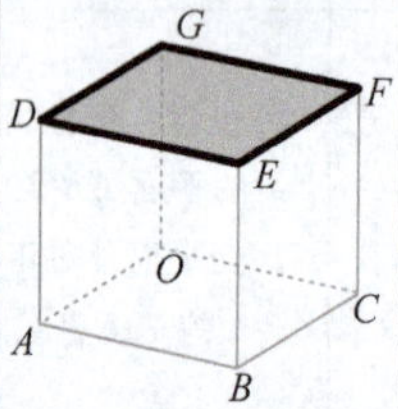	1个平面 DEFG	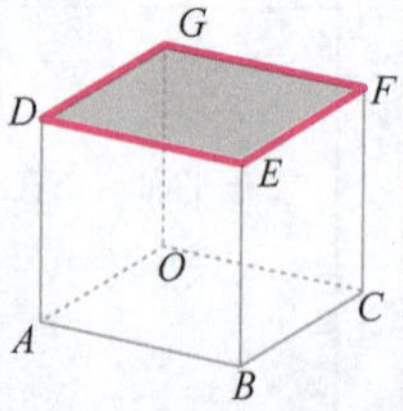	1 个平面 DEFG,与原线图相同
	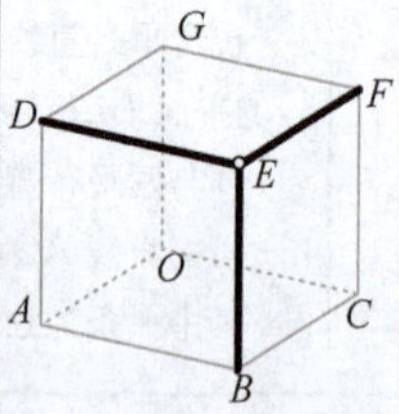	3条空间汇交于一点的直线	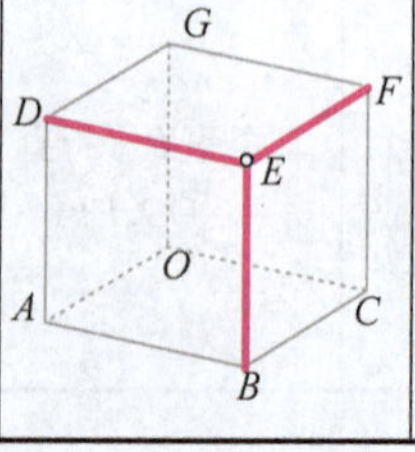	3 条空间汇交于一点的直线,与原线图相同

续表

维数	线图类型	线图特征	对偶线图	对偶线图特征
3	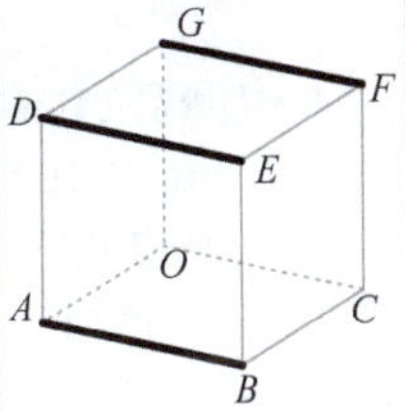	3条空间平行的直线	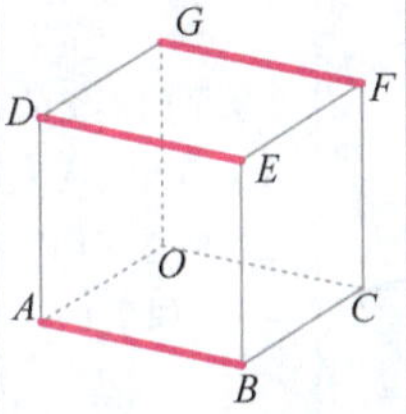	3条空间平行的直线,与原线图相同
	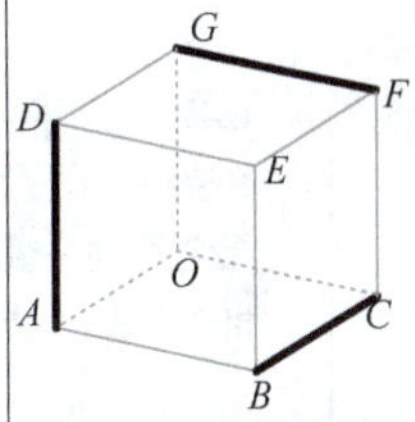	3条相互垂直的异面直线 AD、BC、GF(分布在1个单叶双曲面上)	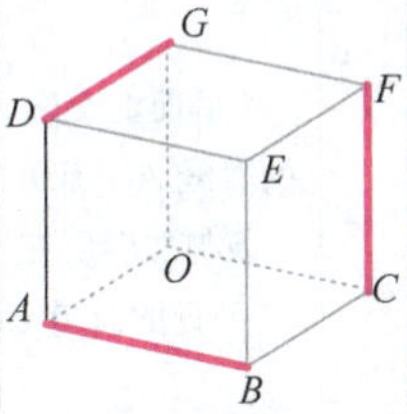	3条相互垂直的异面直线 AB、FC、GD(分布在1个单叶双曲面上)
	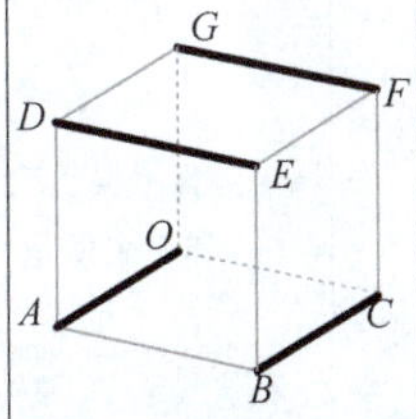	2组平面平行直线 AO 与 BC、DE 与 GF,2个平面相互平行	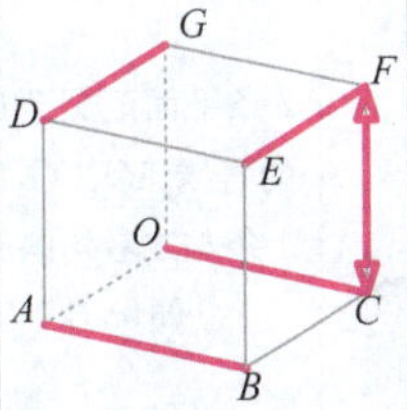	2组平面平行直线 AB 与 OC、DG 与 EF,2个平面相互平行
	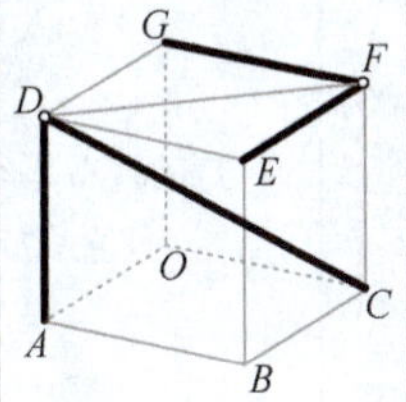	2组平面相交直线 DA 与 DC、GF 与 EF,2个平面有公共交线 DF	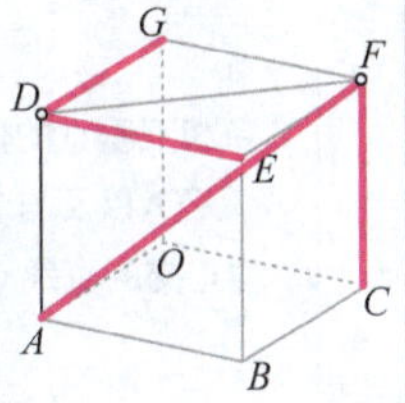	2组平面相交直线 DG 与 DE、AF 与 CF,2个平面有公共交线 DF
	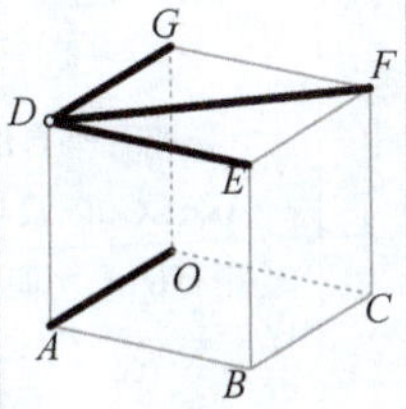	1组平面平行直线 AO 与 DG 和1组平面相交直线 DE 与 DF,2个平面有公共交线 DG	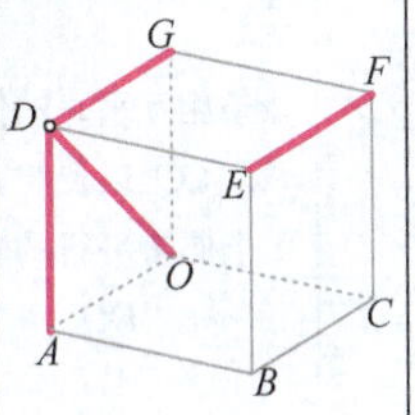	1组平面平行直线 EF 与 DG 和1组平面相交直线 DA 与 DO,2个平面有公共交线 DG
	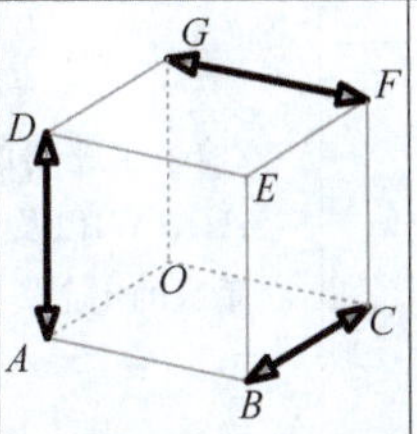	3条相互垂直的偶量 AD、BC、GF	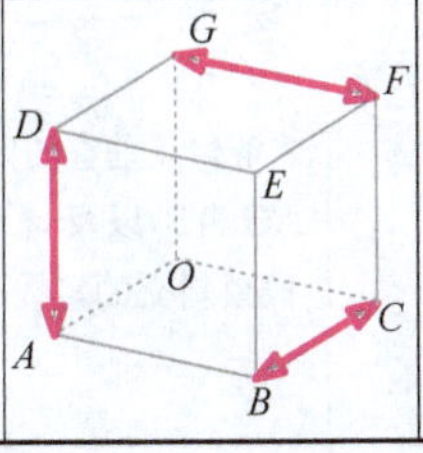	3条相互垂直的偶量 AD、BC、GF,与原线图相同

续表

维数	线图类型	线图特征	对偶线图	对偶线图特征
3	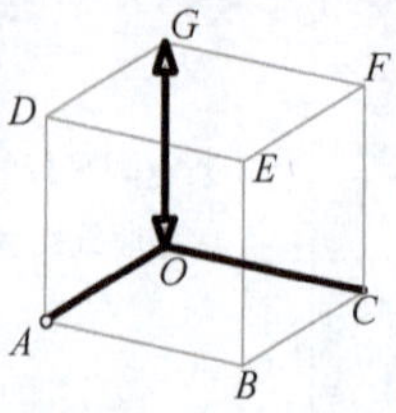	2条平面汇交的直线 AO、CO，以及1条与二者所在平面垂直的偶量 OG	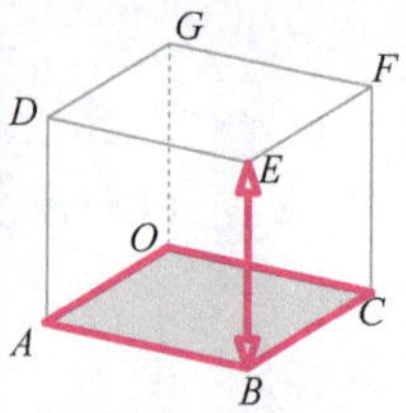	包含汇交直线所在的平面 $AOCB$ 和1个垂直于该平面的偶量 EB
	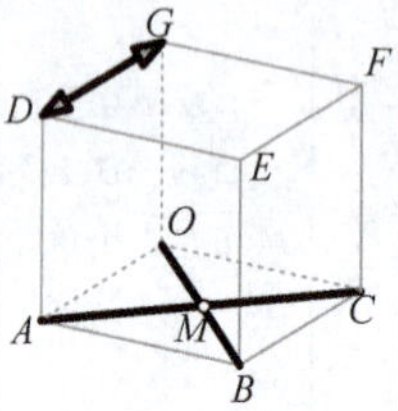	2条平面汇交于 M 点的直线 AC、BO，以及1条与二者所在平面平行的偶量 DG	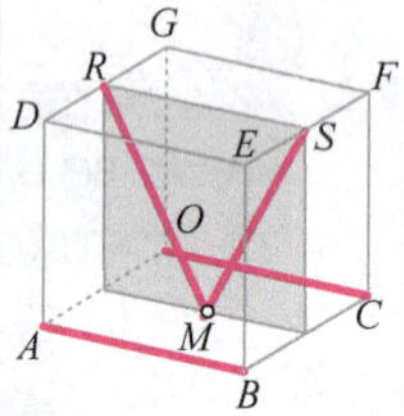	包含一组平面（即相交直线所在平面）平行直线和一组平面相交直线，交点为 M
	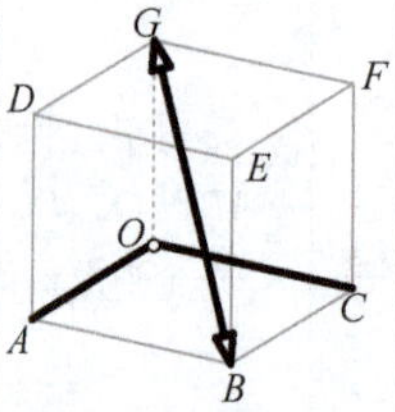	2条平面汇交于 O 点的直线 AO、CO，以及1条与二者均斜交的偶量 BG	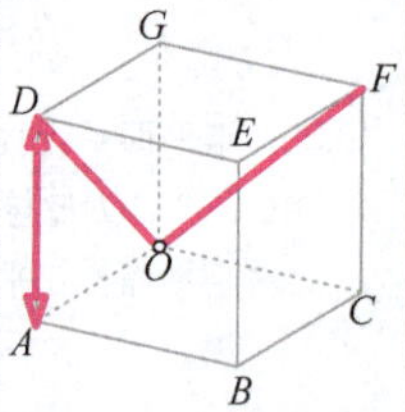	包含平面汇交直线和1个偶量 AD
	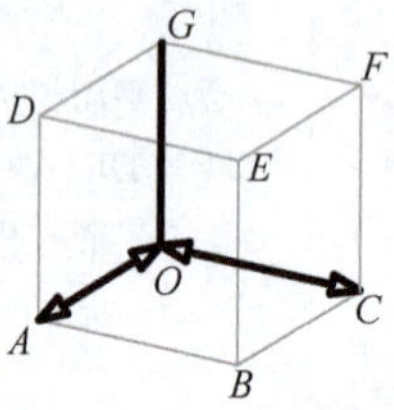	2条相互垂直的偶量 AO、CO，以及与二者均正交的直线 OG	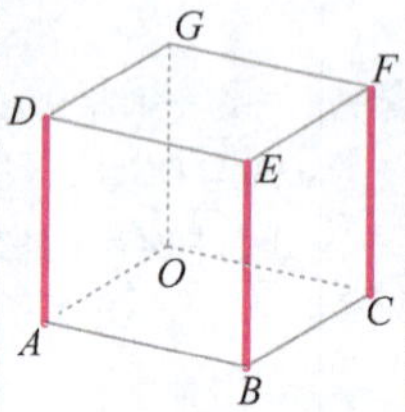	与直线 OG 平行的空间直线族
	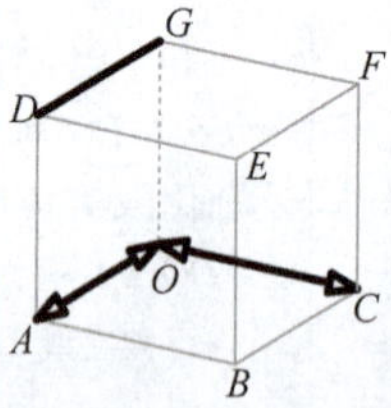	2条相互垂直的偶量 AO、CO，以及与其中1个偶量平行的直线 DG	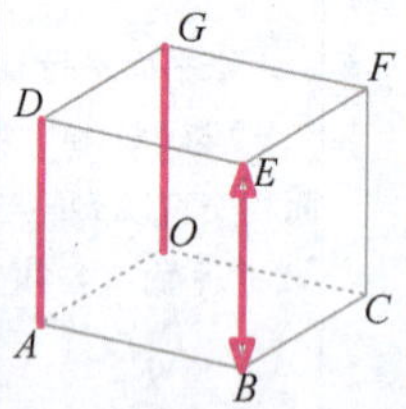	2条相互平行的直线 AD、OG，以及与二者平行的1个偶量 EB
	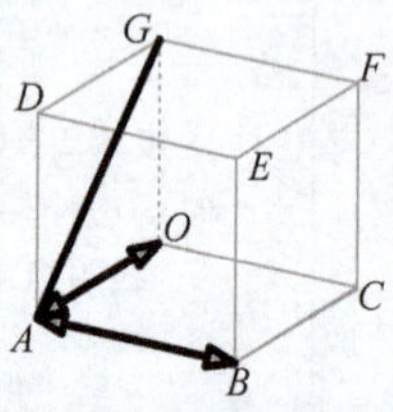	2条相互垂直的偶量 AO、AB，以及与2个偶量斜交的直线 AG	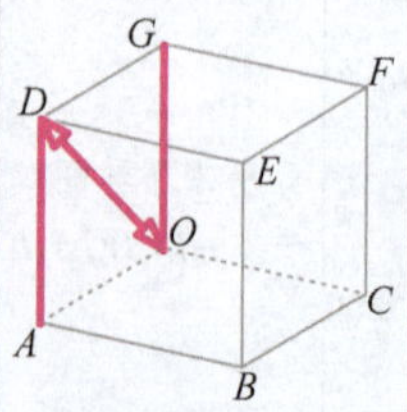	2条相互平行的直线 AD、OG，以及与 AG 垂直的1个偶量 DO

续表

维数	线图类型	线图特征	对偶线图	对偶线图特征
4	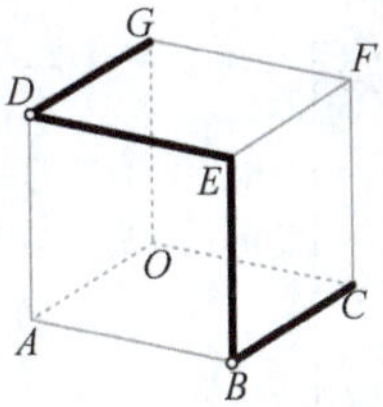	2组平面相交直线,2个平面垂直相交于直线 EF	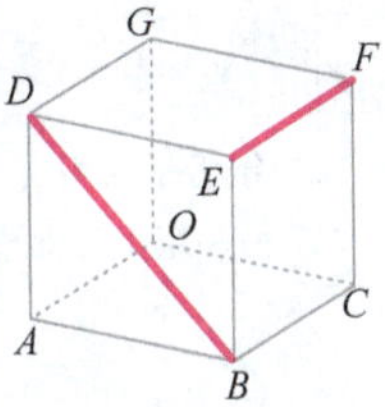	2条异面直线,其中一条为交线 EF,另一条为两个交点的连线 BD
	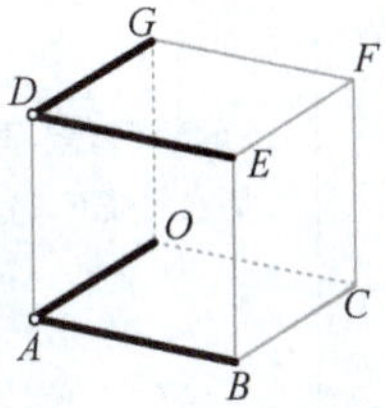	2组平面相交直线,2个平面相互平行	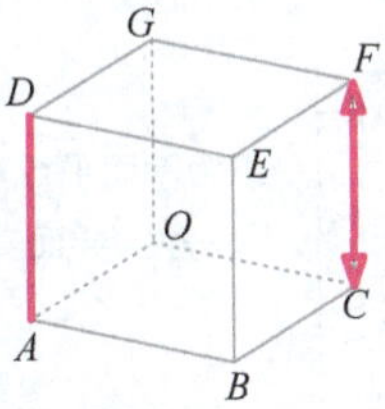	一条为两个交点的连线 AD,另一条为与之平行的偶量
	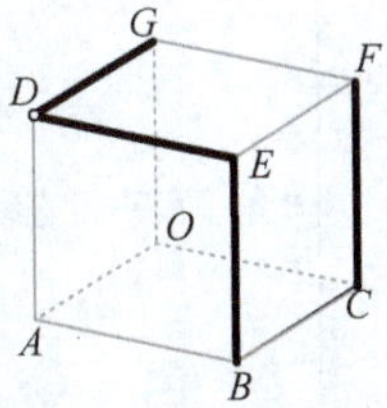	一组为平面相交直线,另一组为平面平行直线,交线为 EF	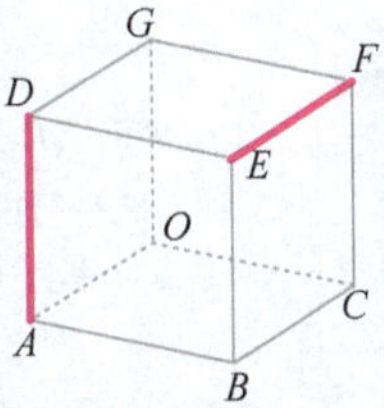	2条异面直线,其中一条为交线 EF,另一条为过交点 D 的直线 AD
	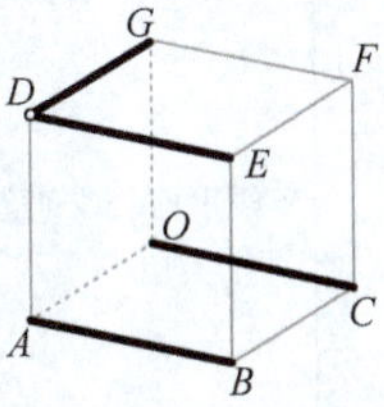	1组为平面相交直线,另一组为平面平行直线,两个平面相互平行	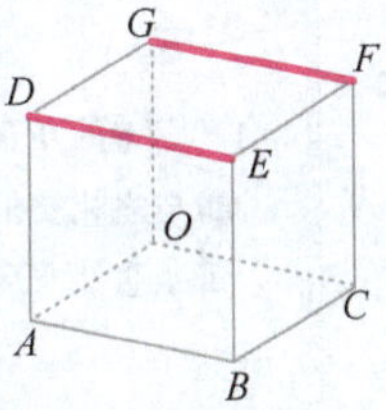	2条平面平行直线 DE、GF
	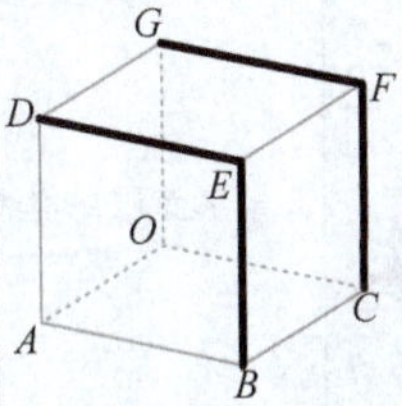	2组平面平行直线相互垂直,2个平面也垂直相交于直线 EF	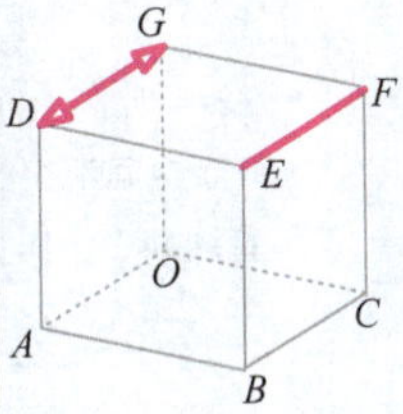	1条直线 EF 和与之平行的偶量
	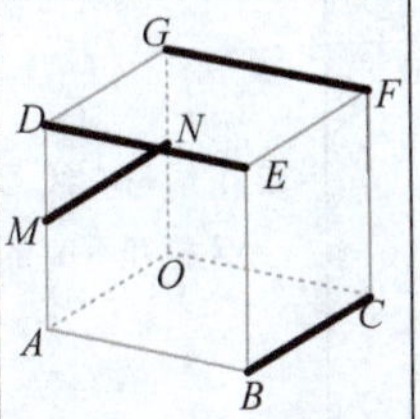	2组平面平行直线相互垂直,但2个平面斜交	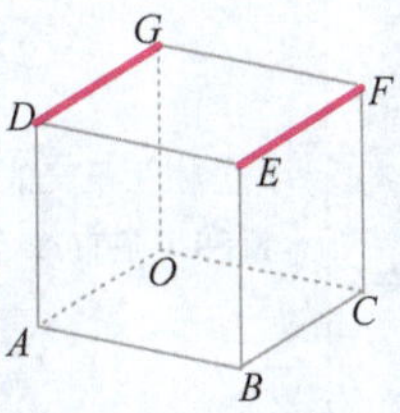	2条平面平行直线 EF、DG

续表

维数	线图类型	线图特征	对偶线图	对偶线图特征
4	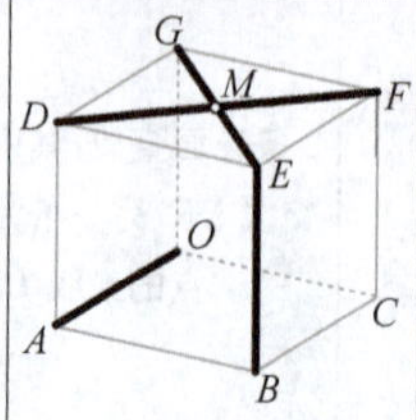	一组为平面相交直线，另一组为异面直线	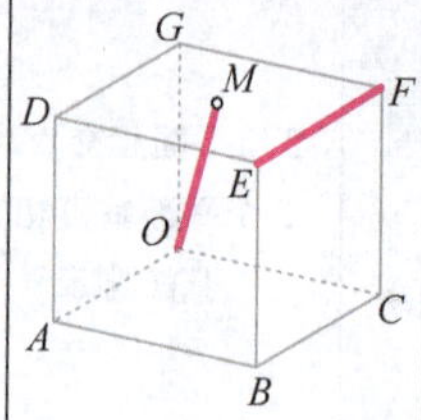	2条异面直线，其中一条为直线 EF，另一条为直线 OM
	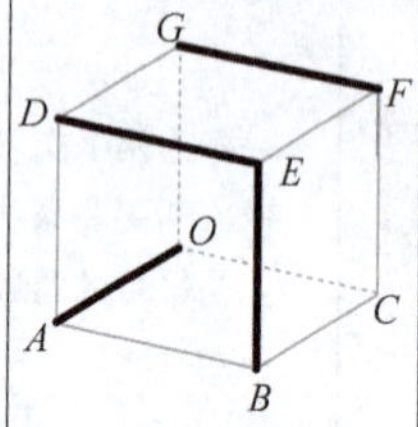	一组为平面平行直线，另一组为异面直线	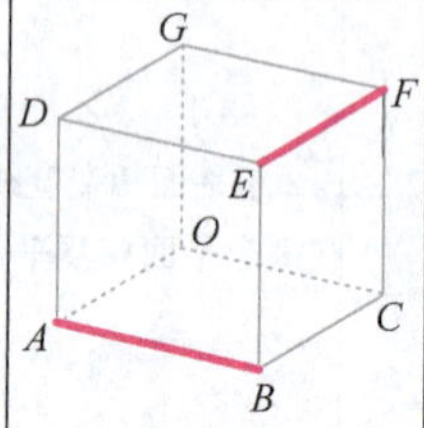	2条异面直线，其中一条为直线 EF，另一条为直线 AB
	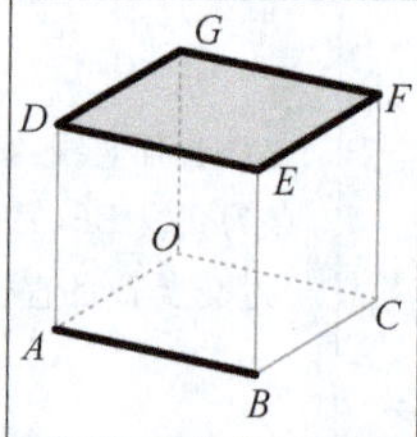	1个平面 DEFG 和与之平行的 1条直线 AB	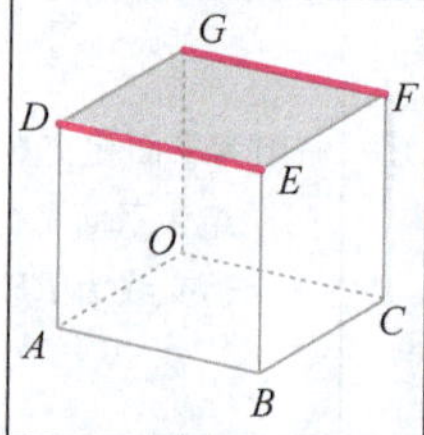	2条平面平行直线 DE、FG
	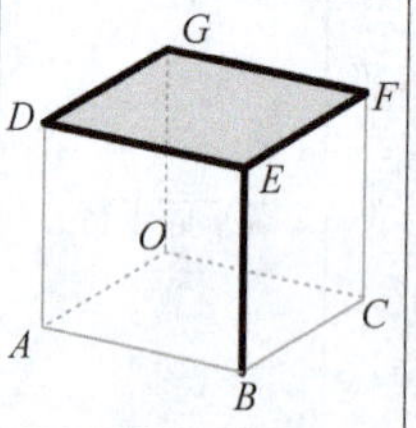	1个平面 DEFG 和与之相交的 1条直线 EB	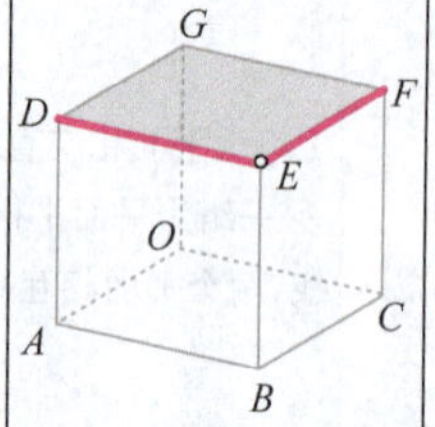	2条平面相交直线 DE、FE
	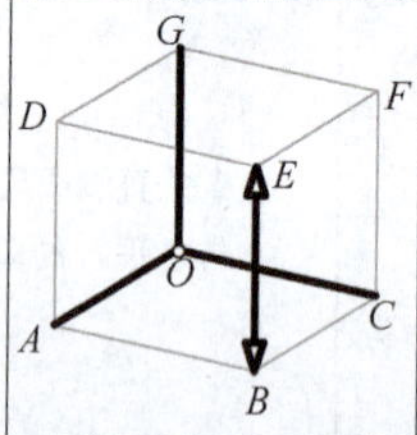	3条空间汇交的直线和1个偶量	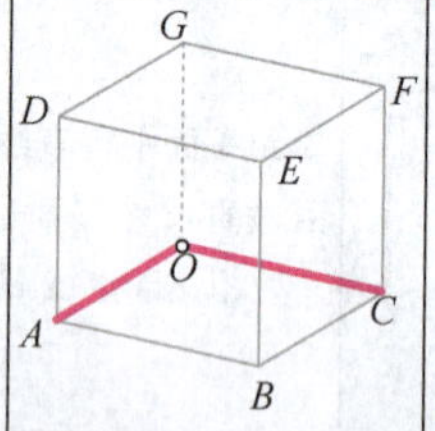	2条平面相交直线 AO、CO
	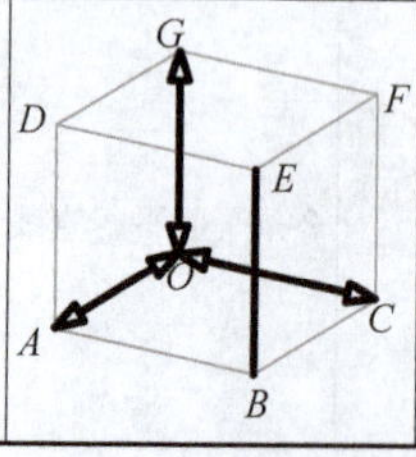	3个相互正交的偶量和1条直线 BE	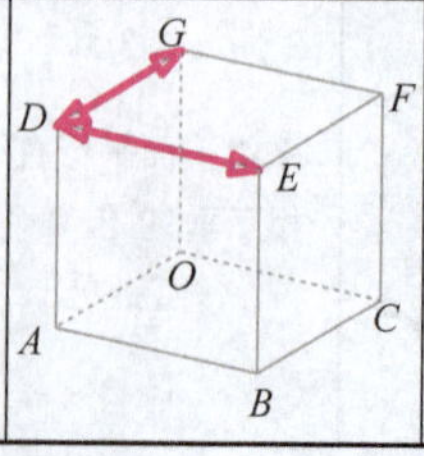	2个均与直线 BE 正交且相互垂直的偶量

续表

维数	线图类型	线图特征	对偶线图	对偶线图特征
5	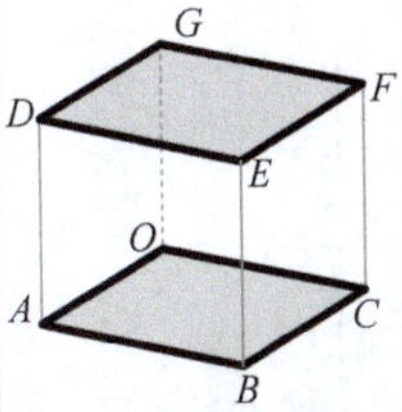	2个平行平面 ABCO、DEFG	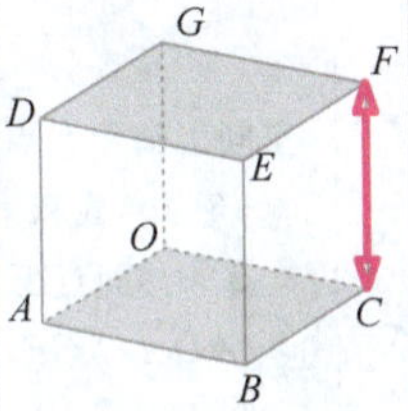	2个平行平面的法线
	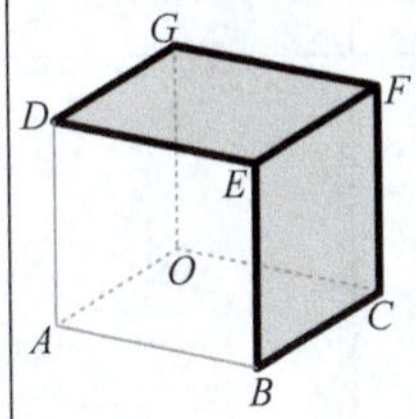	2个相交平面 BCFE、DEFG，交线为 EF	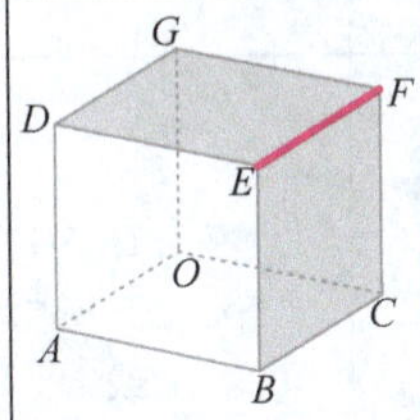	直线 EF
	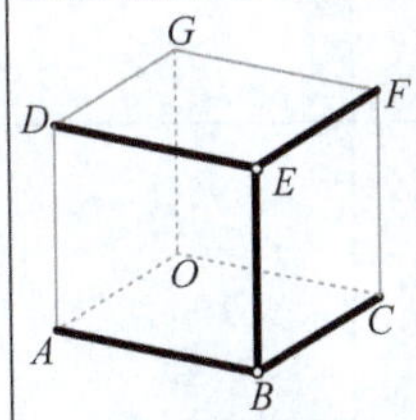	2组空间汇交的线族，汇交点分别为 E、B	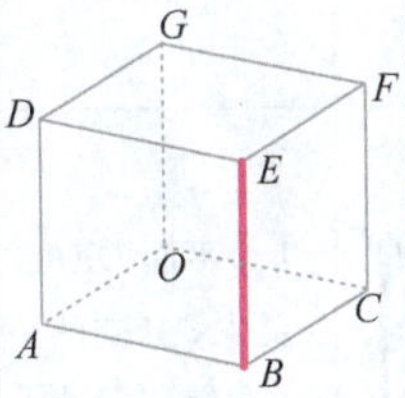	直线 EB
	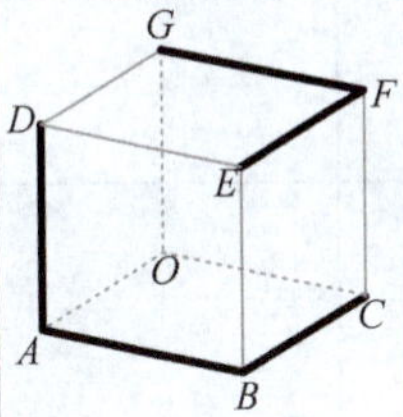	2组平面汇交线族 AB 与 AD、EF 与 GF，以及另外1条直线 BC	—	对偶线图中既无直线也无偶量
	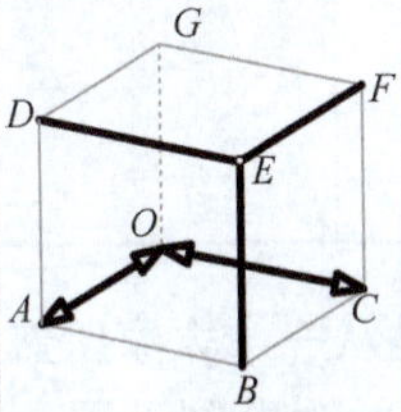	3条空间汇交的直线 BE、DE、FE 和2条相互垂直的偶量 AO、CO	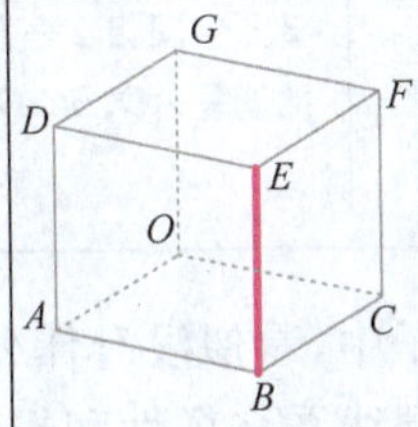	过汇交点 E，且与两个偶量都正交的直线 BE
	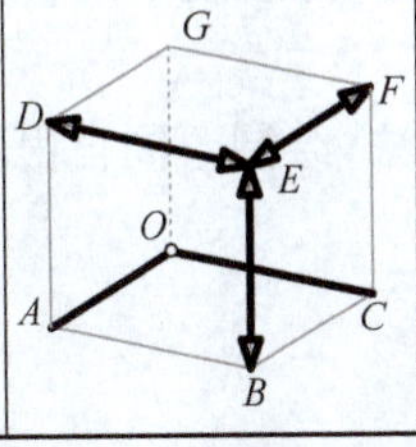	2条垂直相交的直线 AO、CO 和3条相互垂直的偶量 BE、DE、FE	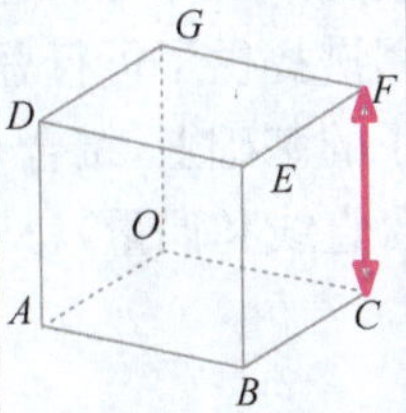	与两条直线都正交的偶量 FC

续表

维数	线图类型	线图特征	对偶线图	对偶线图特征
6	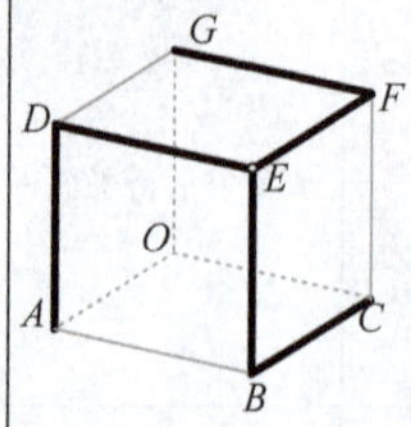	空间汇交于 E 点的 3 条直线和 3 条异面直线（AD、BC、GF）	—	
	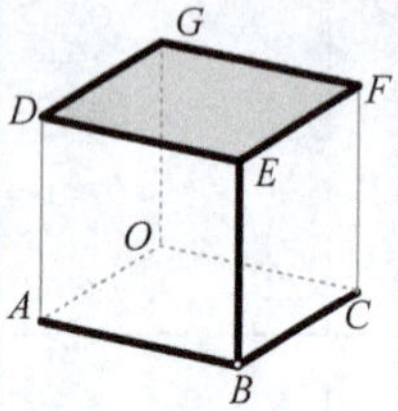	1 个平面 $DEFG$ 和 3 条汇交于 B 点的直线	—	
	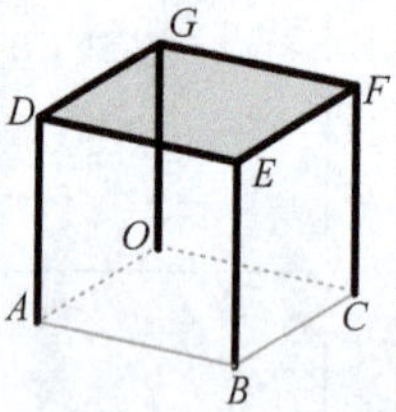	1 个平面 $DEFG$ 和至少 3 条空间平行直线（AD、BE、CF、DG）	—	
	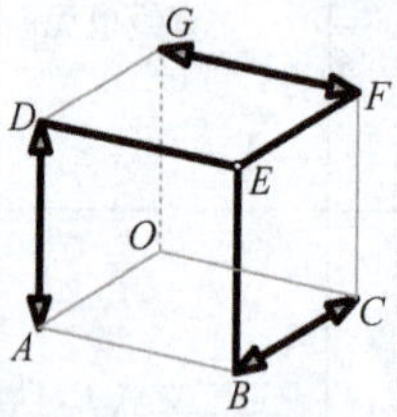	3 条空间相互垂直的直线 BE、DE、FE 和 3 条空间相互垂直的偶量 AD、BC、GF	—	

虽然上面这个例子中，看似没有什么物理意义，但确是从一个大家所熟悉的视角来审视线图及其对偶线图多样性和趣味性的典型实例，并为绘制不同自由度下的自由度与对偶约束图谱提供了可行思路及方法。

下面就在这个例子的基础上，结合 3.4.3 节所给的方法，绘制不同自由度下的 F&C 线空间图谱（只含直线和偶量），具体如表 3-8 所示。

表 3-8　由典型自由度线空间与对偶约束空间组成的图谱(F&C 线空间图谱)

自由度数	类型	自由度线图	自由度线图特征	约束线图（只含直线）	约束线图（同时含直线和偶量）
0	刚性连接	∅	∅	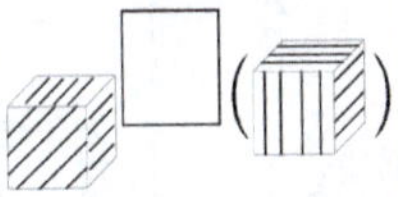	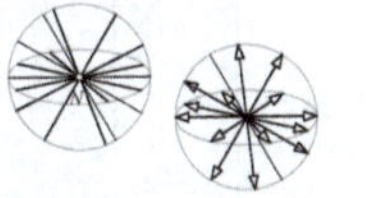
1	1R		1维转动	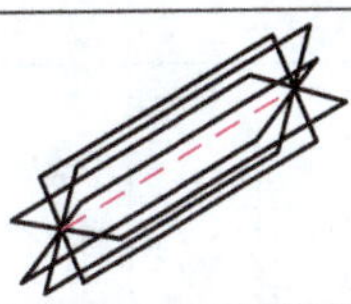	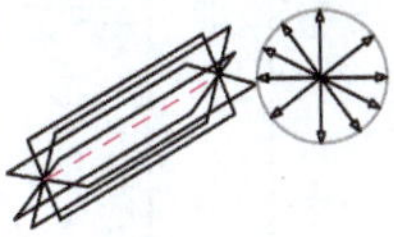
1	1T		1维移动	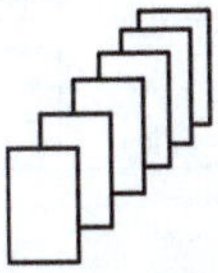	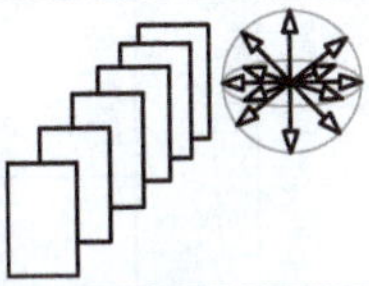
2	2R	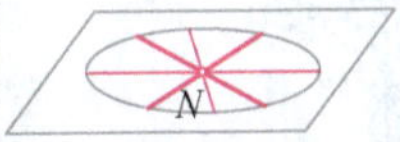	2维球面转动,且2个转动自由度轴线相交	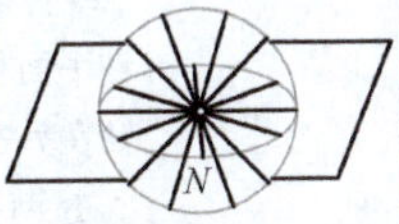	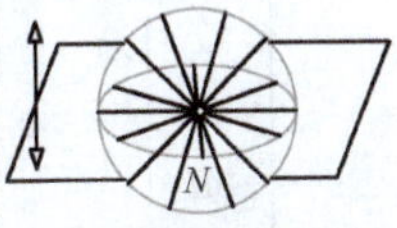
2	2R	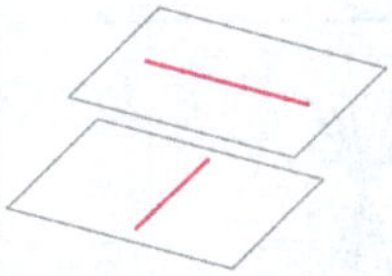	2维移动,且2个转动自由度轴线异面	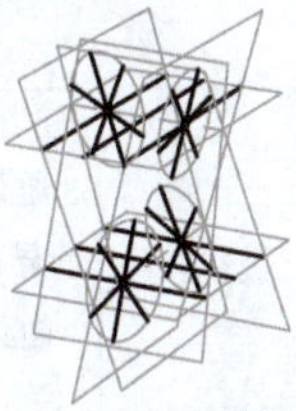	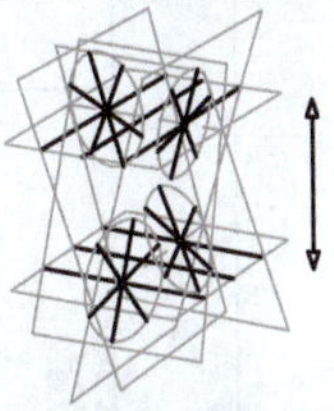
2	2T	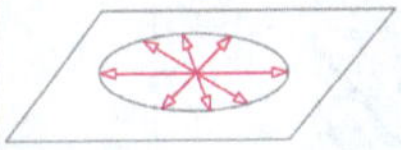	2维移动	—	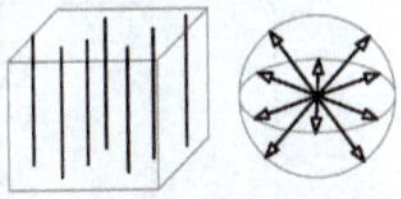
2	1R1T	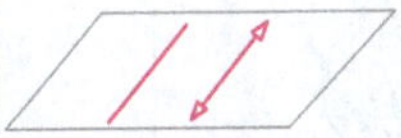	2维圆柱运动(转轴与移动方向平行)	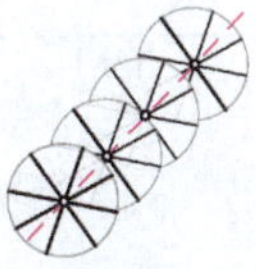	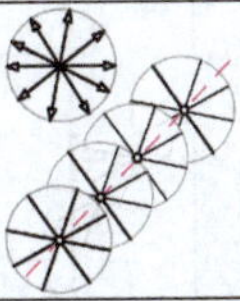
2	1R1T	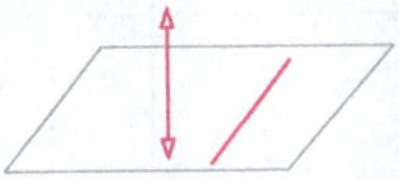	1维转动+1维移动,且转轴与移动方向垂直	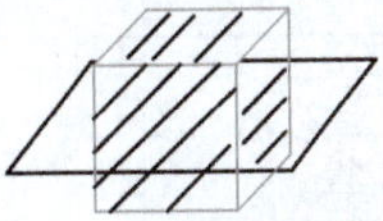	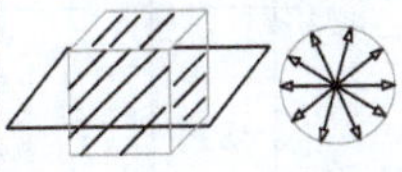
2	1R1T	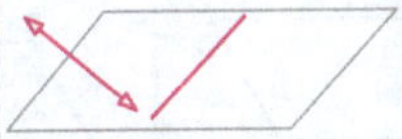	1维转动+1维移动,且转轴与移动方向既不垂直也不平行	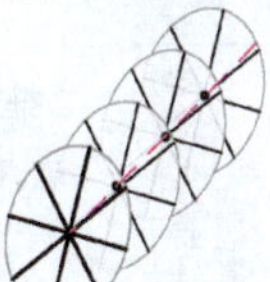	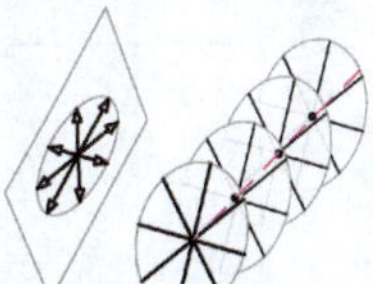

续表

自由度数	类型	自由度线图	自由度线图特征	约束线图（只含直线）	约束线图（同时含直线和偶量）
3	3R		3维球面转动	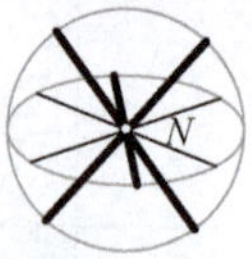	—
		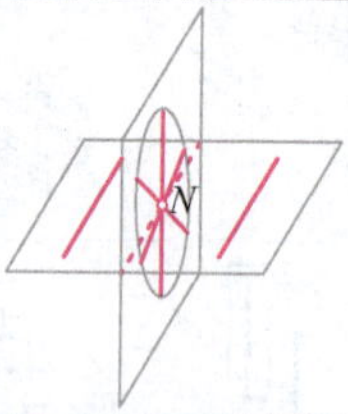	3维转动,其中2个转轴平面相交,第3个转轴在相交转轴平面之外,且与之平行	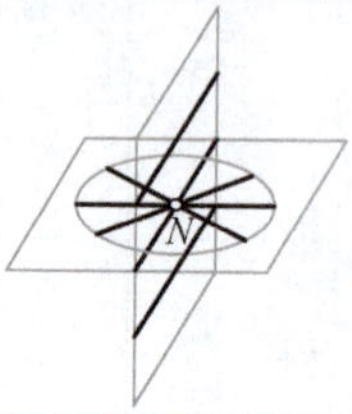	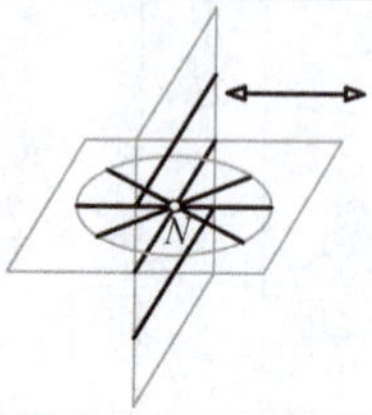
		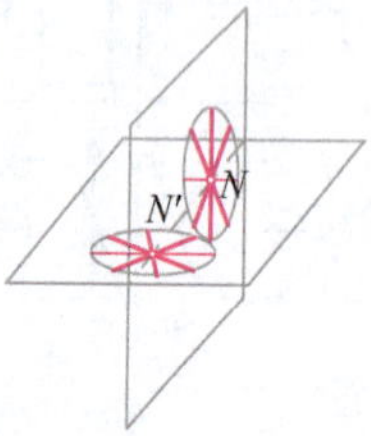	3维转动,其中2个转轴平面相交,第3个转轴在另一平面内,且通过两平面的交线	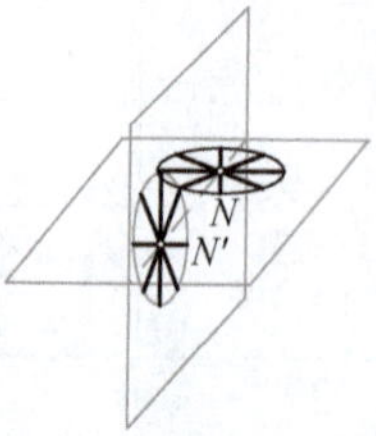	—
		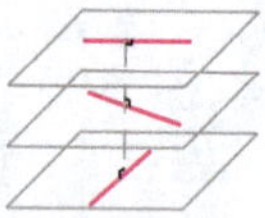	3维转动,其中3个转轴异面,但各自所在平面具有1条公法线	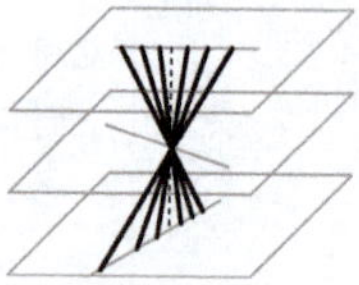	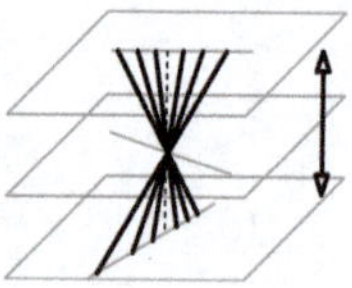
		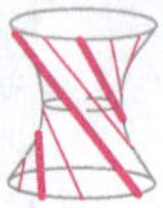	3维转动,其中3个转轴异面,且分布在同一单叶双曲面上		—
			3维转动,其中3个转轴异面,且分布在同一椭圆双曲面上		
	3T	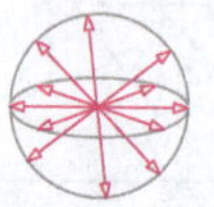	空间3维移动	—	
	2R1T	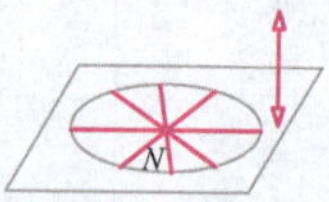	2维球面转动+1维移动,且移动方向与二转轴所在平面垂直	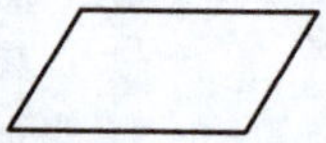	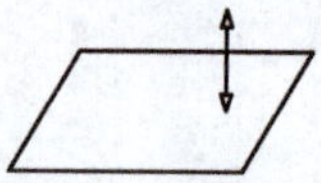

续表

自由度数	类型	自由度线图	自由度线图特征	约束线图（只含直线）	约束线图（同时含直线和偶量）
3	2R1T	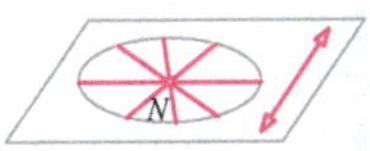	2维球面转动+1维移动，且移动方向与两转轴所在平面平行	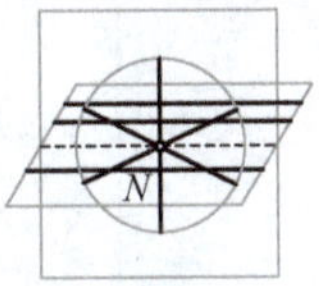	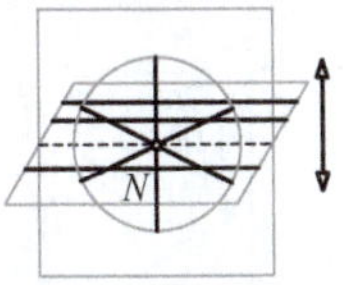
		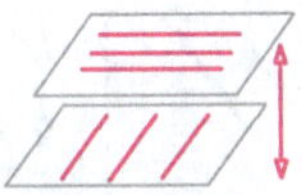	2维转动+1维移动，两转轴异面，且移动方向与两转轴所在平面均垂直	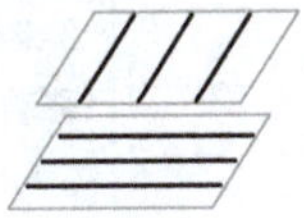	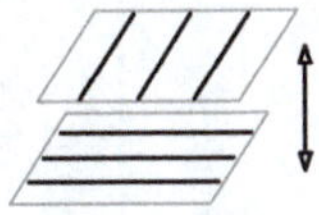
		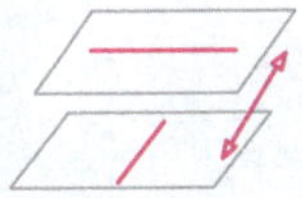	2维转动+1维移动，两转轴异面，且移动方向与两转轴所在平面均平行	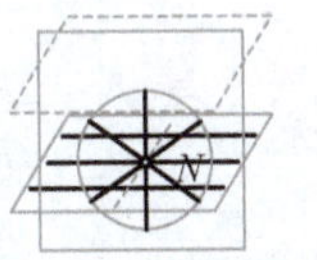	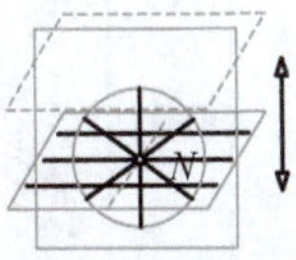
	2T1R	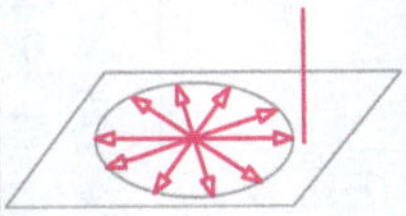	平面2维移动+1维转动，且转轴与移动平面垂直	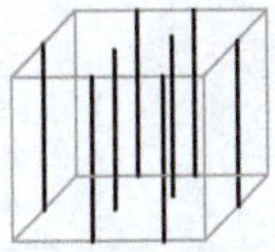	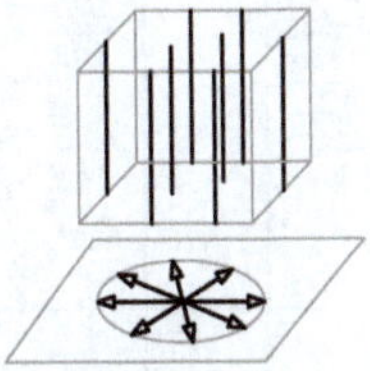
		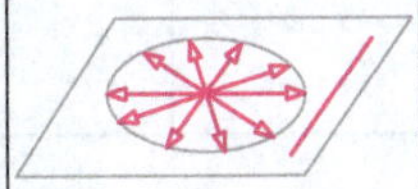	平面2维移动+1维转动，且转轴与移动平面平行	—	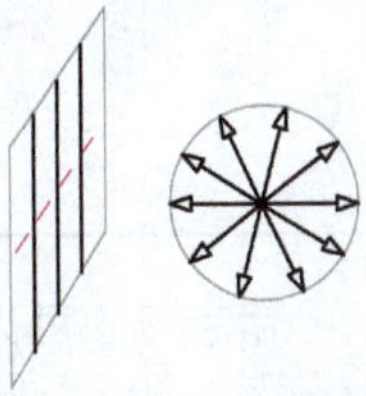
4	3R1T	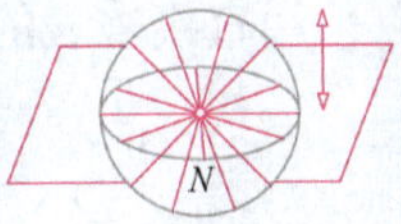	3维球面转动+1维移动	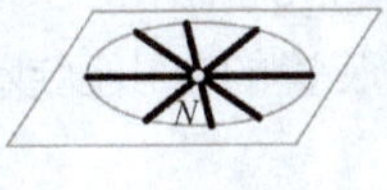	—
		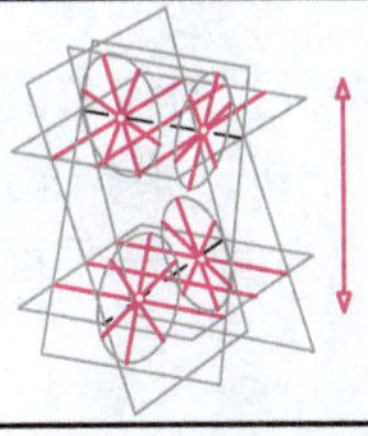	3维转动+1维移动	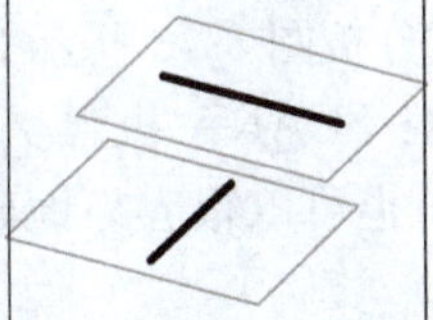	—

续表

自由度数	类型	自由度线图	自由度线图特征	约束线图（只含直线）	约束线图（同时含直线和偶量）
4	3T1R	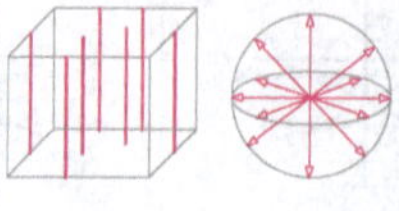	3维移动+1维转动	—	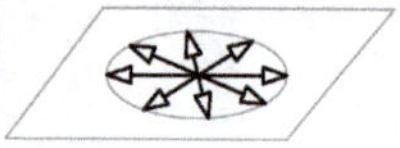
4	2R2T	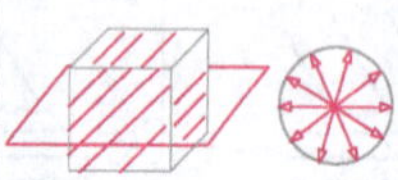	2维球面转动+2维移动，且两移动方向与转轴平面垂直		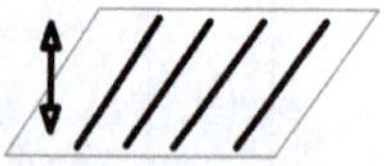
5	3R2T	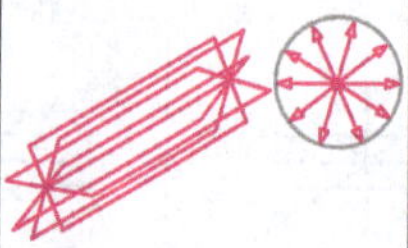	空间3维球面转动+2维移动	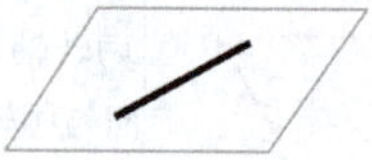	—
5	3T2R	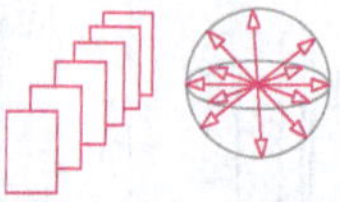	空间3维移动+2维球面转动	—	
6	3R3T	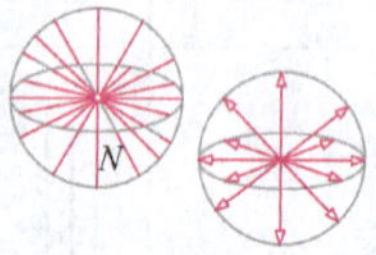	3维转动+3维移动	∅	∅

由表 3-8 可以发现，含有两个及两个以上移动自由度的自由度空间，其约束空间内无法完全由直线组成，其中必含偶量元素。

实际上，利用表 3-8 给出的 F&C 线空间图谱，可以采用直接查表的方法，很容易地计算某一机械装置的自由度或约束。

3.5.2 实例分析

【例 3-8】 试分析图 3-43 所示 SCARA 机器人末端所受的约束情况。

第 2 章已经对 SCARA 机器人的自由度进行了分析。根据表 3-8 所示的 F&C 线空间图谱，也可以很容易地确定出该机构的约束空间——平面二维约束力偶线图。

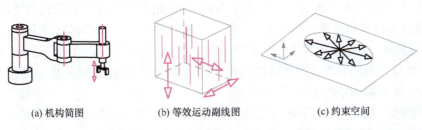

(a) 机构简图　　　　　(b) 等效运动副线图　　　　(c) 约束空间

图 3-43　SCARA 机器人的 F&C 线图

【例 3-9】 对空间单闭环 RCPP 机构[图 3-44(a)]进行瞬时自由度分析。注意机构中 R 副与 C 副的轴线相互平行。

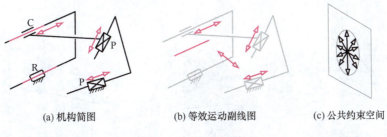

(a) 机构简图　　　　　(b) 等效运动副线图　　　　(c) 公共约束空间

图 3-44　RCPP 机构

解　将 C 副分解为 RP 的组合,单闭环 RCPP 可进一步等效为 RRPPP。由此可画出与之等效的运动副线图[图 3-44(b)]。再通过查表 3-7 所示的 F&C 线空间图谱,找到与机构相对应的二维公共约束空间[图 3-44(c)]。说明该机构为四阶机构,代入自由度计算公式可以得到

$$f = d(n-g-1) + \sum_{i=1}^{g} f_i + \nu - \zeta = 4(4-4-1) + 5 = 1$$

【例 3-10】 对图 3-45(a)所示的 3-RPS 并联机构进行瞬时自由度分析。

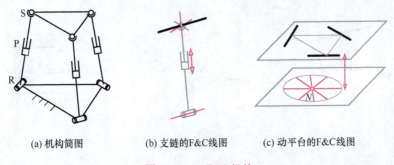

(a) 机构简图　　　　　(b) 支链的 F&C 线图　　　　(c) 动平台的 F&C 线图

图 3-45　3-RPS 机构

解　由第 2 章可知:并联机构的自由度分析应首先从各支链入手,得到每个支

链上的约束空间,再将所有支链的约束空间求并,组合得到动平台的约束空间,根据对偶性最终得到动平台的自由度空间。具体到图 3-45(a)所示的 3-RPS 并联机构,也是如此。首先取出其中一个 RPS 支链,画出与之对应的运动副线图,由表 3-7 的 F&C 线空间图谱可查得相应的约束空间为单个力约束线,该约束线通过 S 副的中心,与 R 副的轴线平行,且与 P 副的作用线垂直[图 3-45(b)]。由于每个支链的特征相同,由此得到动平台的约束空间为一平面约束(在图示位形即机构的初始位形下),再通过查表得到动平台的自由度空间,具体如图 3-45(c)所示。因此,该机构在初始位形下的自由度为2R1T。

【例 3-11】 对图 3-46 所示不同位形下的平面 3-RRR 并联机构进行自由度分析。

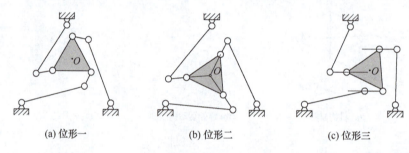

(a) 位形一   (b) 位形二   (c) 位形三

图 3-46 平面 3-RRR 机构

解 在第 2 章中已经分析过平面 3R 开链机构(机械手)的自由度,得知该机构的自由度为2T1R;而平面 3-RRR 并联机构由对称的 3 个 3R 开链组合而成,因此可直接利用前面对 3R 开链机构的分析结果。这样,对应于位形一的平面 3-RRR 并联机构,通过简单的 F&C 线空间图谱可以很容易地确定它的自由度与 3R 开链机构一样,都是 3 个自由度(2T1R)。但对处于位形二和位形三的平面 3-RRR 并联机构而言,情况就变得复杂些,具体如图 3-47 所示。

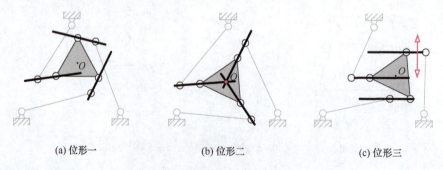

(a) 位形一   (b) 位形二   (c) 位形三

图 3-47 锁住驱动后动平台所受约束分布

下面采用另外一种思路来考量机构的瞬时自由度。根据并联机构学理论,当把机构的驱动副全部锁住后,动平台将不会产生任何运动;否则,机构的自由度会增加。假设图 3-46 所示的机构中与机架相连的运动副为驱动副,下面来分析三种位形下锁住全部驱动副后动平台所受约束情况。对于位形一,动平台受到 3 个既不相交也不平行的平面力约束作用(均为二力杆),因此力约束维数为 3,为完全约束;而对于位形二中的动平台,受到 3 个平面共点的约束力作用(因为与动平台直接相连的 3 个杆都是二力杆);位形三中的动平台,受到 3 个平面平行的约束力作用。这两种情况下的约束都包含有一个冗余约束,因此,动平台的约束空间退化为平面二维力约束。这时根据 F&C 线空间图谱,很容易查得所对应动平台的自由度为 4(平面内为 1),位形二下平面 3-RRR 并联机构动平台所增加的自由度为过力约束汇交点且垂直纸面的一维转动(1R);位形三下平面 3-RRR 并联机构动平台所增加的自由度为运动平面内垂直力约束作用线的一维移动(1T)。

3.6 本章小结

本章从数学的角度对第 2 章的内容进行了重新解析与扩展,作为图谱法的理论基础。重新用数学进行解析是为了使读者从理论的高度认识到图谱法的缘起;更为重要的是,对已有概念进行扩展(将自由度线图和约束线图的概念扩展到线簇及线空间)以及对已有方法进行深化。由解析演绎而来的广义 Blanding 法则可以得到一个既系统又相对完整的自由度线空间与对偶约束线空间图谱(F&C 线空间图谱),从而构成了本书图谱法最重要的理论依据。广义 Blanding 法则具体表述如下:

(1) 机构(机械连接)的所有转动自由度线都与其所受到的所有约束力作用线相交;

(2) 机构(机械连接)的所有移动自由度线都与其所受到的所有约束力作用线正交;

(3) 机构(机械连接)的所有转动自由度线都与其所受到的所有约束力偶方向正交;

(4) 机构(机械连接)的所有移动自由度线与其所受到的所有约束力偶之间的方向任意。

基于广义 Blanding 法则得到的 F&C 线空间图谱将是我们未来对机械装置进行构型综合和创新设计的基础。

参 考 文 献

[1] Ball R S. A Treatise on the Theory of Screws. London:Cambridge University Press,1998.
[2] Bottema O,Roth B. Theoretical Kinematics. New York:North-Holland Publishing Company,1979.

[3] Merlet J P. Singular configurations of parallel manipulators and Grassmann geometry. International Journal of Robotics Research,1989,8(5):45-56.

[4] 黄真,赵永生,赵铁石. 高等空间机构学. 北京:高等教育出版社,2006.

[5] Kong X,Gosselin C M. Type Synthesis of Parallel Mechanisms. Heidelberg:Springer-Verlag,2007.

[6] Blanding D L. Exact Constraint: Machine Design Using Kinematic Principle. New York: ASME Press,1999.

[7] Fang Y F,Tsai L W. Structure synthesis of a class of 4-DOF and 5-DOF parallel manipulators with identical limb structures. International Journal of Robotics Research,2002,21(9): 799-810.

[8] Hopkins J B. Design of Parallel Flexure System via Freedom and Constraint Topologies (FACT). Cambridge:Massachusetts Institute of Technology,Master Thesis,2007.

[9] Yu J J,Kong X W,Hopkins J,et al. The reciprocity of a pair of line spaces. IFToMM 2011, Guanajuato,2011.

[10] Yu J J,Li S Z,Su H J,et al. Screw theory based methodology for the deterministic type synthesis of flexure mechanisms. ASME Journal of Mechanism and Robotics,2011,3(3): 031008. 1-14.

[11] Yu J J,Dong X,Pei X,et al. Mobility and singularity analysis of a class of 2-DOF rotational parallel mechanisms using a visual graphic approach. ASME Journal of Mechanism and Robotics,2012,4(4):041006. 1-10.

第 4 章　图谱法创新设计初探

第 3 章给出了自由度及其对偶约束线图的数学解析,进而绘制了由不同维度下自由度与对偶约束线图(或空间)构成的 F&C 线空间图谱(所有线图中只含直线及偶量)。该图谱是本书对机械装置或机构进行分析与综合的基础。前面各章中,也给出了一些利用图谱法进行机构自由度分析的实例,体现出相比于解析法的简单便捷之处。图谱法甚至可以简单直观地分析一些较为复杂的机构。

反过来,是否也可以利用图谱法来实现对机构或某类机械装置的构型设计(又称构型综合、概念设计等)呢？答案是肯定的。与其分析功能相比,该方法在综合方面较解析法的优势更加明显,因为在保留所固有的直观等优点外,简单的线图中还蕴含着足够丰富的信息。例如,综合所需的多解性,基于不同模块的组合即可构造出不同的机械结构类型,还有等效空间所导致的等效运动链等。第 3 章中有关 RRR 等效运动链的讨论实质上就属于构型设计的范畴。例如,要求我们通过对 3DOF 平面运动的开链式机械手进行系统的构型综合,以找到一种合适的构型。若采用图谱法,完成这个任务则变得非常简单。图 4-1 给出了具体的过程示意。

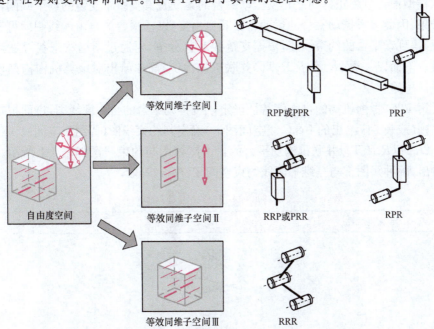

图 4-1　图谱法对 3DOF 平面开链式机械手构型综合的过程示意

就目前已有的构型设计或构型综合方法而言,可细分为两大类:运动设计(kinematic-based design)和约束设计(constraint-based design)。运动设计一般不考虑约束,直接配置运动链;而约束设计则从自由度与约束之间的对偶关系出发,直接配置约束或间接配置运动链。如刚性机构构型综合中有位移子群&子流形法、图论法、线性变换法、单开链法、G_F集等,柔性机构构型综合中有伪(等效)刚体模型法等,这些都属于运动设计的范畴。而刚性机构构型综合中的互易旋量理论法,柔性机构创新设计中的约束设计法、自由度与约束拓扑(FACT)法等皆可归于约束设计的范畴。这些方法中,有些相互关联、殊途同归;有些相互补充、各有千秋。总之,大大丰富了机构的创新技法。

本章主要是对图谱法进行构型设计的初步探讨,后续章节还将更加详细地讨论这一主题。

4.1 两个简单的构型设计实例

首先以简单的刚性并联机构为例。第2章中已给出了图谱法进行并联机构自由度分析的一般流程。即从各支链入手,得到每个支链上的约束线图;然后将所有支链的约束线图组合在一起(求并),得到动平台的约束线图;再根据自由度与约束之间的对偶性,确定动平台的自由度线图。

构型设计过程正好与之相反。动平台的运动是其上多个支链的约束共同作用的结果,因此可根据动平台的运动特征和自由度数(动平台的自由度线图即可充分体现)得到动平台的约束线图,根据支链数对其分解,再通过图谱法来找寻适当的支链。下面以一类 2R1T($R_x R_y T_z$) 并联机构为例,简单给出对该类机构构型设计的整体思路。

第1步,根据机构的自由度特征确定该机构动平台的自由度线图,进而根据对偶法则(或表3-8给出的F&C线空间图谱)确定其约束线图(或约束空间)。

2R1T($R_x R_y T_z$) 并联机构动平台的自由度线图与约束线图如表4-1所示。可以看出,两种线图都与三维平面线约束空间 $\mathcal{L}(N,n)$ 等效。

表 4-1 2R1T 并联机构的自由度与对偶约束线图

自由度线图	约束线图	符号表示
		$\mathcal{L}(N,n)$

第 2 步,根据支链数对平台的约束线图进行分解,即根据约束线图中各约束的分布特性为各支链合理选配约束,从而得到每个支链的约束线图。这时,各支链的约束线图一定是平台约束线图的子空间。

如果只考虑该机构中含有 3 个支链分布和非过约束的情况,则每个支链中都只受 1 条力约束(线)作用(图 4-2),且它们总是分布在同一平面内(但彼此之间不能共线、共点、平行)。

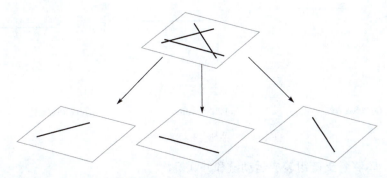

图 4-2 对动平台约束线图进行分解

第 3 步,通过对偶线图法则(或表 3-8 给出的 F&C 线空间图谱)求得与各支链约束线图对偶的自由度空间(即运动副空间)。

由于每条支链所受的约束都是一维直线,其运动副空间中的各元素特征都是一样的。相应的约束线图及其对偶自由度空间如图 4-3 所示。

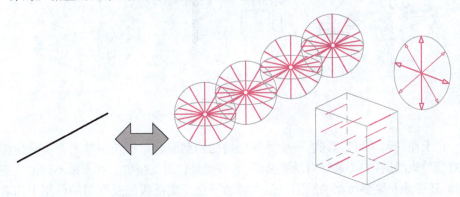

图 4-3 一维约束线图及其对偶自由度空间

第 4 步,在各支链的运动副空间内选择合适的运动副配置。

从图 4-3 所示的运动副空间中,可以很容易地配置出支链的运动副分布。如果选用 5 副连接的支链结构,可选用的类型很多,部分如图 4-4 所示。根据运动副的等效性,可在 5 副支链结构基础上,进一步选用三副连接的支链结构,如 PPS(两个 P 副不能平行)、PRS(R 副与 P 副不能平行)、RRS(两个 R 副必须平行)、PCU 等,并且各运动副之间没有顺序的限制。这样可以综合出多种可用的支链类型。

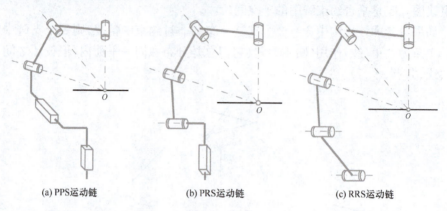

(a) PPS 运动链　　　(b) PRS 运动链　　　(c) RRS 运动链

图 4-4　三种典型的 5 副支链结构

第 5 步,将各支链组装成运动链和并联机构。

在第 4 步基础上,进一步将支链组装成运动链和并联机构。有关并联机构更为详细的讨论将出现在第 7 章。图 4-5 给出了其中 3 种典型的 2R1T 型并联机构。

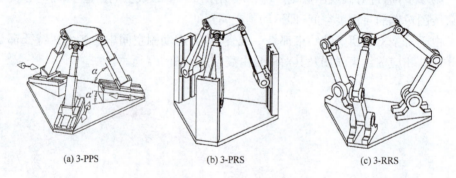

(a) 3-PPS　　　　　(b) 3-PRS　　　　　(c) 3-RRS

图 4-5　三种典型的 2R1T 型并联机构

由上面的例子可以看到,一个并联机构的构型综合过程至少涉及两类自由度与对偶约束线图:一类是针对动平台的,另一类是针对支链的。如果取不同的支链结构,还要涉及更多类型的线图。但在对动平台及支链线图及空间的使用上两者有着实质上的不同。

针对动平台的约束线图(组成约束空间),其主要任务是如何对其进行分解,尤其是将约束空间向其低维子空间分解,这时要考虑冗余约束的存在。正如上面的例子中,由于约束空间是 3 维平面线图,如果选择 3 个支链,则既可以为每个支链配置 1 条约束线,又可以为之配置 2 条约束线(或 1 条约束线和 1 个约束力偶),当然也可以配置 3 条约束线,前提是这些线都分布在动平台的约束空间中。每个支链配置 1 条约束线导致综合得到的机构是非过约束机构,而其他情况则为过约束机构。

针对支链的自由度线图(组成运动副空间),其主要任务是如何利用等效性进行同维子空间的选取,这时一般不考虑冗余存在,而是重点考虑运动可否连续(即给出运动连续性的条件)。具体方法在后面还要详细讨论。如上面的例子中,当每个支链只受到 1 条约束线作用时,很容易根据该支链的自由度线图找到所对应的 5 维运动副空间。鉴于表 3-8 所给出的空间都是完全空间,不便于直接选取运动副,需要对其作进一步同维子空间分解。待得到分解后的同维子空间之后,再根据一定的规则(后面详细讨论)选取合适的运动副来配置支链。当然,如果已经给出典型而实用的运动副及运动支链线图列表,可省略上述步骤,直接查表即可。

下面再来看另外一类机构——柔性机构的构型设计问题(在第 8 章将详细讨论)。同样举一个简单例子——一维柔性并联移动机构的构型设计,来说明整个设计过程。

第 1 步,根据机构所要求的自由度特征确定其自由度空间及其对偶约束空间(图 4-6)。

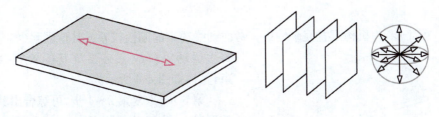

图 4-6 一维移动机构的 F&C 线图

第 2 步,通过找寻约束空间的同维子空间,为机构选择合适的约束子空间。不妨选择图 4-7 所示的一种模块组合类型 $\mathcal{L}(M,n) \bigcup \mathcal{L}(N,n)$。

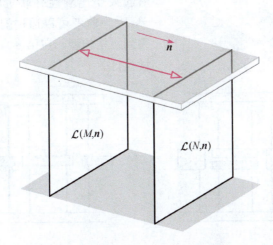

图 4-7 选择一组合适的约束空间

第3步,在约束子空间内为机构选择合适的约束。例如,选用两种不同的约束类型,可在 $\mathcal{L}(M,n)$ 空间内选择用 3 条线约束(物理模块对应柔性细长杆),而在 $\mathcal{L}(N,n)$ 空间内则选用 1 个平面约束(物理模块对应柔性簧片),如图 4-8(a)所示。当然,也可以选用两种完全相同的约束类型,如同为平面约束,具体如图 4-8(b)所示。

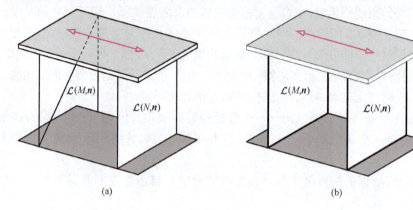

图 4-8 选择合适的物理约束

第4步,为机构配置冗余约束。考虑到线约束的刚性较差或其他因素(如存在寄生运动等),故有必要对其配置冗余约束,具体如图 4-9 所示。

第5步,重复第 2~4 步,可综合出其他类型的一维移动柔性机构。部分机构如图 4-10 所示。

可以看出,柔性并联机构的构型设计看起来要比刚性并联机构的构型综合简单,因为前者可以通过配置约束支链直接得到机构构型。在第 8 章中将详细讨论柔性设计。

图 4-9 配置冗余约束

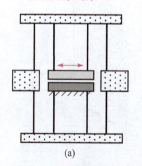
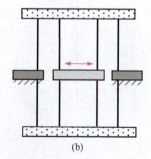

图 4-10 其他两种一维柔性并联移动机构

总之，无论刚性机构还是柔性机构，其构型综合过程中都要涉及几个关键环节：除了学会查表外，还要学会如何找自由度（或约束）空间的同维子空间以及对其进行低维子空间分解，线图向运动链的映射，以及运动连续性判别，等等。从本章开始，我们将逐一讨论这些关键环节。

4.2 同维子空间

首先看一个简单的例子。从第 2 章可知，2 维平行线图[图 4-11(a)]中包含有两种同维子空间，其中一种子空间全部由直线组成[图 4-11(b)]，另一种同时含有直线和偶量[图 4-11(c)]。前面已经举了这个方面的例子，如平面 2R 机器人的运动完全可用 RP、PR 等运动链来实现。

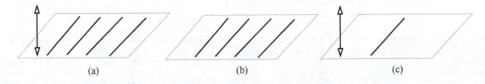

图 4-11　2 维平行线图及其两种同维子空间

再来看一个稍微复杂的例子。考察图 4-12(a)所示的组合式线图[其中图 4-12(b)是图 4-12(a)的等效线图，含偶量]，它包含有两个基本模块：一个包含空间所有平行线的立方体 A 和一个平面 B，两者的交集是无数条平行线组成的平面（2 维）。根据维数定理，可知该空间的维数为 4，即该空间中存在 4 条非冗余线。下面以图 4-12(a)为例说明如何在各模块中选取（独立）线。

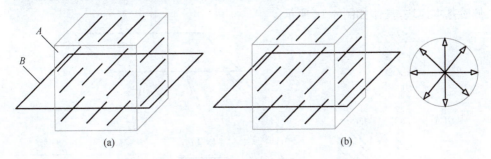

图 4-12　组合线图

根据组合原理，从两个模块中选出 4 条独立线会出现以下几种组合情况，见表 4-2。表达上，规定子空间符号后面括号内的数字代表该子空间的维数。

表 4-2 独立线的组合方式（Ⅰ）

从每个模块中选取的线条数	立方体 $A(3)$	平面 $B(3)$
	≥4	0
	0	≥4
	≥3	1
	1	≥3
	≥2	≥2

容易看出，上述情况中前两种是不可取的。因为无论立方体 A 还是平面 B，其中的独立线的维数都是 3，所以从中选取的 4 条线中必有一条是冗余的，不符合要求。表 4-3 列出了从 A、B 两个模块中选取独立线条数的所有可能组合形式。从形式上看，很类似于刚体机构中的数综合。

表 4-3 独立线的组合方式（Ⅱ）

从每个模块中可能选取的独立线条数	立方体 $A(3)$	平面 $B(3)$
	1	3
	2	2
	3	1
	2	3
	3	2
	3	3

为与表 4-3 中选取的独立线条数相对应，将 A、B 两个三维模块分解成若干个低阶基本模块，具体如图 4-13 所示。

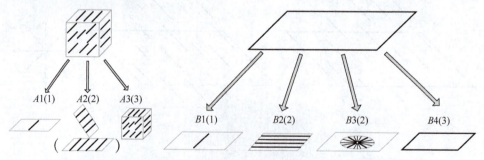

图 4-13 模块分解

由于每个子模块都对应有确定的维数（括号内的数字），因此可正好与表 4-3 中的数字相对应，从而有效地实现了数型综合，具体如表 4-4 所示。注意，在表的右侧两列考虑了各线图所表现的物理意义：如能实现连续运动的运动副空间和约束空间。

表4-4 独立线的选取方式

序号	A	B	同维子空间	可否实现连续运动	约束
1	A1(1)	B4(3)		√	√
2	A2(2)	B2(2)		√	√
3	A2(2)	B3(2)		√	√
4	A3(3)	B1(1)		√	√
5	A2(2)	B4(3)			√
6	A3(3)	B2(2)		√	√
7	A3(3)	B3(2)		√	√
8	A3(3)	B4(3)		√	√

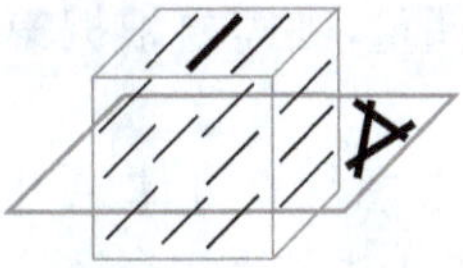

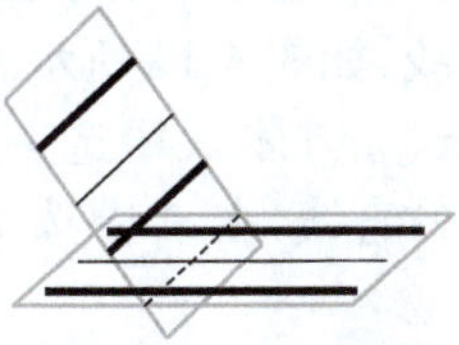

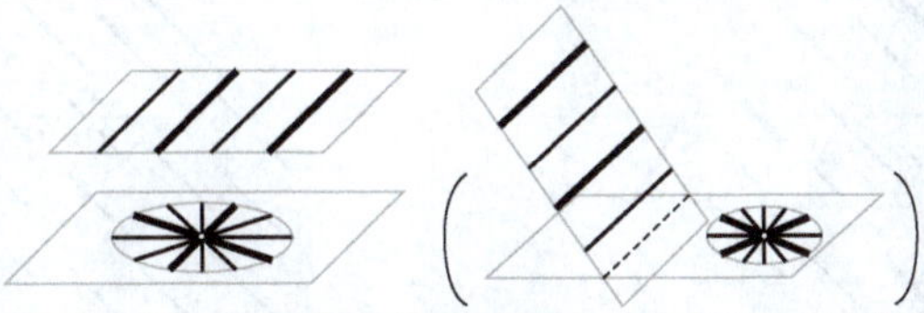

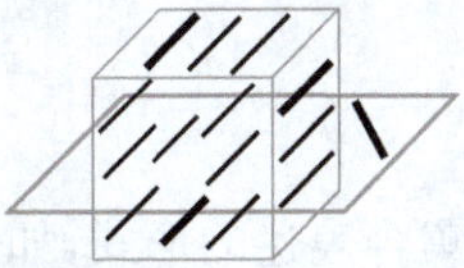

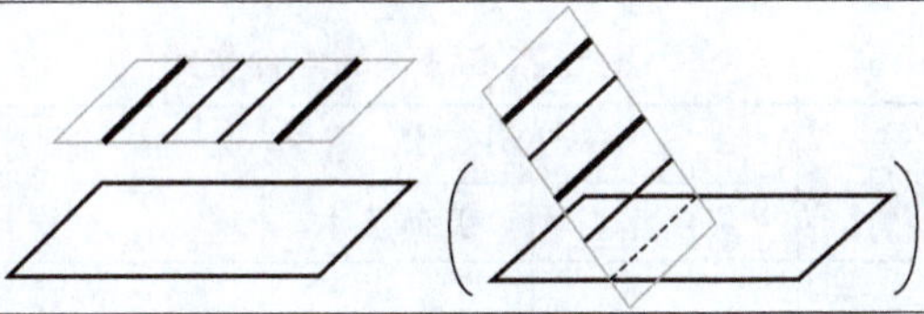

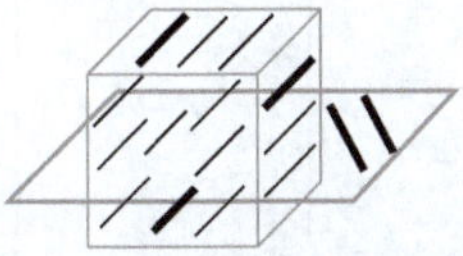

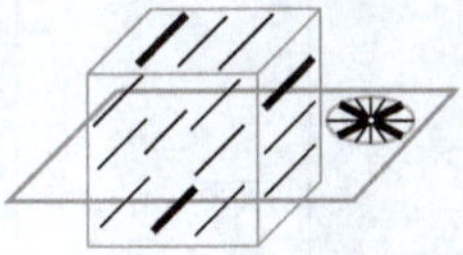

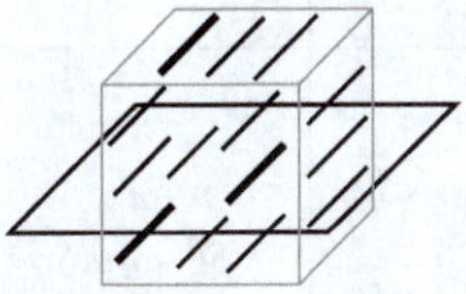

注意,从各模块选取线时应遵循以下原则:
(1) 选取的独立线数之和不小于该线空间的维数。
(2) 在从各模块中选取线时,不能同时选取公共线。
(3) 如果考虑元素中存在偶量,则需要根据第 2 章给出的线图等效原则进行等效。

下面举例说明选取过程。考虑从立方体 A 中选 3 条、平面 B 中选 1 条的情况。这时仅有一种选取方法:在 A 中选取 3 条不在同一平面上的直线,在 B 中选 1 条与 A 中的线不平行的任一条线,如图 4-14 所示。

类似地,从平面 B 中选 3 条、立方体 A 中选 1 条。这时也仅有一种选取方法:在 B 中选 3 条不汇交于同一点的直线,在 A 中选 1 条不在 B 中的任一条直线,如图 4-15 所示。

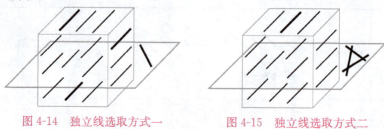

图 4-14 独立线选取方式一　　　图 4-15 独立线选取方式二

整个选取过程还可以写成集合表达的形式,如表 4-5 所示。

表 4-5 基于集合表达的组合型线图

模块 A	模块 B	$A \cap B$		线图表达
		集合表达	几何条件	
$\mathcal{R}(N,u)$	$\mathcal{F}(u')$	$\varnothing$	$u \neq u'$	
$\mathcal{R}(N,u)$	$\mathcal{L}(N',n')$	$\varnothing$	$u \perp n'$ $\overline{NN'} \cdot n' \neq 0$	
$\mathcal{F}_2(N,u,n)$	$\mathcal{U}(N',n')$	$\varnothing$	$n = n'$ $\overline{NN'} \cdot n' \neq 0$	

续表

模块A	模块B	A∩B		线图表达
		集合表达	几何条件	
$\mathcal{F}_2(N,u,n)$	$\mathcal{F}_2(N',u',n')$	$\varnothing$	$n \neq n'$ $u \neq u'$	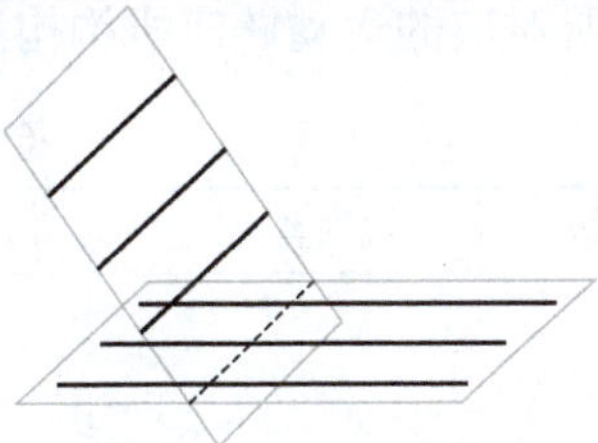
$\mathcal{F}_2(N,u,n)$	$\mathcal{U}(N',n')$	$\varnothing$	$u \perp n'$ $\overline{NN'} \cdot n \neq 0$	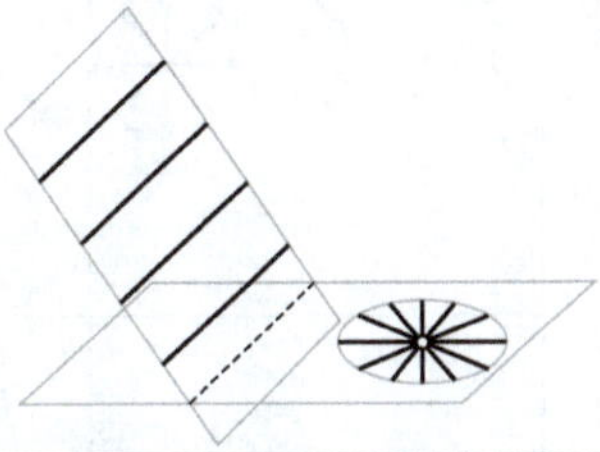
$\mathcal{F}_2(N,u,n)$	$\mathcal{F}(u')$	$\mathcal{P}(n)$	$u \neq u'$ $u \times u' = n$	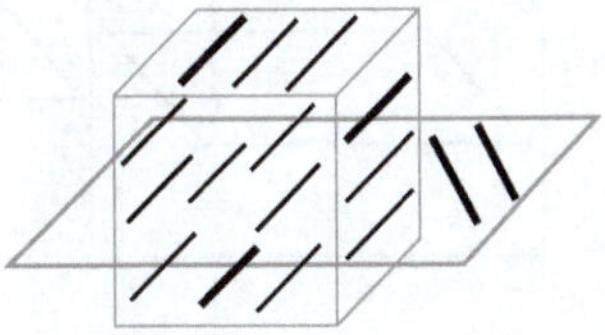
$\mathcal{F}_2(N,u,n)$	$\mathcal{L}(N',n')$	$\mathcal{R}(N,u)$	$n \neq n'$ $u = n \times n'$	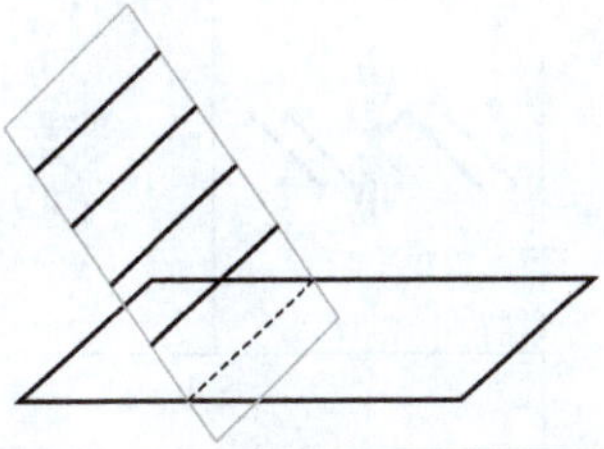
$\mathcal{U}(N,n)$	$\mathcal{F}(u')$	$\mathcal{R}(N,u)$	$u' \cdot n = 0$	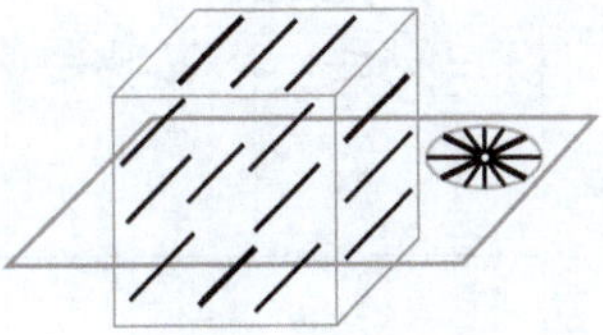
$\mathcal{F}(u)$	$\mathcal{L}(N,n')$	$\mathcal{F}_2(N,u,n')$	$u \cdot n' = 0$	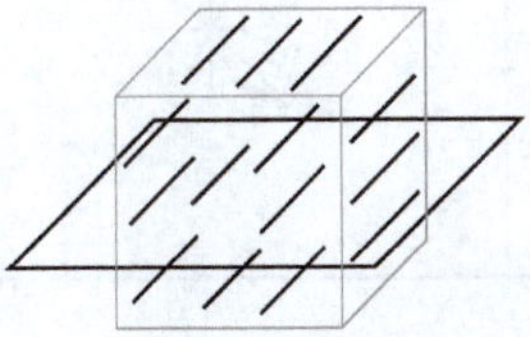

采用类似的方法,可以找出所有线图的同维子空间。其中,表4-6给出了常用3~4维线图及其同维子空间。有兴趣的读者可以按以上思路补充完成5~6维线图及其同维子空间。显而易见,维度越高,可选的同维子空间种类越多,也就意味着所对应的运动链或机构构型就越丰富。

表4-6 常用3~4维线图及其同维子空间

维数	线图类型	同维子空间
3	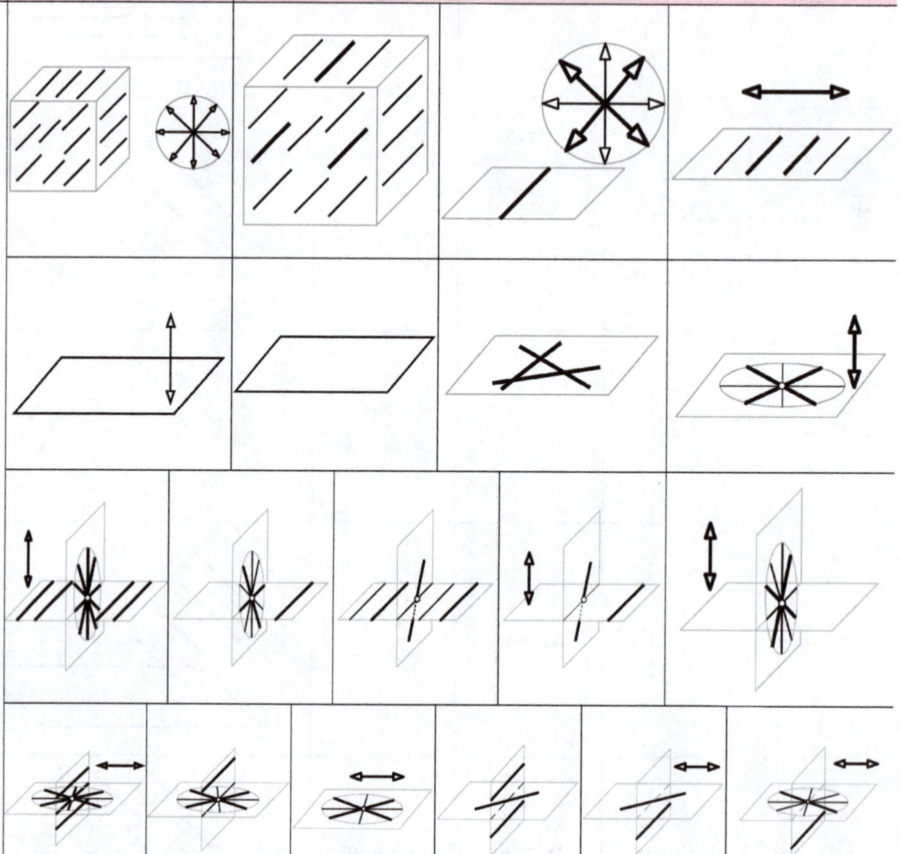	

续表

维数	线图类型	同维子空间
4		见表4-5

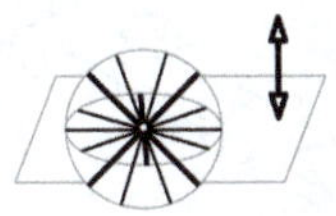

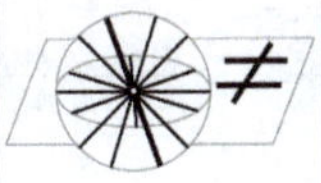

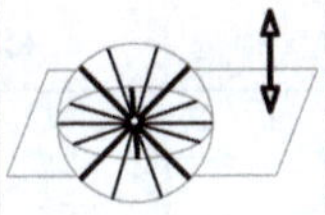

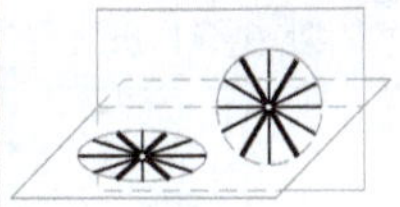

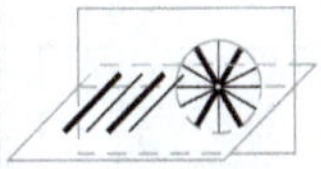

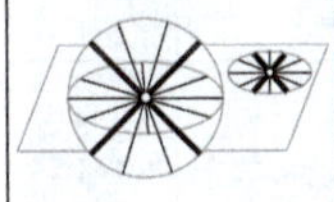

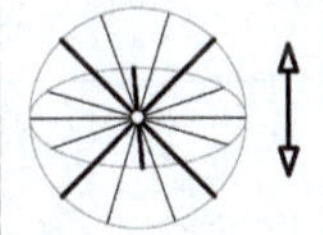

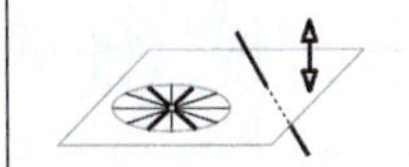

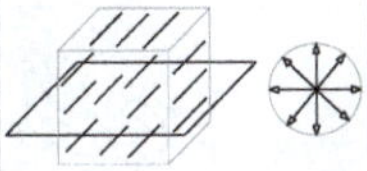

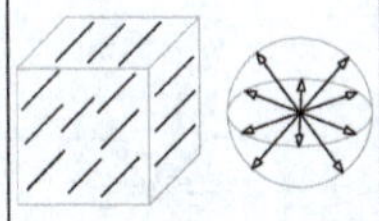

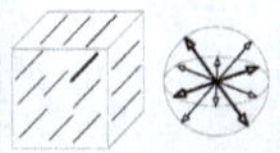

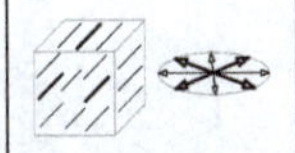

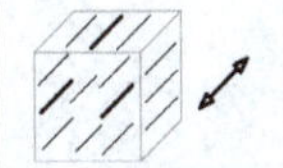

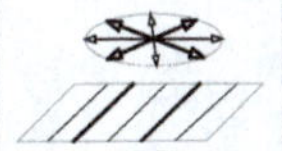

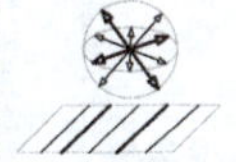

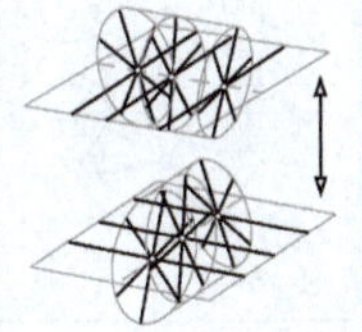

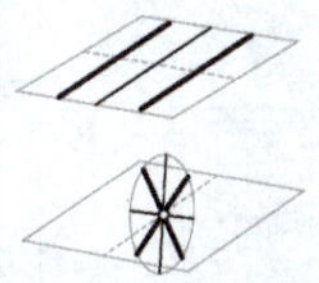

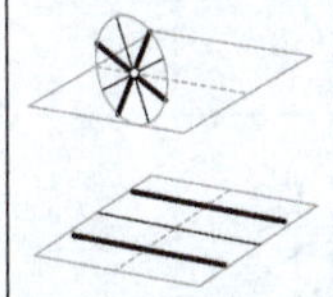

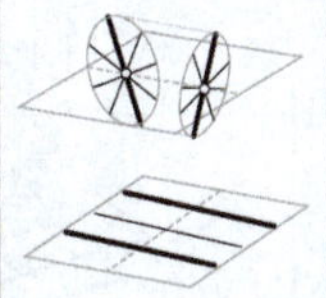

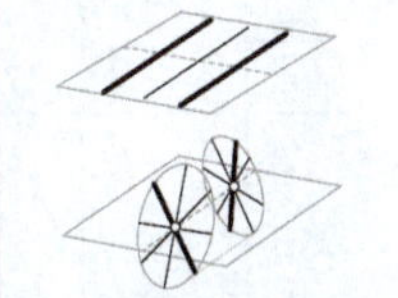

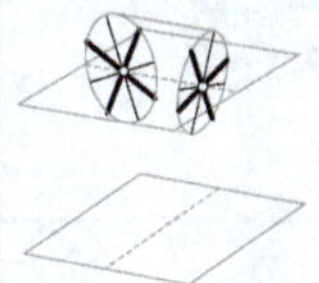

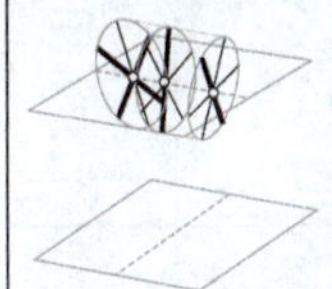

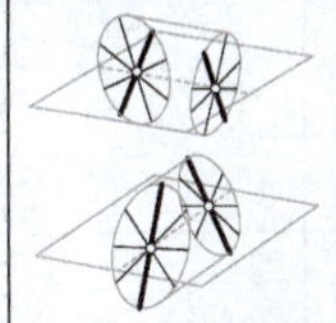

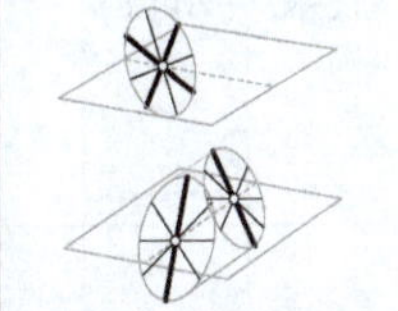

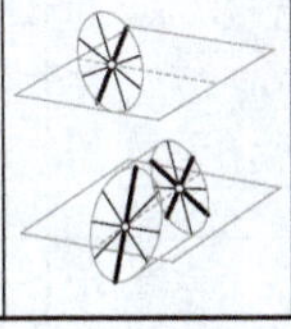

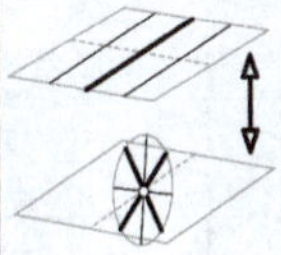

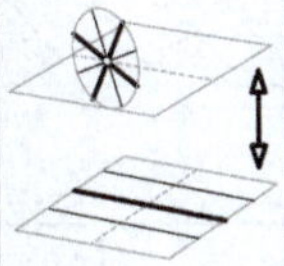

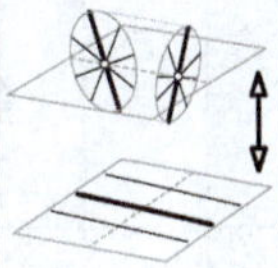

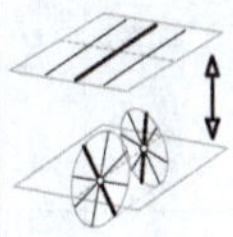

4.3 常见运动副的自由度 & 约束线图

4.3.1 简单运动副的自由度 & 约束线图

第1章已对常见的简单运动副进行了详细介绍。因此，表4-7直接给出了与这些运动副相对应的 F&C 线图。

表 4-7　常见(简单)运动副的 F&C 线图

类型	自由度	符号	图形	自由度线图	约束线图
转动副	1R	R	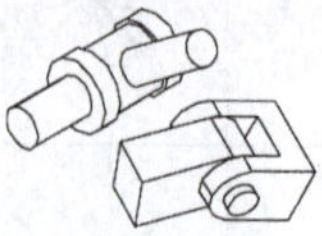	 $\mathcal{R}(N,u)$	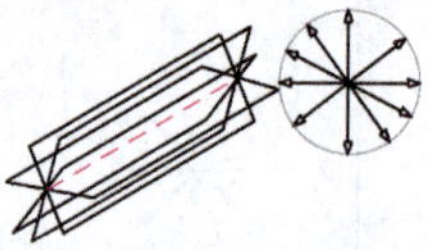
移动副	1T	P	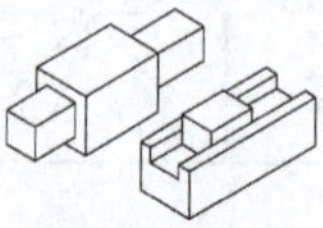	 $\mathcal{P}(u)$	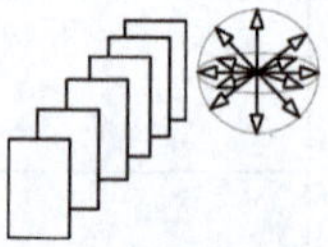
螺旋副	1H	H	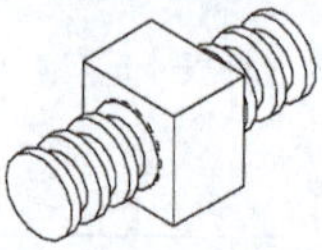	 $\mathcal{H}(\rho,N,u)$	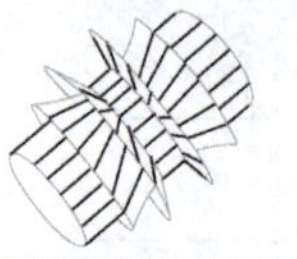
虎克铰	2R	U	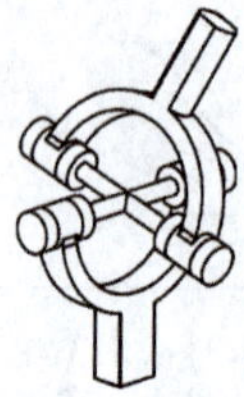	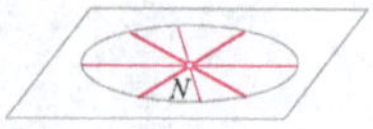 $\mathcal{U}(N,n)$	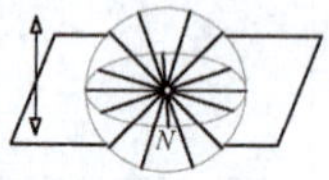
圆柱副	1R1T	C	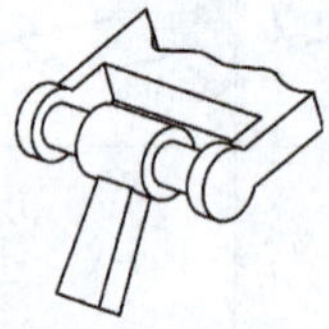	 $\mathcal{C}(N,u)$	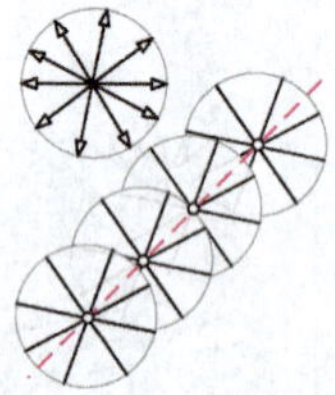
平面副	1R2T	E	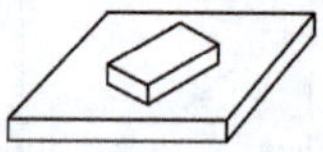	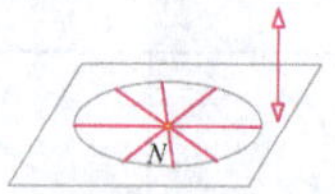 $\mathcal{F}(u)$	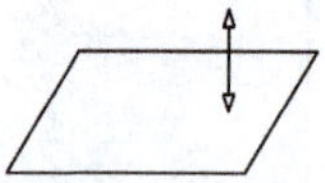
球副	3R	S	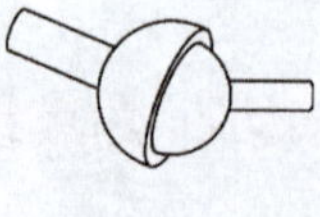	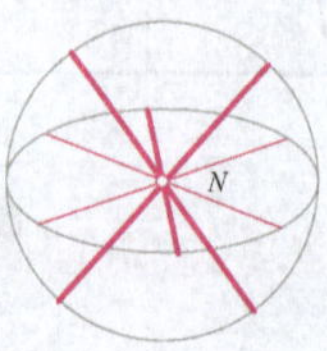 $\mathcal{S}(N)$	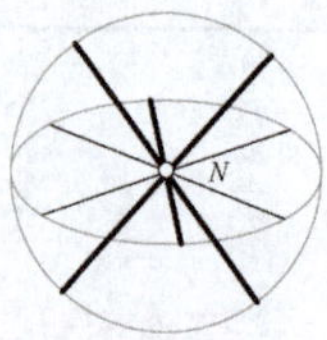

4.3.2　运动子链的自由度 & 约束线图

运动副是组成机构的基本单元。单个运动副除了能以物理铰链的形式实现外，有时还往往通过多个运动副以单开链（single-open-chain）[1]的方式进行组合来实现。例如，球铰 S 可通过空间汇交于一点的 3 个转动副 R 组合实现；虎克铰 U 可通过汇交于一点的 2 个转动副 R 组合实现；圆柱副 C 可通过平行的 1 个转动副 R 和 1 个移动副 P 组合实现；诸如此类。这类与某种运动副等效的运动副组合由于经常作为运动链的一部分，因此有时称之为运动子链（kinematic sub-chain）①。

常见的单开链式运动子链包括：球面运动子链（spherical kinematic sub-chain）、平面运动子链（planar kinematic sub-chain）、平动运动子链（translational kinematic sub-chain）和圆柱运动子链（cylindrical kinematic sub-chain），具体如表 4-8 所示。

表 4-8　与运动副等效的运动子链及其 F&C 线图

名称	自由度	符号	简图	等效运动副	自由度空间	约束空间
三维球面运动子链	3R	(RRR)$_S$	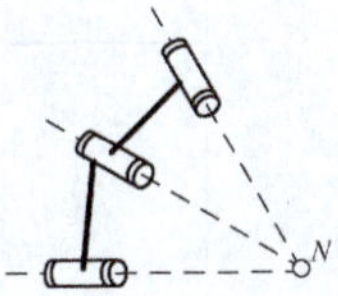	S	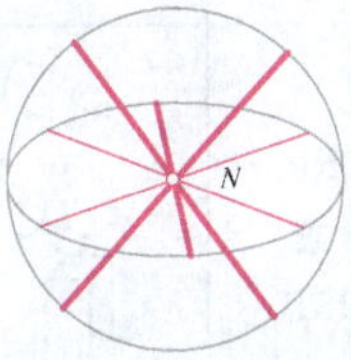 $S(N)$	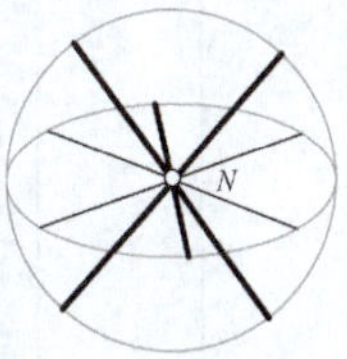
二维球面运动子链	2R	(RR)$_S$	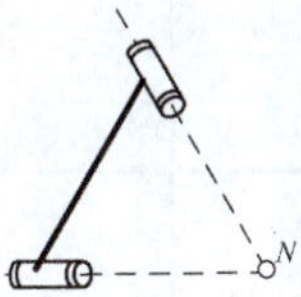	U	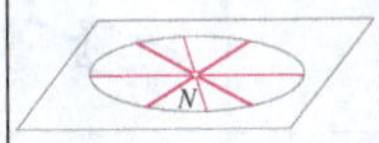 $U(N,n)$	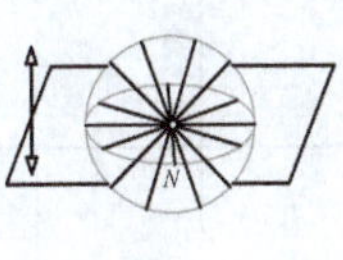

---

① 这里运动子链的概念与杨廷力教授提出的尺度约束型以及孔宪文博士提出的组成单元有异曲同工之处。

续表

名称	自由度	符号	简图	等效运动副	自由度空间	约束空间
三维平面运动子链	$1R2T$	$(RRR)_E$	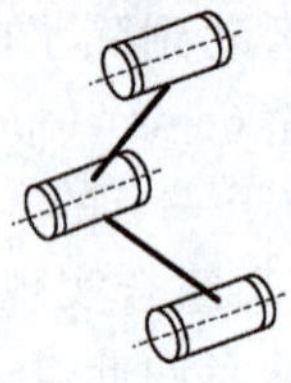	E	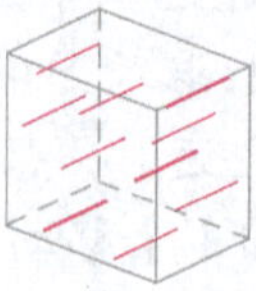 $\mathcal{F}(u)$	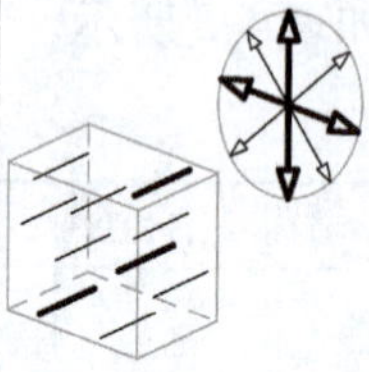
		$(PPR)_E$ 或 $(RPP)_E$	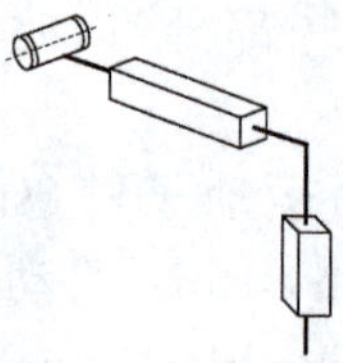			
		$(PRP)_E$	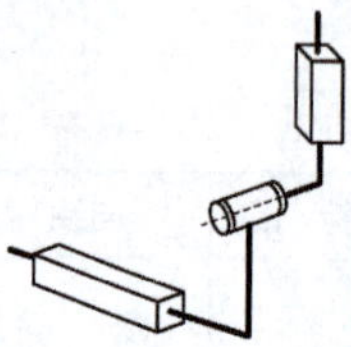		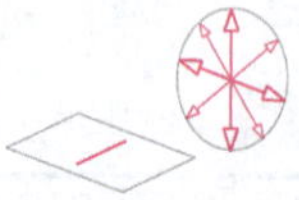 $\mathcal{F}(u)$	
		$(PRR)_E$ 或 $(RRP)_E$	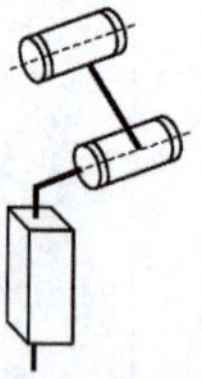		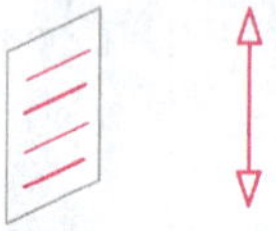 $\mathcal{F}(u)$	
		$(RPR)_E$	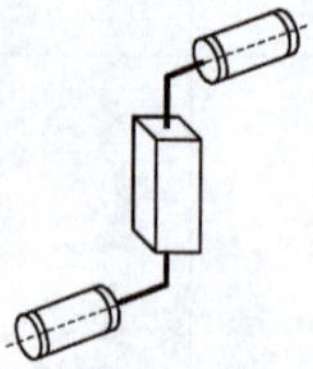			
二维平面运动子链	$1R1T$	$(RR)_E$	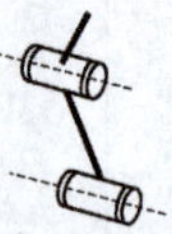		 $\mathcal{F}_2(N,u,n)$	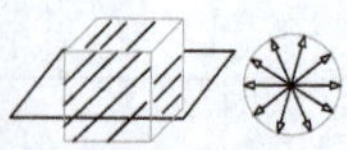
		$(RP)_E$ 或 $(PR)_E$	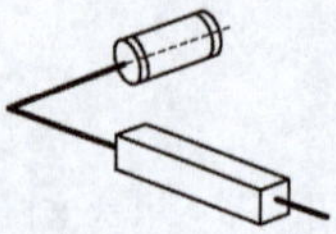		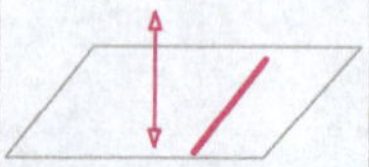 $\mathcal{F}_2(N,u,n)$	

续表

名称	自由度	符号	简图	等效运动副	自由度空间	约束空间
三维平动运动子链	3T	(PPP)	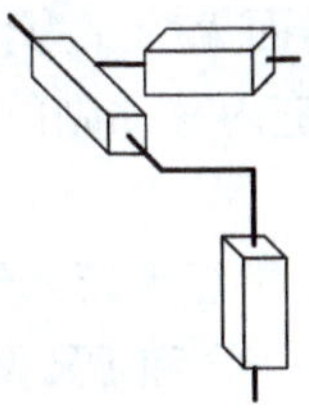		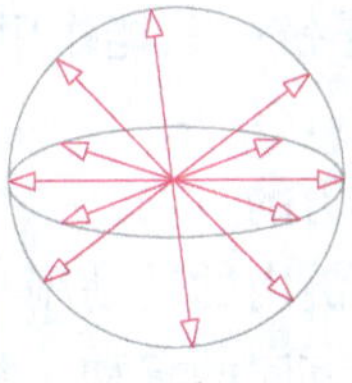 T	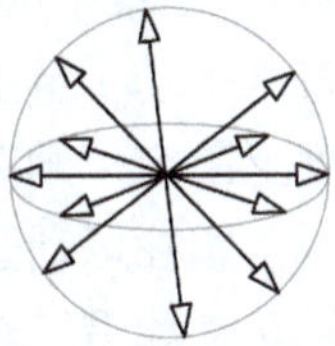
二维平动运动子链	2T	(PP)	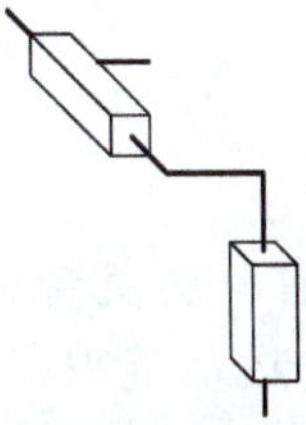		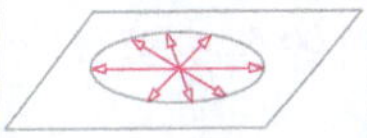 $T_2(n)$	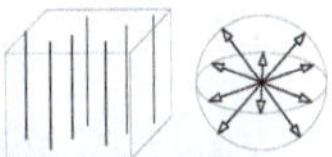
二维圆柱运动子链	1R1T	(RP)$_C$	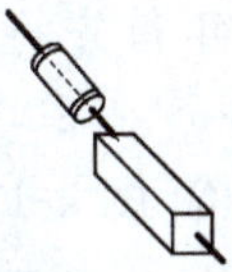	C	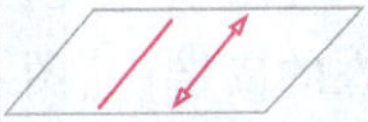 $C(N,u)$	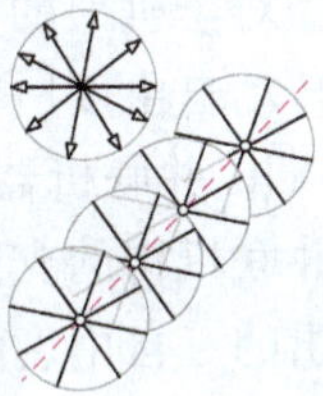

球面运动子链完全由转动副组成,各转动副之间可以实现绕子链中心点的球面转动。根据转动维度区分,球面子链包括三维和二维两种。根据 Blanding 法则可知,若有约束力作用在该运动子链上,该约束力一定经过球面子链的中心点,从而限定了约束力的作用点。

平面运动子链内的各运动副之间只发生平面运动。其中的转动副相互平行、转动副与移动副相互正交。同样,也包括三维和二维两种情况。在本章已经给出了三维平面运动子链的类型:RRR、PRR、RRP、RPR、PPR、RPP、PRP 等 7 种;二维平面运动子链包括 RR、RP、PR 等 3 种。根据 Blanding 法则可知,若有约束力作用在该类型运动子链上,该约束力一定与平面运动子链内转动副的轴线平行、与移动副的轴线正交,从而在某种程度上限定了约束力的方向。

平动子链完全由移动副组成,各移动副之间只能相互移动。同样,根据平动的维度区分,平动子链也包括三维和二维两种。其中,二维平动子链中的各移动副之间不能相互平行,三维平动子链中的各移动副之间既不能相互平行也不能作用在同一平面。平动子链内移动副的最佳分布是彼此相互正交。根据 Blanding 法则可知,三维平动子链中只能作用有约束力偶,而无约束力作用。约束力只能作用在二维平动子链上,该约束力一定与该运动子链内移动副的轴线正交,从而在某种程度上限定了约束力的方向。

圆柱运动子链内的转动副与移动副轴线相互平行,子链内部各点可实现绕转轴转动和沿转轴方向的移动。圆柱子链包括 RP 和 PR 两种类型。根据 Blanding 法则可知,若有约束力作用在该类型运动子链上,该约束力一定与圆柱运动子链内转动副的轴线垂直相交。

表 4-8 对这些常见的运动子链进行了总结。

4.3.3　复杂铰链的自由度 & 约束线图

除了简单运动副和运动子链以外,还有一些复合运动副[2]或复杂铰链[3]。复杂铰链(complex joint)一般是指在机构的运动链中存在的一类闭环或半闭环运动子链,如 4R 平行四边形机构、4U 平行四边形机构、4S 平行四边形机构以及 3-2S 机构等(图 4-16)都是闭环运动子链。在 4R 平行四边形机构中,输出构件相对于机架的姿态是保持不变的。因此,平行四边形机构常被用来消除机构的转动自由度[图 4-17(a)]。Clavel[4]在 1988 年首先将 4S 平行四边形机构用于 Delta 并联机器人的支链中[图 4-17(b)],Zhao[5]在 2001 年提出的三自由度移动并联机构的支链中用到了 4U 平行四边形机构[图 4-17(c)],而 Huang[6]在其提出的三自由度移动并联机构的支链中用到了 3-2S 机构[图 4-17(d)]。复杂铰链的引入不仅能丰富机构的构型,还能提高机构的刚度及其转动能力。除此之外,还有其他类型[7]。表 4-9 给出了这些运动副的 F&C 线图,图 4-18 示出了它们之间的拓扑关系。

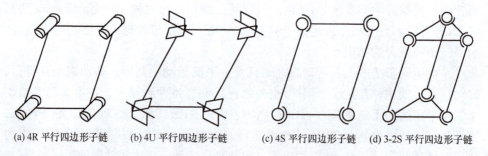

(a) 4R 平行四边形子链　(b) 4U 平行四边形子链　(c) 4S 平行四边形子链　(d) 3-2S 平行四边形子链

图 4-16　4 种典型的复杂铰链

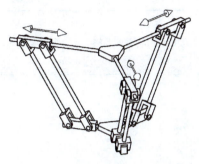
(a) 含4R平行四边形子链的Y-star机构[8]

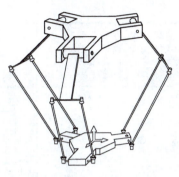
(b) 含4S平行四边形子链的Delta机器人[4]

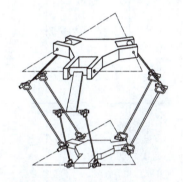
(c) 含4U平行四边形子链的3-R(4U)并联机构[5]

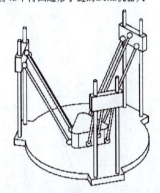
(d) 含3-2S平行四边形子链的三维并联平动机构[6]

图 4-17　含复杂铰链的几种典型机构

表 4-9　复合铰链及其等效自由度空间[7]

类型	符号	结构简图	拓扑图	自由度	等效运动链	自由度空间
2-RR	P_a 或 Π			1	P	
2-RR	R_a			1	R	

续表

类型	符号	结构简图	拓扑图	自由度	等效运动链	自由度空间
2-S(U)S	S^2	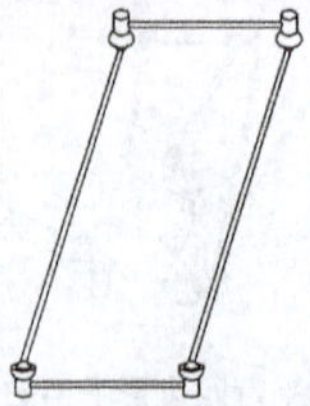	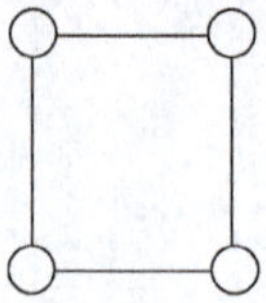	4	ER	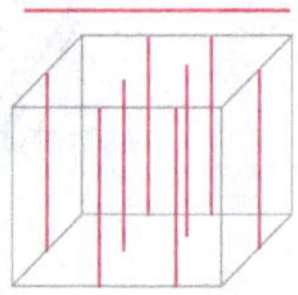
2-UU	U^2	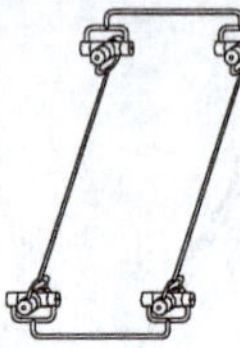	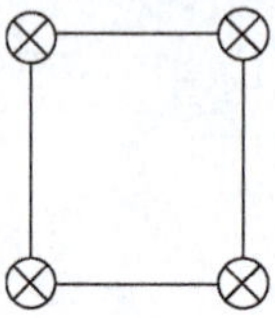	3	RRP 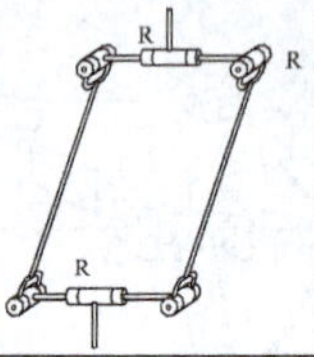	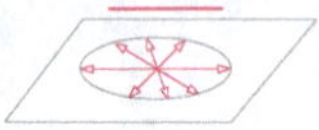
1-RR&1-US	P_a 或 Π		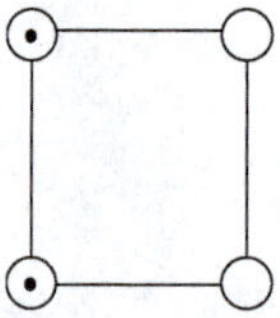	1	P_a	
1-UU&1-S(U)S	U^2	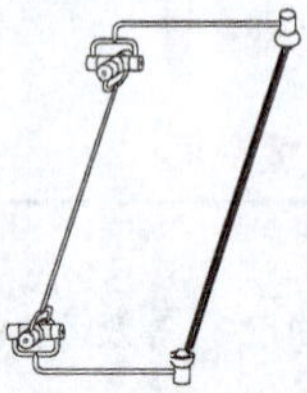	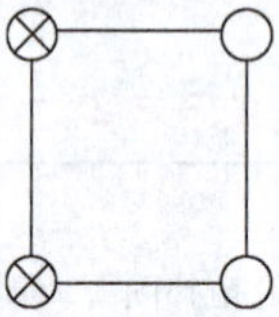	3	RPP	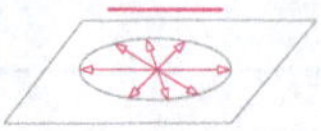
3-UU[3]	U^* 或 Π^2	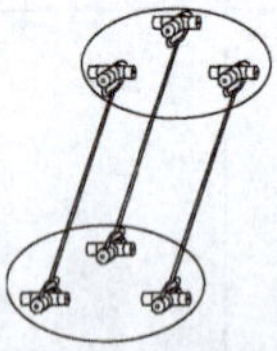	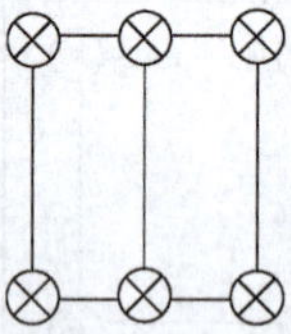	2	$P_a P_a$	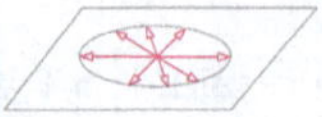
4-UU	U^* 或 Π^2	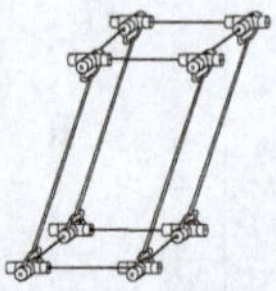		2	$P_a P_a$	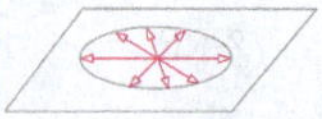

续表

类型	符号	结构简图	拓扑图	自由度	等效运动链	自由度空间
3-S(U)S	E*	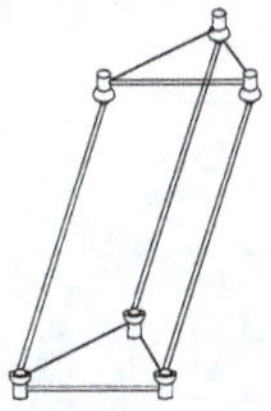	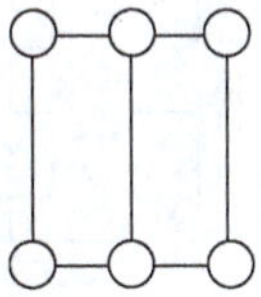	3	P_aP_aR 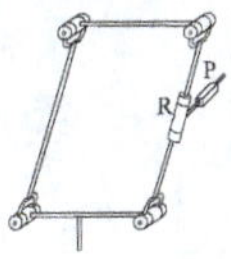	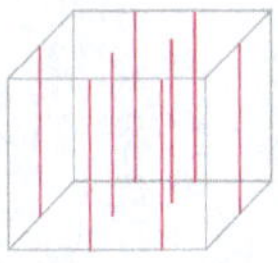
3-UPU	Π^3	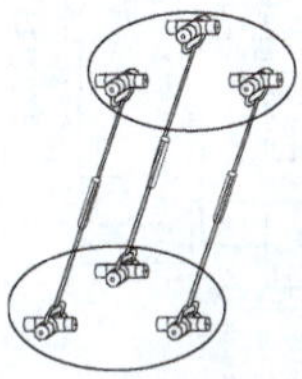	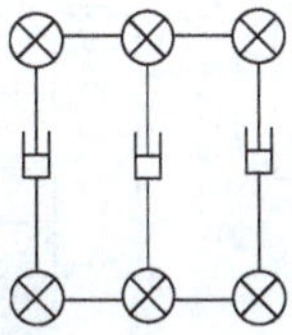	3	P_aP_aP	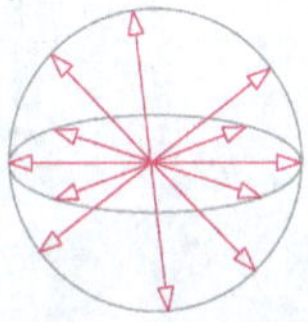
4-UPU	Π^3	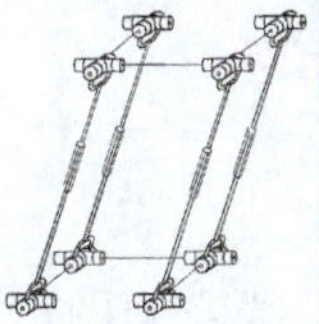	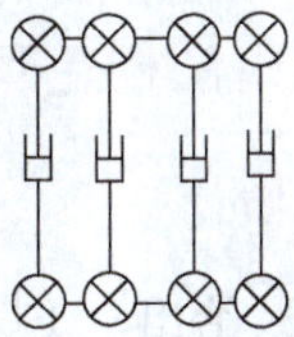	3	P_aP_aP	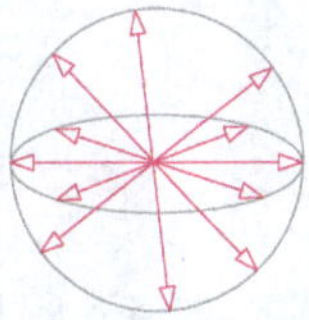
3(4)-RRR	E	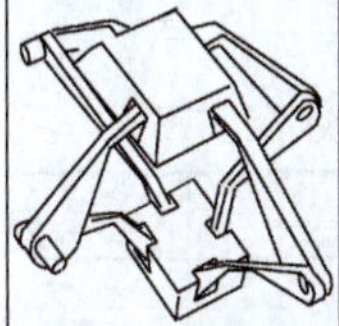	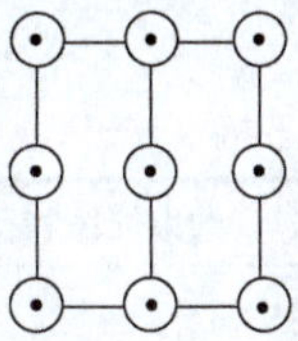	3	PPR	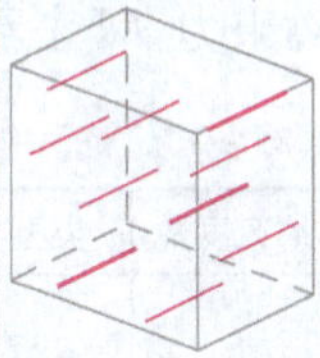
Bennett 机构	R_f	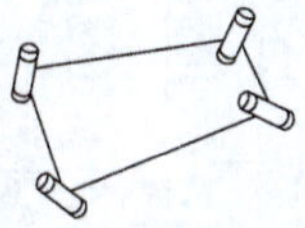	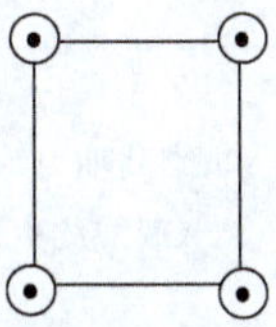	1	R	

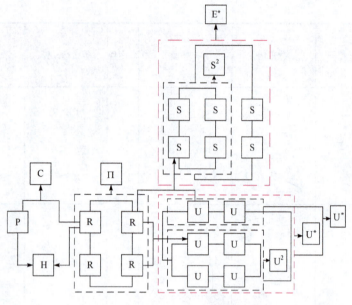

图 4-18 简单运动副与复合铰链类型

4.4 图谱法构造运动链

4.4.1 特定约束作用下的运动副空间

表 3-8 曾从自由度空间特征出发,给出了 F&C 线空间图谱,下面则以特定的约束空间为出发点,给出相应的 C&F 线空间图谱,如表 4-10 所示。表中,F 表示约束力,M 表示约束力偶。

表 4-10 约束线图及其对应的运动副分布特征——C&F 线空间图谱(不考虑螺旋副的存在)

约束度数	类型	约束线图	约束线图特征	运动副空间	末端自由度
0	自由刚体	∅	∅		3R3T
1	1F		1维共轴力约束(或线约束)		3R2T
	1M		1维平行力偶约束		2R3T

续表

约束度数	类型	约束线图	约束线图特征	运动副空间	末端自由度
2	2F	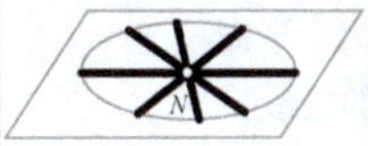	平面汇交的2维力约束	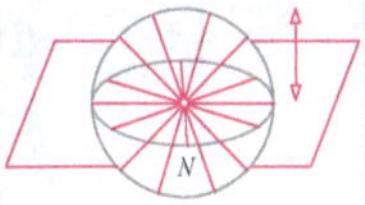	3R1T
			相互异面的2个力约束	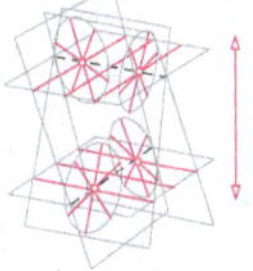	3R1T
	2M	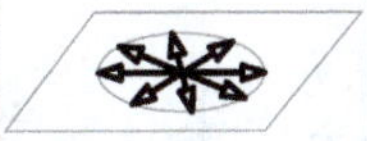	不平行的平面2维力偶约束	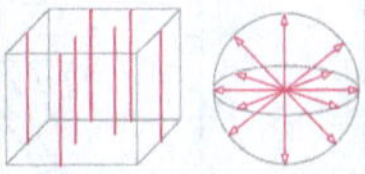	1R3T
	1F1M	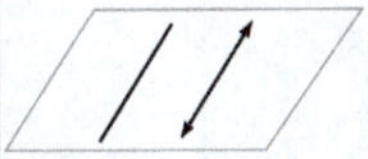	1维力约束＋1维同轴力偶约束	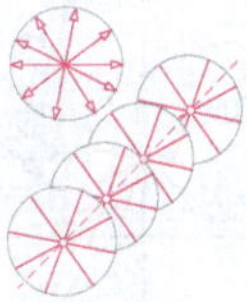	2R2T
			1维力约束＋1维与力垂直的力偶约束	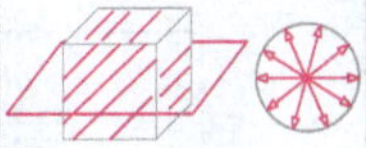	2R2T
		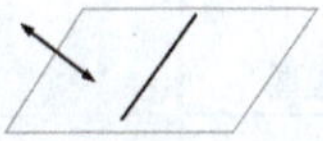	1维力约束＋1维力偶约束，且力线与力偶法线既不垂直也不平行	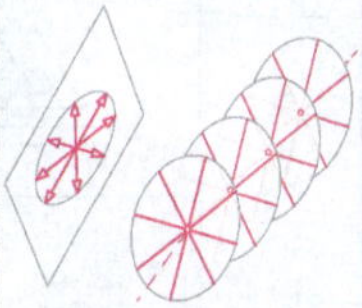	2R2T
3	3F	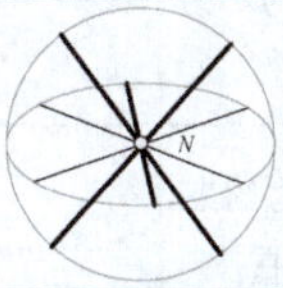	3维空间共点力约束	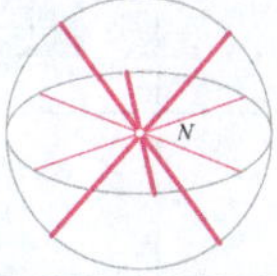	3R
		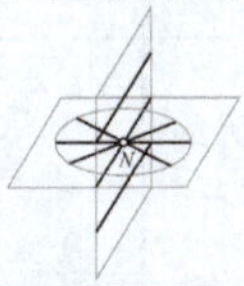	空间3维力约束，其中2个力平面相交，第3个力在相交力平面之外，且与之平行	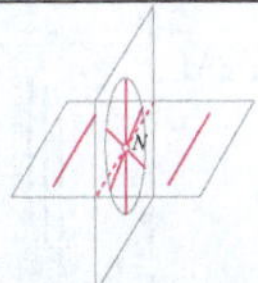	3R

续表

约束度数	类型	约束线图	约束线图特征	运动副空间	末端自由度
3	3F	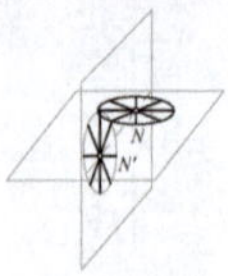	空间3维力约束,其中2个力平面相交,第3个力在相交力平面之外,且通过两平面的交线	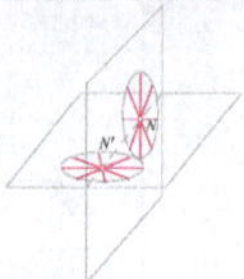	3R
		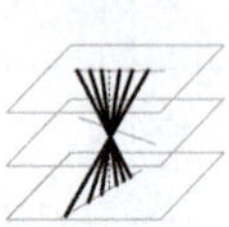	空间3维异面力约束,但各自所在平面具有1条公法线	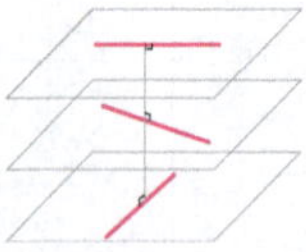	3R
			空间3维异面力约束,力线分布在同一单叶双曲面上	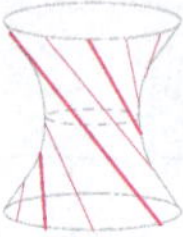	3R
			空间3维异面力约束,力线分布在同一椭圆双曲面上	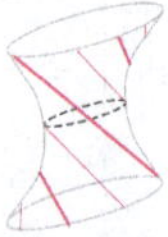	3R
	3M	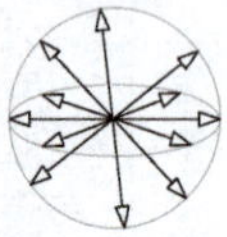	空间3维力偶约束	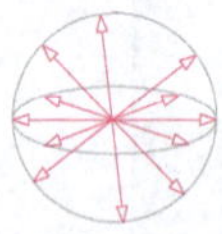	3T
	2F1M	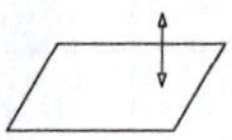	2维汇交力约束+1维约束力偶,且力偶法线与二力所在平面垂直	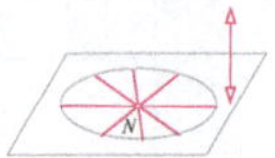	2R1T
		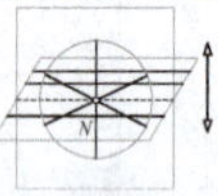	2维汇交力约束+1维约束力偶,且力偶法线与二力所在平面平行	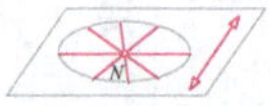	2R1T
		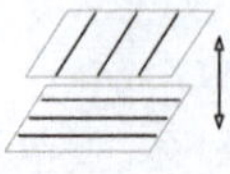	2维汇交力约束+1维约束力偶,两力线异面,且力偶法线与二力各自所在的平面均垂直	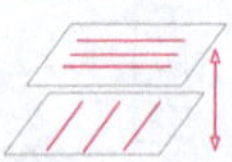	2R1T
		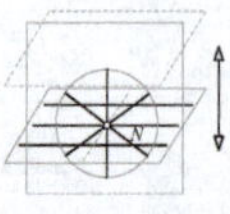	2维汇交力约束+1维约束力偶,二力线异面,且力偶法线与二力各自所在的平面均平行	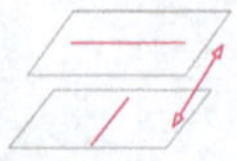	2R1T
	1F2M	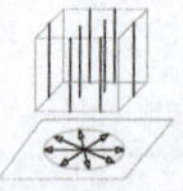	平面2维力偶约束+1维约束,且力线与力偶平面垂直	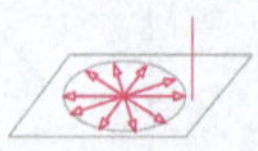	1R2T
		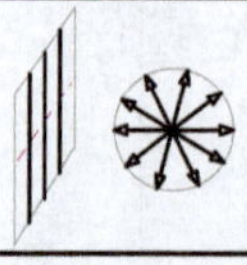	平面2维力偶约束+1维约束,且力线与力偶平面平行	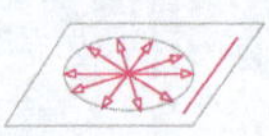	1R2T

续表

约束度数	类型	约束线图	约束线图特征	运动副空间	末端自由度
4	3F1M	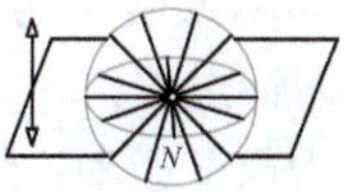	3维空间共点力约束+1维力偶约束	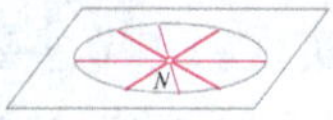	2R
		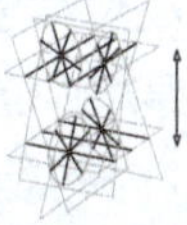	3维空间异面力约束+1维力偶约束	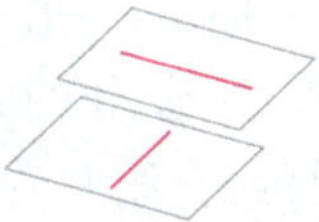	2R
	1F3M	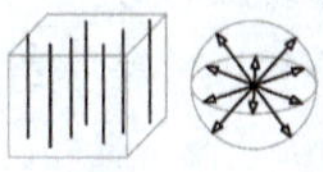	1维力约束+3维力偶约束	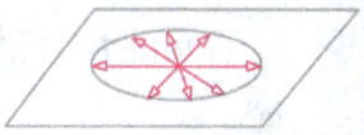	2T
	2F2M	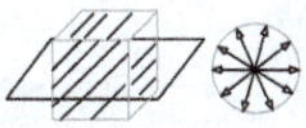	2维力约束+2维力偶约束,且二力偶所确定平面与二力线所在平面垂直		1R1T
		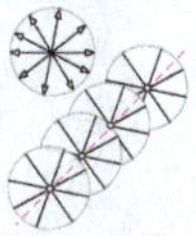	2维力约束+2维力偶约束,且二力偶所确定的平面与二力线均平行		
		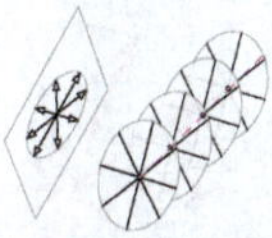	2维力约束+2维力偶约束,且二力线与二力偶所确定的平面均斜交		
5	3F2M	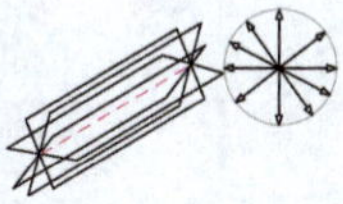	3维空间共点力约束+2维力偶约束		1R
	2F3M	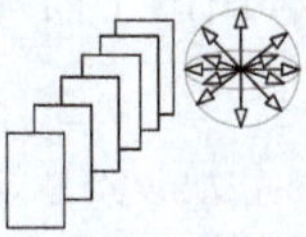	3维空间力偶约束+2维非平行力约束		1T
6	3F3M	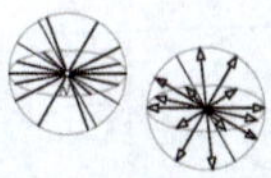	3维空间(共点)力约束+3维力偶约束	∅	0

4.4.2 利用约束 & 自由度线图构造运动链

大多数的 1～3DOF 运动链都可以直接通过运动副或者与运动副等效的简单运动链来实现。本节主要关注 4～6DOF 运动链的构造过程。

4～6DOF 运动链的构造可采用模块法来实现。为保证运动连续性,根据位移子群 & 子流形理论,一般运动链都可以由两个位移子群或位移子流形生成得到[8,9]。事实上,本书给出的基本型线图正好和位移子群或位移子流形相对应(6.4 节将详细介绍两者之间的映射关系)。也就是说,为构造 4～6DOF 运动链,即可通过相同维度的组合型线图来寻找。而其中的组成模块——基本型线图就变得非常重要。下面以构造一类 5DOF 运动链(与之对应的是一维约束力)为例,来说明整个过程。

第 1 步,基于表 4-10 所示的 C&F 线空间图谱找到与一维约束力相对偶的自由度线图。具体如图 4-19 所示。

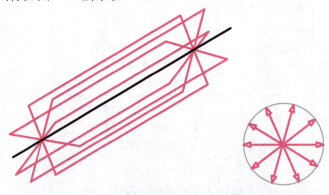

图 4-19　一维约束力对应的对偶自由度(或运动副)空间

第 2 步,基于高维基本型线图的组合方式,对该自由度线图进行同维子空间分解,具体分解方法见 4.2 节。表 4-11 给出了其中三种由两个高维基本型模块组成的同维子空间。

表 4-11　一维约束力对应的对偶自由度(或运动副)空间

类别	一维约束力对应的对偶自由度(或运动副)空间
同维子空间 I	

续表

类别	一维约束力对应的对偶自由度（或运动副）空间
同维子空间 Ⅱ	
同维子空间 Ⅲ	

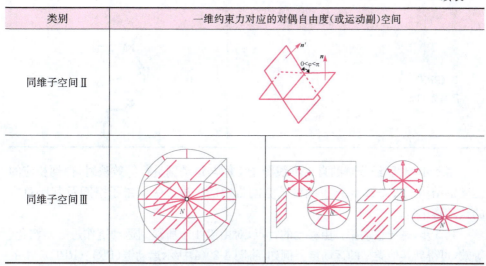

第 3 步，为避免选择冗余运动副，对同维子空间做进一步同维分解，具体分解方法仍见 4.2 节。表 4-12 给出了与同维子空间Ⅲ中带方框的线空间所对应的三种二级同维子空间。

表 4-12 同维子空间Ⅲ中的三种二级同维子空间及其所对应的运动链结构

类别	同维子空间	运动链
$(RR)_E(RRR)_S$ 简写为 RRS		
$(PR)_E(RRR)_S$ 简写为 RPS		

续表

类别	同维子空间	运动链
PP(RRR)$_S$ 简写为 PPS		

第 4 步，对已经分解的自由度线图子空间与运动副进行等效映射，得到相应的运动链结构。表 4-12 给出了同维子空间Ⅲ中的三种二级同维子空间及其所对应的运动链结构。

第 5 步，基于移动副自由移动的特点，对由第 4 步所得到运动链作进一步演化、等效，可得到其他类型的运动链。例如，将图 4-20(a) 所示运动链 $(PR)_E(RRR)_S$ 中的 P 副移动至子链 $(RRR)_S$ 的后面，可得到图 4-20(b) 所示运动链 $R(RRR)_SP$，若 P 副与子链 $(RRR)_S$ 中的一个 R 副共轴，则运动链 $R(RRR)_SP$ 进一步演化成运动链 RUC [图 4-20(c)]。采用类似的方法可以得到其他类型的运动链，具体演化过程如图 4-21 所示。

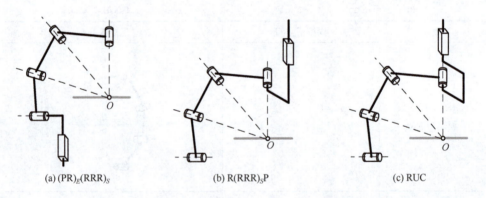

(a) $(PR)_E(RRR)_S$ (b) $R(RRR)_SP$ (c) RUC

图 4-20　运动链 $(PR)_E(RRR)_S$ 的演化

4.4.3　不同自由度 & 约束线图下所对应的常用运动链

利用 4.4.2 节所给的方法，可以得到基于不同自由度（或约束度）的常见运动链及其 F&C 线图，如表 4-13～表 4-18 和图 4-22～图 4-26 所示。图表中，<u>RR</u> 表示 2 个 R 副相交，$\overline{RR}$ 表示 2 个 R 副平行。

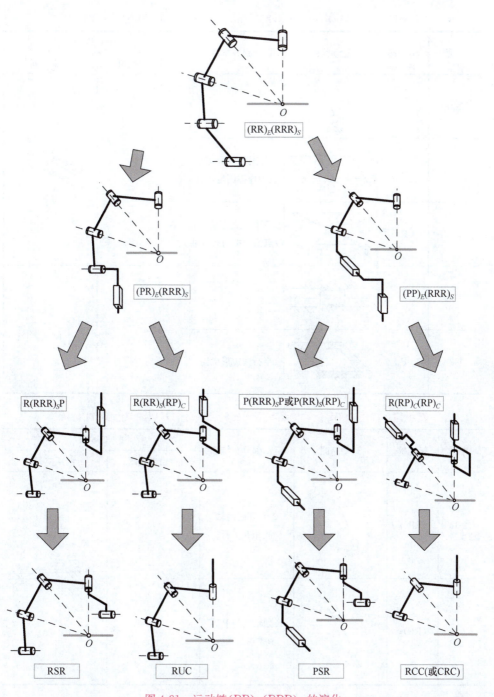

图 4-21 运动链 $(RR)_E(RRR)_S$ 的演化

表 4-13 常用 1DOF 机构及其所对应的自由度与对偶约束线图(1F&5C)

序号	运动链	运动简图	运动副分布特征	F&C 线图	
				自由度线图	约束空间
1-1a	R				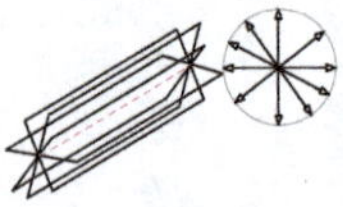
1-1b	R_p	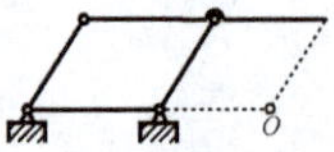	仿图仪机构,O 点为虚拟固定转轴		
1-1c	R_a	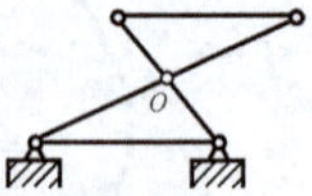	反平行四边形机构,O 点为虚拟瞬时转轴		
1-2a	P	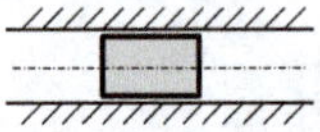		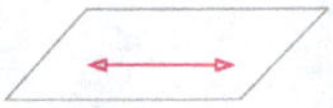	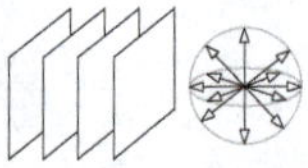
1-2b	P_a	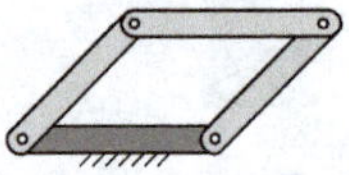	平行四边形机构		

表 4-14 常用 2DOF 运动链及其所对应的自由度与对偶约束线图(2F&4C)

序号	运动链	运动简图	运动副分布特征	F&C 线图	
				自由度线图	约束空间
2-1a	$(RR)_E$		2 个 R 副的轴线相互平行	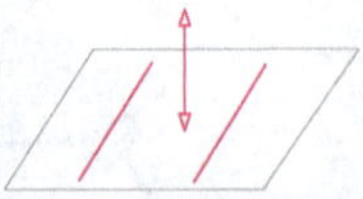	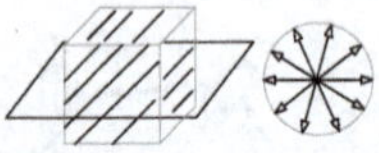
2-1b	$(RP)_E$	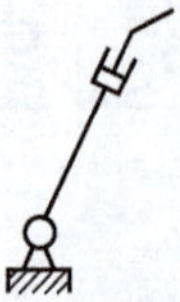	R 副轴线与 P 副轴线相互垂直		

续表

序号	运动链	运动简图	运动副分布特征	F&C 线图	
				自由度线图	约束空间
2-2a	U 或 (RR)$_S$	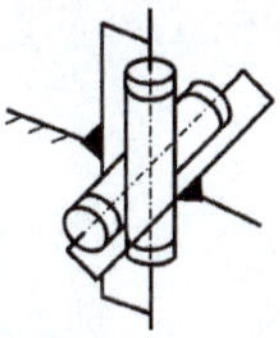	2 个 R 副的轴线正交于一点	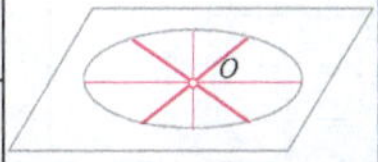	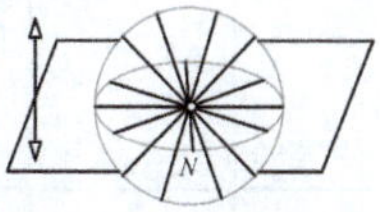
2-2b	^{V}(RR)$_S$	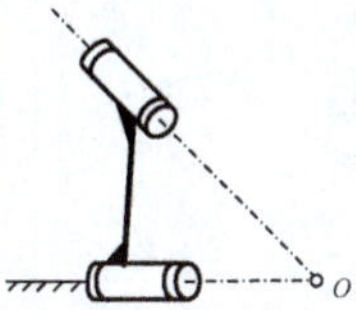	2 个 R 副的轴线斜交于一点		
2-2c	^{V}(RR$_p$)$_S$	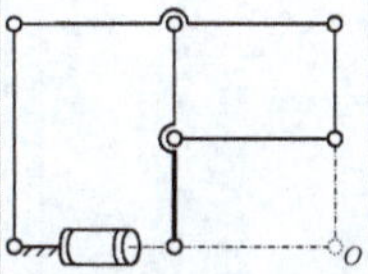	R 副与 R$_p$ 副的轴线相交于一点		
2-2d	^{V}(R$_p$R$_p$)$_S$	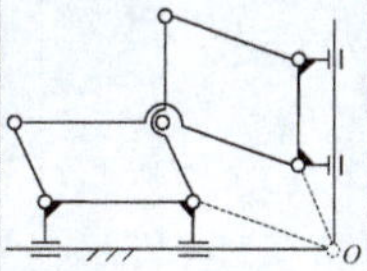	2 个 R$_p$ 副的轴线相交于一点		
2-3	RR	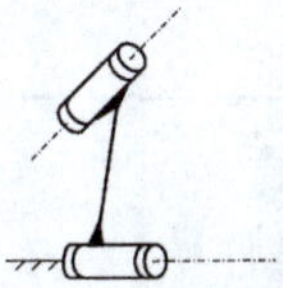	2 个 R 副的轴线异面	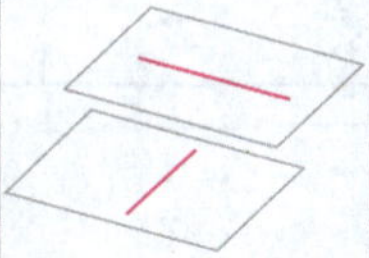	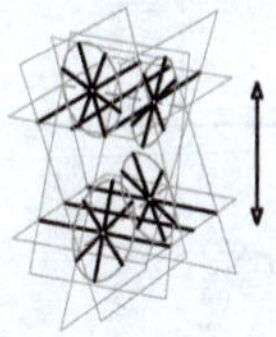
2-4	C, RP, RP$_a$	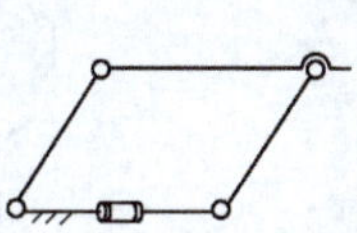	R 副与 P 副的轴线相互平行	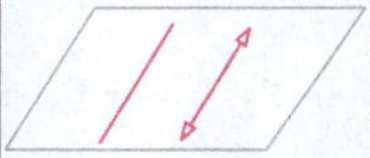	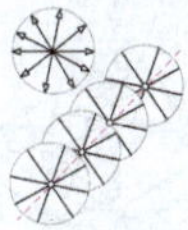

续表

序号	运动链	运动简图	运动副分布特征	F&C 线图	
				自由度线图	约束空间
2-5a	PP	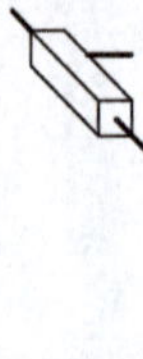	2个P副的轴线相互垂直	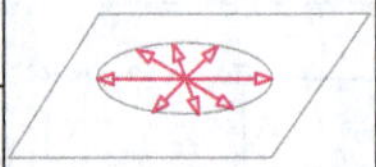	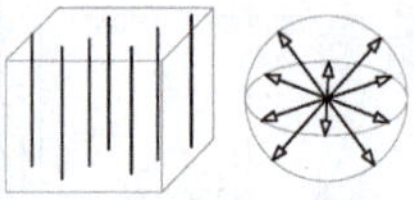
2-5b	PP$_a$	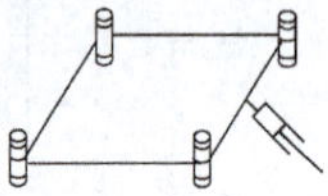	P副与P$_a$副的轴线相互垂直		
2-5c	P$_a$P$_a$	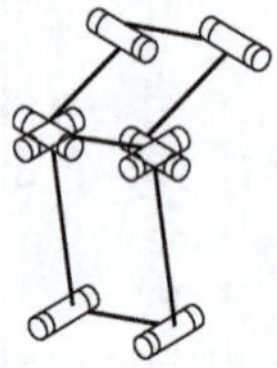	2个P$_a$副的轴线相互不平行		
2-5d	U*	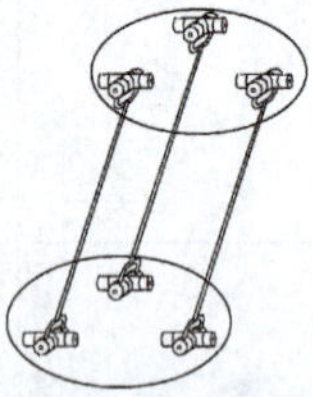	见表 4-9		

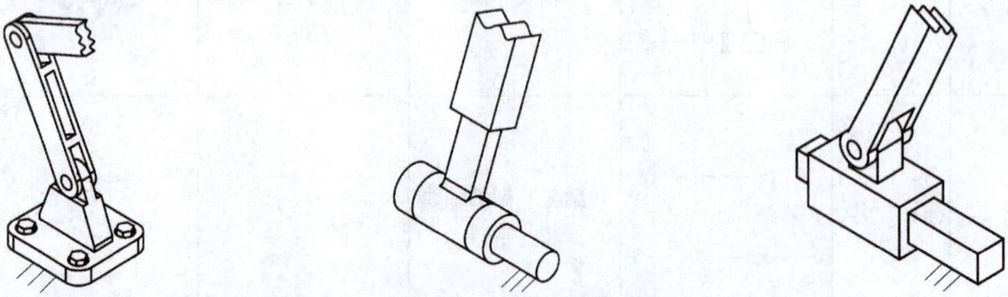

(a) RR (平行)　　　　　(b) RP (垂直)　　　　　(c) PR (垂直)

图 4-22　3种典型的 2DOF 开式链机构

表 4-15 常用 3DOF 运动链及其所对应的自由度与对偶约束线图(3F&3C)

序号	运动链	运动简图	运动副分布特征	F&C 线图 自由度线图	F&C 线图 约束空间
3-1a	$(RRR)_E$	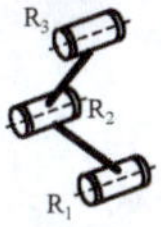	3 个 R 副的轴线在空间相互平行	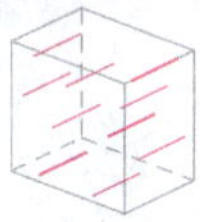	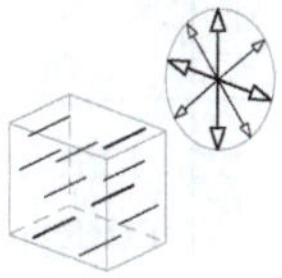
3-1b	$(RPR)_E$, $(PRR)_E$	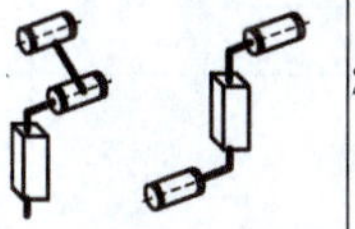	2 个 R 副的轴线平行，P 副与之正交	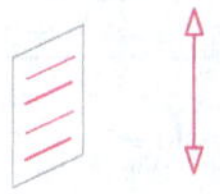	
3-1c	$(PPR)_E$, $(PRP)_E$	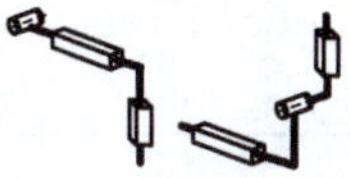	R 副的轴线与两个 P 副都正交	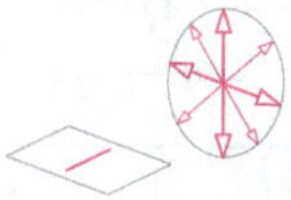	
3-2	$(RRR)_S$	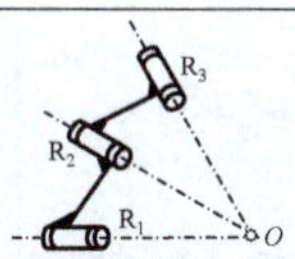	3 个 R 副的轴线在空间汇交于一点	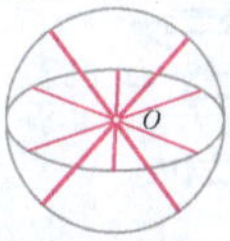	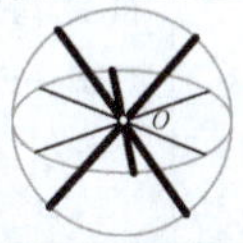
3-3a	$\underline{R(RR)}_S$	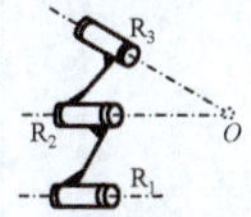	R_3 副与 R_2 副的轴线汇交于一点，R_1 副与 R_2 副的轴线相互平行	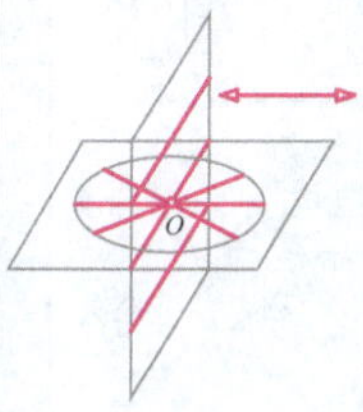	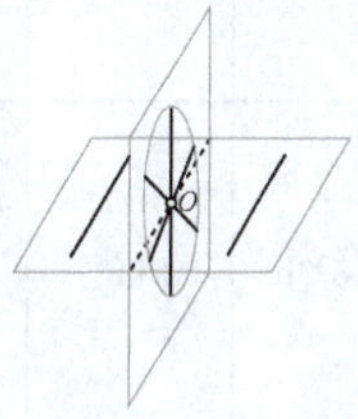
3-3b					
3-3c			R_1 副与 R_p 副的轴线汇交于一点，R_1 副与 R_2 副的轴线相互平行		
3-3d		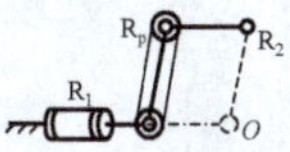			
3-4	$R(RR)_S$	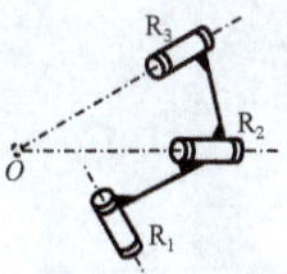	R_3 副与 R_2 副的轴线汇交于一点，R_1 副与之异面	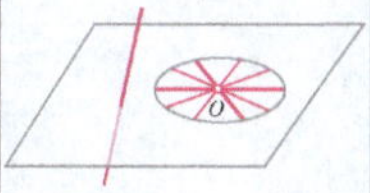	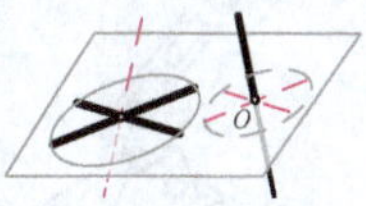
3-5	$(RR)_E R$	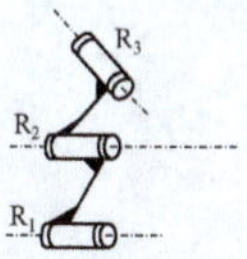	R_1 副与 R_2 副的轴线平行，R_3 副与之异面	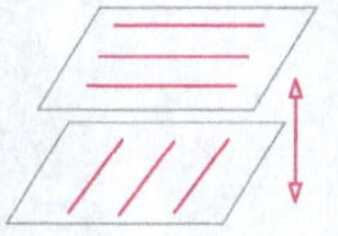	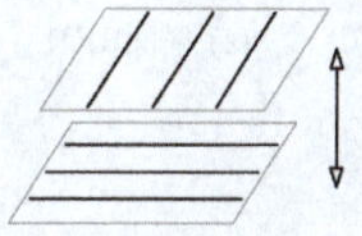

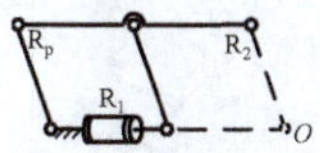

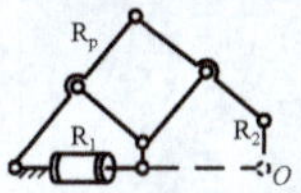

续表

序号	运动链	运动简图	运动副分布特征	F&C 线图 自由度线图	F&C 线图 约束空间
3-6	P(RR)$_S$		R$_1$ 副与 R$_2$ 副的轴线汇交于一点，P 副与汇交面正交		
3-7	RPR, P(RR)$_S$ RC CR		2个 R 副的轴线汇交于一点，P 副与其中一个 R 副的轴线平行		
3-8	(RR)$_E$P (RP)$_E$P PC		R$_1$ 副与 R$_2$ 副的轴线平行，P 副与2个 R 副也平行		
3-9a	PPP		3个 P 副的轴线相互正交		
3-9b	PU*				

(a) 平面RRR

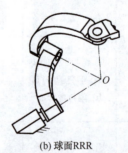

(b) 球面RRR

(c) RPR

图 4-23　几种典型的 3DOF 开式链机构

表 4-16 常用 4DOF 运动链及其所对应的自由度与对偶约束线图(4F&2C)

序号	运动链	运动简图	运动副分布特征	F&C 线图 自由度线图	F&C 线图 约束空间
4-1	$\overline{R}(\overline{R}RR)_S$ RS	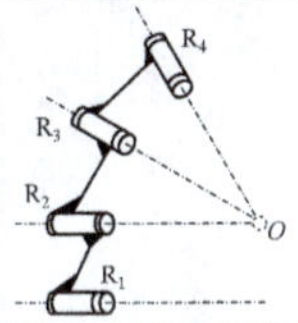	3个连续R副的轴线空间汇交于一点，另一R副同与之相连的R副轴线平行	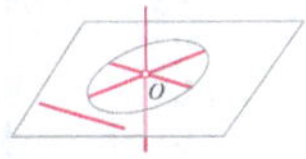	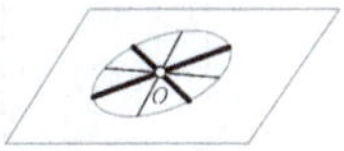
4-2	$R(RRR)_S$ RS	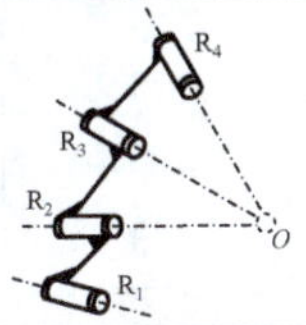	3个连续R副的轴线空间汇交于一点，另一R副同其他任一R副异面	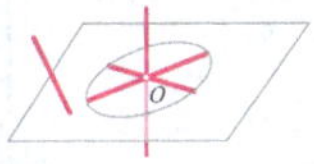	
4-3a	$(RRR)_S R$ SR				
4-3b	RRU RUR		3个连续R副的轴线空间汇交于一点，另一R副同与之相连的R副相交		
4-3c	$R(R_p)U$ $R(R_p)RR$	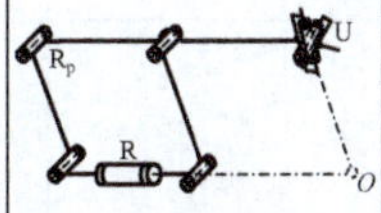			
4-4a	$(RRR)_E R$	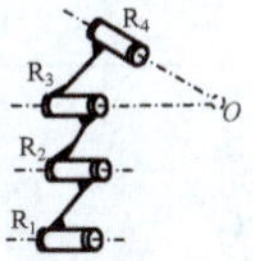	3个连续R副的轴线空间平行，另一R副同与之相连的R副相交	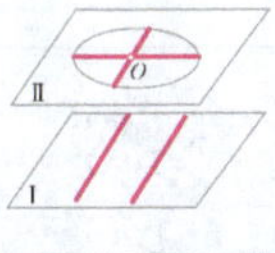	
4-4b	$\overline{R}(\overline{R}RP)_E$ URP UPR PUR PRU	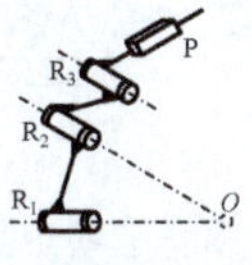	R_1副与R_2副相交于一点O，R_3副与R_2副平行，P副与R_3副垂直	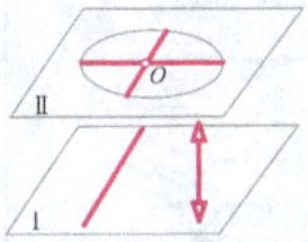	
4-4c	$\overline{R}(\overline{R}PP)_E$ UPP	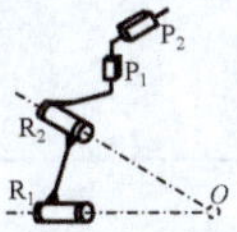	R_1副与R_2副相交于一点O，P_1副、P_2副轴线与R_2副正交	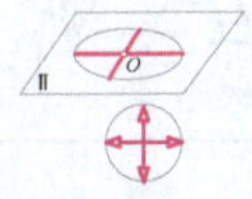	

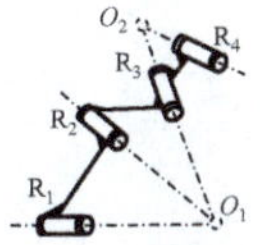

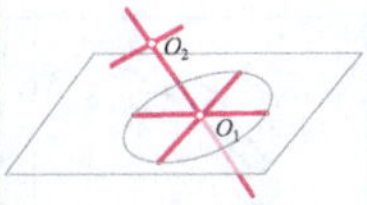

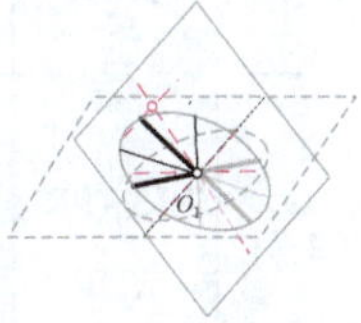

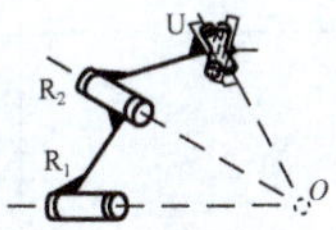

续表

序号	运动链	运动简图	运动副分布特征	F&C 线图 自由度线图	F&C 线图 约束空间
4-5	$(PRR)_E R$	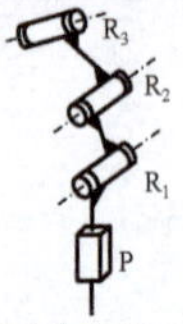	R_1 副与 R_2 副平行，P 副与 R_1 副垂直，R_3 副与 R_2 副异面	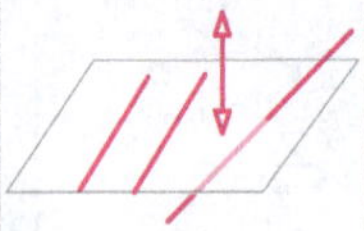	
4-6a	$(RR)_E(RR)_S$ $(RR)_E U$ $U(RR)_E$				
4-6b	$\underline{R}(RR)_E \underline{R}$		2个 R 副的轴线汇交一点，另2个 R 副的轴线相互平行		
4-6c	$\overline{R}(RR)_S \overline{R}$ RUR				
4-7	$(RR)_S(RR)_S$ RUR	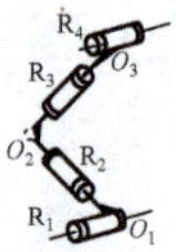	R_1 副与 R_2 副相交于一点 O_1，R_3 副与 R_2 副相交于一点 O_2，R_3 副与 R_4 副相交于一点 O_3	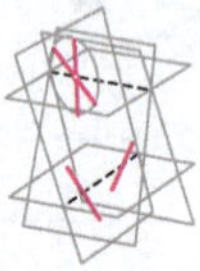	
4-8	$(RR)_S(RR)_S$ RRU UU	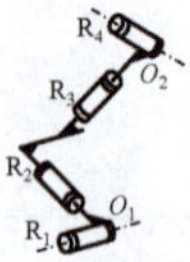	R_1 副与 R_2 副相交于一点 O_1，R_3 副与 R_4 副相交于一点 O_2，R_2 副与 R_3 副异面	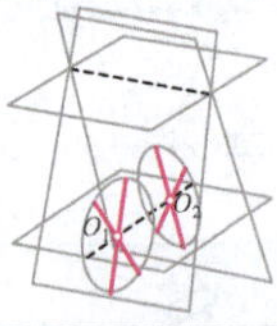	
4-9	$(R\overline{R})_S \overline{R}R$ $R\overline{R}(R\overline{R})_S$ URR RRU	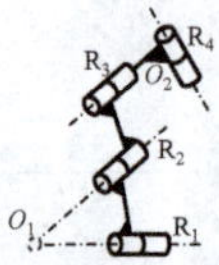	R_1 副与 R_2 副相交于一点 O_1，R_3 副与 R_4 副相交于一点 O_2，R_3 副与 R_2 副平行	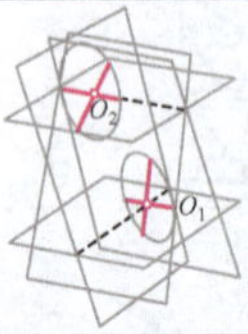	
4-10	$(RRR)_S P$ $P(RRR)_S$ $P\underline{U}R$ $P\underline{R}U$	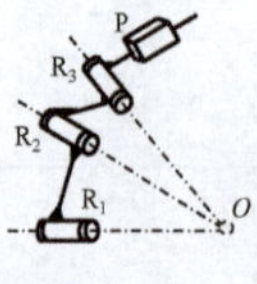	3个连续 R 副的轴线空间汇交于一点	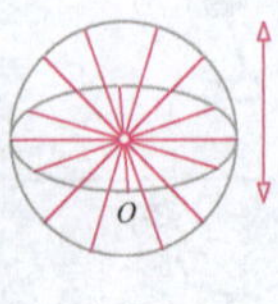	

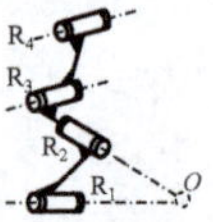

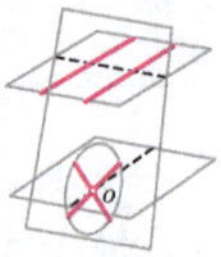

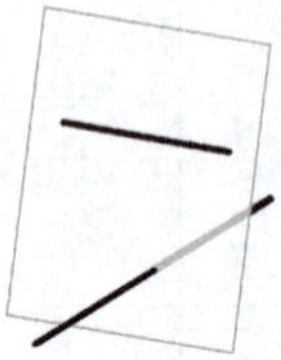

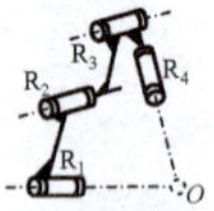

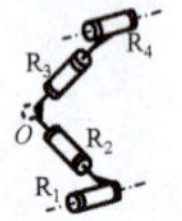

续表

序号	运动链	运动简图	运动副分布特征	F&C 线图 自由度线图	F&C 线图 约束空间
4-11	P(RRR)$_E$ (RRR)$_E$P $\bar{R}$P$\bar{R}\bar{R}$ $\bar{R}\bar{R}$P$\bar{R}$ $\bar{R}$P$_a\bar{R}\bar{R}$ $\bar{R}\bar{R}$P$_a\bar{R}$ ...	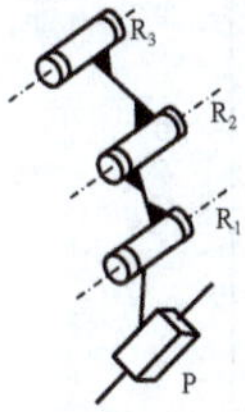	3个连续R副空间相互平行,P副(或P$_a$副)与R副也平行	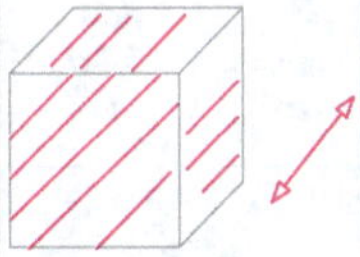	
4-12	P(RRP)$_E$ (RRP)$_E$P $\bar{R}$PP$\bar{R}$ P$\bar{R}$P$_a$R $\bar{R}$P$_a$P$_a\bar{R}$ ...	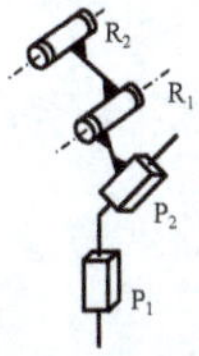	2个R副的轴线相互平行,其中1个P副(或P$_a$副)与R副也平行但与另外一个P副正交	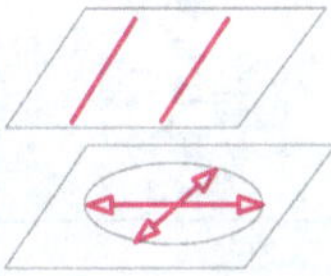	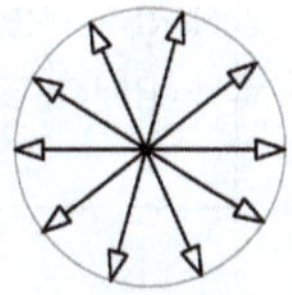
4-13	$\bar{C}$R$\bar{R}$ $\bar{R}\bar{R}$C $\bar{R}$C$\bar{R}$	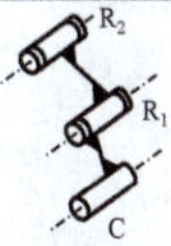	2个R副的轴线相互平行,C副与R副也平行	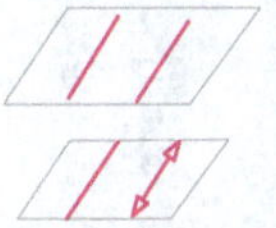	
4-14	PRC RPC CPR	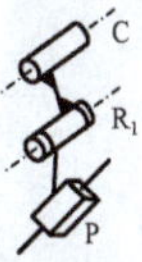	R副与C副的轴线相互平行,P副(或P$_a$副)与R副垂直	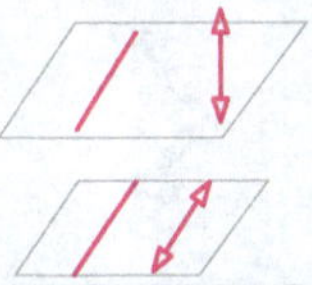	

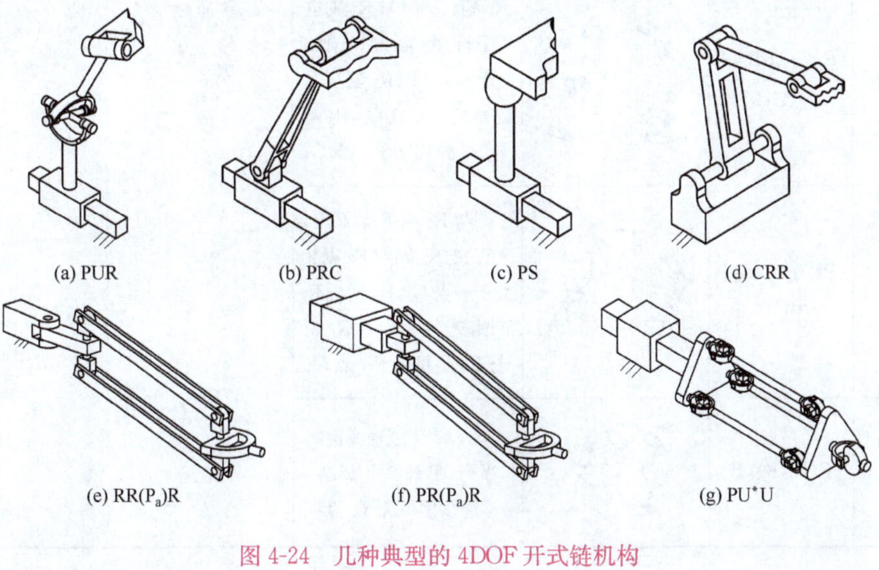

(a) PUR   (b) PRC   (c) PS   (d) CRR

(e) RR(P$_a$)R   (f) PR(P$_a$)R   (g) PU*U

图 4-24 几种典型的 4DOF 开式链机构

表 4-17　常用 5DOF 运动链及其所对应的自由度与对偶约束线图(5F&1C)

序号	运动链	运动简图	运动副分布特征	F&C 线图	
				自由度线图	约束空间
5-1a	$(RR)_E(RRR)_E$ $(PR)_E(RRR)_E$ $(RP)_E(RRR)_E$ $(PP)_E(RRR)_E$		3 个连续的 R 副轴线空间平行,另外 2 个若为 R 副,则平行,否则相互正交		
5-1b	$\bar{R}(RRR)_E\bar{R}$				
5-2a	$(RRR)_E(RR)_S$ $(RRR)_EU$		3 个连续 R 副轴线空间平行,另外 2 个连续 R 副汇交于一点 O		
5-2b	$(RRR)_E(RR)_S$ $(RR)_ES$		2 个连续 R 副汇交于一点 O,另外 3 个连续的 R 副轴线空间平行,但其中的 1 个 R 副通过点 O		
5-2c	$\bar{R}\bar{R}(RR)_S\bar{R}$ $(RR)_E(RR)_S\bar{R}$ $\bar{R}\bar{R}U\bar{R}$		2 个连续 R 副汇交于一点 O,另外 3 个 R 副轴线空间平行		
5-2d	$(RR)_E(RR)_SR$ RUU		R_1 副、R_2 副与 R_5 副空间平行,R_2 副与 R_3 副相交于一点 O_2,R_2 副与 R_4 副相交于一点 O_1,R_4 副与 R_5 副相交于一点 O_3		
5-2e	$(PR)_E(RR)_SR$ PUU		R_1 副与 R_4 副平行,P 副与之正交,R_2 副与 R_3 副相交于一点 O_2,R_1 副与 R_2 副相交于一点 O_1,R_3 副与 R_4 副相交于一点 O_3		
5-2f	$\bar{R}(RRR)_E\bar{R}$		3 个连续 R 副轴线空间平行,另外 2 个 R 副不连续但汇交于一点		

续表

序号	运动链	运动简图	运动副分布特征	F&C 线图 自由度线图	约束空间
5-3a	$(RR)_E(RRR)_S$ $(RR)_ES$	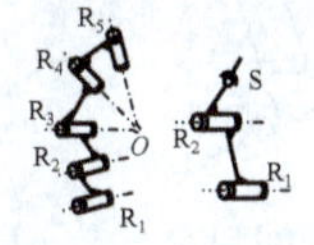	3 个连续 R 副轴线空间汇交于一点，另外 2 个 R 副平行	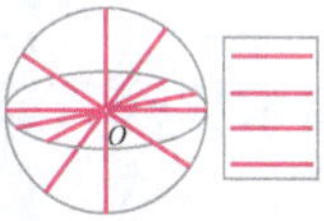	
5-3b	$\bar{R}(RRR)_S\bar{R}$ $\bar{R}S\bar{R}$	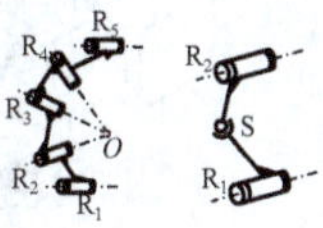			
5-4a	$(PR)_E(RRR)_S$ PRS	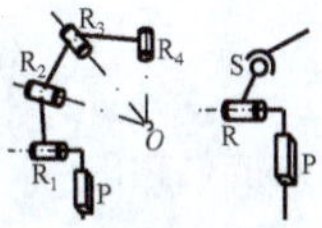	3 个连续 R 副轴线空间汇交于一点，另外 1 个 R 副与 P 副正交	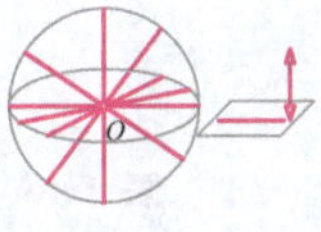	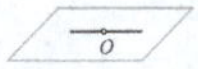
5-4b	$(RP)_E(RRR)_S$ RPS	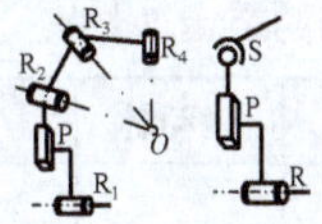			
5-5a	$(PP)_E(RRR)_S$ PPS PP_aS	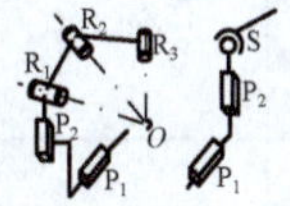	3 个连续 R 副轴线空间汇交于一点，另外两个 P 副正交	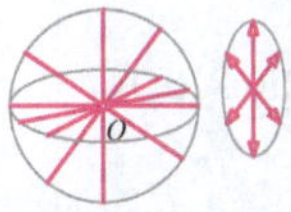	
5-5b	$P(RRR)_SP$ $R(RP)_C(RP)_C$ RCC	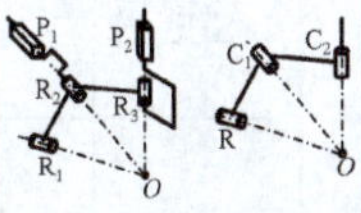			
5-6	$(RR)_S(RRR)_S$ RRS	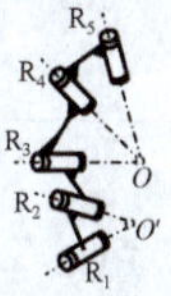	3 个连续 R 副轴线空间汇交于一点，另外 2 个 R 副也交于一点	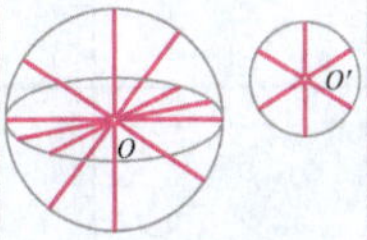	

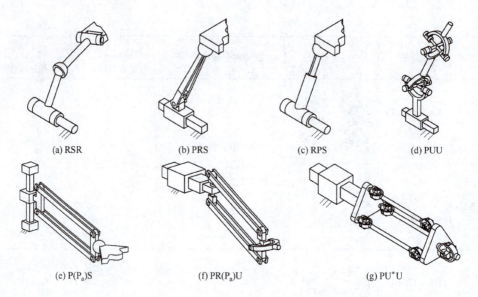

图 4-25 几种典型的 5DOF 开式链机构

表 4-18 常用的 6DOF 运动链(无约束运动链)

序号	运动链	机构简图	序号	运动链	运动简图
6-1	RRR(RRR)$_S$ RRR(RRR)$_S$		6-5	SPS PSS	
6-2	PRR(RRR)$_S$		6-6	UPS PUS SPU	
6-3	PPP(RRR)$_S$		6-7	RSS SRS	
6-4	RPR(RRR)$_E$		6-8	RUS URS SRU	

  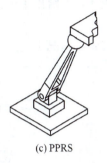

(a) SPS　　　　　　　(b) PUS　　　　　　　(c) PPRS

图 4-26　几种典型的 6DOF 开式链机构

4.5　运动副(或约束)空间的分解

并联机构构型设计过程中,除了找寻约束(或运动副)空间的同维子空间之外,还有一项重要的任务是在保证约束空间的维度不发生变化的前提下,根据支链数量的不同为每个支链配置子约束空间。

首先根据约束空间的维度(n)得到自由度空间的维度($6-n$)。一般情况下,机构的驱动元件数往往等于机构的自由度数,以保证机构具有确定的运动。每个支链上一般配置一个驱动元件,这就意味着机构的支链数一般与其自由度数相同。当然也有例外,如为了提高机构的刚度或精度等指标,为机构配置被动支链或冗余支链也是常有的事情。

选取完支链的数量后,通过对约束空间分解,为每个支链配置子约束空间也是一件颇具艺术性的工作。一般来讲,可能配置的子空间种类越多,将来综合得到的构型数量就越多,即尽可能做到完全枚举。而为保证做到这一点,最好在其同维子空间中进行分解和枚举(这是因为同维子空间中线少、图形简单,便于枚举),但有可能出现枚举重复的现象。

下面以一个具体的例子来说明。如图 4-27 所示的约束空间的维数为 4,因此与之对偶的自由度空间的维度为 2。因此,一般选取机构具有 2 个支链。

 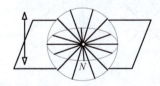

图 4-27　四维约束空间

表4-6中给出了该约束空间的7种同维子空间。这里只对情况1和2进行讨论。

首先对情况1进行分解,如图4-28所示。

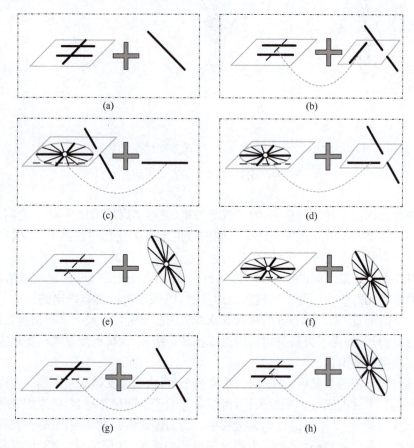

图4-28 情况1同维子空间的分解图示

再对情况2进行分解,如图4-29所示。

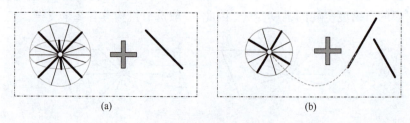

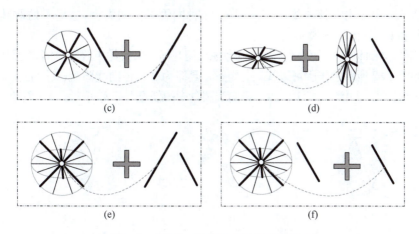

图 4-29 情况 2 同维子空间的分解图示

可以看出,图 4-28(d) 同图 4-29(b) 属于同一类型,图 4-28(f) 同图 4-29(d) 属于同一类型。

4.6 一个稍复杂的设计实例[11]

在这个例子中,我们想设计一个能实现如图 4-30 所示自由度的并联机构。虽然同为二维转动,但这种运动有别于一般的二维球面运动,它的两个转动轴线异面。之前很多人可能不知从哪里下手来解决这个问题,但在学习了前面介绍的图谱法之后,可能会有一个新的认识。

下面使用图谱法来确定和 R_1、R_2 这 2 个自由度对偶的约束线图。我们知道,这时会存在有 4 个非冗余约束,并且每条约束线都与其他 2 条自由度线相交。从表 3-8 中可直接查到与之对应的约束空间,如图 4-31 所示。

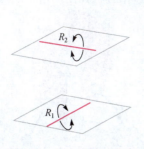

图 4-30 自由度特征分布

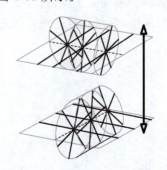

图 4-31 线图表示的约束空间

表 4-6 中给出了该 4 维约束空间的 13 种同维子空间类型,这里不妨取其中一种进行讨论,其他情况类似。

当然,空间想象能力强的读者可以考虑采用几何法来找约束线图。例如,采用作图法按如图 4-32 所示的步骤可以找到一组解。具体为 2 个径向线圆盘,其圆心在其中同一个转动轴线上(AB 或 CD)。每个径向线圆盘中的任意 2 条都可表示 2 个约束。

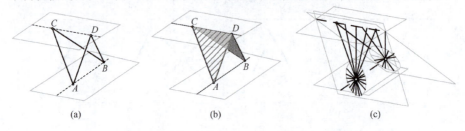

图 4-32　几何法寻找约束线图过程图示

选取 2 个支链,这时每个支链的约束分布都在一个径向圆盘上。取出其中一个如图 4-33 所示,同样从表 4-10 中查到与之对应的运动副空间。该运动副空间为 4 维。

由表 4-6 中可知,该运动副空间对应有 7 种类型的同维子空间。这里不妨选择第 1 种,如图 4-34 所示。

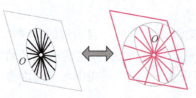

图 4-33　F&C 线图　　　　　　　　图 4-34　同维子空间

很显然,上述运动副空间中的 4 个自由度可通过 3 个自由度(球铰)和 1 个自由度(转动副)相加来实现,这样可构成一个运动链,如图 4-35 所示。

可以验证,该运动链的约束线图就是一个径向圆盘,如图 4-36 所示。

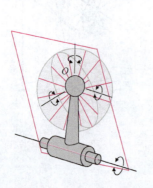 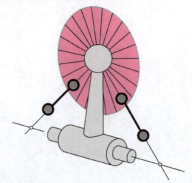

图 4-35　构造运动链　　　　　　　图 4-36　支链的约束线图

用同样的方法来配置另外一条支链,即可得到如图 4-37 所示的满足设计要求的机构构型来。

对于图 4-37 所示的机构,可以使用图谱法来验证一下所设计的机构是否满足要求,即 2 条自由度线是否与所有约束线相交。可以看出,一条自由度线是连接两个圆盘中心的直线 R_1;另一条则是两平面的交线 R_2,具体如图 4-38 所示。

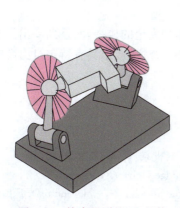 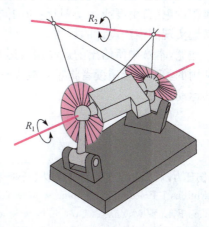

图 4-37 综合得到的 2R 机构   图 4-38 2R 机构中两个转动轴线的空间分布

事实上,R_1 和 R_2 确定了一个拟圆柱面(cylindroid),其上任意两条发生线(母线)都可以等效代表物体的 2 个转动自由度。现在通过定义两条发生线 R_1 和 R_2 来构造拟圆柱面(图 4-39)。

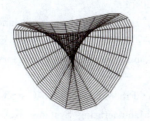  

图 4-39 拟圆柱面

4.7 本章小结

就构型设计(或构型综合)方法而言,可细分为两大类:运动设计法和约束设计法。运动设计一般不考虑约束,直接配置运动链;而约束设计则从自由度与约束的对偶关系出发,直接配置约束(通常用于柔性机构的构型综合)或间接配置运动链(通常用于刚性机构的构型综合)。图谱法可将两种方法有机地统一在一起。通过后续章节的学习,还会看到图谱法可以实现刚、柔两类机构的统一综合[10]。更多的实践可以证明，图谱法不仅功能强大，而且直观简单，甚至采用查表的方式即可解决构型设计问题。

然而，无论对刚性机构还是对柔性机构的构型设计，图谱法都要涉及几个关键环节：除了学会查表外，还要学会如何找自由度（或约束）空间的同维子空间以及对空间进行有效分解。本章给出了常用运动副及运动链的F&C线图，同时也给出了典型约束（自由度或运动副）空间的同维子空间。本章所有内容都旨在使读者较容易地实现图谱法设计的目的。

注意，本章中所给出的运动副及运动链并非是完全的枚举，而是列举出了其中最常用的类型。希望读者将重点放在学会利用图谱法生成出具有特定自由度或约束的运动链。

参 考 文 献

[1] 杨廷力,刘安心,罗玉峰等. 机器人机构拓扑结构设计. 北京:科学出版社,2012.

[2] Phillips J. Freedom in Machinery. New York:Cambridge University Press,1984.

[3] Gao F,Li W M,Zhao X C,et al. New kinematic structures for 2-,3-,4-,and 5-DOF parallel manipulator designs. Mechanism and Machine Theory,2002,37(11):1395-1411.

[4] Clavel R. Delta:A fast robot with parallel geometry. Proceedings of the 18th International Symposium on Industrial Robots,Sydney,1988,91-100.

[5] Zhao T S,Dai J S,Huang Z. Geometric analysis of overconstrained parallel manipulators with three and four degrees of freedom. JSME International Journal,Series C,Mechanical Systems,Machines Elements and Manufacturing,2002,45(3):730-740.

[6] Huang T,Zhao X Y,Zhou L H,et al. Stiffness estimation of a parallel kinematic machine. Science in China Series E:Technological Sciences,2001,44(5):473-478.

[7] Yu J J,Dai J S,Zhao T S,et al. Mobility analysis of complex joints by means of screw theory. Robotica,2009,27(6):915-927.

[8] Hervé J M. Group mathematics and parallel link mechanisms. Proceedings of IMACS/SICE International Symposium on Robotics, Mechatronics, and Manufacturing Systems, Kobe, 1992,459-464.

[9] 黄真,赵永生,赵铁石. 高等空间机构学. 北京:高等教育出版社,2006.

[10] Yu J J,Li S Z,Pei X,et al. A unified approach to type synthesis of both rigid and flexure parallel mechanisms. Science in China Series E:Technological Sciences, 2011, 54(5): 1206-1219.

[11] Blanding D L. Exact Constraint:Machine Design Using Kinematic Principle. New York: ASME Press,1999.

第 5 章　图谱设计的旋量解析

首先来看一个例子。如图 5-1 所示,物体受到 5 个线约束的作用,请问能否利用广义 Blanding 法则确定该物体的自由度特征呢? 反之,如何利用图谱法设计一个机械装置能够实现既非纯转动,又非纯移动的运动(如一维螺旋运动)?

图 5-1　可实现一般螺旋运动的机械装置

很显然,对于这类"特殊"的运动形式,广义 Blanding 法则似乎无能为力。换句话说,前面介绍的图谱法还有"bug",尚需进一步完善。要实现这一目标,还需进一步挖掘隐藏在图谱法后面更具普适性的理论基础——**旋量理论**(screw theory)。

旋量理论起源于 19 世纪[1]。Chasles 证明任何刚体从一种位姿到达另一种位姿都可通过绕某直线转动和沿该直线移动复合实现,并将这种复合运动称为螺旋运动(screw motion),该螺旋运动的无穷小量即为运动旋量(twist)。另外,Poinsot 证明刚体上的任何力系都可以合成为一个沿某直线的集中力和绕该直线的力矩,这一广义力称为力旋量(wrench)。Plücker 提出任一直线都可以用 6 个坐标表示方向及位置,后称为直线的 Plücker 坐标。Grassmann[图 5-2(a)]对不同维数、不同几何特性的直线系进行了分类研究,后人称之为 Grassmann 线几何。Ball [图 5-2(b)]在其经典著作 *A Treatise on the Theory of Screws* 中提出了旋量系(screw system)的概念,并指出运动旋量系(twist system)与约束旋量系(constraint wrench system)之间存在互易关系,从而给出了运动与约束之间的定量表达。因此,无论直线还是直线系,都是一类特殊的旋量或旋量系。此后,Dimentberg、Hunt、Phillips、Duffy、Waldron、Lipkin、Tsai、黄真、戴建生等学者在旋量理论及应用方面开展了许多工作,进一步推动了旋量理论的发展[2~13]。进入 21 世纪,旋量理论在机构学、机器人学、多体动力学、机械设计、计算几何等多个领域的应用越来越广泛。在分析复杂的空间机构时,由于采用旋量理论可以将问题的描述和解决变得十分简洁、统一,既可以用解析方法来描述,也可以用几何图形形象化表达,而且易于和其他方法如矢量法、矩阵法等相互转换,旋量理论已成为机构学研究中一种非常重要的数学工具。

事实上,如果将第 3 章介绍的线几何知识纳入旋量理论的框架内,图 5-1 所示的难题即可迎刃而解。当读者读完本章内容后,相信对图谱法会有更深刻的认识。

(a) Grassmann (b) Ball

图 5-2　Grassmann 和 Ball 的肖像

5.1　旋量及其互易性

5.1.1　旋量

我们知道,点、直线和平面是描述欧氏几何空间的三种基本元素,而作为另外一种几何元素,旋量(screw),也称螺旋(可视为物理上的一个机械螺旋),是由直线引申而来的。根据 Ball 的定义,"旋量是一条具有节距的直线(图 5-3)",因此旋量也可像直线那样用双矢量来表示。

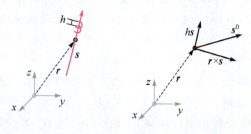

图 5-3　旋量

类似于第 4 章直线的表达,单位旋量可记作

$$\$ =(s;s^0)=(s;s_0+hs)=(s;r\times s+hs)=(L,M,N;P^*,Q^*,R^*) \quad (5.1a)$$

或

$$\$ = \begin{bmatrix} s \\ s^0 \end{bmatrix} = \begin{bmatrix} s \\ r \times s + hs \end{bmatrix} = \begin{bmatrix} s \\ s_0 + hs \end{bmatrix} \quad (5.1b)$$

或

$$\$ = s + \varepsilon s^0 \quad (5.1c)$$

式中，s 表示旋量轴线方向的单位矢量，可用 3 个方向余弦表示，即 $s=(L,M,N)$，$L^2+M^2+N^2=1$；R 为旋量轴线上的任意一点[可以看出：r 用 \$ 上其他点 r' ($r' = r+\lambda s$)代替时，式(5.1a)得到相同的结果，即 r 在 \$ 上可以任意选定]；s^0 为旋量的对偶部矢量，$s^0=(P^*,Q^*,R^*)=(P+hL,Q+hM,R+hN)$；$h$ 为节距(pitch)，$h=\dfrac{s \cdot s^0}{s \cdot s}=LP^*+MQ^*+NR^*$。

其中，式(5.1a)是旋量的 Plücker 坐标表示形式，L,M,N,P^*,Q^*,R^* 称为 \$ 的正则化 Plücker 坐标；式(5.1b)是旋量的向量表示形式；式(5.1c)是旋量的对偶数表示形式，其中称为 s 原部矢量，线矩 s^0 称为对偶部矢量。

很显然，由于单位旋量满足 $s \cdot s = 1$(归一化条件)，这样，6 个 Plücker 坐标中需要 5 个独立的参数来确定。然而，如果用 Plücker 坐标表示一个任意的旋量，而不是单位旋量，则需要 6 个独立的参数坐标。定义

$$\bar{\$} = (\mathcal{L}, \mathcal{M}, \mathcal{N}; \mathcal{P}^*, \mathcal{Q}^*, \mathcal{R}^*) = (\bar{s}; \bar{s}^0) \quad (5.2)$$

且

$$\bar{\$} = \rho \$ \quad (5.3)$$

式中，ρ 表示旋量的大小。

旋量在空间对应有一条确定的轴线(是直线)，其轴线方程可表示成

$$r \times s = s^0 - hs \quad (5.4)$$

其中位置矢量 r 可通过下式来计算：

$$r = \frac{s \times s^0}{s \cdot s} \quad (5.5)$$

将单位旋量的对偶部矢量 s^0 分解成平行和垂直于 s 的两个分量：hs 和 $s^0 - hs$，记作

$$\$ = (s; s^0) = (s; s^0 - hs) + (0; hs) = (s; s_0) + (0; hs) \quad (5.6)$$

式(5.6)表明 1 个旋量可以看作 1 条直线和 1 个偶量的同轴叠加。

显然，当节距 h 为零(即 $s \cdot s^0 = 0$)时，单位旋量就退化为单位直线。记作

$$\$ = \begin{bmatrix} s \\ s_0 \end{bmatrix} = \begin{bmatrix} s \\ r \times s \end{bmatrix} \quad (5.7)$$

当节距 h 为无穷大时，单位旋量就退化为单位偶量，记作

$$\$ = \begin{bmatrix} 0 \\ s \end{bmatrix} \quad (5.8)$$

【例 5-1】 求单位旋量 $\$=(1,0,0;1,0,1)$ 的轴线与节距,并图示之。

解 首先计算旋量 $\$$ 的节距:
$$h=LP^*+MQ^*+NR^*=1$$
轴线方程由式(5.4)求得
$$r\times s=s^0-hs=(0,0,1)^T$$
再由式(5.5)可得
$$r=\frac{s\times s^0}{s\cdot s}=(0,-1,0)^T$$
由此可确定该旋量,如图 5-4 所示。

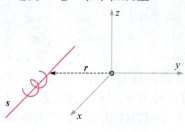

图 5-4 例 5-1 图示

5.1.2 运动旋量和力旋量

Chasles 指出:空间任意刚体运动都可以用绕某直线的转动和沿该直线的移动复合实现。通常将这种复合运动称为螺旋运动,即刚体运动就是螺旋运动。而螺旋运动的无穷小量就是运动旋量,从而将旋量与螺旋运动紧密结合起来。

如图 5-5 所示,若用 $\omega(\omega\in\mathbb{R}^3)$ 替换 s,用 $v(v\in\mathbb{R}^3)$ 替换 s^0,则式(5.1)变成

$$\$=\begin{bmatrix}\omega\\v\end{bmatrix}=\begin{bmatrix}\omega\\r\times\omega+h\omega\end{bmatrix} \tag{5.9}$$

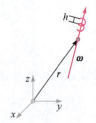

图 5-5 运动旋量及其线图表达

式(5.9)即可表示刚体的运动(瞬时速度),就是上面提到的单位运动旋量。它同样可用一条首尾带双箭头的红色直线来表示,直线所在方向即为螺旋轴方向。

注意,以上的表达均没有考虑幅值的存在,如果考虑幅值的存在,则式(5.9)变成

$$T=\omega\$=\begin{bmatrix}\bar{\omega}\\\bar{v}\end{bmatrix}=\begin{bmatrix}\bar{\omega}\\r\times\bar{\omega}+h\bar{\omega}\end{bmatrix}=\begin{bmatrix}\omega_x\\\omega_y\\\omega_z\\v_x\\v_y\\v_z\end{bmatrix} \tag{5.10}$$

式中,$\bar{\omega}$ 表示刚体绕坐标轴旋转的角速度;$\bar{v}$ 表示刚体上与原点重合点的瞬时线

速度。

如果式(5.10)中 T 的节距为零,则该运动旋量退化为一条直线,螺旋运动则退化成旋转运动,相应的运动旋量可以表示该转动的转轴。如果式(5.10)中 T 的节距为无穷大,则该运动旋量退化为一个偶量,螺旋运动则退化成移动运动,相应的运动旋量可以表示移动线的方向。反之,如果式(5.10)中 T 的节距为有限大的非零值,则整个运动旋量可以表示为该旋量轴线的移动与转动的耦合运动(即一般螺旋运动)。

运动旋量的分解:由式(5.10)可知,一个运动旋量 T 可以通过3个参数来给定:$\bar{\omega}, r, h$。反之,假设给定一个运动旋量,则也可以唯一确定这3个参数。具体可以通过对运动旋量分解来实现,如图5-6所示。将运动旋量分解成一个与转动轴线平行的分量(沿 ω 方向)和一个与转动轴线正交的分量(沿 $r \times \omega$ 方向),则

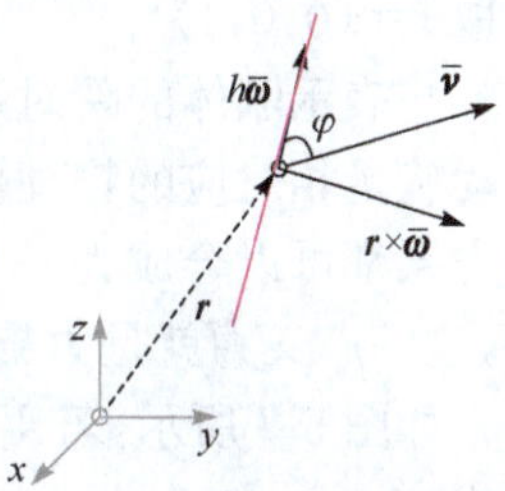

$$|\bar{v}|\cos\varphi = h|\bar{\omega}| \quad (5.11)$$

根据两矢量点积的定义,可得

$$\bar{\omega} \cdot \bar{v} = |\bar{\omega}||\bar{v}|\cos\varphi \quad (5.12)$$

图 5-6 运动旋量的分解

因而

$$h = \frac{\bar{\omega} \cdot \bar{v}}{\bar{\omega} \cdot \bar{\omega}} \quad (5.13)$$

另外,由式(5.10)可得

$$\bar{v} = r \times \bar{\omega} + h\bar{\omega} \quad \text{或} \quad \bar{v} = (\hat{r} + h\mathbf{I})\bar{\omega} \quad (5.14)$$

对上式展开

$$\begin{aligned} v_x &= r_y\omega_z - r_z\omega_y + h\omega_x \\ v_y &= r_z\omega_x - r_x\omega_z + h\omega_y \\ v_z &= r_x\omega_y - r_y\omega_x + h\omega_z \end{aligned} \quad (5.15)$$

即

$$\begin{bmatrix} h & -r_z & r_y \\ r_z & h & -r_x \\ -r_y & r_x & h \end{bmatrix} \begin{bmatrix} \omega_x \\ \omega_y \\ \omega_z \end{bmatrix} = \begin{bmatrix} v_x \\ v_y \\ v_z \end{bmatrix} \quad (5.16)$$

由此可以导出 r。这样就求得了运动旋量 T 的三个参数 $\bar{\omega}, r, h$。

【例5-2】 已知某一运动旋量为 $T=(1,1,0;1,3,0)$,求 ω, r, h。

解 根据运动旋量的表达,可直接得到 $\bar{v}=(1,3,0)^T, \bar{\omega}=(1,1,0)^T$,正则化 $\bar{\omega}$ 得

$$\omega = \left(\frac{\sqrt{2}}{2}, \frac{\sqrt{2}}{2}, 0\right)^T$$

再根据式(5.13)和式(5.16)求得其他两个参数:

$$h = \frac{\overline{\boldsymbol{\omega}} \cdot \overline{\boldsymbol{v}}}{\overline{\boldsymbol{\omega}} \cdot \overline{\boldsymbol{\omega}}} = 2$$

$$\begin{bmatrix} 2 & -r_z & r_y \\ r_z & 2 & -r_x \\ -r_y & r_x & 2 \end{bmatrix} \begin{bmatrix} 1 \\ 1 \\ 0 \end{bmatrix} = \begin{bmatrix} 1 \\ 3 \\ 0 \end{bmatrix}$$

可得

$$r_x = r_y, \quad r_z = 1$$

则取 $\boldsymbol{r} = (0, 0, 1)^T$。

与表示刚体的瞬时运动类似,刚体上的作用力也可以表示成旋量的表达。与运动旋量相对应的物理概念是力旋量(wrench)。Poinsot 发现作用在刚体上的任何力系都可以合成为一个由沿某直线的集中力与绕该直线轴的力矩组成的广义力,这一广义力就是力旋量。

如图 5-7 所示,若用 $\boldsymbol{f}(\boldsymbol{f} \in \mathbb{R}^3)$ 替换一般旋量中的 $\boldsymbol{s}$,用 $\boldsymbol{\tau}(\boldsymbol{\tau} \in \mathbb{R}^3)$ 替换 $\boldsymbol{s}^0$,则变成

$$\$ = \begin{bmatrix} \boldsymbol{f} \\ \boldsymbol{\tau} \end{bmatrix} = \begin{bmatrix} \boldsymbol{f} \\ \boldsymbol{c} \times \boldsymbol{f} + h\boldsymbol{f} \end{bmatrix} \tag{5.17}$$

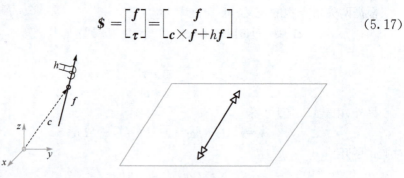

图 5-7 力旋量

式(5.17)即可表示作用在刚体上的单位力旋量。如果该力旋量表示约束,本书同样用一条首尾带双箭头的黑色直线来表示,直线所在方向即为作用线方向。

实际上,式(5.17)即可以表示刚体上的广义力,就是上面提到的单位旋量。

注意,以上的表达均没有考虑幅值的存在,如果考虑幅值的存在,则式(5.17)变成

$$\boldsymbol{W} = f\$ = \begin{bmatrix} \overline{\boldsymbol{f}} \\ \overline{\boldsymbol{\tau}} \end{bmatrix} = \begin{bmatrix} \overline{\boldsymbol{f}} \\ \boldsymbol{c} \times \overline{\boldsymbol{f}} + h\overline{\boldsymbol{f}} \end{bmatrix} = \begin{bmatrix} f_x \\ f_y \\ f_z \\ \tau_x \\ \tau_y \\ \tau_z \end{bmatrix} \tag{5.18}$$

式中，$\bar{f}$ 表示作用在刚体上的纯力；$\bar{\tau}$ 表示对原点的矩。用 Plücker 坐标表示为

$$W=(\bar{f};\bar{\tau}) \tag{5.19}$$

考虑两种特殊的力旋量：①力：作用在刚体上的纯力可表示成 $f(s;s_0)$，其中 f 为作用力的大小，$(s;s_0)$ 为单位线矢量；②力偶：在刚体上作用两个大小相等、方向相反的平行力构成一个力偶，同样也可用一个特殊的旋量——偶量来表示 $\tau(0;s)$，其中 τ 为作用力偶的大小。力偶是自由矢量，它可在刚体内自由地平行移动但并不改变对刚体的作用效果。

如果有任意多个力旋量同时作用在同一个刚体上（构成空间力系），则都可以等效简化为一个力旋量即合力旋量的作用，而作用在刚体上的合力旋量可通过力旋量的叠加来确定。其通用的表达形式是 $f\$ = f(s;s_0) = (fs;fs_0+hs)$，它表示一个力 $(fs;fs_0-hs)$ 和一个与之共轴的力偶 $(0;hs)$ 之和。

5.1.3 旋量的互易积

将两旋量 $\$_1$ 和 $\$_2$ 的原部矢量与对偶矢量交换后作点积之和得到两旋量的互易积，即

$$M_{12} = \$_1^T \Delta \$_2 = \$_2^T \Delta \$_1 = M_{21} \tag{5.20}$$

则 M_{12} 称为两旋量 $\$_1$ 和 $\$_2$ 的互矩。

进一步将式（5.20）展开，得到

$$\begin{aligned}
\$_1^T \Delta \$_2 &= s_1 \cdot (r_2 \times s_2 + h_2 s_2) + s_2 \cdot (r_1 \times s_1 + h_1 s_1) \\
&= (h_1 + h_2)(s_1 \cdot s_2) + (r_2 - r_1) \cdot (s_2 \times s_1) \\
&= (h_1 + h_2)\cos\alpha_{12} - a_{12}\sin\alpha_{12}
\end{aligned} \tag{5.21}$$

式中，h_1 和 h_2 分别为两旋量 $\$_1$ 和 $\$_2$ 的节距；α_{12} 和 a_{12} 分别为两旋量 $\$_1$ 和 $\$_2$ 之间的夹角和距离，具体如图 5-8 所示。Ball 定义 $\frac{1}{2}[(h_1+h_2)\cos\alpha_{12} - a_{12}\sin\alpha_{12}]$ 为 $\$_1$ 和 $\$_2$ 的虚拟系数（virtual coefficient）。

若取两个旋量为同一旋量，则上式退化为

$$M_{11} = 2h_1 \tag{5.22a}$$

因此，对于单位旋量，其节距为

$$h = \frac{1}{2}\$^T \Delta \$ \tag{5.22b}$$

而对于一般旋量，其节距为

$$h = \frac{1}{2}\frac{\$^T \Delta \$}{\$^T \Gamma \$} \tag{5.22c}$$

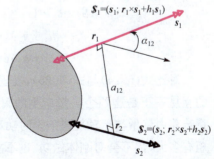

图 5-8 两个旋量的互易积

式中，$\boldsymbol{\Gamma} = \begin{bmatrix} \boldsymbol{I} & \boldsymbol{0} \\ \boldsymbol{0} & \boldsymbol{0} \end{bmatrix}$。

由以上各式可以看出，旋量的互易积与坐标原点的选择无关。

如果两旋量 $\$_1$ 和 $\$_2$ 的互易积为零，则称为 $\$_1$ 和 $\$_2$ 为互易旋量对。即

$$M_{12} = (h_1 + h_2)\cos\alpha_{12} - a_{12}\sin\alpha_{12} = 0 \tag{5.23}$$

如果一个旋量 $\$$ 与其自身的互易积为零，则称 $\$$ 为自互易旋量，即 $M_{11} = 0$。可以证明，只有直线和偶量是自互易旋量（根据直线和偶量的定义可直接验证以上结论）。

下面来考量互易旋量对的物理意义。一个刚体只允许沿单位旋量 $\$_1 = (\boldsymbol{s}_1; \boldsymbol{s}^{01}) = (\boldsymbol{s}_1; \boldsymbol{r}_1 \times \boldsymbol{s}_1 + h_1 \boldsymbol{s}_1)$ 做螺旋运动，相对应的单位运动旋量的坐标为 $\boldsymbol{\xi} = (\boldsymbol{\omega}_1; \boldsymbol{v}_1) = (\boldsymbol{\omega}_1; \boldsymbol{r}_1 \times \boldsymbol{\omega}_1 + h_1 \boldsymbol{\omega}_1)$。设想在其上沿单位旋量 $\$_2 = (\boldsymbol{s}_2; \boldsymbol{s}^{02}) = (\boldsymbol{s}_2; \boldsymbol{r}_2 \times \boldsymbol{s}_2 + h_2 \boldsymbol{s}_2)$ 方向作用一个单位力旋量 $\boldsymbol{F} = (\boldsymbol{f}_2; \boldsymbol{\tau}_2) = (\boldsymbol{f}_2; \boldsymbol{r}_2 \times \boldsymbol{f}_2 + h_2 \boldsymbol{f}_2)$，如图 5-9 所示。

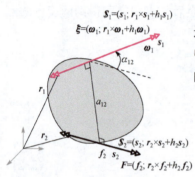

图 5-9　反旋量的概念

不失一般性，假定点 $\boldsymbol{r}_1$ 和 $\boldsymbol{r}_2$ 分别位于距离最近的两轴线上，因此 $\boldsymbol{r}_2$ 可改写成 $\boldsymbol{r}_2 = \boldsymbol{r}_1 + a_{12}\boldsymbol{n}$，其中 $\boldsymbol{n}$ 是垂直于两轴线的单位向量。这时，$\boldsymbol{\xi}$ 与 $\boldsymbol{F}$ 的瞬时功率为

$$\begin{aligned} P_{12} &= \boldsymbol{F}\boldsymbol{\Delta}\boldsymbol{\xi} \\ &= \boldsymbol{f}_2 \cdot \boldsymbol{v}_1 + \boldsymbol{\tau}_2 \cdot \boldsymbol{\omega}_1 \\ &= \boldsymbol{f}_2 \cdot (\boldsymbol{r}_1 \times \boldsymbol{\omega}_1 + h_1 \boldsymbol{\omega}_1) + \boldsymbol{\omega}_1 \cdot (\boldsymbol{r}_2 \times \boldsymbol{f}_2 + h_2 \boldsymbol{f}_2) \\ &= (h_1 + h_2)(\boldsymbol{\omega}_1 \cdot \boldsymbol{f}_2) + (\boldsymbol{r}_2 - \boldsymbol{r}_1) \cdot (\boldsymbol{f}_2 \times \boldsymbol{\omega}_1) \\ &= (h_1 + h_2)\cos\alpha_{12} - a_{12}\sin\alpha_{12} \end{aligned} \tag{5.24}$$

而根据 5.1 节所给出的两旋量互易积的定义，可得

$$\begin{aligned} \$_1 \boldsymbol{\Delta} \$_2 &= \boldsymbol{s}_1 \cdot (\boldsymbol{r}_2 \times \boldsymbol{s}_2 + h_2 \boldsymbol{s}_2) + \boldsymbol{s}_2 \cdot (\boldsymbol{r}_1 \times \boldsymbol{s}_1 + h_1 \boldsymbol{s}_1) \\ &= (h_1 + h_2)(\boldsymbol{s}_1 \cdot \boldsymbol{s}_2) + (\boldsymbol{r}_2 - \boldsymbol{r}_1) \cdot (\boldsymbol{s}_2 \times \boldsymbol{s}_1) \\ &= (h_1 + h_2)\cos\alpha_{12} - a_{12}\sin\alpha_{12} \end{aligned} \tag{5.25}$$

对比式(5.24)与式(5.25)，发现结果完全相同，则表明力旋量 $\boldsymbol{F}$ 与运动旋量 $\boldsymbol{\xi}$ 的互易积正是这两个旋量产生的瞬时功率。因此，如果 $\$_1$ 和 $\$_2$ 的互易积为零，则意味着力旋量与运动旋量的瞬时功率为零。这种情况下，无论该力旋量中力或力矩有多大，都不会对刚体做功，也不能改变该约束作用下刚体的运动状态。由此称

与 $\$_1$ 构成互易积为零的旋量 $\$_2$ 为 $\$_1$ 的反旋量（reciprocal screw，也称互易旋量）。通常情况下，反旋量用 $\$^r$ 表示，单位反旋量用 $\$^r$ 表示。

反旋量的概念最初是 Ball 提出来的，它从运动旋量与力旋量引申而来，习惯上主要表征力旋量。而从物理意义上讲则是一种约束旋量（constraint wrench），可表示物体在三维空间内受到的理想约束（idea constraint）①。

5.1.4 特殊几何条件下的互易旋量对

1. 旋量 $\$_1$ 与反旋量 $\$_2$ 的轴线相交

这时公法线为零，即 $a_{12}=0$，则式(5.23)简化为

$$(h_1+h_2)\cos\alpha_{12}=0 \tag{5.26}$$

特殊情况 1：旋量 $\$_1$ 与反旋量 $\$_2$ 轴线相交但不垂直（图 5-10）。

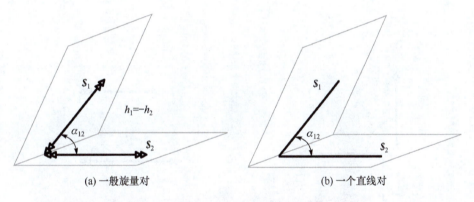

(a) 一般旋量对　　　　　　　　(b) 一个直线对

图 5-10　旋量 $\$_1$ 与反旋量 $\$_2$ 的轴线相交但不垂直

由于 $\cos\alpha_{12}\neq 0$，因而

$$h_1=-h_2 \tag{5.27}$$

这是两个轴线相交但不垂直的一般旋量互易时应满足的几何条件[图 5-10(a)]。

特殊情况 2：旋量 $\$_1$ 与反旋量 $\$_2$ 轴线相交，且其中之一的节距为零（$h_1=0$ 或 $h_2=0$）。

根据式(5.26)，要满足互易的条件，可导出另外一个旋量的节距也为零[图 5-10(b)]。这时，两旋量均为直线。即可以得出结论：共面的两条直线一定互易。而第 1 章已经证明两条互易的直线必共面，因此可以得到：两条直线互易的充要条件是它们共面。反之，不共面的两条直线必不互易。

---

① 理想约束是指幅值为无穷大的约束。

而我们已经知道了直线和偶量均与其自身互易。例如,如果用 $\$_1$ 表示运动旋量,且节距 $h_1=0$,这时物理上可以表示一个转动副。在轴线相交的情况下,为满足互易的条件,则与之对应的力旋量 $\$_2$ 的节距也应为零($h_2=0$)。这表明与转动副轴线共面(包括相交、平行与共轴三种)的纯力,均不能改变物体的运动状态。

特殊情况 3:旋量 $\$_1$ 与反旋量 $\$_2$ 的轴线垂直相交(图 5-11)。

由于 $a_{12}=0$,$\cos\alpha_{12}=0$,满足式(5.26),因而无论节距取何值,两个旋量都互易。这表明与运动旋量垂直相交的力旋量,无论节距多大都无法改变刚体的运动状态。

2. 旋量 $\$_1$ 与反旋量 $\$_2$ 的轴线平行(图 5-12)

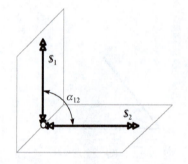

图 5-11　旋量 $\$_1$ 与反旋量 $\$_2$ 的轴线垂直相交

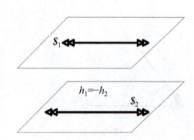

图 5-12　旋量 $\$_1$ 与反旋量 $\$_2$ 的轴线平行

这时扭角为零,即 $\alpha_{12}=0$,则式(5.23)简化为

$$(h_1+h_2)\cos\alpha_{12}=0 \tag{5.28}$$

由于 $\cos\alpha_{12}\neq 0$,因而

$$h_1=-h_2 \tag{5.29}$$

3. 旋量 $\$_1$ 与反旋量 $\$_2$ 的轴线异面,但其中之一的节距为零($h_1=0$ 或 $h_2=0$)

如图 5-13 所示,不妨令 $h_1=0$,则式(5.26)退化为

$$h_2=a_{12}\tan\alpha_{12} \tag{5.30}$$

因此，如果 $a_{12}=0$ 但 $\alpha_{12}\neq 0$ 或者 $\alpha_{12}\neq 90°$[退化成图 5-14(a) 的形式]，则 \$$_2$ 的节距也应为零 ($h_2=0$)，这时 \$$_2$ 退化成一条直线。如果 \$$_1$ 表示约束力，则其反旋量 \$$_2$ 为与之相交的纯转动轴线。如果 $\alpha_{12}=0$[两个旋量轴线平行，退化成图 5-14(b) 的形式]，则 \$$_2$ 的节距也应为零 ($h_2=0$)，这时 \$$_2$ 也退化成一条直线。如果 \$$_1$ 表示约束力，则其反旋量 \$$_2$ 为与之平行的纯转动轴线。

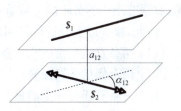

图 5-13　旋量 \$$_1$ 与反旋量 \$$_2$ 的轴线异面，但其中之一的节距为零

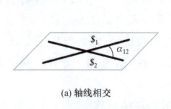
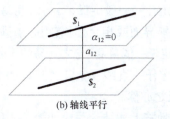

(a) 轴线相交　　　　　　　　　(b) 轴线平行

图 5-14　两种特例

【**特例 5-1**】　如果 $\alpha_{12}=90°$ 但 $a_{12}\neq 0$[图 5-15(a)]，则 \$$_2$ 的节距应为无穷大 ($h_2=\infty$)，这时 \$$_2$ 退化成一个偶量。如果 \$$_1$ 表示约束力，则其反旋量 \$$_2$ 为纯移动。

还有一种特殊情况，即 $a_{12}=0$ 且 $\alpha_{12}=90°$[图 5-15(b)]，这时，\$$_2$ 的节距可能为任意情况。

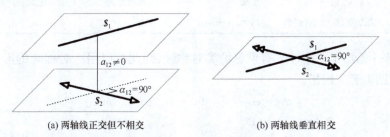

(a) 两轴线正交但不相交　　　　　　(b) 两轴线垂直相交

图 5-15　两轴线正交的两种特例

除以上四种情况之外(即 $a_{12}\neq 0$，$\alpha_{12}\neq 0$，$\alpha_{12}\neq 90°$)，根据式(5.26)可得 \$$_2$ 为一个一般旋量，其节距为 $a_{12}\tan\alpha_{12}$。

4. 考虑纯移动情况

当物体受到约束，仅能沿 v_2 方向移动，速度为 $v_2(\mathbf{0};\mathbf{v}_2)$，作用在物体上的力旋量为 $f_1(\mathbf{f}_1;\mathbf{\tau}_1)$，所引起的瞬时功率为

$$P_{12}=f_1\mathbf{f}_1\cdot v_2\mathbf{v}_2=f_1 v_2 \mathbf{f}_1\cdot\mathbf{v}_2=f_1 v_2\cos\alpha_{12} \tag{5.31}$$

因此，除非运动旋量与力旋量的轴线相互垂直，或者力旋量退化成一个纯力

偶,有限节距或零节距的力旋量都能对物体做功,进而改变物体的运动状态。

由此,根据以上分析可得到以下几点结论:

(1) 两条直线互易的充要条件是共面;

(2) 两个偶量必然互易;

(3) 一条直线与一个偶量只有当它们的轴线相互垂直时才互易,否则不互易;

(4) 直线与偶量都具有自互易性;

(5) 任何垂直相交的两个旋量必然互易,且与其节距大小无关;

(6) 任何平行或相交的两个旋量,只要它们的节距等值反向,则必然互易;

(7) 给定任一一般旋量 $\$_1$,与之互易的 $\$_2$ 可能为一般旋量、偶量或直线,在方向上两者可能异面或相交,但节距必须满足 $h_1+h_2=a_{12}\tan\alpha_{12}$;

(8) 给定任一偶量 $\$_1$,与之互易的 $\$_2$ 若为一般旋量,则必与 $\$_1$ 正交,反之亦然;

(9) 给定任一直线 $\$_1$,与之互易的 $\$_2$ 若为一般旋量,则节距必须满足 $h_2=a_{12}\tan\alpha_{12}$,反之亦然。

可简单地将上述结论写成如表 5-1 所示的表格形式。

表 5-1 两旋量互易的几何条件

几何条件		给定旋量 $\$_1$ 的特征		
		直线($h_1=0$)	偶量($h_1=\infty$)	一般旋量(h_1 为有限值)
反旋量 $\$_2$ 的特征	直线($h_2=0$)	共面 $a_{12}\sin\alpha_{12}=0$	正交 $\alpha_{12}=90°$	$h_1=a_{12}\tan\alpha_{12}$
	偶量($h_2=\infty$)	正交 $\alpha_{12}=90°$	任意方向	正交 $\alpha_{12}=90°$
	一般旋量(h_2 为有限值)	$h_2=a_{12}\tan\alpha_{12}$	正交 $\alpha_{12}=90°$	$h_1+h_2=a_{12}\tan\alpha_{12}$

表 5-1 给出了一个非常有意思的类对称性,因此可以用一对称阵的形式来描述,以帮助读者来记忆。

$$\mathbf{R}_{12}=\begin{bmatrix} a_{12}\sin\alpha_{12}=0 & 90° & h_1=a_{12}\tan\alpha_{12} \\ 90° & \forall & 90° \\ h_2=a_{12}\tan\alpha_{12} & 90° & h_1+h_2=a_{12}\tan\alpha_{12} \end{bmatrix} \quad (5.32)$$

Blanding 法则 机构的自由度线与约束线必然相交。

注意,在射影几何中,可将平面平行看作平面汇交的一种特例(交于无穷远点),如图 5-16 所示。

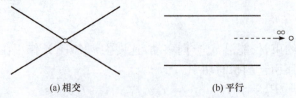

(a) 相交　　　　　　　(b) 平行

图 5-16 直线共面的两种情况,而平行可以看作是相交的一种特例

【例 5-3】 有一已知运动旋量 $\$_1=(1,0,0;1,0,0)$，求过轴线外一点 $P(0,1,0)$ 而又与 $\$_1$ 互易的所有约束力（图 5-17）。

解 代入式（5.22），得到其节距 $h_1=1$。进而对运动旋量 $\$_1=(1,0,0;1,0,0)$ 进行分解得到 1 条直线 $(1,0,0;0,0,0)$ 与 1 个偶量 $(0,0,0;1,0,0)$ 的同轴组合。由此可得

$$a_{12}\tan\alpha_{12}=1$$

另外，令 $\$_2=(s;r\times s), s=(x,y,z)^T, r=(0,1,0)^T, i=(1,0,0)^T$，则根据 $\$_2 \Delta \$_1=0$ 得到

$$i\cdot s+i\cdot r\times s=0$$
$$i\cdot(I+\hat{r})s=0$$

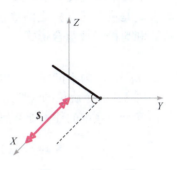

图 5-17 例 5-3 图

可导出

$$x=-z$$

表明直线 $\$_2$ 应在 $X=-Z$ 平面内，因而 $\$_2$ 与 $\$_1$ 的轴线垂直。

5.2 旋量系及其互易性

5.2.1 旋量系的定义

n 个单位旋量 $\$_1, \$_2, \cdots, \$_n$ 可以组成一个旋量集，记为 $S=\{\$_1, \$_2, \cdots, \$_n\}$。如果在旋量集 S 中，存在一组线性无关的单位旋量 $\$_1, \$_2, \cdots, \$_r$，并且 S 中的其他所有旋量都是这 r 个旋量的线性组合，则称该 r 个旋量为旋量集 S 的一组基。即这 r 个旋量（连同它们的线性组合共同）组成所谓的旋量系 S，r 为该旋量系的阶数或维数，记作 $r=\mathrm{rank}(S)$。例如，刚体在空间的所有瞬时运动可以由六维旋量系的一组正交标准基表示，即

$$\begin{cases}\$_1=(1,0,0;0,0,0)\\ \$_2=(0,1,0;0,0,0)\\ \$_3=(0,0,1;0,0,0)\\ \$_4=(0,0,0;1,0,0)\\ \$_5=(0,0,0;0,1,0)\\ \$_6=(0,0,0;0,0,1)\end{cases} \quad (5.33)$$

考虑一个串联机械臂，其末端的运动可以表示为各个构件运动的叠加；当每个关节的运动用旋量坐标表示时，末端的运动就是这些旋量的线性组合。所有决定末端运动的这些旋量所组成的集合构成一个旋量集，如果这些旋量线性无关，就构

成了一个旋量系。

下面来研究旋量系的几何特性问题。不妨首先考虑两个旋量的线性组合。设 $\$_1$ 和 $\$_2$ 是两个相互独立的单位旋量,这样,二阶旋量系中的所有旋量都可以表示成 $\$_1$ 和 $\$_2$ 的线性组合形式:

$$\$ = k_1 \$_1 + k_2 \$_2 \tag{5.34}$$

式中,k_1 和 k_2 为不同时为零的任意实数。

再考虑 n 个旋量的线性组合。设 $\$_1, \$_2, \cdots, \$_n$ 是 n 个线性无关的单位旋量,这样,n 阶旋量系中的任一旋量都可以表示成 $\$_1, \$_2, \cdots, \$_n$ 的线性组合形式:

$$\$ = \sum_{i=1}^{n} k_i \$_i = \begin{bmatrix} s \\ s^0 \end{bmatrix} = \begin{bmatrix} Pk \\ P_0 k \end{bmatrix}, \quad i = 1, 2, \cdots, n \tag{5.35}$$

式中,$k_i (i=1,2,\cdots,n)$ 为不同时为零的任意实数;$P = (s_1, \cdots, s_n)_{3 \times n}$,$P_0 = (s^{01}, \cdots, s^{0n})_{3 \times n}$,$k = (k_1, \cdots, k_n)^T$。该旋量的节距可以表示成

$$h = \frac{s \cdot s^0}{s \cdot s} = \frac{k^T B k}{k^T A k} \tag{5.36}$$

式中

$$A = P^T P = \begin{bmatrix} 1 & s_1 \cdot s_2 & \cdots & s_1 \cdot s_n \\ s_2 \cdot s_1 & 1 & \cdots & s_2 \cdot s_n \\ \vdots & \vdots & & \vdots \\ s_n \cdot s_1 & s_n \cdot s_2 & \cdots & 1 \end{bmatrix}_{n \times n}$$

$$B = P^T P_0 = \begin{bmatrix} h_1 & s_1 \cdot s^{02} & \cdots & s_1 \cdot s^{0n} \\ s_2 \cdot s^{01} & h_2 & \cdots & s_2 \cdot s^{0n} \\ \vdots & \vdots & & \vdots \\ s_n \cdot s^{01} & s_n \cdot s^{02} & \cdots & h_n \end{bmatrix}_{n \times n}$$

若 n 阶旋量系 S 中的一组基 $S = \{\$_1, \$_2, \cdots, \$_n\}$ 可由 n 个自互易旋量 $\$_i^s (i=1,2,\cdots,n)$ 线性组合而成,即

$$\$_i^s = \sum_{j=1}^{n} k_{ij} \$_j, \quad \$_i^s \Delta \$_i^s = 0, \quad i,j = 1,2,\cdots,n \tag{5.37}$$

则称该旋量系为自互易旋量系(self-reciprocal screw system)。

我们最关注的还是旋量系中的直线元素。文献[3]将 n 阶旋量系中所有直线的集合称为线簇(line variety)。如果 n 阶旋量系中存在一组由 n 条线性无关的直线组成的基旋量,则该旋量系即可构成一个直线旋量系(line screw system)。更特殊的情况下,旋量系中的所有元素都由直线组成,则该旋量系构成纯线系(pure line system);如果旋量系中所有元素均为偶量,则称该旋量系为偶量系(couple system)。以上概念的集合关系可用图 5-18 来表示。

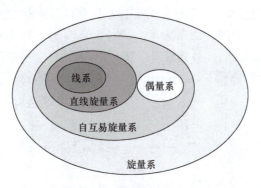

图 5-18 各类旋量系及其集合关系

直线旋量系和偶量系一定都是自互易旋量系。由两个线性无关的自互易旋量所生成的二阶旋量系一定是自互易旋量系。其中：①两条线性无关的直线张成线系的充要条件是共面；②一条直线和一个偶量所张成的二阶旋量系成为线系的充要条件是两者正交；③两个线性无关的偶量所张成的二阶旋量系一定是偶量系。

【例 5-4】 验证下面的二阶旋量系是自互易旋量系：

$$\begin{cases} \$_1 = (1,1,0;0,1,1) \\ \$_2 = (1,-1,0;0,1,-1) \end{cases}$$

上面的旋量系可由下面两个自互易旋量张成（$\$_1 = \$_{e1} + \$_{e2}, \$_2 = \$_{e1} - \$_{e2}$）。

$$\begin{cases} \$_{e1} = (1,0,0;0,1,0) \\ \$_{e2} = (0,1,0;0,0,1) \end{cases}$$

【例 5-5】 验证下面的二阶旋量系不是自互易旋量系：

$$\begin{cases} \$_1 = (1,0,0;0,0,0) \\ \$_2 = (0,0,1;0,0,1) \end{cases}$$

上面的旋量系中只有一个自互易旋量 $\$_1$。

【例 5-6】 验证下面的二阶旋量系是线系：

$$\begin{cases} \$_1 = (1,0,0;0,1,0) \\ \$_2 = (0,1,0;-1,0,0) \end{cases}$$

上面旋量系中的两条直线相交（共面）。几何上，相交两直线可构成二维平面汇交线束。

【例 5-7】 验证下面的二阶旋量系是线系：

$$\begin{cases} \$_1 = (1,0,0;0,0,0) \\ \$_2 = (0,0,0;0,1,0) \end{cases}$$

上面旋量系中的直线 $\$_1$ 与偶量 $\$_2$ 相互正交，因此可等效为二维平面平行线系。

若 n 阶旋量系 S 中的一组基为 $S=\{\$_1,\$_2,\cdots,\$_n\}$，由此可写成列向量的形式，$A=[\$_1^T,\$_2^T,\cdots,\$_n^T]_{6\times n}$，对其自身作互易积，得到自互易矩阵：

$$M=A^T\Delta A=\begin{bmatrix} M_{11} & M_{12} & \cdots & M_{1n} \\ M_{21} & M_{22} & \cdots & M_{2n} \\ \vdots & \vdots & & \vdots \\ M_{n1} & M_{n2} & \cdots & M_{nn} \end{bmatrix}_{n\times n}=\begin{bmatrix} \$_1^T\Delta\$_1 & \$_1^T\Delta\$_2 & \cdots & \$_1^T\Delta\$_n \\ \$_2^T\Delta\$_1 & \$_2^T\Delta\$_2 & \cdots & \$_2^T\Delta\$_n \\ \vdots & \vdots & & \vdots \\ \$_n^T\Delta\$_1 & \$_n^T\Delta\$_2 & \cdots & \$_n^T\Delta\$_n \end{bmatrix}_{n\times n}$$

(5.38)

可以看出，M 是一个 $n\times n$ 维的实对称矩阵，因此它具有 n 个实特征值和 n 个线性无关的实特征向量。令 $\lambda_i(i=1,2,\cdots,n)$ 为 M 的特征值，d 为 M 的维数，即 $d=\mathrm{rank}(M)$，可以导出以下结论。

直接通过定义很容易证明，M 的所有主对角元素都为零，即 $\sum \lambda_i = \mathrm{trace}(M)=0$。因此有，如果旋量系是一个自互易旋量系，则其自互易积矩阵的特征值 $\lambda_i=0(i=1,2,\cdots,n)$。

若旋量系 S 中的某一个非空子集 S_i 在旋量加法与数乘下封闭，则 S_i 称为 S 的一个旋量子系。旋量系 S 中的两个旋量子系 S_i 和 S_j 满足以下运算法则。

交运算：
$$S_i \cap S_j = \{\$ \mid \$ \in S_i, \$ \in S_j\} \tag{5.39a}$$

并运算：
$$S_i \cup S_j = \{\$_i + \$_j \mid \$_i \in S_i, \$_j \in S_j\} \tag{5.39b}$$

5.2.2 旋量系维数（或旋量集的相关性）的一般判别方法

旋量系维数（或旋量集的相关性）的判别方法与第 3 章所讲的线集相同。设旋量集中各个旋量的 Plücker 坐标为 $(L_i, M_i, N_i; P_i^*, Q_i^*, R_i^*)$，则该旋量集的线性相关性可用下列矩阵 A 的秩来判定：

$$A=\begin{bmatrix} L_1 & M_1 & N_1 & P_1^* & Q_1^* & R_1^* \\ L_2 & M_2 & N_2 & P_2^* & Q_2^* & R_2^* \\ \vdots & \vdots & \vdots & \vdots & \vdots & \vdots \\ L_n & M_n & N_n & P_n^* & Q_n^* & R_n^* \end{bmatrix} \tag{5.40}$$

同样可以得到：旋量系的维与坐标系的选择无关。这种纯几何特性是采用图谱分析与设计的理论基础之一。后面还要提到，旋量系的互易性也与坐标系的选择无关。这则是应用图谱分析及设计的另一重要理论基础。其重要意义在于：无论是前面章节中提到的各类直线旋量系（或线簇）还是一般旋量系，它们中一些内在的特性具有几何不变性（即与坐标系无关的特性），因此可以作为一个整体或模块来度量。这样，便省却了传统代数法中必须建立参考坐标系的环节，而不对最后的结果产生丝毫影响。

旋量的 Plücker 坐标有 6 个分量,显然三维空间线性无关的旋量最多有 6 个。而线矢量是旋量的特例,当旋量退化为直线时,由于直线的 Plücker 坐标最多有 6 个非零分量,因此三维空间线性无关的直线最多也可能有 6 个。当旋量退化为偶量时,由于直线的 Plücker 坐标最多只有 3 个非零分量,因此三维空间线性无关的偶量最多有 3 个。

【例 5-8】 试通过对图 5-19 中所示的机构或运动链选取合适的坐标系,建立与之对应的运动旋量集,并计算该旋量集的秩,进而给出与之对应的一组旋量系。确定该旋量系是否为自互易旋量系、直线旋量系、线系、偶量系。

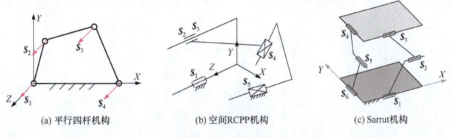

(a) 平行四杆机构　　　(b) 空间RCPP机构　　　(c) Sarrut机构

图 5-19　例 5-8 图

解　建立如图中所示的坐标系,分别写出各自对应旋量系的解析表达。具体如下:
(a)
$$\begin{cases} \$_1 = (0,0,1;0,0,0) \\ \$_2 = (0,0,1;p_2,q_2,0) \\ \$_3 = (0,0,1;p_3,q_3,0) \\ \$_4 = (0,0,1;0,q_4,0) \end{cases}$$

可以看到,4 个旋量的 Plücker 坐标中,第 1、2、6 列元素都为零,故该旋量集的秩为 3。与之对应的旋量系可以用一组正交基表达:
$$\begin{cases} \$_1 = (0,0,1;0,0,0) \\ \$_2 = (0,0,1;1,0,0) \\ \$_3 = (0,0,1;0,1,0) \end{cases}$$

可以进一步判断该旋量系为线系(也是直线旋量系和自互易旋量系)。
(b)
$$\begin{cases} \$_1 = (0,0,1;0,0,0) \\ \$_2 = (0,0,1;p_2,q_2,0) \\ \$_3 = (0,0,0;0,0,1) \\ \$_4 = (0,0,0;p_4,q_4,r_4) \\ \$_5 = (0,0,0;p_5,q_5,r_5) \end{cases}$$

注意,上面的 C 副从运动等效的角度可以分解成 R、P 副两个同轴单自由度的旋量表达形式。可以看到,以上 5 个旋量的 Plücker 坐标中,第 1、2 列元素都为零,故该旋量集的秩为 4。与之对应的旋量系可以用一组正交基表达:

$$\begin{cases} \$_1=(0,0,1;0,0,0) \\ \$_2=(0,0,0;1,0,0) \\ \$_3=(0,0,0;0,1,0) \\ \$_4=(0,0,0;0,0,1) \end{cases}$$

可以进一步判断该旋量系为自互易旋量系,但既不是直线旋量系、线系也不是偶量系。

(c)

$$\begin{cases} \$_1=(1,0,0;0,0,0) \\ \$_2=(1,0,0;0,q_2,r_2) \\ \$_3=(1,0,0;0,q_3,r_3) \\ \$_4=(0,1,0;0,0,0) \\ \$_5=(0,1,0;p_5,0,r_5) \\ \$_6=(0,1,0;p_6,0,r_6) \end{cases}$$

可以看到,6 个旋量的 Plücker 坐标中,第 3 列元素都为零,故该旋量集的秩为 5。对应的旋量系可以用一组正交基表达:

$$\begin{cases} \$_1=(1,0,0;0,0,0) \\ \$_2=(0,1,0;0,0,0) \\ \$_3=(0,0,0;1,0,0) \\ \$_4=(0,0,0;0,1,0) \\ \$_5=(0,0,0;0,0,1) \end{cases}$$

可以进一步判断该旋量系为自互易旋量系,但既不是直线旋量系、线系也不是偶量系。

5.2.3 特殊几何条件下旋量系(旋量集)的维数——特殊旋量系

下面再讨论一下旋量系线性无关特性的应用,即根据"旋量集的线性相关性与坐标系的选择无关"的特性来讨论三维空间中由旋量组成的旋量集在不同几何条件下的维数,即所生成的旋量系情况。考虑到三维空间内全部由直线组成的旋量系其维数最大为 6,由旋量组成的旋量系其维数最大也为 6,这里来分析一些特殊几何条件下的旋量系维数问题(图 5-20)。

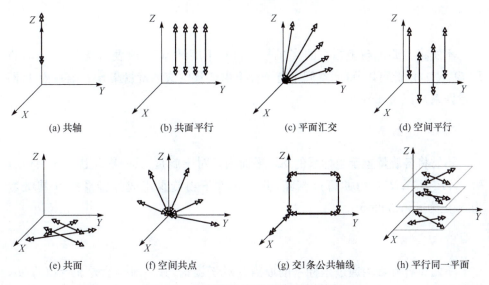

图 5-20　不同几何条件下的旋量系分布

1. 共轴[图 5-20(a)]

不妨选择将各旋量与参考坐标系的 Z 轴重合。对于单位旋量，它有两种表达：$\$_1=(0,0,1;0,0,h)$，$\$_2=(0,0,1;0,0,-h)$，由此可以判断，共轴条件下各旋量所组成的旋量集 S 其最高维数为 2（即旋量二系），记为 $\dim(S)=2$。如果节距相等（包括为 0），则维数降为 1。

2. 共面平行[图 5-20(b)]

不妨将各旋量置于坐标系的 YZ 平面内，且与 Z 轴平行。对于旋量，其一般表达是 $\$_i=(0,0,1;0,Q_i^*,R_i^*)$，由此可以判断，共面平行条件下由旋量组成的旋量集 S 其最高维数为 3（即旋量三系），记为 $\dim(S)=3$。当各旋量的节距皆相等（但不能为无穷大）时，旋量的一般表达式退化为 $\$_i=(0,0,1;0,h,R_i^*)$。由旋量组成的旋量集 S 其维数减为 2（即旋量二系）。

3. 平面汇交[图 5-20(c)]

不妨将各旋量置于坐标系的 YZ 平面内，且原点为汇交点。旋量的一般表达是 $\$_i=(0,M_i,N_i;0,Q_i^*,R_i^*)$。当节距不相等时，由旋量组成的旋量集 S 其最高维数为 4（即旋量四系），记为 $\dim(S)=4$；当节距皆相等时，由旋量组成的旋量集 S 其维数减为 2（即旋量二系），记为 $\dim(S)=2$。

4. 空间平行[图 5-20(d)]

不妨将各旋量与坐标系的 Z 轴平行。对于旋量，其一般表达是 $\$=(0,0,1;P^*,Q^*,R^*)$，由此可以判断，空间平行条件下由旋量组成的旋量集 S 其维数为 4(即旋量四系)，记为 $\dim(S)=4$。

5. 共面[图 5-20(e)]

不妨将各旋量置于坐标系的 XY 平面内。对于旋量，其一般表达是 $\$_i=(L_i,M_i,0;P_i^*,Q^*,R^*)$，由此可以判断，共面条件下由旋量组成的旋量集 S 其维数为 5，记为 $\dim(S)=5$。

6. 空间共点[图 5-20(f)]

不妨将各旋量均通过坐标系的原点。对于旋量，其一般表达是 $\$_i=(L_i,M_i,N_i;P_i^*,Q_i^*,R_i^*)$，由此可以判断，空间共点条件下由旋量组成的旋量集 S 其维数为 6(即旋量六系)，记为 $\dim(S)=6$。

7. 交 1 条公共轴线[图 5-20(g)]

不妨将各旋量均与坐标系的 Y 轴相交。对于旋量，其一般表达是 $\$_i=(L_i,M_i,N_i;P_i^*,Q_i^*,R_i^*)$，由此可以判断，空间共轴条件下由旋量组成的旋量集 S 其维数为 6(即旋量六系)，记为 $\dim(S)=6$。但如果所有旋量都与公共轴线垂直相交，则其 Plücker 坐标表达式变为 $\$_i=(L_i,0,N_i;P_i^*,0,R_i^*)$，由此可以判断，此时由旋量组成的旋量集 S 其维数为 4(即旋量四系)，记为 $\dim(S)=4$。

8. 与某一平面平行且无公垂线[图 5-20(h)]

不妨取平行平面的法线为坐标系的 Z 轴。对于旋量，其一般表达是 $\$_i=(L_i,M_i,0;P_i^*,Q_i^*,R_i^*)$，由此可以判断，此条件下由旋量组成的旋量集 S 其维数为 5(即旋量五系)，记为 $\dim(S)=5$。

9. 三维空间任意情况

此条件下由旋量组成的旋量集 S 其维数为 6(即旋量六系)，记为 $\dim(S)=6$。

同样，也可将这些特殊旋量系描述成几何线图的表达，以张成具有特定维数的一般旋量空间(screw space)。结合前文有关线空间及偶量空间的讨论，表 5-2 给出了不同几何条件下各类典型空间线图的表达及其维数，以方便读者查询。

表 5-2 不同几何条件下的线图空间及其维数(部分)

几何条件	线空间(线簇)		偶量空间		一般旋量空间	
	线图	维数	线图	维数	线图	最大(最小[①])维数
共轴		1	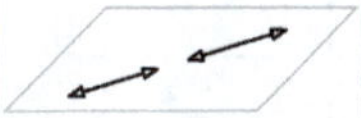	1		2(1)
共面平行	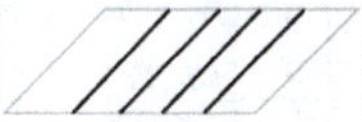	2	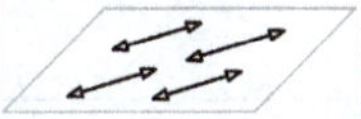	1		3(2)
平面汇交	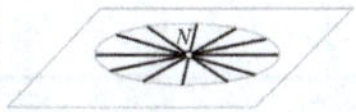	2	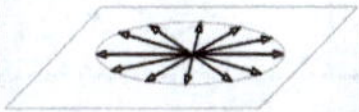	2		4(2)
空间平行		3	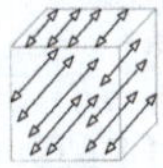	1	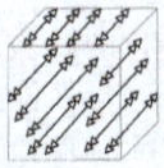	4(3)
共面		3	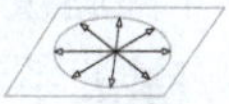	2	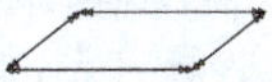	5(3)
空间共点		3	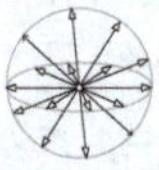	3		6(3)
单叶双曲面(交3条公共直线)	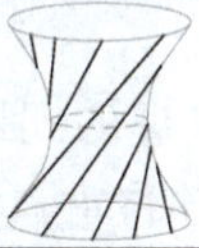	3	—	—	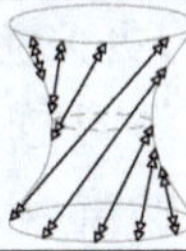	6(3)
交1条公共直线,且与法线的交角相同	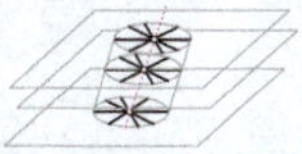	4	—	—	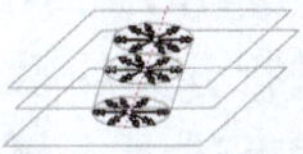	6(4)
具有1条公共法线,且与法线的交角相同	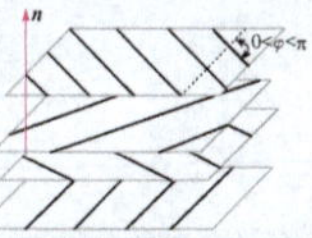	4	—	—	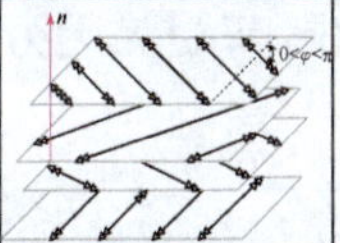	5(4)
交1条公共直线	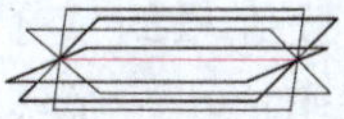	5	—	—	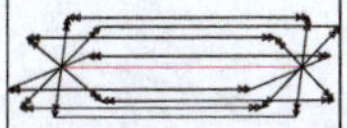	6(5)

续表

几何条件	线空间(线簇)		偶量空间		一般旋量空间	
	线图	维数	线图	维数	线图	最大(最小[①])维数
具有1条公共法线		5	—	—		5(4)
与1条旋量满足固定的关系式	$d_i\tan\varphi_i=h$(常数)	5	—	—	$d_i\tan\varphi_i=h+q_i$ (常数)	6(5)
空间任意分布		6		3		6

① 一般情况下,当所有旋量的节距相等时,取最小维数。

5.2.4* 旋量系的分类及其线图表达

由于旋量系中任一旋量坐标都可以写成 Plücker 坐标形式,因此旋量系的最高维数也是6。根据旋量系的阶数可将旋量系分为1~6阶旋量系,简称旋量一系、旋量二系、旋量三系、旋量四系、旋量五系和旋量六系。根据旋量系的运动特性及约束特性可将旋量系分为运动旋量系和约束旋量系。研究旋量系的目的在于确定运动旋量节距的范围和运动旋量轴线的分布曲面,进而从几何角度研究机构或机械系统的运动特性。根据不同的旋量系分类方法,可以得到许多不同类型的旋量系。然而,我们更关注那些常用的"特殊"旋量系。

旋量系的分类问题[11~19]一直是一个令众多学者感兴趣的问题。鉴于这方面的研究不是本书的重点,这里只是利用前人的研究成果,并将重点放在典型空间线图的推演方法介绍上,而不再采用枚举法。本书采用的则是基于主旋量的特征对各类旋量系进行分类的思想。

注意下面阐述中,一般旋量是指节距既不为零也不是无穷大的旋量,节距为零的旋量是直线,节距为无穷大的旋量是偶量。

1. 旋量一系

由前面的讨论可知,旋量一系需满足共轴、节距相等两个条件。

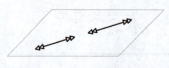

图 5-21 旋量一系的图示

对于由共轴的一般旋量组成了一维旋量系(图 5-21),共轴的直线组成了一维线系,共轴及平行偶量组成了一维偶量系。对它们的分类如表 5-3 所示。

表 5-3　一维旋量空间的分类

序号	空间线图	两条生成线($1和$2)的几何特征		空间组成元素的几何特性
		s_1 与 s_2 的关系	h_1 与 h_2 的关系	
1		$s_1 = s_2$	$h_1 = h_2 = 0$	由所有共轴的直线组成
2		$s_1 = s_2$	$h_1 = h_2 = \infty$	由所有平行的偶量组成
3		$s_1 = s_2$	$h_1 = h_2$ (为有限值)	由所有共轴的一般旋量组成

2. 旋量二系

假设有两个旋量 $\$_1(h_1)$ 和 $\$_2(h_2)$,为方便起见,取坐标轴 Z 沿这两个旋量轴线的公垂线方向,而 X 轴和 Y 轴以及原点可以方便选取,具体如图 5-22 所示。

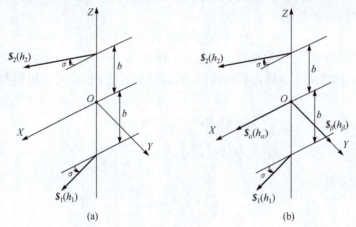

图 5-22　两个旋量的合旋量

两个旋量的表达式可以写成

$$\$_1(h_1) = (\cos\sigma, \sin\sigma, 0; h_1\cos\sigma + b\sin\sigma, h_1\sin\sigma - b\cos\sigma, 0) \tag{5.41}$$

$$\$_2(h_2) = (\cos\sigma, -\sin\sigma, 0; h_2\cos\sigma + b\sin\sigma, b\cos\sigma - h_2\sin\sigma, 0) \tag{5.42}$$

通过对式(5.41)与式(5.42)线性组合,可以得到与 $\$_1(h_1)$ 和 $\$_2(h_2)$ 线性相关的旋量:

$$\$_\Sigma = \lambda_1 \$_1 + \lambda_2 \$_2$$
$$= ((\lambda_1+\lambda_2)\cos\sigma, (\lambda_1-\lambda_2)\sin\sigma, 0;$$
$$(\lambda_1 h_1+\lambda_2 h_2)\cos\sigma+(\lambda_1+\lambda_2)b\sin\sigma, (\lambda_1 h_1-\lambda_2 h_2)\sin\sigma-(\lambda_1-\lambda_2)b\cos\sigma, 0)$$
(5.43)

可以看出，合旋量的轴线一定与 Z 轴正交，即与这两个旋量的公垂线正交。下面来计算该合旋量的节距：

$$h = \frac{h_1\lambda_1^2 + [(h_1+h_2)\cos 2\sigma + 2b\sin 2\sigma]\lambda_1\lambda_2 + h_2\lambda_2^2}{\lambda_1^2 + 2\lambda_1\lambda_2\cos 2\sigma + \lambda_2^2} \tag{5.44}$$

重写为

$$(h_1-h)\lambda_1^2 + [(h_1+h_2-2h)\cos 2\sigma + 2b\sin 2\sigma]\lambda_1\lambda_2 + (h_2-h)\lambda_2^2 = 0 \tag{5.45}$$

这是一个关于 λ_1/λ_2 的齐次线性方程，如果该方程具有两个实数解，则应满足韦伯定理。

上面的问题看起来很复杂。首先考虑一种特殊情况，即 $h_1 = h_2$ 的情况。这时

$$\$_\Sigma = ((\lambda_1+\lambda_2)\cos\sigma, (\lambda_1-\lambda_2)\sin\sigma, 0;$$
$$(\lambda_1+\lambda_2)(h_1\cos\sigma+b\sin\sigma), (\lambda_1-\lambda_2)(h_1\sin\sigma-b\cos\sigma), 0) \tag{5.46}$$

对应的合旋量的节距为

$$h = h_1 \frac{\lambda_1^2 + 2(\cos 2\sigma + b\sin 2\sigma/h_1)\lambda_1\lambda_2 + \lambda_2^2}{\lambda_1^2 + 2\lambda_1\lambda_2\cos 2\sigma + \lambda_2^2} \tag{5.47}$$

上式有解的条件是

$$(h_1-h)^2 + 2b\operatorname{ctan}2\sigma(h_1-h) + b^2 \geqslant 0 \tag{5.48}$$

观察式(5.46)，可以发现当 $\lambda_1-\lambda_2=0$ 和 $\lambda_1+\lambda_2=0$ 时，对应的两个旋量分别沿 X 轴与 Y 轴方向。这样可利用式(5.46)，并经过正则化，可以得到两个正交的旋量坐标：

$$\begin{cases} \$_\alpha = (1,0,0; h_1+b\tan\sigma, 0, 0) \\ \$_\beta = (0,1,0; 0, h_1-\dfrac{b}{\tan\sigma}, 0) \end{cases} \tag{5.49}$$

对应的节距分别是

$$\begin{cases} h_\alpha = h_1 + b\tan\sigma \\ h_\beta = h_1 - \dfrac{b}{\tan\sigma} \end{cases} \tag{5.50}$$

可以验证，当式(5.48)取等号时，方程取极值。两个极值正好与式(5.50)相对应。而这时，$\$_\alpha$ 和 $\$_\beta$ 正好分布在式(5.45)所代表曲面的中截面上。Ball 于 1900 年将这两个节距取极值的旋量称为主旋量(principal screws)。

Hunt 在文献[2]中则给出了一般情况下的讨论。他的研究表明,也可以找到有两个取极值的旋量 $\$_\alpha$ 和 $\$_\beta$ 分布在式(5.45)所代表曲面的中截面上。也就是说,任意两个线性无关的旋量线性组合得到的所有合旋量,在空间则构成了一个特殊的直纹面,Ball 将此规则曲面称为拟圆柱面(cylindroid)。拟圆柱面上的每条发生线都与一个旋量相对应。

其中主旋量具有很多特殊的性质,如可以作为旋量二系的一组正交基,因此

$$\$_\Sigma = \lambda_\alpha \$_\alpha + \lambda_\beta \$_\beta \tag{5.51}$$

$$\$_\Sigma = (\lambda_\alpha, \lambda_\beta, 0; \lambda_\alpha h_\alpha, \lambda_\beta h_\beta, 0) \tag{5.52}$$

$$h = \frac{\lambda_\alpha^2 h_\alpha + \lambda_\beta^2 h_\beta}{\lambda_\alpha^2 + \lambda_\beta^2} \tag{5.53}$$

由 Hunt 在文献[2]中对旋量二系的进一步讨论可以得出许多有意义的结论:如当 $h_\alpha \neq h_\beta$(两者既不为零也不是无穷大)且两者的符号相同时,所有由两个主旋量线性组合得到的合旋量都为一般旋量,组成的旋量空间曲面如图 5-23(a)所示;但当 $h_\alpha \neq h_\beta$(两者既不为零也不是无穷大)且两者的符号相反时,所有由两个主旋量线性组合得到的合旋量大多数为一般旋量,但可生成出一对空间异面直线,组成的旋量空间曲面如图 5-23(b)所示。对于后者,也可以将空间的两条异面直线作为发生线来生成该类型的二维旋量空间曲面。

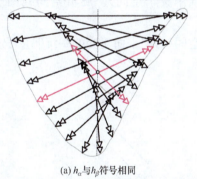
(a) h_α 与 h_β 符号相同

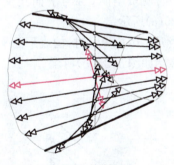
(b) h_α 与 h_β 符号相反

图 5-23　两种拟圆柱面

下面根据两条发生线(generator)的分布特征进行分类。

我们知道,主旋量是旋量二系中的两个线性无关的特殊旋量,旋量系中的每个旋量都可以由这两个主旋量线性组合而成。因此,将这两个主旋量作为发生线是非常合适的。用正则坐标表示不妨取 $\$_\alpha = (1,0,0;h_\alpha,0,0)$,$\$_\beta = (0,1,0;0,h_\beta,0)$。

【特例 5-2】　$h_\alpha = h_\beta = h$(h 为有限值),此时

$$\begin{cases} \$_\alpha = (1,0,0;h,0,0) \\ \$_\beta = (0,1,0;0,h,0) \end{cases} \tag{5.54}$$

合旋量 $\$_\Sigma = (\boldsymbol{s}; h_\Sigma \boldsymbol{s} + \boldsymbol{r} \times \boldsymbol{s}) = \lambda_1 \$_\alpha + \lambda_2 \$_\beta = (\lambda_1, \lambda_2, 0; \lambda_1 h, \lambda_2 h, 0)$,$h_\Sigma = h$,$\boldsymbol{r} \times \boldsymbol{s} = \boldsymbol{0}$,

表明合旋量的节距未发生变化且仍经过原点。由此可知,节距相同的两个主旋量其所有合旋量的轴线共点(都通过两个主旋量的交点 O),且节距相同(均为 h)。旋量空间线图表达如图 5-24(a)所示。

当 $h_\alpha = h_\beta = 0$ 时,退化成平面汇交线空间,线图表达如图 5-24(b)所示。

(a) $h_\alpha = h_\beta$(为有限值)　　　　　　(b) $h_\alpha = h_\beta = 0$

图 5-24　平面汇交旋量空间($h_\alpha \perp h_\beta$)

【**特例 5-3**】 $h_\alpha = h, h_\beta = \infty$,此时

$$\begin{cases} \$_\alpha = (1,0,0;h,0,0) \\ \$_\beta = (0,0,0;0,1,0) \end{cases} \tag{5.55}$$

合旋量 $\$_\Sigma = (s; h_\Sigma s + r \times s) = \lambda_1 \$_\alpha + \lambda_2 \$_\beta = (1,0,0; h, \lambda_2/\lambda_1, 0), h_\Sigma = h, r \times s = (0, \lambda_2, 0)$,表明合旋量过 Z 轴上任意一点,在 XZ 平面且与 X 轴平行,所有旋量构成平面平行旋量空间(含与平面正交的一维偶量子空间)。旋量空间线图表达如图 5-25(a)所示。

当 $h_\alpha = 0, h_\beta = \infty$ 时,构成平面平行线空间(含与平面正交的一维偶量子空间)。线图表达如图 5-25(b)所示。

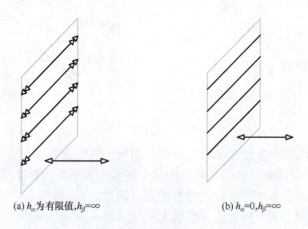

(a) h_α 为有限值,$h_\beta = \infty$　　　　　　(b) $h_\alpha = 0, h_\beta = \infty$

图 5-25　平面平行旋量空间($h_\alpha \perp h_\beta$)

【特例 5-4】 $h_\alpha = h_\beta = \infty$，此时

$$\begin{cases} \$_\alpha = (0,0,0;1,0,0) \\ \$_\beta = (0,0,0;0,1,0) \end{cases} \quad (5.56)$$

合旋量 $\$_\Sigma = \lambda_1 \$_\alpha + \lambda_2 \$_\beta = (0,0,0;\lambda_1,\lambda_2,0)$，表明两个偶量线性组合得到的合旋量仍为偶量。相应的旋量空间退化成平面二维偶量空间，线图表达如图 5-26 所示。

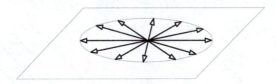

图 5-26　二维偶量空间

【特例 5-5】 $h_\alpha = 0, h_\beta = h \neq 0$($h$ 为有限值)，此时

$$\begin{cases} \$_\alpha = (1,0,0;0,0,0) \\ \$_\beta = (0,1,0;0,h,0) \end{cases} \quad (5.57)$$

合旋量 $\$_\Sigma = \lambda_1 \$_\alpha + \lambda_2 \$_\beta = (\lambda_1,\lambda_2,0;0,\lambda_2 h,0)$，为一般旋量。所有旋量构成空间旋量空间(含一条直线)，旋量空间线图表达如图 5-27 所示。

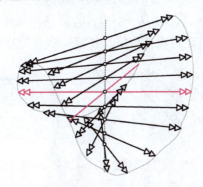

图 5-27　二维旋量空间($h_\alpha = 0, h_\beta$ 为有限值)

鉴于主旋量的正交性，使得旋量的组合类型不完整。为满足二维旋量空间类型的完备性，再考虑两条发生线平行(相交无穷远)的情况，不妨将两旋量置于坐标系的 XY 平面内，且与 X 轴平行。用正则坐标表示不妨取 $\$_1 = (1,0,0;h_1,0,0)$，$\$_2 = (1,0,0;h_2,0,R_2)$。

【特例 5-6】 $h_\alpha = h_\beta = h$(h 为有限值)，此时

$$\begin{cases} \$_\alpha = (1,0,0;h,0,0) \\ \$_\beta = (1,0,0;h,0,R_2) \end{cases} \quad (5.58)$$

合旋量 $\$_\Sigma=(s; h_\Sigma s+r\times s)=\lambda_1 \$_\alpha+\lambda_2 \$_\beta=(1,0,0; h,0,\frac{\lambda_2}{\lambda_1+\lambda_2}R_2)$，$h_\Sigma=h$，表明合旋量的方向和节距都未发生变化。由此可知，节距相同的两个主旋量其所有合旋量的轴线共点（都通过两个主旋量的交点 O），且节距相同（均为 h）。旋量空间线图表达如图 5-28(a) 所示。

当 $h_\alpha=h_\beta=0$ 时，退化成平面平行线空间，线图表达如图 5-28(b) 所示。

(a) $h_\alpha=h_\beta$（为有限值）   (b) $h_\alpha=h_\beta=0$

图 5-28　平面平行旋量空间

可以看到，此种情况与前面讨论的特例 5-3 是一致的。

【特例 5-7】 $h_\alpha=h, h_\beta=\infty$，此时

$$\begin{cases}\$_\alpha=(1,0,0; h,0,0)\\ \$_\beta=(0,0,0; 1,0,0)\end{cases} \qquad (5.59)$$

合旋量 $\$_\Sigma=\lambda_1\$_\alpha+\lambda_2\$_\beta=(1,0,0; h+\lambda_2/\lambda_1,0,0)$，$h_\Sigma=h+\lambda_2/\lambda_1$，$r\times s=\mathbf{0}$，表明所有合旋量沿 X 轴方向，节距可取任意值。在运动学上等效为圆柱副（图 5-29）。

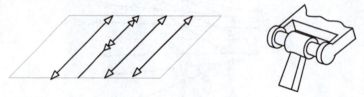

图 5-29　二维旋量空间及其所对应的圆柱副

【特例 5-8】 $h_\alpha=0, h_\beta=h\neq 0$（$h$ 为有限值），此时

$$\begin{cases}\$_\alpha=(1,0,0; 0,0,0)\\ \$_\beta=(1,0,0; h,0,R_2)\end{cases} \qquad (5.60)$$

合旋量 $\$_\Sigma=\lambda_1\$_\alpha+\lambda_2\$_\beta=(1,0,0; \lambda_2 h/(\lambda_1+\lambda_2),0,\lambda_2 R_2/(\lambda_1+\lambda_2))$，合旋量的方向不变，合旋量的位置矢量在 Z 方向的分量为零。这说明所有一般旋量与 X 轴平行且处于 XY 平面的平行旋量空间（图 5-30）。此外，该空间内还含有平面外的一维偶量子空间（与 XZ 平面平行）。

事实上，可放宽特例 5-8 的几何条件，而只需满足 $h_\alpha\neq h_\beta$（两者不能为无穷大）即

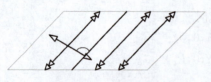

图 5-30　二维旋量空间

可,同样可以导出与上述二维旋量空间。不妨简单证明一下:

$$\begin{cases} \$_\alpha = (1,0,0;h_1,0,0) \\ \$_\beta = (1,0,0;h_2,0,R_2) \end{cases} \tag{5.61}$$

两个基旋量的合旋量如下:

$$\$_\Sigma = \lambda_1 \$_\alpha + \lambda_2 \$_\beta = (1,0,0;(\lambda_1 h_1 + \lambda_2 h_2)/(\lambda_1 + \lambda_2),0,\lambda_2 R_2/(\lambda_1 + \lambda_2))$$

合旋量的方向保持不变,合旋量的位置矢量在 Z 方向的分量仍然为零。这说明所有一般旋量与 X 轴平行且处于 XY 平面的平行旋量空间。此外,该空间内还含有平面外的一维偶量子空间(与 XZ 平面平行)。

有关二维旋量空间的分类如表 5-4 所示。

表 5-4 二维旋量空间的分类

序号	空间线图	两条生成线($\$_1$和$\$_2$)的几何特征		空间组成元素的几何特性
		s_1 与 s_2 的关系	h_1 与 h_2 的关系	
1		$s_1 \perp s_2$	$h_1 = h_2 = 0$	由所有平面汇交于一点的直线组成
2		$s_1 \perp s_2$	$h_1 = 0, h_2 = \infty$	由所有平面平行的直线组成,一维偶量与所有直线垂直
		$s_1 = s_2$	$h_1 = h_2 = 0$	
3		$s_1 \perp s_2$	$h_1 = h_2 = \infty$	由所有位于同一平面内的偶量组成
4		$s_1 \perp s_2$	$h_1 = h_2$(为有限值)	由平面汇交于一点的所有一般旋量组成
5		$s_1 = s_2$	$h_1 = h_2$(为有限值)	由所有平面平行的一般旋量组成,其中含一维偶量子空间与旋量的轴线正交
		$s_1 \perp s_2$	h_1 为有限值,$h_2 = \infty$	
6		$s_1 = s_2$	h_1 为有限值,$h_2 = \infty$	由所有平面平行的偶量组成,其中还含一条与偶量平行的直线和一个与该直线同轴的旋量
7		$s_1 = s_2$	$h_1 \neq h_2$(含 $h_1 = h, h_2 = 0$)	由平面平行的一般旋量组成,其中还含一条与旋量轴线平行的直线和平面外的一维偶量子空间

续表

序号	空间线图	两条生成线(S_1和S_2)的几何特征		空间组成元素的几何特性
		s_1 与 s_2 的关系	h_1 与 h_2 的关系	
8	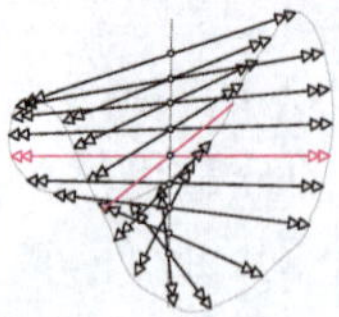	$s_1 \perp s_2$	h_1 为有限值,$h_2=0$	空间中只含有一条直线,其余全是一般旋量,构成拟圆柱面
9	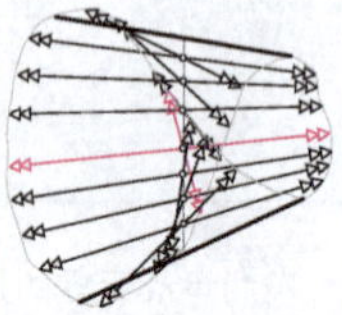	$s_1 \perp s_2$	$h_1 \neq h_2$(为有限值),h_1 与 h_2 符号相反	空间中只含有两条异面直线,其余全是一般旋量,构成拟圆柱面
		s_1 与 s_2 异面	$h_1 = h_2 = 0$	
10	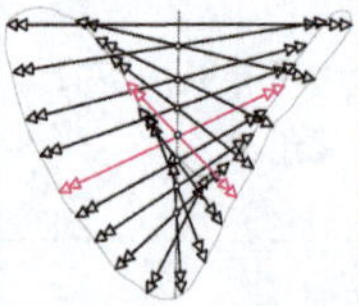	$s_1 \perp s_2$	$h_1 \neq h_2$(为有限值),h_1 与 h_2 符号相同	空间中全是一般旋量,构成拟圆柱面

3. 旋量三系

由任意三个线性无关的旋量线性组合得到的所有合旋量构成旋量三系。一般情况下,主旋量是旋量三系中唯一存在的三个垂直正交的旋量,且三个节距中有两个是极值。由三个主旋量所构成的直角坐标系称为旋量三系的主坐标系。当主旋量确定后,旋量三系中所有旋量的节距都介于主旋量的最大和最小节距之间。但也有例外,如前面对二系螺旋所讨论的那样,主旋量并非满足正交性,这时所选的一组基旋量可选择平行等条件下的发生线。

因此,仍可以采用前面对旋量二系分类的方法对旋量三系进行分类讨论,具体可将三系的分类架构在旋量二系的基础上。

鉴于主旋量的正交性,使得旋量的组合类型不完整。为满足三维旋量空间类型的完备性,这里并不以三个正交的主旋量作为发生线,而是分别从两条平行发生线和两条垂直相交发生线出发,在此基础上增加第三条发生线。由此可以考虑上述三条发生线的各种可能组合情况(在保证维数为3的前提下),如图5-31所示。

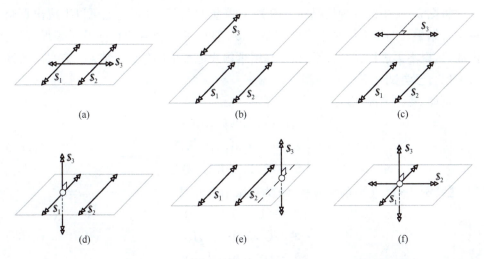

图 5-31 旋量三系的分类

同时还要考虑三个旋量的节距分布特征,以及各种可能的组合类型:
(1) $h_1 = h_2 = h_3 = h$(h 为有限值,0,或无穷大);
(2) $h_1 = h_2 = h$(h 为有限值,0),$h_3 = \infty$;
(3) $h_1 = h_2 = h$(h 为有限值,或无穷大),$h_3 = 0$;
(4) $h_1 = h_2 = h$(h 为 0,或无穷大),h_3 为有限值;
(5) $h_1 = h_2 = h$(h 为有限值),h_3 为有限值,但 $h_3 \neq h$;
(6) $h_2 = h_3 = h$(h 为有限值,0),$h_1 = \infty$;
(7) $h_2 = h_3 = h$(h 为有限值,或无穷大),$h_1 = 0$;
(8) $h_2 = h_3 = h$(h 为 0,或无穷大),h_1 为有限值;
(9) $h_2 = h_3 = h$(h 为有限值),h_1 为有限值,但 $h_1 \neq h$;
(10) h_1 为有限值,$h_2 = 0$,$h_3 = \infty$;
(11) h_1 为有限值,$h_2 = \infty$,$h_3 = 0$;
(12) $h_1 = 0$,$h_2 = \infty$,h_3 为有限值;
(13) $h_1 \neq h_2$(h_1 和 h_2 为有限值),$h_3 = 0$;
(14) $h_1 \neq h_2$(h_1 和 h_2 为有限值),$h_3 = \infty$;
(15) $h_1 \neq h_2 \neq h_3$(h_i 为有限值);
(16) h_1 与 h_2 等值反向,$h_3 = 0$;
(17) h_1 与 h_2 等值反向,$h_3 = \infty$;
(18) $h_1 \neq h_3$(h_1 和 h_2 为有限值),$h_2 = 0$;
(19) $h_1 \neq h_3$(h_1 和 h_2 为有限值),$h_2 = \infty$。

将图 5-31 中的 6 种情况和上述 19 种类型进行组合,理论上可以生成出百余种组合结果。即使它们之中可能产生重复,但这种组合后的数据量还是很大的。因此,这里不再进行完全枚举,只是提纲挈领式地举出部分组合结果。有兴趣的读者可以自己尝试一下。

例如,考虑情况(a):

$$\begin{cases} \$_1 = (1,0,0;h_1,0,0) \\ \$_2 = (1,0,0;h_2,0,R_2) \\ \$_3 = (0,1,0;0,h_3,0) \end{cases} \quad (5.62)$$

【特例 5-9】 $h_1 = h_2 = h_3 = h$(h 为有限值),此时

$$\begin{cases} \$_1 = (1,0,0;h,0,0) \\ \$_2 = (1,0,0;h,0,R_2) \\ \$_3 = (0,1,0;0,h,0) \end{cases} \quad (5.63)$$

合旋量 $\$_\Sigma = \lambda_1 \$_1 + \lambda_2 \$_2 + \lambda_3 \$_3 = (\lambda_1 + \lambda_2, \lambda_3, 0; (\lambda_1 + \lambda_2)h, \lambda_3 h, \lambda_2 R_2)$,表明合旋量的方向与 XY 平面平行,$h_\Sigma = h$,并且根据旋量坐标表达式直接得到:$Z \equiv 0$。此外,还含有一维偶量子空间($\$_1 - \$_2$)。由此导出了该旋量空间的线图表达为一平面,如图 5-32 所示。

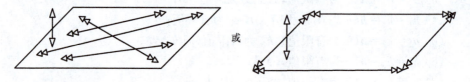

图 5-32 平面三维旋量空间

当 $h_1 = h_2 = h_3 = 0$ 时,

$$\begin{cases} \$_1 = (1,0,0;0,0,0) \\ \$_2 = (1,0,0;0,0,R_2) \\ \$_3 = (0,1,0;0,0,0) \end{cases} \quad (5.64)$$

旋量空间退化成三维平面线空间,线图表达如图 5-33 所示。

图 5-33 三维平面线空间

当 $h_1 = h_2 = h_3 = \infty$ 时,旋量空间退化成二维偶量空间。

基于上述方法,可以找到更多的三维旋量空间,部分如表 5-5 所示。

表 5-5 三维旋量空间的分类(部分)

序号	空间线图	3 条生成线($\$_1$、$\$_2$和$\$_3$)的几何特征		空间组成元素的几何特性
		方向矢量的关系	节距之间的关系	
1	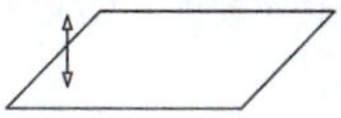		$h_1=h_2=h_3=0$	由平面内的所有直线组成
2	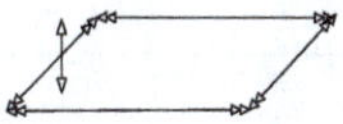		$h_1=h_2=h_3$ (为有限值)	由平面内的所有旋量组成,一维偶量与所有旋量的轴线垂直
3	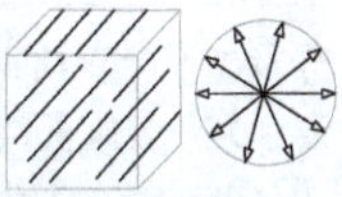		$h_1=h_2=0, h_3=\infty$	由空间平行直线组成,二维偶量与直线垂直
4	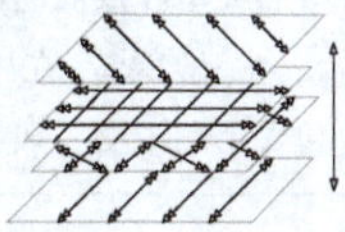	$s_1=s_2, s_3 \perp s_2$ $\$_1$、$\$_2$ 与 $\$_3$ 共面	$h_1=h_2=0, h_3$ 为有限值[或 $h_1=h_2$(为有限值), $h_3=0$]	由一系列平行平面内的平行旋量组成,也包括一个与平行平面的一维偶量,还包括一个二维平行线子空间
5	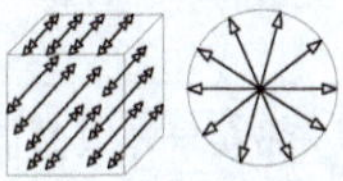		$h_1=h_2$(为有限值), $h_3=\infty$	由所有空间平行的一般旋量组成,二维偶量与旋量的轴线垂直
6	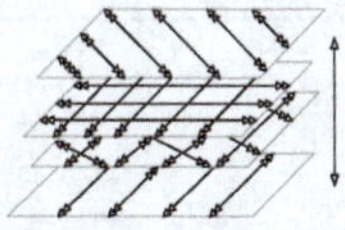		$h_1=h_2\neq h_3$(为有限值)[或 $h_1\neq h_2\neq h_3$(为有限值)]	由所有平面平行的一般旋量组成,也包括一个与平行平面的一维偶量
7	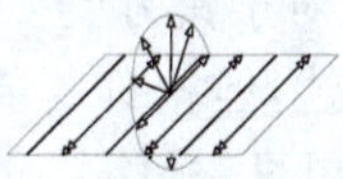		h_1 为有限值, $h_2=h_3=\infty$	平面内包含平行线和平行一般旋量,此外还包含一个与该平面正交的二维偶量子空间

续表

序号	空间线图	3条生成线($ \$_1 $、$ \$_2 $和$ \$_3 $)的几何特征		空间组成元素的几何特性
		方向矢量的关系	节距之间的关系	
8			$h_1=h_2=h_3=0$	由空间汇交直线组成
9			$h_1=h_2=h_3$（为有限值）	由空间汇交的一般旋量组成
10			$h_1=h_2=h_3=\infty$	由所有偶量组成
11		$s_1 \perp s_2 \perp s_3$，s_1、s_2 与 s_3 共点	$h_1=h_2=0$，h_3 为有限值	分布在单叶双曲面内的所有元素为一般偶量，在中平面中还包含平面汇交线子空间
12			$h_1=h_2$（为有限值），$h_3=0$	分布在单叶双曲面内的所有元素为一般偶量，在中平面中还包含平面汇交一般旋量子空间
13			$h_1=h_2\neq h_3$（为有限值）[或 $h_1\neq h_2=h_3$（为有限值）]	分布在单叶双曲面内的所有元素为一般偶量
14			$h_1=h_2=h$，$h_3=-h$	分布在单叶双曲面内的所有元素为直线，在中平面中还包含平面汇交一般旋量子空间

4. 旋量四、五、六系

我们知道，一般形式下的旋量二系可以用一个单参数的拟圆柱面进行几何表达，而旋量三系也可以用两个参数的几何曲面来描述。但对于具有更多独立参数的旋量四、五、六系而言，尽管直接用几何方法也能直观描述，但相对复杂。表5-2中给出了部分表示旋量四、五、六系的几何线图表达，从中可见一斑。

因此，通常的做法是利用旋量系的互易性，将旋量四（或五）系转化为旋量二（或一）系进行描述。当在有些情况下必须考虑旋量四（或五）系本身具有的某种特性时，可采用解析方法。

例如，考虑下面的旋量四系，它的4条发生线分别是

$$\begin{cases} \$_1 = (1,0,0;0,0,0) \\ \$_2 = (0,0,0;1,0,0) \\ \$_3 = (0,0,0;0,1,0) \\ \$_4 = (0,0,0;0,0,1) \end{cases} \tag{5.65}$$

该旋量四系中诸元素线性无关,因此可以作为旋量四系的一般形式。进而将其描述成线图的形式,构成一个 4 维旋量空间。组成该 4 维空间的部分子空间如图 5-34 所示。可以看出,该旋量空间虽然不含同维线子空间,但可以通过选取图 5-34(a)中的 3 条直线与图 5-34(b)中的 1 个偶量(前提是它们线性无关),或者选取图 5-34(a)中的 1 条直线与图 5-34(b)中的 3 个偶量(前提仍然是它们线性无关)作为发生线张成整个旋量空间。

图 5-34 4 维旋量空间的子空间

再如,考虑旋量六系。将其描述成线图的形式,构成一个 6 维旋量空间。组成该空间的部分子空间如图 5-35 所示。可以通过选取图 5-35(a)中的 3 条直线与图 5-35(b)中的 3 个偶量(前提是它们线性无关),或者选取图 5-35(c)中的 6 条线性无关的直线作为发生线张成整个 6 维旋量空间。

图 5-35 6 维旋量空间的子空间

5. 可实现连续运动的旋量系

旋量系能够表征机构或机器人末端执行器位形的瞬时运动,当位形发生改变或者自由度发生变化时,一般情况下,旋量系或者旋量系的维数也将随之发生变化。这实际上反映了一般旋量系所具有的瞬时特性。但同时仍然存在一类特殊的旋量系即所谓的"不变旋量系"(invariant screw systems)[7],这类旋量系所表征的运动具有连续性。只要旋量系的形式不发生改变,就可以实现大范围的运动。表 5-6 给出了所有相关的不变旋量系,旋量系的表达都采用了正则坐标的形式。不变旋量系的一个重要特性是旋量系中各旋量的顺序无关紧要,所反映的一个物理意义是运动副的连接顺序并不影响机构的相对运动。第 6 章将会提到,这一特性正好反映了位移子群(displacement subgroup)[20]的某种特征,并且可以看出不变旋量系与位移子群具有一一映射的关系,具体如表 5-6 所示。

表 5-6 可实现连续运动的旋量系(对应的是位移子群)

旋量系	空间线图	正则坐标	对应的位移子群	物理意义
一系	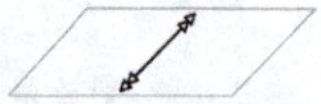	$(1,0,0;h_\alpha,0,0)$	$\overline{SO_p}(2)$	螺旋副
	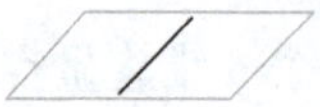	$(1,0,0;0,0,0)$	$SO(2)$	转动副
	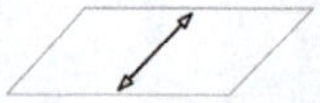	$(0,0,0;1,0,0)$	$T(1)$	移动副
二系	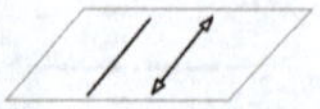	$(1,0,0;0,0,0)$ $(0,0,0;1,0,0)$	$SO(2)\otimes T(1)$	圆柱副
	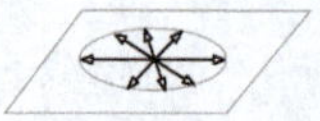	$(0,0,0;1,0,0)$ $(0,0,0;0,1,0)$	$T(2)$	平面二维移动

续表

旋量系	空间线图	正则坐标	对应的位移子群	物理意义
三系		$(1,0,0;0,0,0)$ $(0,1,0;0,0,0)$ $(0,0,1;0,0,0)$	$SO(3)$	空间转动
		$(0,0,1;0,0,h_a)$ $(0,0,0;1,0,0)$ $(0,0,0;0,1,0)$	$\overline{SO_p}(2) \times T(2)$	平面螺旋运动
		$(1,0,0;0,0,0)$ $(0,0,0;0,1,0)$ $(0,0,0;0,0,1)$	$SE(2)$	平面运动（平面副）
		$(0,0,0;1,0,0)$ $(0,0,0;0,1,0)$ $(0,0,0;0,0,1)$	$T(3)$	三维移动
四系		$(1,0,0;0,0,0)$ $(0,0,0;1,0,0)$ $(0,0,0;0,1,0)$ $(0,0,0;0,0,1)$	$SE(2)\otimes T(1)$	Schönflies 运动
六系		$(1,0,0;0,0,0)$ $(0,1,0;0,0,0)$ $(0,0,1;0,0,0)$ $(0,0,0;1,0,0)$ $(0,0,0;0,1,0)$ $(0,0,0;0,0,1)$	$SE(3)$	一般刚体运动

注："×"表示半直积；"⊗"表示直积。

5.3 互易旋量系——自由度空间与约束空间

5.3.1 互易旋量系

有一个 n 阶旋量系 $S=\{\$_1,\$_2,\cdots,\$_n\}$，必然存在一个 $(6-n)$ 阶的互易旋量系 $S^r=\{\$_1^r,\$_2^r,\cdots,\$_{6-n}^r\}$，该旋量系由 $(6-n)$ 个与 S 中各个旋量都互易（简称与 S 互易）的旋量组成，反之亦然：

$$\dim(S\cup S^r)=\dim(S)+\dim(S^r)-\dim(S\cap S^r) \tag{5.66}$$

式中，$\dim(\ )$ 表示旋量系的阶数或维数。

$$S_d=\{\$_{d1},\$_{d2},\cdots,\$_{df}\}=S\cap S^r=\{\$_{di}\mid\$_{di}\in S \text{ 和 } \$_{di}\in S^r, i=1,2,\cdots,f\} \tag{5.67}$$

用集合图示,可以表示成图 5-36 的各种可能形式。

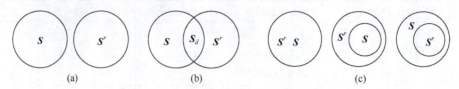

图 5-36　旋量系与互易旋量系之间关系的集合表示

可基于线性代数方法对互易旋量系进行解析求解,该方法具有通用性和快速性。

对于一个矩阵表示形式的 n 阶旋量系 $S=[\$_1^T,\$_2^T,\cdots,\$_n^T]^T$,必然存在一个 $(6-n)$ 阶的互易旋量系 $S^r=[\$_1^r,\$_2^r,\cdots,\$_{6-n}^r]$,且满足

$$S\Delta S^r=0 \tag{5.68}$$

令 $\Delta S^r=X$,则

$$SX=0 \tag{5.69}$$

对上式的求解可归结为线性代数中的求解齐次线性方程的零空间(null space)问题,具体参考文献[13]和[19]。

此外,还有其他通用的方法可以用于求解互易旋量系,如 Gram-Schmidt 方法。而观察法与等效旋量系构造法都是基于观察和经验的构造方法,同时又具有较强的物理意义,但通用性相对较差。5.3.2 节将重点讨论如何应用几何(图谱)法对特殊几何条件下的旋量系及其互易旋量系进行求解。

5.3.2　旋量系与其互易旋量系之间的几何关系

前面已经给出了一个互易旋量对应满足的几何关系:①两条直线互易的充要条件是共面;②两个偶量必然互易;③一条直线与一个偶量只有当相互垂直时才互易;④直线与偶量都具有自互易性;⑤任何垂直相交的两个旋量必然互易,且与其节距大小无关。由此可进一步导出两个互易旋量系之间的几何关系:

(1) 旋量系中的所有直线一定与其互易旋量系中的每条直线相交;

(2) 旋量系中的所有直线一定与其互易旋量系中的每个偶量的方向线正交;

(3) 旋量系中所有偶量的方向线一定与其互易旋量系中的每个旋量的轴线和所有直线正交;

(4) 旋量系中一般旋量的轴线与其互易旋量系中的每个一般旋量的轴线应满足:

$$(p_i+q_j)\cos\alpha_{ij}-a_{ij}\sin\alpha_{ij}=0,\quad i=1,2,\cdots,n;j=1,2,\cdots,6-n \tag{5.70}$$

5.3.3 互易旋量空间线图表达及图谱绘制

基于上面给出的两个互易旋量系之间的几何关系,可直接确定与已知的旋量空间可逆(或互易)的旋量空间。

举一个简单的例子来说明该方法的应用。例如,已知一个如图 5-37 所示的 5 阶线系 $S(\$_i, i=1,2,\cdots)$,求解其互易旋量系。

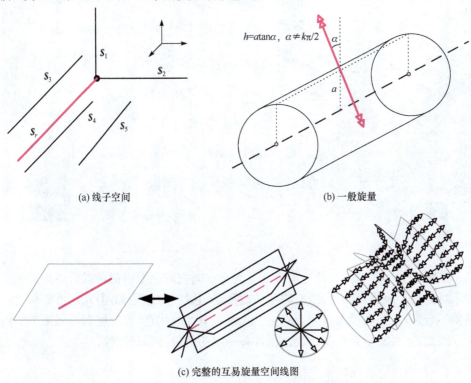

图 5-37 可视化的旋量空间线图

根据上面给出的两个互易旋量系之间的几何关系可知,互易旋量系中的直线一定与线系 S 中的每条直线都相交[这样的直线只能找到一条,如图 5-37(a)所示];偶量一定与线系 S 中的每条直线都正交(不存在);一般旋量一定与线系 S 中的每条直线都满足一定的几何条件[$h=a_i\tan\alpha_i, i=1,2,\cdots,5$,如图 5-37(b)所示]。实际上,互易旋量系之间的关系完全可以采用旋量空间线图来表达,如图 5-37(c)所示。

用类似的方法可以找到任一旋量系下的互易旋量系,并通过线图的形式来表现相应的旋量空间。Hopkins[21]就曾给出了一个较为完备的互易旋量空间线图图谱,该图谱中涵盖了不同自由度下的自由度空间及其对偶约束空间线图,具体如图 5-38 所示。

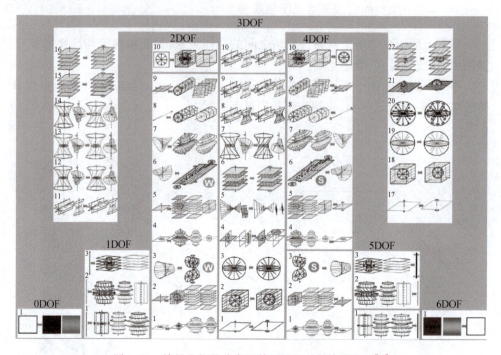

图 5-38　旋量空间的分类及其互易的对偶旋量空间[21]

从图 5-38 可以看出,任一旋量系及旋量空间在理论上讲都可以采用几何线图表示。但就一般旋量系而言,它的互易旋量空间线图虽然完备,但几何特征却变得越发不直观,从而在很大程度上失去了几何直观性的优点,这时反而不如采用解析法。因此,互易旋量系的图谱表达也具有一定的适应性和局限性。

5.3.4　自由度空间与约束空间

当旋量系与其互易旋量系的关系能够明确给出后,再理解自由度空间和约束空间的概念就变得更加容易,也较前面所给的概念更加完备。简言之,自由度空间就是物体运动旋量所张成的空间,它表征了物体所允许的空间运动。相对地,约束空间是物体所受约束力旋量所张成的空间,它表征了物体所受的全部约束。当物体完全受到约束力(或可以完全等效成约束力)作用时,其约束空间也退变为线空间,这时更加方便于几何表达使其可视化、图谱化。而且其中蕴含着局部自由度、冗余约束等诸多信息。

事实上,与一个机构的自由度空间及其约束空间对应的正是运动旋量系与其互易旋量系——约束旋量系。这样,第 3 章及本章介绍的互易旋量系(线系)线图表达方法正好可以用于描述一些特殊机构的自由度空间及其约束空间。图 5-39

给出了球面 3DOF 空间机构的自由度空间与其约束空间线图表达。

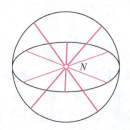 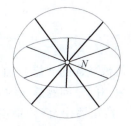

图 5-39 球面 3DOF 空间机构的自由度空间与约束空间

进而可以导出对于任意一种特定自由度机构所具有的约束特性。表 5-7 给出了其中部分约束旋量系及其所约束的运动特征。

表 5-7 约束旋量系及其所约束的运动

约束旋量系	约束性质	被约束的运动	自由度
旋量一系	约束力	沿力轴线的一维移动和局部转动(转轴有所限制)	3R2T
	约束力偶	轴线与力偶平行的一维转动	2R3T
旋量二系	约束力共面平行	沿力轴线的一维移动和绕两个力所在平面法线方向的一维转动	2R2T
	约束力共面汇交	两个力线矢决定平面内的二维移动	3R1T
	约束力与约束力偶同向	沿力轴线的一维移动和沿力偶作用线方向的一维转动	2R2T
	约束力偶共面汇交	转轴与两个力偶所在平面平行的二维转动	1R3T
旋量三系	约束力空间平行	沿力轴线的一维移动和垂直于力轴线方向的二维转动	1R2T
	约束力共面不汇交	与力轴线正交平面内的二维移动和绕平面法线的一维转动	2R1T
	分布在空间 3 个不同平行平面内的约束力,有公法线	与平行平面平行的二维移动和轴线沿公法线方向的一维转动	2R1T
	分布在空间 3 个不同平行平面内的约束力,无公法线	与平行平面平行的二维移动和一维转动	2R1T
	约束力空间共点	空间三维移动,转动也受限制	3R
	约束力一般分布	空间三维移动,转动也受限制	3R
	约束力偶空间汇交	空间三维转动	3T

5.4 旋量空间中包含同维线子空间的条件

5.4.1 理论基础

给定某一机械装置的 n 维自由度空间,根据对偶性法则,该机械装置必存在 $(6-n)$ 维的约束空间。问题是该约束空间中,并不一定能由 $(6-n)$ 个线性无关的直线张成得到,换句话说,该约束空间内不一定存在一个同维的线子空间[构成 $(6-n)$ 维直线旋量系]。而同维线子空间存在的现实意义在于:如在柔性机构设计中,多采用柔性杆和柔性簧片作为约束支链,因此只有存在这样的同维线空间,才可能实现全并联结构的设计;否则,只能采用串联或混联结构。

例如,要设计一个可实现平面二维移动的柔性精密定位平台。该装置的自由度空间和对偶约束空间线图(暂不考虑一般旋量的存在)如图 5-40 所示。

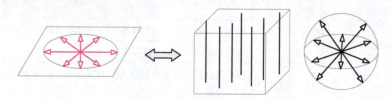

图 5-40 二维移动所对应的自由度空间和对偶约束空间线图

可以看出,约束空间中包含有两个模块:1 个三维线子空间和 1 个二维偶量子空间。因此,无法在该约束空间中找到 4 条线性无关的直线以保证其同维性。这就意味着无法搭接一个直接用柔性杆或簧片作为支链的全并联式柔性平台,而只能转而考虑采用串联式或混联式结构。在第 8 章中还要详细讨论这个问题。

下面来讨论这样一个议题:如何判断任一给定旋量空间,其互易旋量空间中是否包含同维线子空间?首先给出一个定理:

如果 n 阶旋量系(或 n 维旋量空间)中,存在有线性无关的 r 条直线和 s 个偶量,即 $n=r+s$。并且每条直线都与这 s 个偶量正交,则可以确定该旋量系(或旋量空间)存在有 n 个线性无关的直线(或 n 维线子空间)。

证明 假设线性无关的 r 条直线和 s 个偶量分别表示成

$$\$_p^l = (\mathbf{s}_p^l; \mathbf{r}_p \times \mathbf{s}_p^l), \ p=1,2,\cdots,r, \quad \$_q^c = (\mathbf{0}; \mathbf{s}_q^c), \ q=r+1,\cdots,n \quad (5.71)$$

从第 2 章对等价线的讨论可以知道,1 条直线和与之正交的 1 个偶量线性组合的结果仍然是条直线。为简化证明却不失一般性,令 $\$_1^l$ 与所有 s 个偶量都正交,那么通过线性组合后的 n 个旋量 $\$_1^l, \cdots, \$_r^l, \$_1^l + \$_{r+1}^c, \cdots, \$_1^l + \$_n^c$ 也都是直线。

$$a_1 \$_1^l + \cdots + a_m \$_m^l + a_{m+1}(\$_1^l + \$_{m+1}^c) + \cdots + a_r(\$_1^l + \$_r^c) = 0 \quad (5.72)$$

式中，$a_j(j=1,2,\cdots,r)$ 为任意实数。上式可简化为

$$(a_1 + a_{m+1} + \cdots + a_r)\$_1^l + a_2 \$_2^l + \cdots + a_m \$_m^l + a_{m+1}\$_{m+1}^c + \cdots + a_r \$_r^c = 0 \quad (5.73)$$

由直线与偶量的线性无关性，可以得到 $a_1 = \cdots = a_r = 0$。因此，$\$_1^l, \cdots, \$_m^l, \$_1^l + \$_{m+1}^c, \cdots, \$_1^l + \$_r^c$ 是线性无关的。

同样，Su[22] 借助自互易矩阵与线旋量系的概念给出了旋量空间包含同维线子空间的条件。事实上，还有一种更简单的方法[23]，即只需构造出这样的线空间（如果存在），即可判断其互易旋量空间中是否包含同维线子空间。下面给出一般步骤：

(1) 将给定 n 维旋量空间（如自由度空间）用旋量矩阵形式表达：

$$S_T = (T_1^T, \cdots, T_n^T)^T$$

(2) 根据 $S_T \Delta S_W = 0$，计算其 $(6-n)$ 维互易旋量空间（如约束空间），找出 S_W 的一组基：

$$S_W = (W_{e1}^T, \cdots, W_{e(6-n)}^T)^T$$

(3) 将空间 S_W 内的任一旋量表示为该组基的线性组合：

$$W = (F; M) = a_1 W_{e1} + \cdots + a_{6-n} W_{e(6-n)}$$

(4) 根据直线条件 $F \cdot M = 0$，确定 S_W 中所有直线的一般表达式。

(5) 找出 S_W 中的线子空间的一组基。

具体构造线子空间的流程（技巧）一般遵循：观察 S_W 的基中是否存在正交的直线和偶量，如果存在，则可根据"一条直线和与之正交的一个偶量线性组合的结果仍然是条直线"直接构造新的直线；或者通过 S_W 中直线的一般表达式，赋予表达式中的系数以特殊值来构造新的直线。

(6) 确定旋量空间 S_T 中是否存在与之互易的线空间（简称对偶线空间）。

若子空间维数与 S_W 维数相同，则旋量空间 S_T 含有对偶线空间；否则，旋量空间 S_T 不含有对偶线空间。

通过执行上述过程，可以确定该旋量空间是否有对偶线空间存在。

下面以一维螺旋运动为例来说明如何判断该旋量空间是否具有对偶线空间。

(1) 一维螺旋运动的自由度空间中只包含一个一般旋量，表示如下：

$$\$_r = (s_r; r_r \times s_r + h s_r) = (l_r, m_r, n_r; p_r, q_r, r_r) \quad (5.74)$$

式中，$s_r = (l_r, m_r, n_r)^T$ 表示单位方向矢量，满足 $l_r^2 + m_r^2 + n_r^2 = 1$；$r_r = (x_r, y_r, z_r)^T$ 表示位置矢量；h 表示旋量的节距。

(2) 通过互易性计算，可以得到 5 维对偶约束空间的一组基：

$$\begin{cases} \$_{e1} = (1,0,0; -p_r/l_r, 0, 0) \\ \$_{e2} = (0,1,0; -q_r/l_r, 0, 0) \\ \$_{e3} = (0,0,1; -r_r/l_r, 0, 0) \\ \$_{e4} = (0,0,0; -m_r/l_r, 1, 0) \\ \$_{e5} = (0,0,0; -n_r/l_r, 0, 1) \end{cases} \quad (5.75)$$

(3) 约束空间中的任一旋量可表示如下：

$$\begin{aligned} \$ = (s; s^0) &= a_1 \$_{e1} + a_2 \$_{e2} + a_3 \$_{e3} + a_4 \$_{e4} + a_5 \$_{e5} \\ &= \left(a_1, a_2, a_3; -\frac{a_1 p_r + a_2 q_r + a_3 r_r + a_4 m_r + a_5 n_r}{l_r}, a_4, a_5\right) \end{aligned} \quad (5.76)$$

式中，a_1, a_2, a_3, a_4, a_5 为任意实数，且满足 $a_1^2 + a_2^2 + a_3^2 + a_4^2 + a_5^2 \neq 0$。

(4) 为寻找对偶空间内直线的一般表达式，令 $s \cdot s^0 = 0$，则约束空间中的直线可表达成如下形式：

$$\$ = (s; r \times s) = \left(a_1, a_2, a_3; \frac{a_2 a_4 n_r - a_3 g}{a_3 l_r - a_1 n_r}, a_4, \frac{a_1 g - a_2 a_4 l_r}{a_3 l_r - a_1 n_r}\right) \quad (5.77)$$

式中，$g = a_1 p_r + a_2 q_r + a_3 r_r + a_4 m_r$。

(5) 寻找线子空间的一组基。

容易验证，$\$_{e2}$ 和 $\$_{e3}$ 均为直线，$\$_{e4}$ 和 $\$_{e5}$ 为偶量，且 $\$_{e2}$ 与 $\$_{e5}$ 正交，$\$_{e3}$ 与 $\$_{e4}$ 正交。因此，线性组合后 $\$_4 = \$_2 + \$_{e5}$，$\$_5 = \$_3 + \$_{e4}$ 均为直线。这样可以得到 4 条线性无关的直线。

此外，令 $a_1 = 1, a_2 = a_3 = a_4 = 0$，代入式(5.77)中，可以得到直线 $(1,0,0; 0,0, -p_r/n_r)$。至此，在约束空间中可以得到 5 条线性无关的直线：

$$\begin{cases} \$_1 = (1,0,0; 0,0, -p_r/n_r) \\ \$_2 = (0,1,0; -q_r/l_r, 0, 0) \\ \$_3 = (0,0,1; -r_r/l_r, 0, 0) \\ \$_4 = (0,1,0; -(n_r+q_r)/l_r, 0, 1) \\ \$_5 = (0,0,1; -(m_r+r_r)/l_r, 1, 0) \end{cases} \quad (5.78)$$

(6) 由于所得到的线子空间与约束空间同维，可以断定：一维螺旋运动空间含有 5 维对偶的约束线空间。

当然，如果读者对前面介绍的旋量空间线图图谱非常熟悉，可直接由图谱法来判断图谱中的某一旋量空间其对偶空间中是否包含有同维线子空间。而本节介绍的方法更具普适性，可以判断任一旋量空间的对偶空间中是否包含有同维线子空间。

5.4.2 设计实例

下面应用基于 5.4.1 节讨论的条件来实现对某一旋量空间的设计。首先给出一般步骤：

(1) 判断旋量空间（如自由度空间）是否具有对偶线空间。有两种方法：直接查图谱或者 5.4.1 节介绍的解析法。

(2) 构造该旋量空间的互易旋量空间（如约束空间）。同样有两种方法：直接查图谱或者解析法。

(3) 按照第 4 章介绍的方法进一步对机械装置进行设计，如约束空间的分解、寻找同维子空间等，以保证设计的多解性。

下面以二维螺旋运动的设计实例进行说明。为方便起见，假设两螺旋运动轴线垂直相交。不失一般性，设两轴线交于原点，且与 x、y 轴重合。两螺旋运动节距分别为 h_1 和 h_2，两节距不相等且均为有限值（既不为零也不为无穷）。

自由度空间的一组基可由下式表示：

$$\boldsymbol{S}_T = \begin{bmatrix} 1 & 0 & 0 & h_1 & 0 & 0 \\ 0 & 1 & 0 & 0 & h_2 & 0 \end{bmatrix} \tag{5.79}$$

其约束空间的一组基可计算如下：

$$\boldsymbol{S}_W = \begin{bmatrix} 1 & 0 & 0 & -h_1 & 0 & 0 \\ 0 & 1 & 0 & 0 & -h_2 & 0 \\ 0 & 0 & 1 & 0 & 0 & 0 \\ 0 & 0 & 0 & 0 & 0 & 1 \end{bmatrix} \tag{5.80}$$

因此，约束空间中一般旋量可由下式表达：

$$\boldsymbol{\$} = (a, b, c; -ah_1, -bh_2, d) \tag{5.81}$$

式中，a, b, c, d 为任意实数，其不同时为零。

因此，约束空间中的直线可表示如下：

$$\boldsymbol{W} = (a, b, c; -ah_1, -bh_2, \frac{a^2 h_1 + b^2 h_2}{c}) \tag{5.82}$$

通过赋予 a, b, c, d 不同取值，可以得到 4 个线性无关的线矢量（一组基）：

$$\begin{cases} \boldsymbol{W}_1 = (0, 0, 1; 0, 0, 0) \\ \boldsymbol{W}_2 = (1, 0, 1; -h_1, 0, h_1) \\ \boldsymbol{W}_3 = (0, 1, 1; 0, -h_2, h_2) \\ \boldsymbol{W}_4 = (0, -1, 1; 0, h_2, h_2) \end{cases} \tag{5.83}$$

因此，此例中的二维螺旋运动是可以通过简单全并联实现的。

若令 $h_1 = h_2 = 1$，可以得到如图 5-41 所示的可实现二维螺旋运动的约束装置：

$$\begin{cases} W_1 = (0,0,1;0,0,0) \\ W_2 = (1,0,1;-1,0,1) \\ W_3 = (0,1,1;0,-1,1) \\ W_4 = (0,-1,1;0,1,1) \end{cases} \quad (5.84)$$

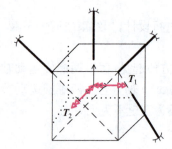

图 5-41 可实现二维螺旋运动的约束装置

5.5 本章小结

通过本章对旋量理论基础知识的介绍，使图谱法的理论基础得到了进一步的充实和完善：

(1) 在旋量理论的框架内，利用旋量及旋量系的几何特性，可构造出一个完整的 F&C 空间图谱。

(2) 在完整的 F&C 空间图谱中，不再仅包含直线与偶量，还有一般旋量存在。从而保证了任一机械装置的自由度空间与约束空间的完备性。

(3) 给定任一机械装置的自由度空间（n 维），总能找到（$6-n$）维约束空间，并能够通过物理方法来实现；反之亦然。从而保证了 Maxwell 有关自由度与对偶约束定理的完备性。

(4) 给出了任一旋量空间的互易旋量空间中包含同维线子空间的充要条件，从而与前面章节的内容实现了有效地衔接。

(5) 除了图谱法之外，还为实现机械装置的创新设计提供了另外一条渠道——解析法，从而丰富了设计技法，为图谱法注入了更强的生命力。

参 考 文 献

[1] Ball R S. A Treatise on the Theory of Screws. London：Cambridge University Press，1998.

[2] Hunt K H. Kinematic Geometry of Mechanisms. London：Oxford University Press，1978.

[3] Phillips J. Freedom in Machinery：Volume 1，Introducing Screw Theory. New York：Cam-

bridge University Press,1984.

[4] Phillips J. Freedom in Machinery:Volume 2,Screw Theory Exemplified. New York:Cambridge University Press,1990.

[5] Duffy J. Statics and Kinematics with Applications to Robotics. New York:Cambridge University Press,1996.

[6] Lipkin H,Duffy J. The elliptic polarity of screws. ASME Journal of Mechanisms,Transmissions,and Automation in Design,1985,107(3):377-387.

[7] Davidson J K,Hunt K H. Robots and Screw Theory:Applications of Kinematics and Statics to Robotics. London:Oxford University Press,2004.

[8] Selig J M. Geometry Foundations in Robotics. New York:World Scientific Publishing Co. Pte. Ltd. ,2000.

[9] Tsai L W. Robot Analysis:The Mechanics of Serial and Parallel Manipulators. New York:Wiley-Interscience Publication,1999.

[10] 黄真,孔令富,方跃法. 并联机器人机构学理论及控制. 北京:机械工业出版社,1997.

[11] 黄真,赵永生,赵铁石. 高等空间机构学. 北京:高等教育出版社,2006.

[12] Dai J S,Rees J J. Interrelationship between screw systems and corresponding reciprocal systems and applications. Mechanism and Machine Theory,2001,36(5):633-651.

[13] Dai J S,Rees J J. Null space construction using cofactors from a screw algebra context. Proceedings of the Royal Society London A:Mathematical,Physical and Engineering Sciences,2002,458(2024):1845-1866.

[14] Gibson C G,Hunt K H. Geometry of screw systems—I :Screws:Genesis and geometry. Mechanisms and Machine Theory,1990,25(1):1-10.

[15] Gibson C G,Hunt K H. Geometry of screw systems—II :Classification of screw systems. Mechanisms and Machine Theory,1990,25(1):11-27.

[16] Rico J M,Duffy J. Classification of screw systems—I :One- and two-systems. Mechanism and Machine Theory,1992,27(4):459-470.

[17] Rico J M,Duffy J. Classification of screw systems—II :Three-systems. Mechanism and Machine Theory,1992,27(4):471-490.

[18] 王晶. 欠秩三自由度并联机构瞬时运动的主螺旋分析. 秦皇岛:燕山大学博士学位论文,2000.

[19] 于靖军,刘辛军,丁希仑等. 机器人机构学的数学基础. 北京:机械工业出版社,2008.

[20] Hervé J M. Analyses structurelle des mecanismes par groupe des replacements. Mechanism and Machine Theory,1978,13(4):437-450.

[21] Hopkins J B,Culpepper M L. A screw theory basis for quantitative and graphical design tools that define layout of actuators to minimize parasitic errors in parallel flexure systems. Precision Engineering,2010,34(4):767-776.

[22] Su H J, Tari H. On line screw systems and their application to flexure synthesis. ASME International Design Engineering Technical Conferences, Montreal, 2010, DETC2010-28361.

[23] Li S Z, Yu J J, Zong G H. Conditions for realizable configurations in synthesis of constraint-based flexure mechanisms. Chinese Journal of Mechanical Engineering, 2012, 48（6）: 1086-1095.

第 6 章　典型机械装置的自由度 & 约束线图

本章主要探讨存在于典型机械装置及机械连接中的自由度与约束线图。具体围绕两个主题讨论：一是可提供刚体运动的可动连接(6F/0C、5F/1C、4F/2C、3F/3C、2F/4C、1F/5C)；二是可提供刚性约束的可拆连接(0F/6C)。

通过审视这些机械装置(运动装置、约束装置、可调装置等)并深入考察与各装置相对应的 F&C 线图，以期找到一种探索复杂机械装置与机械连接性能的简易手段。随着 F&C 线图使用技巧日益谙熟，设计人员定能掌握这种用于辅助设计和分析机械装置的有力工具。

为缓解 F&C 线图在运动分析中存在的瞬时性缺陷，本章还要介绍有关线图与位移子群 & 子流形知识间映射方面的知识，为学有余力的读者提供参考。

6.1　机构自由度分析中的困难与困惑

第 2 章中曾经初步讨论过有关机构自由度分析与计算的问题。事实上，有关机构自由度计算问题的讨论由来已久，涉及大量的文献及专题讨论，仅自由度计算公式就不下几十种。其中最为经典的算是 GK 公式及其修正版本[1~4]。应该说，鉴于机构的纷繁复杂，个性之间的差异非常大，试图给出一个放之四海而皆准的公式是十分困难的。即使有，也很难具有实用性。例如，对于式(2.4)，一个棘手的问题是如何确定其中的各个参数值，如冗余约束。另外，自由度计算公式只是一个量化的结果。对于一个机构而言，仅仅知道它的自由度数有时是不够的，还要了解这些自由度的具体分布。例如，描述一个 3 自由度的空间机构，必须指出这 3 个自由度的具体特征，如球面 3 自由度转动、三维移动，或其他类型等。这个问题已然属于自由度分析的范畴，与自由度计算同样重要。

下面将以一些经典机构为例，在第 2 章的基础上继续讨论如何应用图谱法来确定 GK 公式及其修正版本中的参数问题。需要指出的是，这里旨在提供给读者一种别样的问题思考方式，有关自由度问题更为系统的研究请参考文献[1]~[4]。

首先考察几个出现在《机械原理》及《高等空间机构学》等教材中的经典实例[5~7]。

【例 6-1】　考察图 6-1 所示斜面机构的自由度情况。

解　根据式(2.2)可知，该机构的自由度：

$$f = 3(n-g-1) + \sum_{i=1}^{g} f_i = 3 \times (-1) + 3 = 0$$

按上述公式推算，该斜面机构是不能动的，但 ADAMS 仿真以及实践经验均表明该机构是可动的。出现如此矛盾究竟是什么原因造成的呢？

【例 6-2】 考察图 6-2 所示的椭圆仪机构。

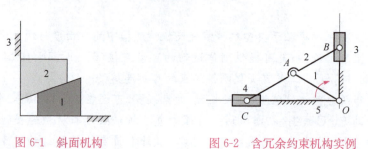

图 6-1 斜面机构　　　　图 6-2 含冗余约束机构实例

解 根据式(2.2)可知，该机构的自由度：

$$f = 3(n-g-1) + \sum_{i=1}^{g} f_i = 3 \times (-1) + 3 = 0$$

按上述公式推算，该机构是不能动的，但 ADAMS 仿真以及实践经验均表明该机构也是可动的。

【例 6-3】 考察如图 6-3(a)所示的齿轮机构。

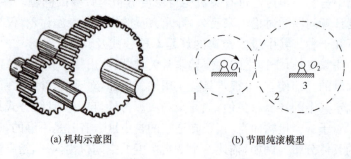

(a) 机构示意图　　　　(b) 节圆纯滚模型

图 6-3 齿轮机构及其运动简图

如果按机构自由度计算公式计算，该齿轮机构的活动构件数 $n=2$，低副数 $p_L=2$，高副数 $p_H=1$（齿轮副为滚滑副，提供 2 个自由度），计算得到机构的自由度 $f=1$，结果正确。我们还知道：当齿轮机构啮合传动时，相当于它们的节圆相切纯滚，其机构运动简图如图 6-3(b)所示。这时，该机构的活动构件数仍为 2，但相切纯滚的运动副相当于滚动副(低副)，代入自由度计算公式得到机构的自由度 $f=0$，与前面的计算不符。这是为什么呢？

【例 6-4】 考察 Sarrus 机构(2-RRR)的自由度(图 6-4)：每个支链中 R 副的轴线相互平行，但两个支链的运动副轴线相互垂直。

下面利用图谱法来进行分析。

对于例 6-1,由于该机构为完全由移动副组成的平面机构,它的两个运动构件被限制在只能在一个平面内移动,故此时机构中所有构件的公共运动空间维数不再是 3,而是 2。这时再代入式(2.3)或式(2.5),即可得到正确的计算结果:

$$f = (3-1) \times (n-g-1) + \sum_{i=1}^{g} f_i$$
$$= 2 \times (-1) + 3 = 1$$

或

$$f = (3-1)n - (2-1)P_L = 2 \times 2 + 1 \times 3 = 1$$

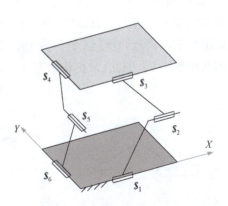

图 6-4　Sarrus 机构

与机构的阶数相对应的概念就是公共约束(common constraint),即机构中所有构件均受到的共同约束。类似于机构(或构件)的自由度与约束度之间的关系,机构的阶数与机构的公共约束数(通常用 λ 表示)之间也满足:

$$d + \lambda = 6$$

公共约束的概念可以用线几何理论来解释。将机构所有的运动副均以 Plücker 坐标来表示,并组成一个集合,进而可以找到一个 n 阶旋量系(其维数即为机构的阶数),若存在一个与该旋量系中每条线均互易的 $(6-n)$ 阶线系,这个 $(6-n)$ 阶旋量系就是该机构的一个公共约束,公共约束数为 $(6-n)$。用图谱表示如图 6-5 所示。

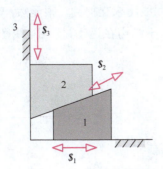 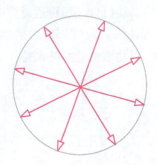

图 6-5　斜面机构及其对应的二维偶量空间

由此可以判断,该机构的公共约束数为 4。

对于例 6-2,一种方法是按传统教科书所给方法,删除其中的冗余构件及运动副,在运动学等效的前提下,使该机构演化成一个不含冗余约束的机构[图 6-6(a)],再按照自由度计算公式进行计算。还可以通过分析机构中某一构件所受约束情况,通过约束力组成的力系所满足的几何条件来判断是否存在冗余约束,但需要具体问题具体分析。例如,对于图6-2所示的直线运动机构,观察构件3的受力情况如图6-6(b)所示,它受到3个平面汇交约束力作用,所以可直接判断出该约束线图的维数为2。因此,该机构中存在1个冗余约束。

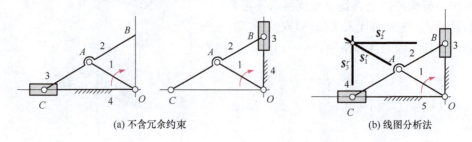

图6-6 椭圆仪机构自由度分析的两种方法

对于例6-3可以这样解释:两个节圆在接触的瞬时,由于是纯滚动,两齿轮的瞬心就在接触点处,相当于一个单自由度的转动副。这时,机构中的3个转轴正好处于平面平行的位置,由前面的知识可知,只有2个是独立的。由此产生了1个冗余约束。这样,代入自由度计算公式,有 $f=1$。

对于例6-4,只需要采用图谱法即可轻松判断Sarrus机构的自由度分布情况,具体如图6-7(a)所示。可将该机构看作一个由两个支链组成的并联机构,动平台(图中灰色部分)的运动可看作是两个支链共同运动的结果。每个支链都可以描述成一个3维空间平行线图(包含2维偶量子空间),分别平行于 X 轴和 Y 轴。这样,动平台的运动(自由度)可通过对两个空间线图求交得到。很显然,该机构只有1个 XY 平面法线方向(即 Z 轴)的移动。由于机构在运动过程中,线图特征并没有发生变化,因此该移动始终保持。

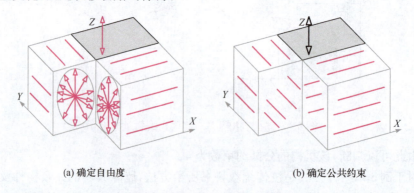

图6-7 图谱法分析Sarrus机构

还可以利用 GK 公式进行验证。这样需要确定该机构中是否存在公共约束、冗余约束及局部自由度等特殊情况。首先考察公共约束,图 6-7(b)画出了机构中所有运动副的分布情况(用线图表示),根据广义对偶线图法则,很容易找到 1 条与 Z 轴平行的约束力偶线。因此,该机构中存在 1 个公共约束,即机构的阶数为 5。同样可以验证,该机构不存在冗余约束及局部自由度。因此,代入式(2.4)得到

$$n=6, g=6, \sum_{i=1}^{g} f_i = 6, d=5, \nu=0, \zeta=0,$$

$$f = d(n-g-1) + \sum_{i=1}^{g} f_i + \nu - \zeta = 1$$

有了上面一些简单实例,再来看一个稍微复杂的例子,即机构学与机器人领域非常著名的 Delta 机器人[8]。可以说,Delta 并联机构是目前在工业领域中使用最广泛的并联机构。但从拓扑结构上来看,Delta 机器人有些复杂。因为该机构是一种"非典型"的并联机构,每个支链中还存在闭环——空间平行四边形子链。事实上,第 2 章已对这个子链进行过分析;第 4 章更是将此类运动链等效为"复杂铰链"或"广义运动副"。因此,对于类似 Delta 这种含闭环子链的机构的图谱法自由度分析,不妨将支链中的闭环子链当作一个等效运动副或开式运动链,查表找到相应的 F&C 线图及对应的等效运动链;再通过图谱法对每个支链及整个机构进行分析。下面给出分析过程。

Delta 机构简图如图 6-8(a)所示,其上平台连接 3 个相同的支链,支链的结构简图如图 6-8(b)所示。每条支链含有 1 个转动副和 1 个空间平行四边形闭环子链(4S 或 2-2S)。空间平行四边形子链的分析可直接用第 2 章分析得到的结果或查表 4-9。这样,在图示共面位形下,每条支链的自由度数为 5,自由度线图如图 6-8(c)所示。根据广义对偶线图法则,可找到唯一的 1 条约束力偶线,如图 6-8(d)所示,方向垂直于空间平行四边形子链所在的平面。将 3 条约束力偶线进行组合叠加,由于它们的方向不同呈空间分布,因此相互独立,再根据表 3-8 所示的 F&C 图谱,得到与其对偶的自由度线图中也包含 3 条独立的移动自由度线。因此,可以判断出 Delta 机构在该位形下为空间三维移动机构。

但在一般情况下,4S 闭环子链在机构的运动过程中是无法保证始终共面的[图 6-9(a)],图 6-9(b)为子链处于空间非共面位形下的情形。可以看出,这时 4S 子链在非共面位形下可以等效为 RRRP 支链,加上原来的 1 个转动副,每个支链可等效为 RRRRP 支链,相应的支链自由度线图如图 6-9(c)所示。事实上,若采用广义对偶线图法则,则无法找到一条与之对偶的约束线(说明既不是约束力也不是约束力偶);若直接查表 3-8 所示的 F&C 图谱,则可发现与之对偶的是一条螺旋线。因此,进而可以判断出处于该位形下的该机构动平台受到 3 个一

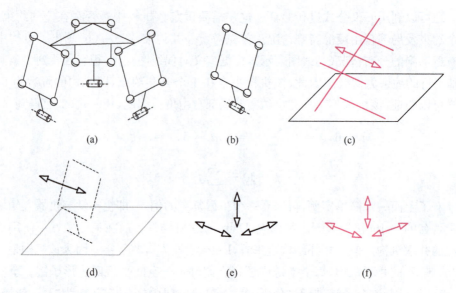

图 6-8　图谱法分析 Delta 机构自由度的过程

般约束力旋量作用,根本实现不了三维移动。换句话说,若要保证该机构在运动过程中始终保持三维移动,需在初始装配时严格保证 4S 子链共面的装配条件。

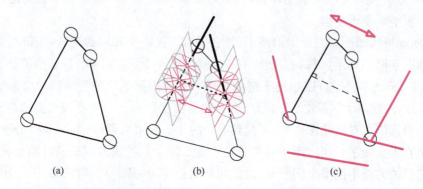

图 6-9　4S 子链在非共面时的 F&C 线图

由以上分析可以看到,Delta 机构中既不含有公共约束,也无冗余约束(原机构中有局部自由度存在,处于闭环子链中),因此该机构是非过约束机构,这是该机构最重要的优点之一。此外,闭环子链的采用大大减轻了机构本体的自重,为其在高速高加速方面的应用提供了保证,这是该机构的优点之二。

下面不妨再利用修正的 GK 公式进行验证。首先采用等效机构进行自由度验证,这是最为稳妥的正确计算复杂机构的自由度方法:

$$n=14, g=15, \sum_{i=1}^{g} f_i = 15, d=6, \nu=0, \zeta=0,$$

$$f = d(n-g-1) + \sum_{i=1}^{g} f_i + \nu - \zeta = 3$$

另一种方法是直接对原机构进行自由度分析。采用该方法的前提是该机构中不存在过约束(公共约束与冗余约束的总称)。当然要考虑局部自由度的存在,由于每个4S子链都含有2个局部自由度(S-S副),这样Delta机构中存在6个局部自由度。代入修正的GK公式,可得

$$n=11, g=15, \sum_{i=1}^{g} f_i = 39, d=6, \nu=0, \zeta=6,$$

$$f = d(n-g-1) + \sum_{i=1}^{g} f_i + \nu - \zeta = 3$$

受球铰加工和运动范围的限制,可将Delta机构子链中的球铰全部换成转动副,并在子链的输入输出端增加2个平行的转动副,支链简图如图6-10(a)所示,由3个转动副和1个平面平行四杆机构组成,总自由度数为4,Delta机构即演变成了含4R闭环子链的3-R(4R)RR机构,如图6-10(b)所示。该机构由美国著名学者Tsai最早提出,因此有文献又将其称为"Tsai氏机构"[9]。由于4R可以等效为P_a副,相应的支链自由度线图如图6-10(c)所示,对偶的约束线图如图6-10(d)所示,为2条独立的约束力偶线组成。将全部3个支链的约束线图进行叠加,得到6条约束力偶线,而只有3条是独立的,因此存在3条冗余线,即3个冗余约束。根据F&C线图,可以确定该机构仍为3个移动。由于机构运动过程中线图性质并未发生变化,因此机构可以实现连续移动。

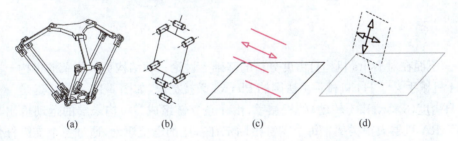

图6-10 3-R(4R)RR机构的图谱分析

在Tsai氏机构的基础上还可进一步演化成3-R$P_a P_a$R型[3-R(4R)(4R)R型]的Delta机构(图6-11)。再通过改变该机构支链中运动副的结构及分布形式,可将传统的Delta型(Delta机构的名称由此而来)演变成星型,即变成了Star机构[10](图6-12)。

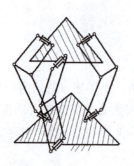

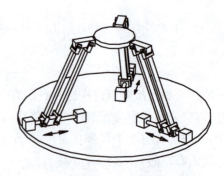

图 6-11　3-R(4R)(4R)R 机构　　　　图 6-12　Star 机构

此外,将经典 Delta 机构中每个支链上的 R 副换成 P 副,同样可以产生空间的三维移动运动(图 6-13)。另外,也可以将 Delta 机构每个支链中的空间四杆机构的 4 个球铰用 4 个虎克铰代替(即 4S 变成 4U),这样可演化成另一种形式的 Delta 机构(图 6-14)。对于图 6-13 和图 6-14 的演化机构,读者可以自己尝试采用图谱法对它们的自由度进行分析,这里不再赘述。

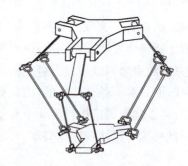

图 6-13　Delta 机构[3-P(4S)]　　　　图 6-14　3-R(4U)机构

下面在对 Delta 机构自由度分析的基础上讨论一种结构更加复杂的机构——H4 机械手[11]。H4 机械手由法国的 Pierrot 教授提出,如图 6-15 所示。这是一个 4 自由度(3 移动和 1 转动)的机械手,由 4 条支链组成。机构末端的运动输出与 SCARA 机器人很类似。每个支链由固定在基座的电机驱动,通过各个支链杆传递给末端的协调运动,从而形成其末端执行器——运动平台的运动。与 Delta 机器人结构类型有些类似,该机器人也巧妙地利用了复杂铰链——4S 空间平行四边形子链。该机器人也可以实现很高的加速度,因此被 ABB 公司设计成高速拾取机械手推向市场。

由图 6-15 可以看出,H4 机构的动平台是中间 H 形的横杆,因此可将其看作两条支链并联而成,每个支链又是由 2 个支链 R(4S)并联再与 1 个转动副串联组

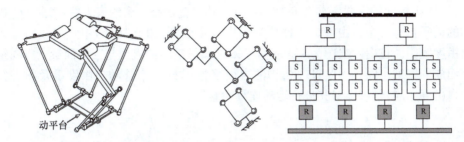

图 6-15　H4 机构

成的混联结构。因此,我们的分析完全可以架构在 Delta 机构的分析基础上。如图 6-16(a)所示,取出 H4 机构中的一个支链。该部分由两个空间平行四边形子链与转动副串联组成。图 6-16(b)为约束线图,两个约束力偶分别垂直于各自的 4S 子链所在平面 S_1、S_2,其维数为 2。自由度线图如图 6-16(c)所示,为三维偶量空间与平面 S_1、S_2 的交线 \$$_1$ 组合而成,自由度为 4。

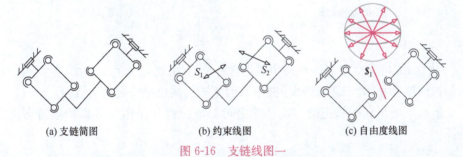

(a) 支链简图　　　　　(b) 约束线图　　　　　(c) 自由度线图

图 6-16　支链线图一

当加上动平台后,又增加了一个垂直于连杆平面的转动自由度线 \$$_2$,自由线图如图 6-17(a)所示,自由度为 5。约束线图如图 6-17(b)所示,约束线为一个偶量,其方向沿 \$$_1$ 与 \$$_2$ 所张成平面的法线方向。

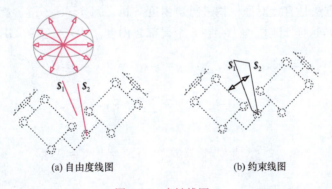

(a) 自由度线图　　　　　(b) 约束线图

图 6-17　支链线图二

H4 机构的约束线图如图 6-18(a)所示,其中包含有 2 个约束力偶,因此 H4 机构的动平台有 4 个自由度。根据广义约束线图法则,图 6-18(b)中红实线所绘为自由度线图。自由度线图为 1 条垂直于二维偶量空间的直线与三维偶量子空间组合而成的四维空间。因此,H4 机构的自由度为 4,即 3 个移动自由度以及 1 个转动自由度。同样,可以对其进行运动连续性验证。

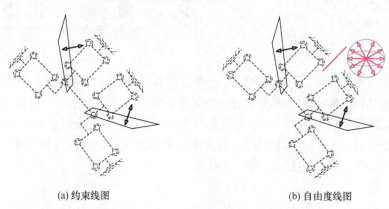

(a) 约束线图　　　　　　　　(b) 自由度线图

图 6-18　H4 机构总图

与 Delta 机构类似,H4 机构中既不含有公共约束,也无冗余约束(原机构中有局部自由度存在,处于 4S 闭环子链中),因此该机构也是非过约束机构。

下面不妨再利用修正的 GK 公式进行验证。首先采用等效机构进行自由度验证:

$$n=10, g=10, \sum_{i=1}^{g} f_i = 10, d=6, \nu=0, \zeta=0,$$

$$f = d(n-g-1) + \sum_{i=1}^{g} f_i + \nu - \zeta = 4$$

另一种方法是直接对原机构进行自由度分析。每个 4S 子链含有 2 个局部自由度(S-S 副),这样 H4 机构中存在 8 个局部自由度。代入修正的 GK 公式,可得

$$n=16, g=22, \sum_{i=1}^{g} f_i = 54, d=6, \nu=0, \zeta=8,$$

$$f = d(n-g-1) + \sum_{i=1}^{g} f_i + \nu - \zeta = 4$$

6.2　经典机构及其自由度 & 约束线图

本节将根据自由度类型(1~6DOF)对一些经典机构[3,6,12]进行分类枚举及简单介绍(表 6-1~表 6-6)。

表 6-1　1DOF 机构

名称	结构组成	结构简图	典型应用	自由度线图
Sarrus 机构	2-RRR 每个支链中 R 副的轴线相互平行,但两个支链的运动副轴线相互垂直	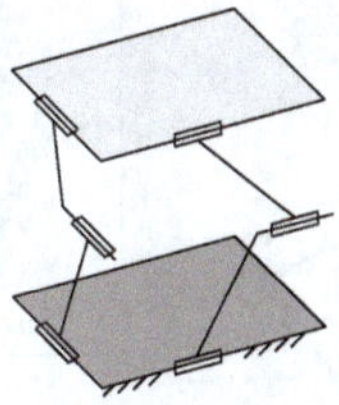	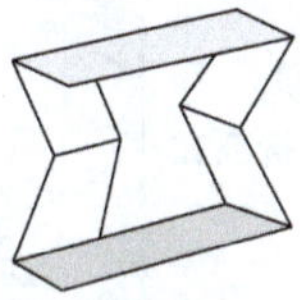 折纸变胞机构	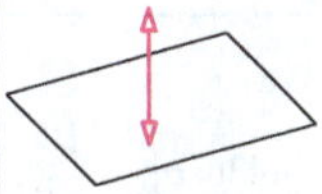
Peaucellier 机构	八杆 10 个转动副的精确直线机构	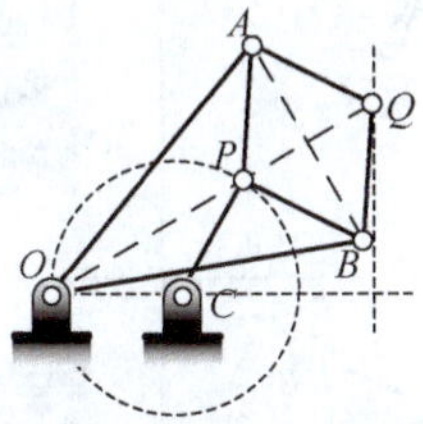		
Roberval 机构	双平行四边形机构	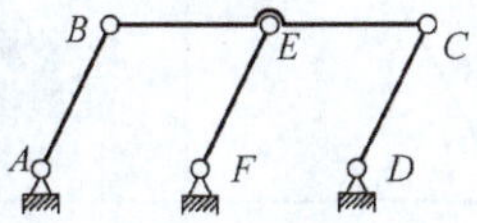	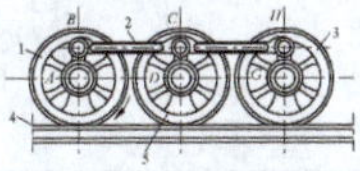	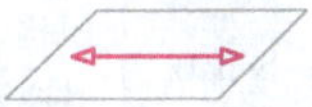
椭圆仪机构	双滑块机构	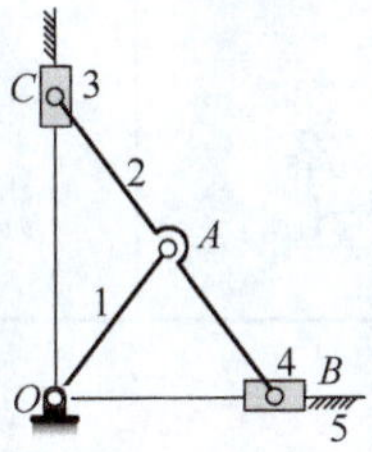	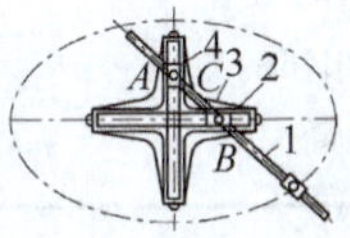	
风筝机构	铰链四杆机构,相对杆长之和相等,两长(或短)杆杆长相等	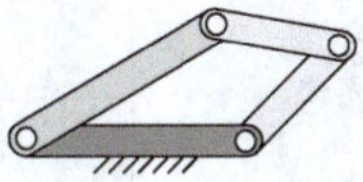	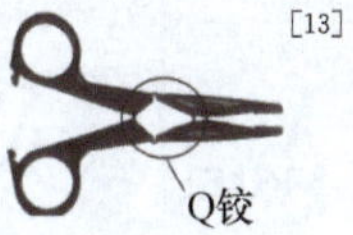 Q铰 [13]	
Bennett 机构	4R,是一种典型的空间过约束机构,具有折叠和展开功能	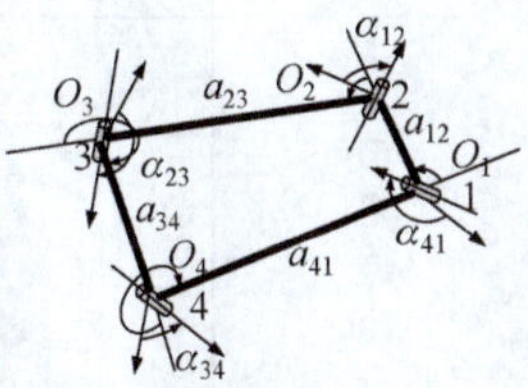		

名称	结构组成	结构简图	典型应用	自由度线图
Myard 机构	5R，空间单闭环机构，具有折叠和展开功能	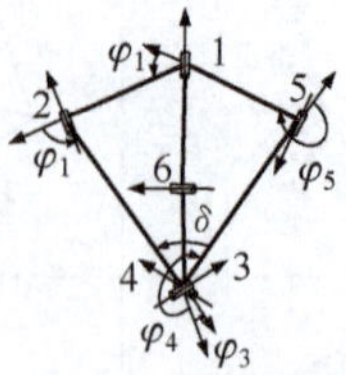	 [14]	
Goldberg 五杆机构	5R，空间单闭环机构，具有折叠和展开功能		 [14]	
Bricard 机构	6R，空间单闭环机构，具有折叠和展开功能	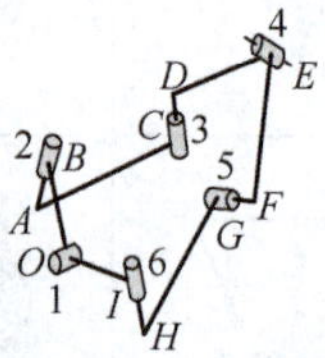	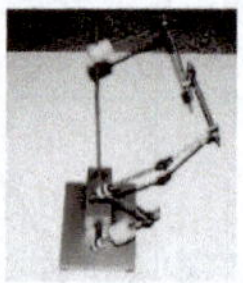 [14]	
Schatz 机构	6R，空间单闭环机构，除了2个与基座相连的R副外，其他相邻的R副相互垂直	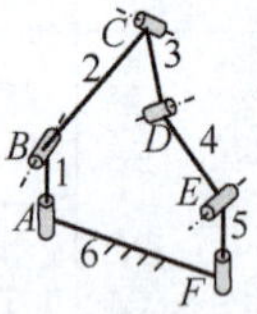	 [15]	

表 6-2　2DOF 机构

名称	结构组成	结构简图	典型应用	自由度线图
PAR2 机器人[16]	2-$\underline{R}$(4S)&2-$\underline{R}$(4S)	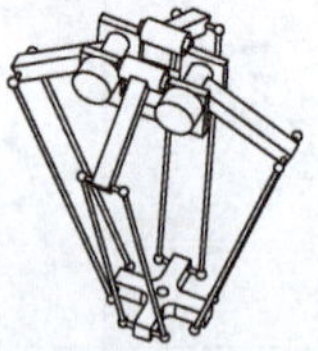	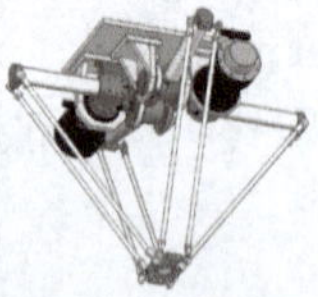	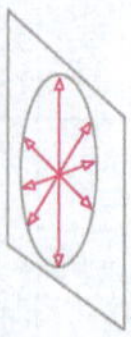
2-$\underline{PP}_a$ 机构[17]	2-$\underline{PP}_a$ 过约束机构	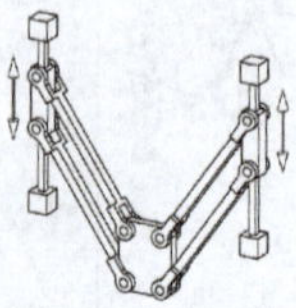	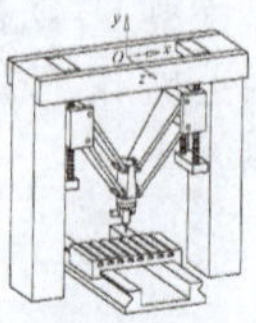	

续表

名称	结构组成	结构简图	典型应用	自由度线图
Cardan 铰	UU 链	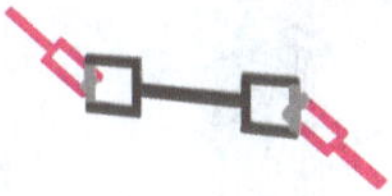		
PantoScope 机构[18]	1-$\underline{R}$P$_a$RR & 1-$\underline{R}$RRR	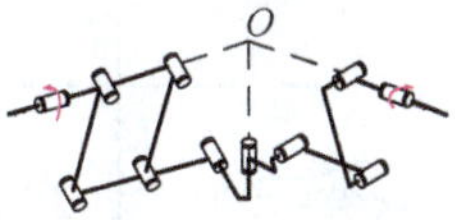	潜在应用：操作手，反馈装置	运动过程中，O 点位置不变
球面五杆机构	1-$\underline{R}$R & 1-$\underline{R}$RR	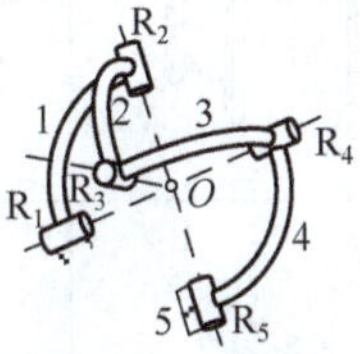		
Super seeker[19]	1-$\underline{R}$R & 1-S	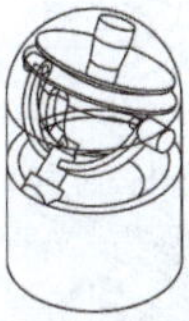		
Omni-Wrist III[19]	4-R$\underline{R}$RR			运动过程中，O 点位置变化
Omni-Wrist V[19]	3-R$\underline{S}$R & 1-SS （Δ型）	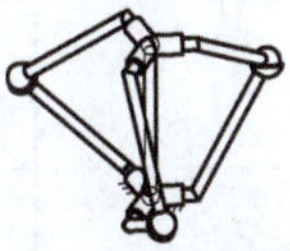		
Dunlop 指向机构[20]	3(4)-R$\underline{S}$R & 1-SS （T 型）	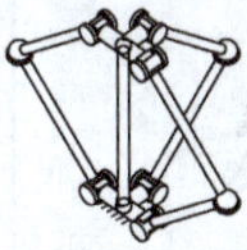		
Omni-Wrist VI[19]	4-R$\underline{S}$R & 1-SS	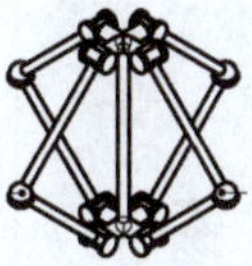		

表 6-3 3DOF 机构

名称	结构组成	结构简图	典型应用	自由度线图
Cartesian 机器人（直角坐标型机器人）	PPP，由 3 个相互垂直的移动副构成，结构与控制都非常简单，便于模块化	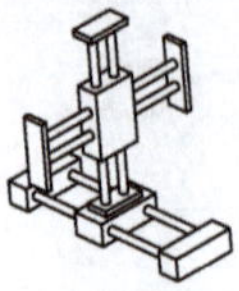		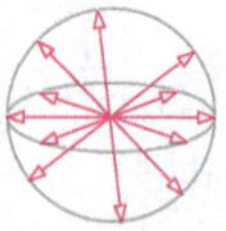
Gantry 机器人（龙门式直角坐标机器人）	PPP	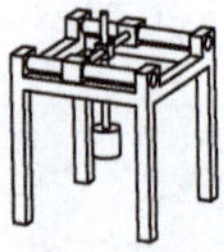		
圆柱坐标型机器人	RPP，第一个铰链为转动副	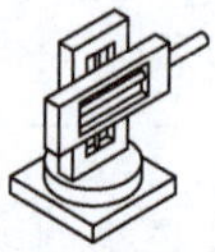	为最早的工业机器人 Versatran 的前 3 个关节结构	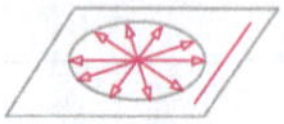
极坐标型机器人	RRP，前两个铰链为相互汇交的转动副而第三个为移动副，具有较大的运动范围	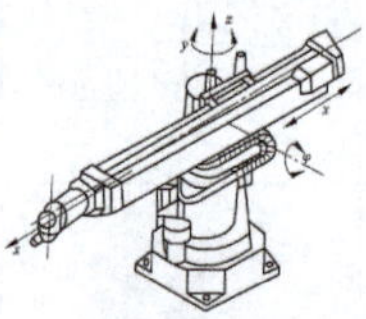	为最早的工业机器人 Unimate 的前 3 个关节结构	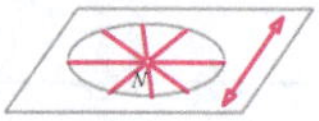
关节型机器人	RRR，所有 3 个铰链均为转动副	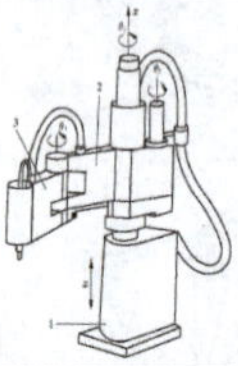	类人机器人经常使用的关节结构，对各种作业具有良好的适应性	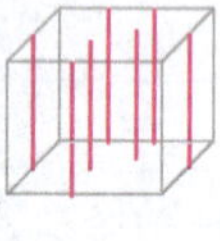
旋转驱动 Delta 机器人	3-R(4S) 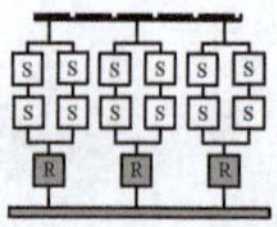	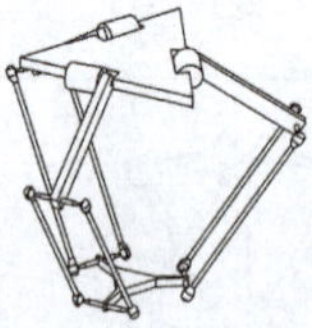	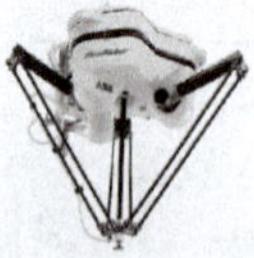	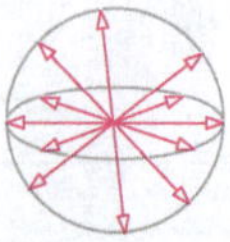
线驱动 Delta 机器人	3-P(4S) 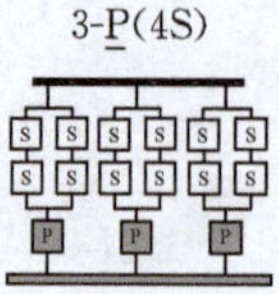	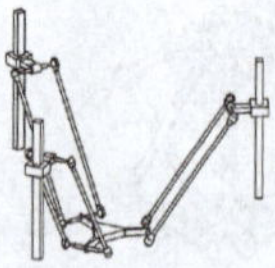		

续表

名称	结构组成	结构简图	典型应用	自由度线图
Star 机构	3-RH$\underline{P}_a$R,第一个转动副与螺旋副共轴,最后一个转动副与第一个转动副平行	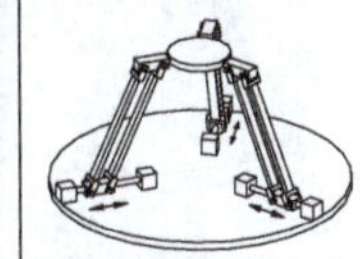	潜在应用:操作手、医疗装置	
Tsai 氏机构	3-R$\underline{R}$P$_a$R,3 个转动副空间相互平行	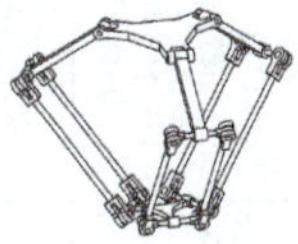		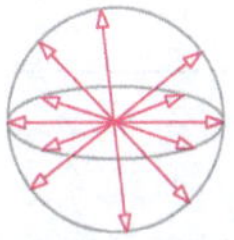
Orthoglide 机构[21]	3-$\underline{P}$RP$_a$R,机架上的 3 个 P 副相互正交	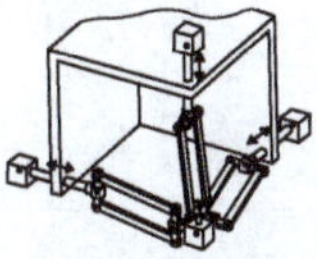	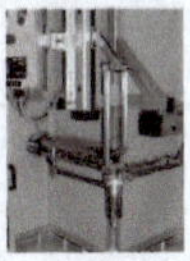	
Cube-Delta 机构[22]	正交型 3-$\underline{P}$(4S)可实现完全解耦运动	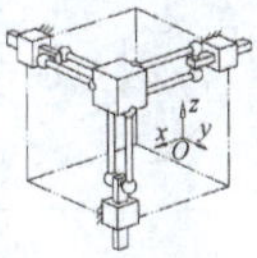	潜在应用:微操作手、力传感器	
平面 3-RRR 机器人	3-$\underline{R}$RR	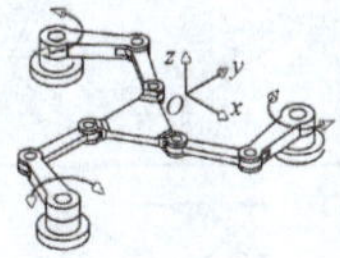	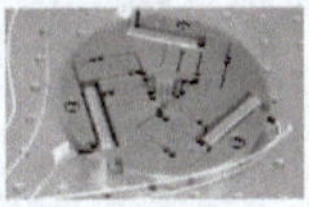	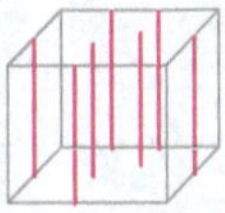
球面 3-RRR 机器人[23]	3-$\underline{R}$RR	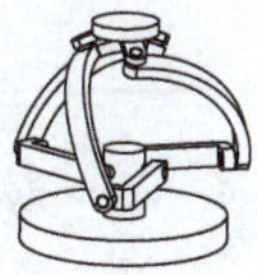		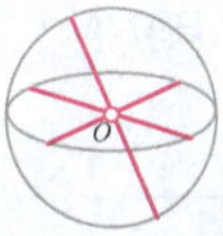
动眼机构[24]	3-U$\underline{P}$S&1-S	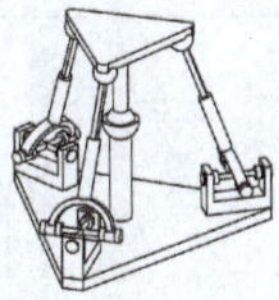		

续表

名称	结构组成	结构简图	典型应用	自由度线图
3-RPS平台	3-RPS	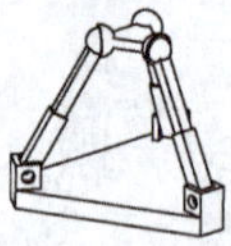	 [25]	
Z3刀头[26]	3-PRS	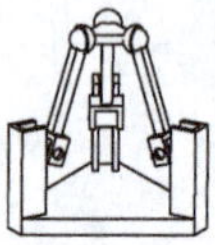		
Tricept机械手[27]	3-UPS&1-UP 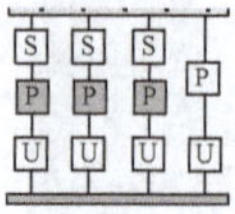	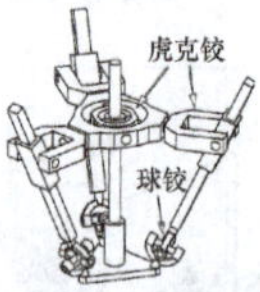		
TriVariant机械手[28]	2-UPS&1-UP 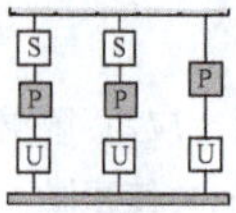	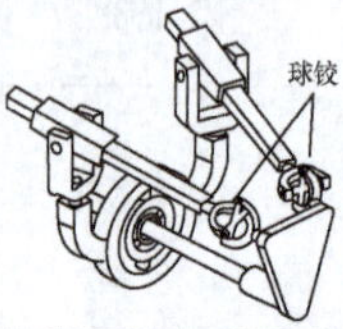		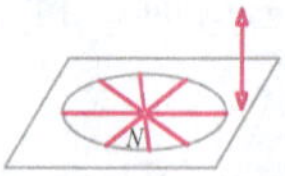
Canfield铰[29]	3-RSR（Δ型）	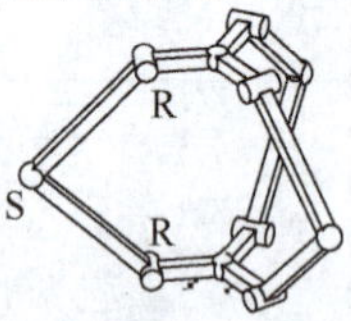		
CaPaMan机器人[30]	3-P$_a$PS	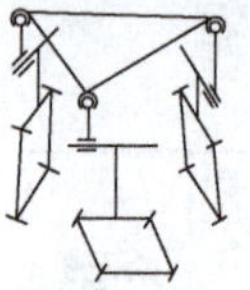		
HANA[31]	2-RRP$_a$R&1-RRU	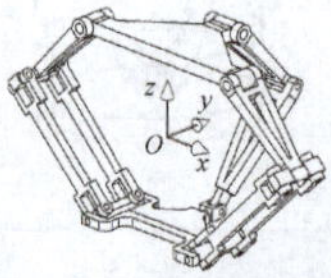	潜在应用：大转交操作手、并联机床	
HALF[32]	1-PRU&2-PRC	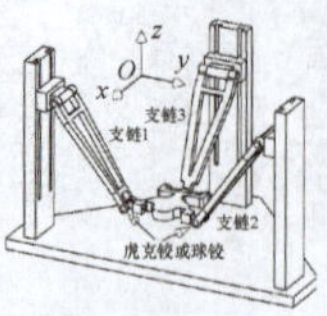	潜在应用：大转交操作手、并联机床	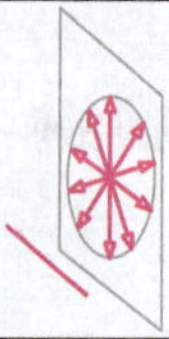

表 6-4　4DOF 机构

名称	结构组成	结构简图	典型应用	自由度线图
SCARA 机器人	$(RRR)_EP$	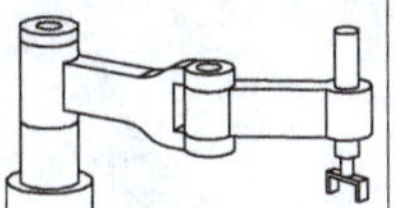	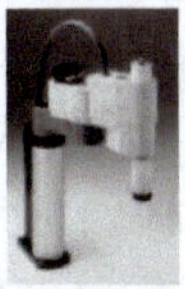 拾取装配机器人	
H4[11]	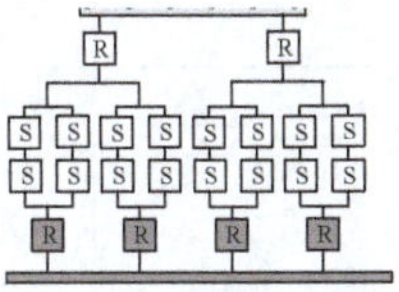	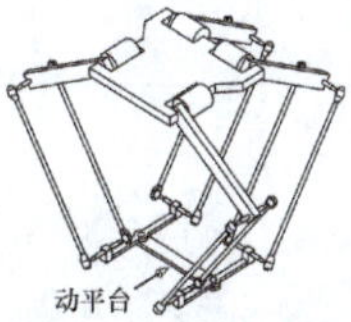	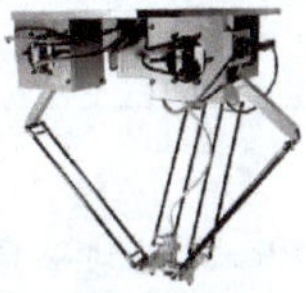 高速拾取机器人	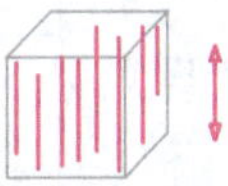 1R3T
Part4[33]	是 H4 的改进版本，拓扑结构与 H4 相同。适合高速运动，加速度最高可达 15g	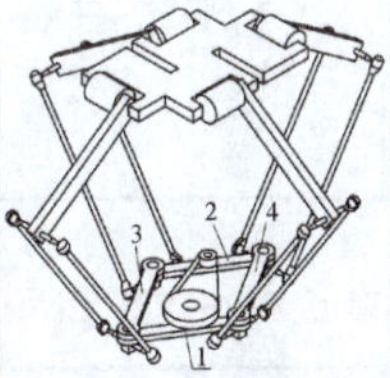	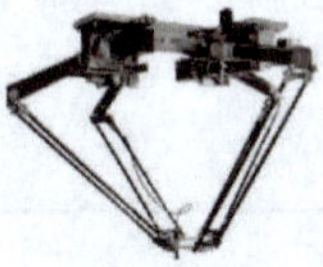 Quattro-S650 高速拾取机器人	
4-R̲PUR[34]	每个支链为 RPUR，机构是全对称并联机构，由黄真和李秦川提出	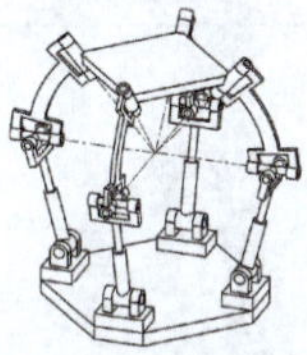	尚无实用，潜在应用：外科手术机器人	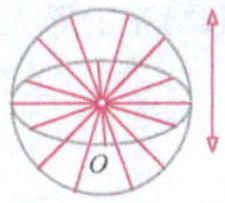 3R1T
4-R̲RS[35]	每个支链均为 RRS，由 Gosselin 等提出	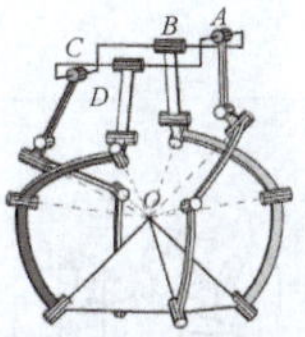	 外科手术机器人	

表 6-5　5DOF 机构

名称	结构组成	结构简图	典型应用	F&C 线图
5-R̲PUR[36]	每个支链为 RP(RR)sR，前后相邻的两个转动副各自平行，由方跃法等提出	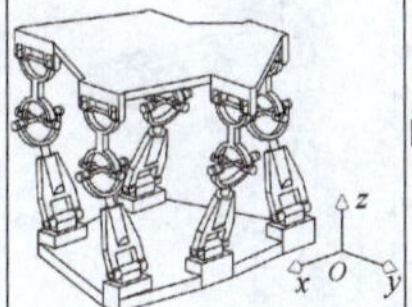	尚无实用，潜在应用：五轴联动机床	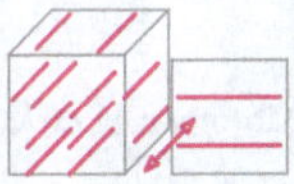 2R3T

续表

名称	结构组成	结构简图	典型应用	自由度线图
PPS型并联机构[35]	3-PRRRR，靠近动平台的6个R副都相交于一点，其他轴线均沿z轴方向，由黄真和李秦川提出	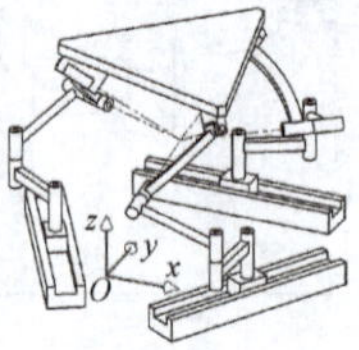	尚无实用，潜在应用：操作手	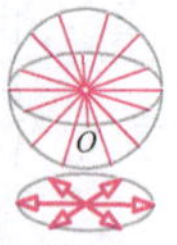 3R2T
	5-RRRRR，靠近动平台的10个R副都相交于一点，其他轴线均沿x轴方向，由孔宪文提出	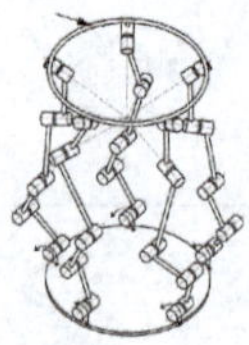	尚无实用，潜在应用：操作手	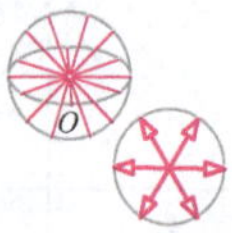 3R2T

表 6-6 6DOF 机构

名称	结构组成	结构简图	典型应用	特征描述
PUMA 机器人	R̲R̲R̲(RRR)S	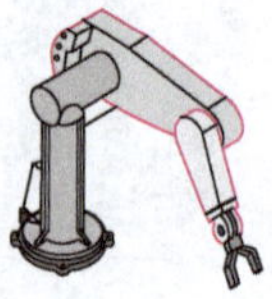		又称通用示教再现型。1962年由美国研制成功，并将其应用到工业生产装配线上，是工业机器人的标志
Stanford 机器人	R̲R̲R̲(RRR)S	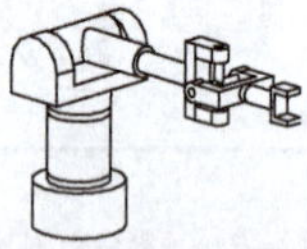	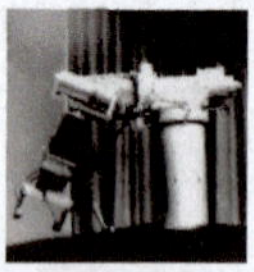	与PUMA机器人结构不同之处在于前3个关节的轴线分布
Motoman 机器人	R̲R̲R̲(RRR)S	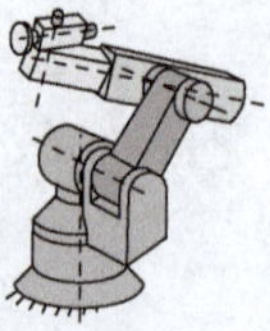	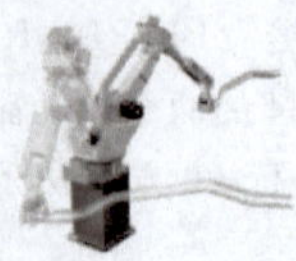	与PUMA机器人结构不同之处在于前3个关节的轴线分布

续表

名称	结构组成	结构简图	典型应用	特征描述
Stewart 平台	6-SPS	 6-6 型 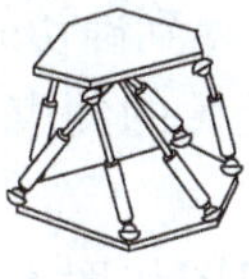 6-4 型	 运动模拟器 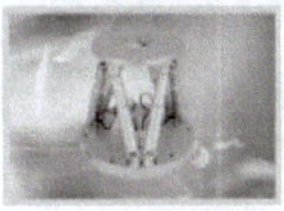 精密定位平台	这类机构根据各个支链的分布特点又可衍生出多种变异结构,如 6-6 型、6-4 型、6-3 型、3-3 型、双层结构以及正交结构等。应用范围非常广泛,包括各类运动模拟器、力传感器、精密定位平台等
	6-UPS	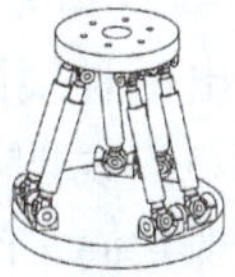	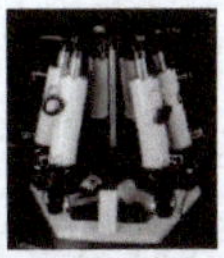	
Hexaglide[37]	6-PSS	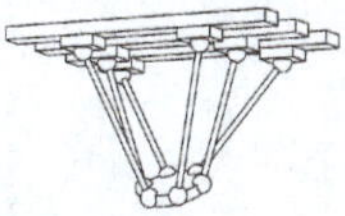		
Hexa 机器人[38]	6-RUS	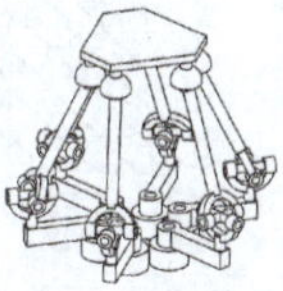		
Eclipse 机器人[39]	3-PPRS	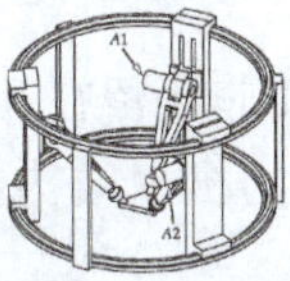		可实现全周转动,为韩国 Kim 教授发明
SpaceFab 机器人[40]		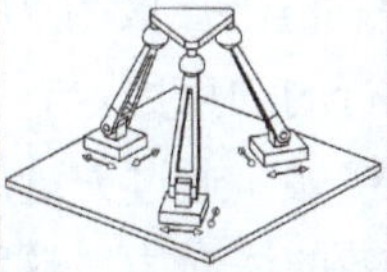		每个支链都含两个驱动,与之类似的构型还有 3-PPSR、3-PRPS、3-RRRS、3-PPPS 等

6.3 可提供刚性约束的可拆连接[41]

我们知道,如果将一个物体的自由度完全约束掉(对于机构而言,其自由度为0),或者令两个物体间的相对自由度为零,有多种约束方式可以采用。这类 6 约束构型可完全约束掉刚体相对于参考物体的所有自由度。然而,我们尤其对那些易于拆装的,并且当重新装配后,可以得到确切的重复(精确的)位置的连接装置感兴趣。这些连接通常受到 6 个线性无关的约束力作用。我们将这种连接称为可拆连接。

可拆连接所对应的 0F&6C 线图如图 6-19 所示。比较有趣的是,该线图与表 6-6 中 6DOF 机构所对应的 6F&0C 线图完全一致。如果不用颜色加以区分,可以相互替代。从这层意义上可以看出两种线图之间一定存在某种联系,进一步观察各种类型的 1F&5C 线图与 5F&1C 线图、2F&4C 线图与 4F&2C 线图,以及 3F&3C 线图本身,我们会惊奇地发现它们之间存在着某种高度的对称性。这难道是巧合吗?当然不是。早在两个世纪以前,这种几何对称性就已经被 Maxwell 揭示出来。

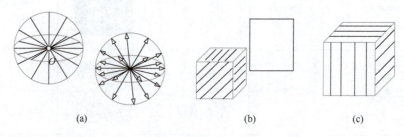

图 6-19 0F&6C 线图或 6F&0C 线图

考虑到物理层面及机械层面而非停留在几何层面,0F&6C 线图与 6F&0C 线图却有着完全不同的内涵,所对应的机械结构更是迥然不同。首先不妨以可拆连接为例,来说明这种差异。

作为第一个精确约束的可拆连接例子,不妨考虑如图 6-20 所示的连接。这是一个被 6 个约束精确约束的物体:底面上受到 3 个互相平行的约束力,正面的后平面上受到垂直于该平面的 2 个互相平行的约束力,与前两个平面正交的第三个平面上受到 1 个约束力。每个约束都是点接触。通过矢量加法,可以找到 1 个合约束反力,它可以在 6 个接触点处产生完全等效的法向力。这种约束被称为 3-平面约束,通常用在加工或测量某种精确固定零件的场合。许多特征尺寸都可通过基于三个互相正交的基准面测量得到。这三个基准面包括:由三个平行约束的接触点确定的主基准面、垂直于主基准面并且包含两个平行约束接触点的第二基准面,以及与主基准面和第二基准面正交且包含最后一个约束的接触点的第三基准面。

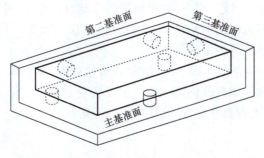

图 6-20　3-平面约束

图 6-21 和图 6-22 为运动学领域非常著名的两种可拆连接结构。事实上，它们通常被称为"运动学连接"[42]。两种情况下，上方物体都提供有 3 个刚性的球形装置。首先，来考察如图 6-21 所示的结构。第一个球定位在圆锥形或球形的孔内，提供通过球心的 3 个约束力。第二个球定位在"V"形槽中，且其轴线和球窝相交；它提供 2 个附加约束力，通过第二个球的球心且位于与槽的轴线相垂直的平面内。所剩余的唯一自由度是通过两球球心的转动自由度，而第三个球通过和上方物体单点接触正好约束掉了这唯一的自由度。因此，只需要一个向下的垂直力就可以将上方物体固定在其确切的位置。

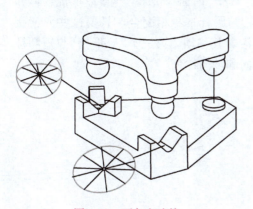
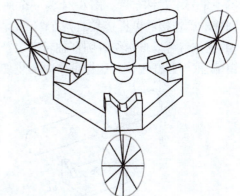

图 6-21　开尔文连接　　　　　　　　图 6-22　Maxwell 连接

图 6-22 的连接是等边三角形对称结构。约束线图包含 3 对相交约束，每对约束的作用面沿物体圆周方向对称布置。下方物体的每对球定位在上方物体的径向槽中。下面考察当两个球被约束而第三个球没有受到约束情况下的约束分布情况。此时，两个球都会受到一对通过其球心且位于垂直于其定位槽平面内的约束作用。这样，约束的总数为 4。系统还剩有 2 个自由度，这 2 个自由度都会与前面

的 4 个约束相交。其中一条自由度线肯定为沿着两球心交点的连线,另一自由度线则是两约束平面的交线。现在,如果将第三个球放在槽中,可以发现将会有 2 个附加约束产生,正好可以消除掉这 2 个自由度(附加约束线与自由度线相交)。同样,维持所有点接触的反力垂直向下。

图 6-23 所示结构是图 6-22 所示结构的演化版本,所有球都被径向分布的销轴所代替,下面的物体则是薄圆环。注意到下面物体的"V"形表面被加工成圆形以保证销轴和槽表面保持接触,彼此更好地相互限制。

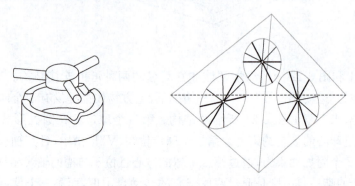

图 6-23　Maxwell 连接的演化版本之一

现在考虑改变销轴和与其配合的"V 形槽"配合位置所产生的影响。这里并不一定要求对称布置。图 6-24 为一个使用 3 个"销轴-V 形槽"连接以保证物体和圆杆准确连接的可拆连接。两个"V 形槽"与圆杆本身相配合。只要这些元素接触,物体就可以自由绕着圆杆轴转动以及沿着其移动。第三个"V 形槽"与短圆柱销配合(与圆杆相连),这样可同时提供切向和轴向约束。

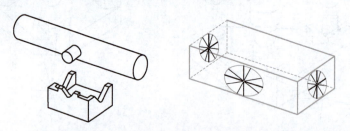

图 6-24　Maxwell 连接的演化版本之二

最后来看为大家所熟悉的三脚架的例子。显然,三脚架的主要用途是在安装某一仪器(如测量仪器或者相机等)时为平台提供刚性的定位。为实现这一目的,对仪器平台的全部 6 个自由度都必须进行约束,因此在仪器平台与地面之间必须存在有 6 个约束。这些约束可以按着如图 6-25 所示的方式来布置。如果画出它的约束线图,可以看到满足 0F&6C 模式,因此可以实现对平台的刚性固定,平台的所有6个自由度都被精确约束掉了。

下面将每个约束用"等价杆"或者"等价腿"来代替(腿比图6-25所示的约束符号要长,这样它们在地面可成对相交)。例如,用等价腿代替图6-25所示的约束就得到了图6-26所示的结构。为了给仪器平台提供理想的刚度,用类似球铰链的结构来连接腿的两端。事实上,并没有采用真实的球铰链连接,只是用来进一步改善结构刚度。腿的弯曲刚度在一定程度上有助于增加其上占主导地位的轴向刚度。

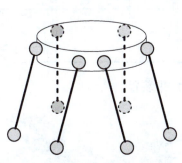 

图6-25 三脚架的结构简图　　图6-26 采用等价腿式的三脚架结构简图

现在很清楚三脚架中最适宜的腿(支脚)的数目是6个。之所以被称为三脚架主要是因为它有3个支点(足)的缘故。支脚成对布置并在支点处相交。遗憾的是,经过多年以后,"三脚架"的定义已经扩展到不仅仅包含"三足"结构,也将"三腿"结构包含在内。已经混淆了对"腿"和"足"的区分。这样,术语"三脚架"也变得模棱两可了。但是,在结构设计时,千万不能混淆。

在确定高精度运动机床零件时精密系统设计者会面对无数选择。在众多可供选择的方案中很难确定哪一个最优。即使选择了最优的零件,如果不以系统的观点进行仔细的工程分析,最终的综合系统也不一定能满足使用要求。在这样的系统设计中,为了获得最佳的性能,有必要单独考虑每一个零件的制造工艺。然后,必须仔细设计将零件组合到一个工作系统中。需要三个主要的部分来产生所有运动:导轨、轴承及电机。在大多数设计手册、供应商公司的网站中都不希望添加不必要的过多的可用机床零件,这里将讨论已知的机床部件和一些超精密部件的原理,以得到较高的性能。

6.4　一些典型的单自由度机械约束装置

表6-7基于自由度或约束度给出了一些典型约束方式的概念图,以供读者参考。

表 6-7 约束方式及自由度(DOF)

约束度	自由度	概念	约束	自由度	概念
1	5	●	4	2	
2	4		5	1	
3	3		6	0	

图 6-27 给出了三种典型的单自由度机械约束装置。

(a) 滚动轴承　　　　　(b) 柔性支撑　　　　　(c) 导轨

图 6-27　三种典型的单自由度机械约束装置

通过滚动轴承产生单自由度的转动,这个用 F&C 线图非常好解释。有关利用柔性支撑的知识来分析和设计机械约束装置将在第 8 章重点介绍。下面以导轨支撑为例来说明该类型约束装置产生一维直线运动的机理。

考虑图 6-28 所示通过沿轴向分布的两个 V 形槽与辊子相连的物体。利用 F&C 线图很容易判断出来,该物体有两个自由度:绕圆杆轴线的转动自由度和沿着圆杆轴线的移动自由度。通过约束掉这两个自由度中的其中一个,即可得到辊子的自由度。

通过增加第二根圆杆与单点接触的定位板,就得到了图 6-29 所示的滑动导轨机构。在新的圆杆和平板之间的约束移除掉一个自由度,这时只允许有沿导轨轴线方向的移动。

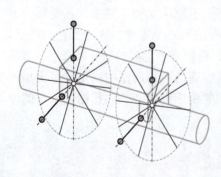

图 6-28　两个 V 形槽与圆杆

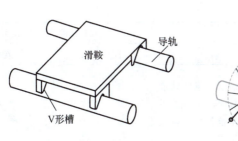

图 6-29　滑动导轨机构

6.5* 位移子群 & 子流形与自由度 & 约束线图之间的映射

一般情况下，一个保持正常工作的机械装置，其自由度必须能够保持相对稳定。即在工作过程中，其自由度的性质不轻易发生变化（奇异位形除外）。

鉴于图谱法的数学基础在于线几何和旋量理论，而该理论建立在速度空间而非位形空间，具有瞬时性。也就是说，运用图谱法分析和设计机械装置时，只能保证其瞬态特性，而非稳态及连续特性。这也是图谱法最大的不足。

为了弥补这种不足，可通过引入位移子群 & 子流形理论[43~45]，建立起图谱法与位移子群 & 子流形理论之间的映射，因为后者能够保证机械装置运动的连续性。当然，在利用图谱法进行自由度分析时也可以考虑采用燕山大学黄真教授提出的方法[3,5]：即建立机械装置多个位形（如起始位形、中间位形、终止位形等，但不是奇异位形）下的 F&C 线图，如果每一位形下的自由度数目及性质都没有发生变化，说明机械装置可以连续运动；否则，所得到的自由度可能是瞬态自由度。

1978 年，法国学者 Hervé[43] 基于刚体位移子群的代数结构对刚体运动中存在的全部 12 种位移子群进行了枚举（与上面讨论的结果是一致的），如表 6-8 所示。其中有 6 种位移子群可用来表示 6 种低副，即转动副、移动副、螺旋副、圆柱副、球面副和平面副，我们习惯称这 6 种低副为"位移子群的生成算子（generator）"。

表 6-8　位移子群及其所对应的自由度/约束线图

位移子群	维数	说明	自由度约束线图	
			自由度线图	约束线图
单位阵 E	0	刚性连接，无相对运动	∅	

续表

位移子群	维数	说明	自由度约束线图	
			自由度线图	约束线图
$R(N,u)$	1	表示一维转动或转动副 R,轴线沿单位矢量 u 且过 N 点	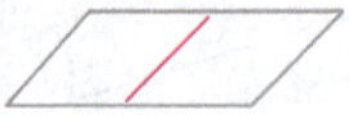	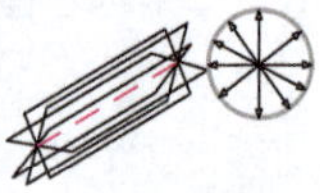
$T(u)$	1	表示一维移动或移动副 P,沿单位矢量 u 方向移动		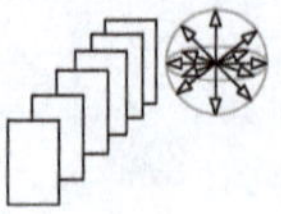
$H_p(N,u)$	1	表示一维螺旋运动或螺旋副 H,或沿轴线 (N,u) 且螺距为 p 的螺旋运动	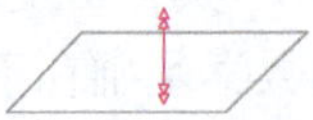	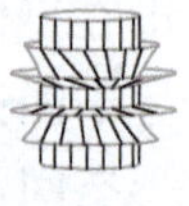
$T_2(w)$ 或 $T_2(Pl)$	2	表示与平面 Pl 或由法向单位矢量 w 决定的平面平行的平面移动	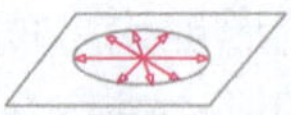	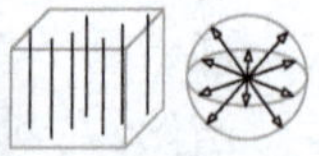
$C(N,u)$	2	表示二维圆柱运动或圆柱副 C,沿轴线 (N,u) 的圆柱运动	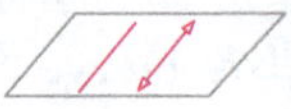	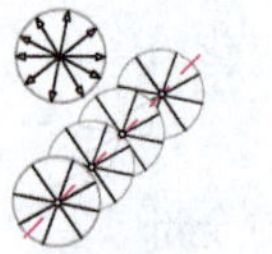
$G(w)$ 或 $G(Pl)$ 或 $SE(2)$	3	表示平面运动或平面副 G,在与由法向单位矢量 w 决定的平面平行的平面内运动	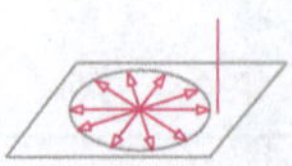	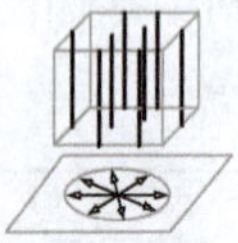
T	3	表示空间三维移动		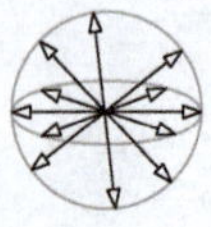

续表

位移子群	维数	说明	自由度约束线图	
			自由度线图	约束线图
$S(N)$ 或 $SO(3)$	3	表示三维球面运动或球面副 S，绕转动中心点为 N 的球面运动		
$Y(w,p)$	3	表示法线为 w 的平面二维移动和沿任何平行于 w 的轴线，螺距为 p 的螺旋运动	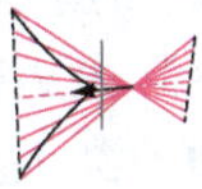	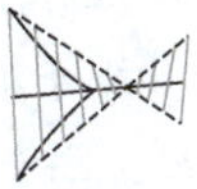
$X(w)$	4	表示空间的三维移动和绕任意平行于 w 的轴线的转动	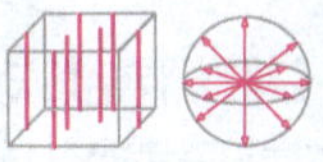	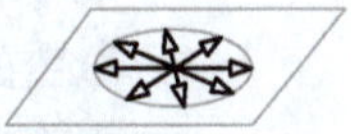
D 或 $SE(3)$	6	表示空间的一般刚体运动，包括三维转动与三维移动	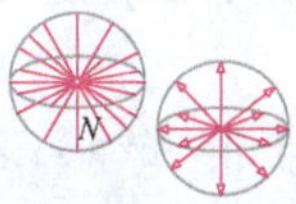	$\varnothing$

- 由转动副 R 生成的一维转动子群 $R(N,u)$，表示转动副的轴线为单位矢量 u 且过 N 点。它是一个以转角 ϕ 或角速度 ω 为参数的一维子群。该子群的矩阵表达用 $SO(2)$ 表示。

- 由移动副 P 生成的一维移动子群 $T(u)$，表示移动方向沿单位矢量 u。它是一个以移动距离 t 或线速度 u 为参数的一维子群。该子群的矩阵表达用 $T(1)$ 表示。

- 由螺旋副 H 生成的一维螺旋运动子群 $H_p(N,u)$，表示轴线为过 N 点的单位矢量 u [简写为沿轴线 (N,u)] 且螺距为 p 的螺旋运动。它是一个以转角 ϕ 或移动距离 $t(t=p\phi)$ 为参数的一维子群。该子群的矩阵表达用 $\overline{SO_p}(2)$ 表示。

- 由圆柱副 C 生成的二维圆柱运动子群 $C(N,u)$，表示沿轴线 (N,u) 的圆柱运动。它是一个以转角 ϕ 和移动距离 t 为参数的二维子群。该子群的矩阵表达为 $SO(2) \otimes T(1)$。

- 由平面副 G 生成的三维平面运动子群 $G(Pl)$ 或 $G(w)$，表示在与由单

位矢量 u、v 决定的平面 Pl（或以 w 为法线的平面）平行的平面内运动。它是一个以转角 ϕ 和移动距离 t_u、t_v 为参数的三维子群。该子群的矩阵表达用 $SE(2)$ 表示。

- 球面副 S 生成的三维球面运动子群 $S(N)$，表示绕转动中心点 N 的球面运动。它是一个以 3 个独立转角（如欧拉角）为参数的三维子群。该子群的矩阵表达用 $SO(3)$ 表示。

除了以上 6 种位移子群生成算子外，刚体运动群中还存在另外 6 种位移子群。简单介绍如下：

- 单位子群 E：表示刚体无位姿变化，也可表示刚性连接，无相对运动。它是一个 0 维子群，其矩阵群表达形式为 E。
- 二维平面移动子群 $T_2(Pl)$ 或 $T_2(w)$：表示在与由单位矢量 u、v 决定的平面 Pl（或以 w 为法线的平面）平行的平面内移动。它是一个以移动距离 t_u、t_v 为参数的二维子群，其矩阵群表达形式为 $T(2)$。
- 空间三维移动子群 T：表示在欧氏空间的三维移动。它是以三个独立移动 t_u、t_v、t_w 为参数的三维子群，其矩阵群表达形式为 $T(3)$。
- 三维移动螺旋子群 $Y(w,p)$：表示法线为 w 的平面二维移动和沿任何平行于 w 的轴线，螺距为 p 的螺旋运动。它是一个以移动距离 t_u、t_v 和沿轴线 w 的移动距离 t_w 或 w 的转角 ϕ 为参数的三维子群，其矩阵群表达形式为 $\overline{SO_p(2)} \times T(2)$。
- Schönflies 子群 $X(w)$：表示欧氏空间的三维移动和绕任意平行于 w 的轴线的转动，可以表示成平面副子群和移动副子群的乘积。它是一个以三维空间移动 t_u、t_v、t_w 和轴线 w 的转角 ϕ 为参数的四维子群，其矩阵群表达形式为 $SE(2) \otimes T(1)$。
- 特殊欧氏群 D：表示空间的一般刚体运动。它是一个具有三维独立转动与三维独立移动的 6 维刚体位移子群，其矩阵群表达形式为 $SE(3)$。

图 6-30 给出了 12 种位移子群之间的隶属关系。

位移子群是一类存在于刚体运动中的特殊李子群，因此具有李群的完全代数特征和运算模式。而且，位移子群的交集 $A \cap B$ 还是位移子群，且满足交换率即 $A \cap B = B \cap A$。例如：

$$C(N,u) \cap S(N) = R(N,u) \tag{6.1}$$

然而，任意位移子群的直积运算 $A \cdot B$ 可能构成位移子群，也可能不具有群的代数结构，只是一个位移子流形（displacement submanifold）[44,45]。一般情况下不满足交换率，即 $A \cdot B \neq B \cdot A$。但是，如果两个位移子群的直积（用 $\otimes$ 表示）满足交换率，则这两个位移子群的直积也是位移子群。

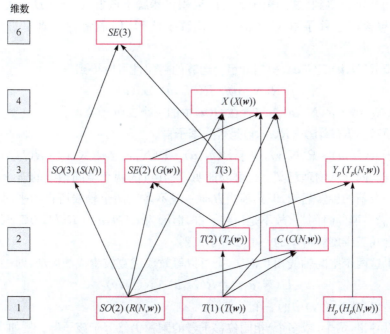

图 6-30 12 种位移子群

【例 6-5】 考察 $R(N,v) \cdot T(u)$ 是否为李子群。

对于 $R(N,v) \cdot T(u)$，考虑刚体在 v 方向的移动(图 6-31)，可以证明：$R(N,v) \cdot T(u)$ 所产生的位移不具有封闭性，因此不满足群的条件。但对于 $R(N,u) \cdot T(u)$，注意到

$$R(N,u) \cdot T(u) = T(u) \cdot R(N,u) \tag{6.2}$$

因此，$R(N,u) \cdot T(u)$ 构成位移子群，即为圆柱运动子群 $C(N,u)$。

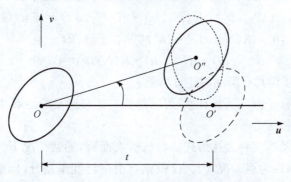

图 6-31 $R(N,v) \cdot T(u)$ 所产生的刚体位移

如果 $\mathcal{A}$ 和 $\mathcal{B}$ 都是同一位移子群 $\mathcal{Q}$ 的子集，即 $\mathcal{A} \subseteq \mathcal{Q}, \mathcal{B} \subseteq \mathcal{Q}$，根据群组合运

算的封闭性可以得到,这两个子集合的乘积仍然属于该群,即 $\mathcal{A} \cdot \mathcal{B} \subseteq \mathcal{Q}$。因此,$\mathcal{A} \cdot \mathcal{B}$ 是包含在位移子群 $\mathcal{Q}$ 中的一个位移子流形,但通常并不具有群的代数结构。

由于 $R(N, \boldsymbol{u}) \subset G(\boldsymbol{u})$,根据群组合运算的封闭性可以得到

$$R(N_1, \boldsymbol{u}) \cdot R(N_2, \boldsymbol{u}) \subset G(\boldsymbol{u}) \tag{6.3}$$

因此,$R(N_1, \boldsymbol{u}) \cdot R(N_2, \boldsymbol{u})$ 是包含在 $G(\boldsymbol{u})$ 中的一个二维子流形。

下面考察 $R(N, \boldsymbol{u}) \cdot R(N, \boldsymbol{v})$ 是否为李子群。

对于 $R(N, \boldsymbol{u}) \cdot R(N, \boldsymbol{v})$,由于 $R(N, \boldsymbol{u}) \cdot R(N, \boldsymbol{v}) \neq R(N, \boldsymbol{v}) \cdot R(N, \boldsymbol{u})$,因此不是子群。同样从物理意义上也可以证明,绕共点的两个空间轴线的连续旋转可以合成一个新的旋转运动,但其轴线方向一般不在这两个轴线所在的平面内。因此,不能满足群的封闭性,故不是位移子群,但因为 $R(N, \boldsymbol{u}) \cdot R(N, \boldsymbol{v}) \subset S(N)$,所以是包含在三维旋转群中的一个二维子流形。

如果这两个空间轴线相互正交,则可以等效成虎克铰生成的运动,即

$$U(N, \boldsymbol{u}, \boldsymbol{v}) = R(N, \boldsymbol{u}) \cdot R(N, \boldsymbol{v}) \tag{6.4}$$

同样它是包含在 $S(N)$ 中的一个子流形。

可以导出,两个(或多个)相同位移子群的乘积仍然等于该子群。例如:

$$R(N, \boldsymbol{z}) = R(N, \boldsymbol{z}) \cdot R(N, \boldsymbol{z}) \tag{6.5}$$

$$T(\boldsymbol{z}) = T(\boldsymbol{z}) \cdot T(\boldsymbol{z}) \tag{6.6}$$

如果 $\mathcal{A}$ 和 $\mathcal{B}$ 都是同一位移子群 $\mathcal{Q}$ 的子集,即 $\mathcal{A} \subseteq \mathcal{Q}, \mathcal{B} \subseteq \mathcal{Q}$,且 $\dim(\mathcal{A} \cdot \mathcal{B}) = \dim(\mathcal{Q})$,则 $\mathcal{A} \cdot \mathcal{B}$ 为 $\mathcal{Q}$ 的等效子群,即 $\mathcal{A} \cdot \mathcal{B} = \mathcal{Q}$。

由于 $R(N, \boldsymbol{u}) \subset G(\boldsymbol{u})$,根据群组合运算的封闭性可以得到

$$R(N_1, \boldsymbol{u}) \cdot R(N_2, \boldsymbol{u}) \cdot R(N_3, \boldsymbol{u}) \subseteq G(\boldsymbol{u})$$

由此可知,$R(N_1, \boldsymbol{u}) \cdot R(N_2, \boldsymbol{u}) \cdot R(N_3, \boldsymbol{u})$ 是包含在 $G(\boldsymbol{u})$ 中的一个三维子流形。同时考虑到 $\dim(R(N_1, \boldsymbol{u}) \cdot R(N_2, \boldsymbol{u}) \cdot R(N_3, \boldsymbol{u})) = \dim(G(\boldsymbol{u})) = 3$,因此 $R(N_1, \boldsymbol{u}) \cdot R(N_2, \boldsymbol{u}) \cdot R(N_3, \boldsymbol{u})$ 是 $G(\boldsymbol{u})$ 的等效子群,即

$$R(N_1, \boldsymbol{u}) \cdot R(N_2, \boldsymbol{u}) \cdot R(N_3, \boldsymbol{u}) = G(\boldsymbol{u}) \tag{6.7}$$

表 6-9 给出了位移子群间的运算结果。

根据以上位移子群的运算特性,可以得到一些有意义的结果,如可用于机构的自由度分析及结构综合等。

一般刚体运动有多种表达形式。对机器人而言,通常情况下讨论的是末端执行器的刚体运动(称为运动模式)。仅根据自由度特性来划分,典型的机器人运动模式可分为如表 6-10 所示的 16 种形式。可以看到,其中的一多半都不是位移子群。因此,前面所讲的 12 种位移子群并不能完全涵盖刚体的运动,只是代表了 12 种特殊的刚体运动。但在一般情况下,刚体的运动都是 $\mathcal{D}$ 中的位移子流形。

表 6-9 位移子群的运算[43]

位移子群		求交 $\mathcal{A}(i,j) \cap \mathcal{B}(j,k)$	求乘积 $\mathcal{A}(i,j) \cdot \mathcal{B}(j,k)$
$\mathcal{A}(i,j)$	$\mathcal{B}(j,k)$		
$T_2(Pl)$	$T_2(Pl')$	$T(Pl \cap Pl')$	T
$T_2(Pl)$	$G(Pl')$	$T(Pl \cap Pl')$	$X(w'), w' \perp Pl'$
$G(Pl)$	$G(Pl')$	$T(Pl \cap Pl')$	$X(w) \cdot R(N, w'), w \perp Pl,$ $w' \perp Pl', \forall N'$
$Y(w,p)$ $w \angle Pl$	$T_2(Pl)$	$T(u), u \parallel Pl, u \perp w$	$X(w)$
$Y(w,p)$ $w \ne v$	$G(v)$	$T(u), u \perp w, u \perp v$	$X(u) \cdot R(N,v), \forall N$
$Y(w,p)$ $w \ne v$	$Y(v,q)$	$T(u), u \perp w, u \perp v$	$X(u) \cdot R(N,v), \forall N$
$Y(w,p)$ $w \perp u$	$C(N,u)$	$T(u)$	$Y(w,p) \cdot R(N,u)$
$C(N,u)$ $N \ne N'$	$C(N',u)$	$T(u)$	$C(N,u) \cdot R(N',u)$
$T_2(z)$ $z \parallel u$	$C(N,u)$	$T(u)$	$T_2(z) \cdot R(N,u)$
T	$C(N,u)$	$T(u)$	$X(u)$
$G(w)$ $w \perp u$	$C(N,u)$	$T(u)$	$G(w) \cdot R(N,u)$
$X(w)$ $w \ne u$	$C(N,u)$	$T(u)$	$X(w) \cdot R(N,u)$
$Y(u,p)$	$C(N,u)$	$H_p(N,u)$	$X(u)$
$G(u)$	$C(N,u)$	$R(N,u)$	$X(u)$
$S(N)$	$C(N,u)$	$R(N,u)$	$S(N) \cdot T(u)$
$S(N)$	$G(u)$	$R(N,u)$	$S(N) \cdot T_2(w), w \perp u$
$S(N)$	$X(u)$	$R(N,u)$	D
$S(N)$ $N \ne N'$	$S(N')$	$R(N,u), u=(NN')/\parallel NN' \parallel$	$S(N) \cdot R(N',v) \cdot R(N',w),$ $v \ne w, v \ne u, u \ne w$
$G(u)$	$Y(u,p)$	$T_2(z), z \perp u$	$X(u)$
$G(u)$	T	$T_2(z), z \perp u$	$X(u)$
$Y(u,p)$	T	$T_2(z), z \perp u$	$X(u)$

续表

位移子群 $A(i,j)$	$B(j,k)$	求交 $A(i,j) \cap B(j,k)$	求乘积 $A(i,j) \cdot B(j,k)$
$Y(u,p)$	$Y(u,q)$	$T_2(z), z \perp u$	$X(u)$
$G(u)$	$X(v)$ $v \neq u$	$T_2(z), z \perp u$	$X(u) \cdot R(N,v), \forall N$
$Y(u,p)$	$X(v)$ $v \neq u$	$T_2(z), z \perp u$	$X(u) \cdot R(N,v), \forall N$
$X(u)$	$X(v)$	T	$X(u) \cdot R(N,v), \forall N$

表 6-10 刚体运动与位移子流形

维数	刚体运动	类别	位移子群或位移子流形
6	3R3T	位移子群	D
5	3R2T	位移子流形	$T_2(z) \cdot S(N)$
5	2R3T	位移子流形	$T \cdot U(N,u,v)$
4	2R2T	位移子流形	$T_2(z) \cdot U(N,u,v)$
4	3R1T	位移子流形	$T(z) \cdot S(N)$
4	1R3T	位移子群	$X(u)$
3	1R2T	可能是位移子群也可能是位移子流形	$G(w)$ 或 $T_2(z) \cdot R(N,u)$
3	2R1T	位移子流形	$T(z) \cdot U(N,u,v)$
3	3T	位移子群	T
3	3R	位移子群	$S(N)$
2	1R1T	可能是位移子群也可能是位移子流形	$C(N,u)$ 或 $T(w) \cdot R(N,u)$
2	2T	位移子群	$T_2(z)$
2	2R	位移子流形	$U(N,u,v)$
1	1R	位移子群	$R(N,u)$
1	1T	位移子群	$T(z)$
0	刚性连接	位移子群	E

同位移子群一样,位移子流形也具有交、乘积及商等三种运算模式,它们之间具有以下一些特性:

- 位移子流形与正则位移子群的商可以是位移子群,也可以是位移子流形。
- 如果两个位移子群的乘积满足交换率,则这两个位移子群的乘积也是位移子群。两个或者多个位移子流形的乘积、位移子流形与位移子群的乘积不一定是位移子流形。

因此,通过乘积运算,位移子群可以组合成新的位移子群或位移子流形;反之,通过交运算,两个或者多个位移子群或位移子流形可得到新的位移子群或位移子流形。有关位移子群&子流形更为详细的知识请参考文献[5]、[43]和[46]。

图 6-32 给出了常见位移子群&子流形之间的隶属关系。

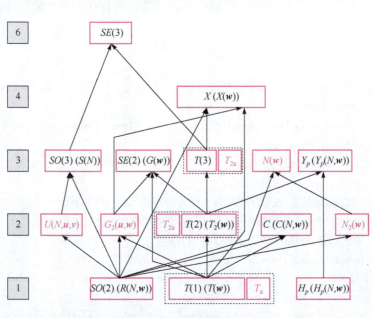

图 6-32 位移子群&子流形

对比图 6-32 和表 5-2 可以看出：图中给出的 1~3 维位移子群&子流形完全包含在基本旋量空间（1~3 维）内。除此之外，基本旋量空间还包括 $\mathcal{L}(N,n)$ 等。

（1）运动副空间中不应含有 $\mathcal{L}(N,n)$ 模块，否则得到的机构即为瞬时运动机构。

（2）在构造运动副空间时，一般不应超过两个基本模块的组合，并且尽量保证模块组合时不要随意调整不同模块中元素的分布顺序，移动副除外。

6.6 本章小结

本章举出了大量的例子来阐释 F&C 线图在我们所熟悉的机械硬件结构中的应用。虽然本章所讨论的机构或机械装置是按照自由度或所施加约束的数目进行分类枚举的，其本意并非提供给读者一个完全版的机构图册或机械连接手册，它只是提出了一些有意思的想法。例如，在对不同自由度下的机构自由度问题进行讨论时，我们选用的都是来自生产实践中的经典机构和典型实例。通过简单而独特的分析方式，希望能够觊觎到一些它们成功应用的秘诀。在 6.3 节中，提出了一些经典的精确可拆连接实例。这些连接不仅可以轻松地拆开或重新装配，而且位置精度高、可重复性好。因此，该连接在精密光学仪器中大有可为。例如，一个部件可能需要定期拆开进行清洁，再重新精确地安装到原有位置上。最后，本章补充了一些位移子群 & 子流形的知识，作为弥补图谱法自身存在的某种局限性。

参 考 文 献

[1] Phillips J. Freedom in Machinery: Volume 1, Introducing Screw Theory. New York: Cambridge University Press, 1984.

[2] Phillips J. Freedom in Machinery: Volume 2, Screw Theory Exemplified. New York: Cambridge University Press, 1990.

[3] 黄真, 刘婧芳, 李艳文. 论机构自由度——寻找了150年的自由度通用公式. 北京: 科学出版社, 2011.

[4] 赵景山, 冯之敬, 褚福磊. 机器人机构自由度分析理论. 北京: 科学出版社, 2009.

[5] 黄真, 赵永生, 赵铁石. 高等空间机构学. 北京: 高等教育出版社, 2006.

[6] 于靖军. 机械原理. 北京: 机械工业出版社, 2013.

[7] 郭卫东. 机械原理. 北京: 科学出版社, 2010.

[8] Clavel R. Delta, a fast robot with parallel geometry. Proceedings of the 18th International Symposium on Industrial Robots, 1988, 91-100.

[9] Tsai L W. Robot Analysis: The Mechanics of Serial and Parallel Manipulators. New York: Wiley-Interscience Publication, 1999.

[10] Hervé J M. The lie group of rigid body displacements, a fundamental tool for mechanism design. Mechanism and Machine Theory, 1999, 34(5): 719-730.

[11] Pierrot F, Company O. H4: A new family of 4-DOF parallel robots. Proceedings of the 1999 IEEE/ASME International Conferences on Advanced Intelligent Mechatronics, Atlanta, 1999, 508-513.

[12] Merlet J P. Parallel Robots. 2nd ed. Singapore: Springer-Verlag, 2006.

[13] Howell L L. Compliant Mechanisms. New York: John Wiley & Sons Inc., 2001.

[14] Chen Y. Design of Structural Mechanisms. London: Oxford University, 2003.

[15] Cui L, Dai J S. Motion and constraint ruled surfaces of the Schatz linkage. Proceedings of the 2010 IDETC/CIE, Montreal, 2010, DETC2010-28883.

[16] Baradat C, Nabat V, Company O, et al. Par2: A spatial mechanism for fast planar, 2-DOF, pick-and-place applications. Proceedings of the Workshop on Fundamental Issues and Future Research Directions for Parallel Mechanisms and Manipulators, Montpellier, 2008, 1-10.

[17] Liu X J, Kim J. Two novel parallel mechanisms with less than six DOFs and the applications. Proceedings of the Workshop on Fundamental Issues and Future Research Directions for Parallel Mechanisms and Manipulators, Quebec, 2002, 172-177.

[18] Baumann R, Maeder W, Glauser D, et al. The PantoScope: A spherical remote-center-of-motion parallel manipulator for force reflection. Proceedings of the 1997 IEEE International Conference on Robotics and Automation, Albuquerque, 1997, 718-723.

[19] Ross-Hime Design Inc. Super seeker gimbals. http://www.anthrobot.com/. 2012-06-10.

[20] Dunlop G, Jones T. Position analysis of a two DOF parallel mechanism—The Canterbury tracker. Mechanism and Machine Theory, 1999, 34(4): 599-614.

[21] Chablat D, Wenger P. A new three-DOF parallel mechanism: Milling machine applications. 2nd Chemnitz Parallel Kinematics Seminar, Chemnitz, 2000.

[22] Liu X J, Jeong J, Kim J. A three translational DOFs parallel cube-manipulator. Robotica, 2003, 21(6): 645-653.

[23] Gosselin C M, Hamel J F. The agile eye: A high-performance three-degree-of-freedom camera-orienting device. Proceedings of the IEEE International Conference on Robotics and Automation, Los Alamitos, 1994, 1: 781-786.

[24] Villgrattner T, Zander R, Ulbrich H. Modeling and simulation of a piezo-driven camera orientation system. Proceedings of the IEEE International Conferences on Mechatronics (ICM), Malaga, 2009, 1-6.

[25] Pernette E, Clavel R. Parallel robots and microrobotics. ISRAM' 96, Montpellier, 1996, 535-542.

[26] Wahl J. Articulated tool head. WIPO Patent No. WO 00/25976. 2000.

[27] Siciliano B. The Tricept robot: Inverse kinematics, manipulability analysis and closed-loop direct kinematics algorithm. Robotica, 1999, 17(4): 437-445.

[28] Huang T, Li M, Zhao X M, et al. Conceptual design and dimensional synthesis for a 3-DOF module of the TriVarian: A novel 5-DOF reconfigurable hybrid robot. IEEE Transactions on Robotics, 2005, 21(3): 449-456.

[29] Selenian Boondocks. Steve Canfield and his marvelous mechanical joint. http://selenian-boondocks.com. 2010-06-10.

[30] Ceccarelli M. A new 3DOF spatial parallel mechanism. Mechanism and Machine Theory, 1997, 32(8): 895-902.

[31] Liu X J, Tang X, Wang J. HANA: A novel spatial parallel manipulator with one rotational and two translational degrees of freedom. Robotica, 2005, 23(2): 257-270.

[32] Liu X J, Wang J, Pritschow G. A new family of spatial 3-DOF fully-parallel manipulators with high rotational capability. Mechanism and Machine Theory, 2005, 40(4): 475-494.

[33] Pierrot F, Company O, Krut S, et al. Four-DOF PKM with articulated travelling-plate. Proceedings of the 5th Chemnitz Parallel Kinematics Seminar, Verlag Wissenschaftliche Scripten, 2006, 677-693.

[34] Huang Z, Li Q C. Type synthesis of symmetrical lower mobility parallel mechanisms using the constraint-synthesis method. International Journal of Robotics Research, 2003, 22(1): 59-79.

[35] Kong X, Gosselin C M. Type Synthesis of Parallel Mechanisms. Heidelberg: Springer-Verlag, 2007.

[36] Fang Y, Tsai L W. Structure synthesis of a class of 4-DOF and 5-DOF parallel manipulators with identical limb structures. International Journal of Robotics Research, 2002, 21(9): 799-810.

[37] Honegger M, Codourey A, Burdet E. Adaptive control of the Hexaglide, a 6DOF parallel manipulator. IEEE International Conferences on Robotics and Automation, Albuquerque, 1997, 543-548.

[38] Uchiyama M. A 6DOF parallel robot HEXA. Advanced Robotics, 1994, 8(6): 601.

[39] Kim J, Park F C, Ryu S J, et al. Design and analysis of a redundantly actuated parallel mechanism for rapid machining. IEEE Transactions on Robotics and Automation, 2001, 17(4): 423-434.

[40] PI miCos. PI miCos Precision Positioners/Precision Motion Control. http://www.micosusa.com. 2013-01-30.

[41] Blanding D L. Exact Constraint: Machine Design Using Kinematic Principle. New York: ASME Press, 1999.

[42] Slocum A H. Precision Machine Design. New York: Prentice-Hall Inc., 1992.

[43] Hervé J M. Analyses structurelle des mecanismes par groupe des replacements. Mechanism and Machine Theory, 1978, 13(4): 437-450.

[44] Li Q C, Huang Z, Hervé J M. Type synthesis of $3R2T$ 5-DOF parallel mechanisms using the lie group of displacements. IEEE Transactions on Robotics and Automation, 2004, 20(2): 173-180.

[45] Meng J, Liu G F, Li Z X. A geometric theory for synthesis and analysis of sub-6DOF parallel manipulators. IEEE Transactions on Robotics, 2007, 23(4): 625-649.

[46] Selig J M. Geometrical Methods in Robotics. Heidelberg: Springer-Verlag, 1996.

第7章 并/混联机械装置的创新设计

7.1 并/混联机器及其应用

并联机器(多称为并联机器人)是一种闭环机械系统,它由一动平台、定平台和连接两平台的多个支链(limb,或分支 branch,或腿 leg)组成,支链数一般与动平台的自由度数相同,这样每个支链可以由一个驱动器驱动,并且所有驱动器可以安放在定平台上或接近定平台的地方,因此并联机器人往往被称为"平台机器人"(platform manipulator)。根据以上定义,并联机器人在结构上具有以下特点:①动平台至少由两个支链支撑;②驱动器的数目与动平台自由度数相同;③当锁定所有驱动器时,动平台的自由度为零。

并联机器的构想最早可追溯到1895年。当时,数学家 Cauchy 研究过一种用关节连接的八面体,这是至今为止所知道的最早的并联机构。1938年,Pollard 提出采用并联机构来给汽车喷漆。1949年,Gough 提出用一种并联机器来检测轮胎,这是真正得到运用的并联装置。1965年,英国高级工程师 Stewart[1]提出将此构型用在飞行模拟器中。之后,并/混联装置受到国际学术界与工程界的广泛关注,并逐渐成为机器人机构学与先进制造领域的研究热点。在不同的应用领域,对这类装置的称谓也有所不同。其中比较典型的称谓有:并联操作手(parallel manipulator)、并联运动机器(parallel kinematics machine,PKM)等。

1. 动态模拟器

动态模拟器是并联机构应用最早的装置之一,主要利用该类机构的高动态性能。一类叫运动模拟器(motion simulator),典型的如飞行训练模拟器、海况模拟器、摇摆台、地震模拟器、空间对接过程模拟、稳定跟踪系统,甚至公共娱乐设施等,它们已为人们所熟知并产品化(图7-1);另一类叫负载模拟器(load simulator),在半物理加载试验、力标定等应用场合向对象施加力/力矩,而被加载的对象有高速精密机床、减速器、轧机张力系统、材料试验机、飞行器舵机、汽车刹车系统等(图7-2)。

例如,很多高速火车、舰船、汽车、飞行器的动态性能试验、驾驶员培训等对模拟驾驶舱的动态性能要求越来越高,如大转角下的高频响应、全周转动等。其中,Stewart 平台是迄今该领域应用最广泛的并联构型装备。无独有偶,现代多轴数控中心主轴在切削时同样受弯矩/扭矩/拉力的复合负载,高速切削伴生的离心力、惯性力和振动,加剧了受力的复杂性。验证高速数控机床主轴动态性能的试验同样需要逼真再现加载的负载模拟器。

图7-1　Stewart并联海况运动模拟器　　　图7-2　并/混联复合负载模拟器

2. 高速、高加速操作手

并/混联式高速及高加速操作手(manipulators)虽然在应用上比模拟器要晚20年(20世纪80年代后期才开始出现),但却是并联机构应用最为成功的装置之一,主要利用了该类机构的轻质、负载自重比大特性。

高速、高加速度操作在许多自动化生产线中有着迫切而广泛的需求,如半导体芯片的制备及电池、巧克力等体小量大的规则物品分拣等,一些场合对加速度的要求高达10g以上。并联构型由于容易实现运动部件轻质化(如电机放在基座上或采用复杂铰链等轻质结构),正好可以满足此类要求。应用比较成功的这类机器人包括 Delta 机器人(图 7-3)、H4 机器人、Tricept 机械手、Ninja 超冗余机械手(图 7-4)等。

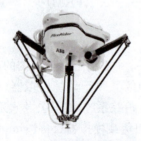 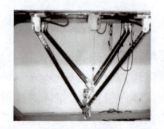

图7-3　ABB公司生产的Delta机器人[2]　　图7-4　立命馆大学研制的Ninja操作手

3. 超精密定位平台

并联机构与柔性铰链相结合可实现超高精度(微纳尺度)定位平台或微/纳操作手(micro & nano manipulator)的设计(图7-5和图7-6),甚至可以设计出微观尺度下的机械本体。此类装置可广泛应用在生物医学工程、集成电路(IC)、微机电系统/微光机电系统(MEMS/MOEMS)的制造、封装及组装等各类设备、显微测量装置等微操作、微加工、微装配的场合。目前较成功的应用包括有用于细胞基因注射或染色体切割的微操作机器人等。

 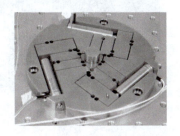

图 7-5　EPFL 研制的空间 3DOF　　　图 7-6　北航研制的平面 3DOF
　　　　超精密定位平台[3]　　　　　　　　　　超精密定位平台

4. 并联机床(PKM)

PKM 是一类以并联机构作为部分或全部进给机构的机电一体化装置。20 世纪 90 年代,国际上首次出现并联虚轴机床(图 7-7),实现"多轴联动",以及复杂空间曲面加工。与传统数控机床相比较,具有结构简单、制造方便、刚性好、重量轻、速度快、精度高、价格低等优点。例如,DS Technology 公司制造的 Z3 并联动力头(图 7-8),已应用于航空、航天领域中大型结构件的高速铣削加工。

图 7-7　Tricept 混联机床[4]　　　　　图 7-8　Z3 并联动力头

5. 多维感测元件与交互装置

多维力与力矩传感器也是并联机构应用较为成功的例子之一。这种情况下,很多并联机构以传感器敏感元件的形式出现。其中,Stewart 平台常用作 6 维力/力矩传感器的敏感元件,它是一个典型的耦合型检测传感器,需要借助标定矩阵解耦(图 7-9)。这里运用的是并联机构与柔性铰链结合后精度高、微运动下的运动解耦等特性。

越来越多的人机交互设备也采用并联机构,如采用并联柔索进行传动,直接作用于末端作用直接的方式，满足精度和负载的要求（图 7-10）。

图 7-9　6 维力/力矩传感器[5]

图 7-10　6 维触觉交互设备

6. 深空探测

深空探测领域有着各种各样的任务需求：如推进（图 7-11）、指向、导引（图 7-12）、追踪、展开、对接、探测等。例如，并联机构可用作飞船和空间站对接器的对接机构，上下平台中间都有通孔作为对接后的通道，上下平台作为对接环，由 6 个直线驱动器驱动以帮助飞船对正。同时还催生了很多独特的结构与技术要求，如为保证高度可靠性而采用的驱动冗余技术、适应极限环境的驱动传动技术，以及新机构，如二元机构（binary manipulator）。这里利用了并联机构的高动态特性、高速高加速、高精高刚度、驱动冗余性等特性。

图 7-11　矢量推进平台

图 7-12　2DOF 并联式导引头[6]

7. 医疗器械

在医疗领域，由于要求定位精度高、安全度高等因素，并/混联机构常常出现在各类显微外科手术机器人如脑外科、腹腔外科、矫形外科、眼科、泌尿外科等中。例如，在机器人末端经常采用基于 RCM（remote-center-of-motion）[7]的并联设计方法从机械结构层面提供机器人的操作安全性（图 7-13 和图 7-14）。

图 7-13　2DOF 外科手术用 RCM 机械手　　图 7-14　外科手术用 RCM 机械手

8. 仿生装置

许多自然设计也都采用了并联构型，因此将并联机构用在仿生装置中确是天经地义的事情。例如，多指灵巧手、各类仿生关节、仿生腰、仿生脊柱（图 7-15），甚至仿生腿、仿生狗（图 7-16）等都是并联机构同仿生学相结合的产物。

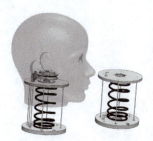 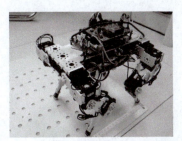

图 7-15　仿生脊柱　　　　　　　　　图 7-16　仿生移动机器人

7.2　并联机构中的旋量系及旋量空间

结合第 2 章给出的 Omni-Wrist III 机构（图 7-17），本节讨论并联机构中可能存在的各类旋量系[8]和旋量空间。

1. 支链运动副空间 S_{bi} 与支链约束空间 S_{bi}^r

支链运动副空间用来描述单个支链从基座到动平台所有运动副组成的旋量空间，记为 S_{bi}；支链约束空间用来描述单个支链中所有提供给动平台的所有约束组成的旋量空间，记为 S_{bi}^r。支链运动副空间与支链约束空间构成一对互易旋量空间，记为

$$S_{bi}^r \circ S_{bi} = 0 \quad \text{或} \quad S_{bi}^T \Delta S_{bi}^r = 0 \tag{7.1}$$

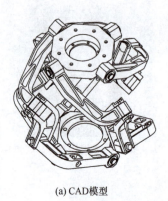
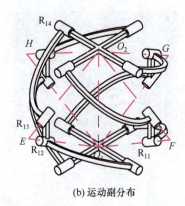

(a) CAD模型　　　　　(b) 运动副分布

图 7-17　Omni-Wrist III 机构

$$\dim(\boldsymbol{S}_{bi}) + \dim(\boldsymbol{S}_{bi}^r) = 6 \tag{7.2}$$

对于 Omni-Wrist III 机构,支链运动副空间 $\boldsymbol{S}_{bi}$ 与支链约束空间 $\boldsymbol{S}_{bi}^r$ 线图如图 7-18 所示。

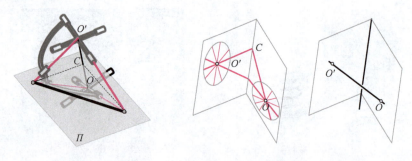

(a) 支链的运动副空间分布　　　　　(b) 支链的 F&C 线图

图 7-18　Omni-Wrist III 机构中单个支链的 F&C 线图

从图中可以看出,支链运动副空间 $\boldsymbol{S}_{bi}$ 的维数为 4,支链约束空间 $\boldsymbol{S}_{bi}^r$ 的维数为 2。

2. 动平台自由度空间 $\boldsymbol{S}^f$ 与动平台约束空间 $\boldsymbol{S}^r$

动平台自由度空间用来描述机构中所有 p 个支链运动副空间的交集,记为 $\boldsymbol{S}^f$,则

$$\boldsymbol{S}^f = \boldsymbol{S}_{b1} \cap \boldsymbol{S}_{b2} \cap \cdots \cap \boldsymbol{S}_{bp} \tag{7.3}$$

动平台约束空间用来描述机构中所有 p 个支链约束空间的并集,记为 $\boldsymbol{S}^r$,则

$$\boldsymbol{S}^r = \boldsymbol{S}_{b1}^r \cup \boldsymbol{S}_{b2}^r \cup \cdots \cup \boldsymbol{S}_{bp}^r \tag{7.4}$$

动平台自由度空间与动平台约束空间也构成一对互易旋量空间,记为

$$\boldsymbol{S}^f \circ \boldsymbol{S}^r = 0 \quad \text{或} \quad \boldsymbol{S}^{f\mathrm{T}} \boldsymbol{\Delta} \boldsymbol{S}^r = 0 \tag{7.5}$$

$$\dim(\boldsymbol{S}^r)+\dim(\boldsymbol{S}^f)=6 \tag{7.6}$$

对于 Omni-Wrist III 机构,动平台自由度空间 $\boldsymbol{S}^f$ 与约束空间 $\boldsymbol{S}^r$ 线图如图 7-19 所示。

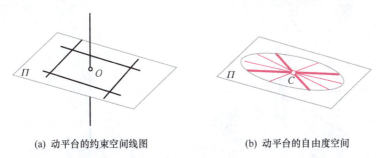

(a) 动平台的约束空间线图　　　(b) 动平台的自由度空间

图 7-19　Omni-Wrist III 机构动平台的 C&F 线图

从图中可以看出,动平台约束空间 $\boldsymbol{S}^r$ 的维数为 4,动平台自由度空间 $\boldsymbol{S}^f$ 的维数为 2。因此,动平台的自由度数是 2。

3. 机构公共自由度空间 $\boldsymbol{S}^m$ 与机构公共约束空间 $\boldsymbol{S}^c$

机构公共自由度空间用来描述机构中所有 p 个支链运动副空间的并集,记为 $\boldsymbol{S}^m$,则

$$\boldsymbol{S}^m = \boldsymbol{S}_{b1} \cup \boldsymbol{S}_{b2} \cup \cdots \cup \boldsymbol{S}_{bp} \tag{7.7}$$

实际上,$\boldsymbol{S}^m$ 反映了机构中所有构件共同具有的所有可能的运动空间维度,被 Hunt[9] 称为机构的阶数 d。

机构公共约束空间用来描述机构中所有 p 个支链约束空间的交集,记为 $\boldsymbol{S}^c$,则

$$\boldsymbol{S}^c = \boldsymbol{S}_{b1}^r \cap \boldsymbol{S}_{b2}^r \cap \cdots \cap \boldsymbol{S}_{bp}^r \tag{7.8}$$

实际上,$\boldsymbol{S}^c$ 反映了机构所受的公共约束情况。因此,定义公共约束数 λ

$$\lambda = \dim(\boldsymbol{S}^c) \tag{7.9}$$

机构公共自由度空间与机构公共约束空间也构成一对互易旋量空间,记为

$$\boldsymbol{S}^c \circ \boldsymbol{S}^m = 0 \quad \text{或} \quad \boldsymbol{S}^{m\mathrm{T}} \boldsymbol{\Delta} \boldsymbol{S}^c = 0 \tag{7.10}$$

$$\dim(\boldsymbol{S}^c) + \dim(\boldsymbol{S}^m) = 6 \quad \text{或} \quad d + \lambda = 6 \tag{7.11}$$

对于 Omni-Wrist III 机构,机构公共自由度空间 $\boldsymbol{S}^m$ 与机构公共约束空间 $\boldsymbol{S}^c$ 线图如图 7-20 所示。

从图中可以看出,机构公共自由度空间 $\boldsymbol{S}^m$ 的维数为 5,机构公共约束空间 $\boldsymbol{S}^c$ 的维数为 1。因此,该机构的公共约束数是 1。由于每个支链都作用有 2 个独立约束,这样,总共 8 个约束作用在动平台上,其中公共约束占据了 4 个,还剩下 4 个约束;而动平台约束空间 $\boldsymbol{S}^r$ 的维数为 4,公共约束占据了其中 1 维,还剩 3 维,因此可

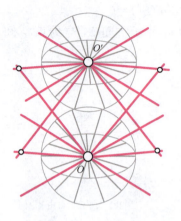
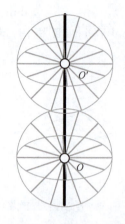

(a) 机构的公共自由度空间(红粗线)　　(b) 机构的公共约束空间(黑粗线)

图 7-20　Omni-Wrist III 机构动平台的 F&C 线图

以判断出该机构还存在冗余约束,冗余约束数是 4-3=1。读者不妨通过线图对上述论断进行验证。

此外,并联机构中还存在其他类型的旋量空间,对分析与设计也十分有用。

4. 支链补约束空间 S_{ci}^r

将支链 i 施加给动平台的约束空间 S_{bi}^r 分成两部分:一部分为机构所有构件(包括动平台)所受的公共约束 S^c;另一部分为支链 i 施加给动平台的剩余部分约束 S_{ci}^r,这两部分无交集。这里将剩余部分的约束 S_{ci}^r 称为支链补约束空间,用符号表示上述关系:

$$S_{bi}^r = S^c \cup S_{ci}^r, \quad S^c \cap S_{ci}^r = \varnothing \tag{7.12}$$

对于 Omni-Wrist III 机构,支链补约束空间 S_{ci}^r 的维数为 1。

5. 动平台补约束空间 S_c^r

同样,将动平台所受的约束 S^r 也分成两部分:一部分为动平台所受的公共约束 S^c;另一部分为所有支链施加给动平台的剩余部分约束 S_c^r,这两部分无交集。这里将剩余部分的约束 S_c^r 称为动平台补约束空间,用符号表示上述关系:

$$S^r = S^c \cup S_c^r, \quad S^c \cap S_c^r = \varnothing \tag{7.13}$$

对于 Omni-Wrist III 机构,动平台补约束空间 S_c^r 分布在平面 Π 内,因此它的维数为 3。

6. 锁住驱动副后的动平台约束空间 S_l^r

S_l^r 用来描述将机构中所有的驱动副锁定后,所有作用在动平台上的约束所组成的旋量空间。一般在驱动副选取正确的前提下，将机构的驱动副锁住后，动平台受到完全约束，相应的自由度减少为零。反之，若驱动副选取不正确，即使将机构的驱动副锁住，动平台并未受到完全的约束，还会有相应的自由度存在。因此，引入上述空间的意义主要在于判断机构驱动副选取是否正确。

对于 Omni-Wrist III 机构，如果将基座上的两个正交转动副（如支链1、2所在的运动副）锁住，相应的支链将各增加1个约束，这样动平台的约束数较之前增加2个。此时发现，机构的公共约束性质并没有发生变化，这样除去公共约束外作用在动平台的约束数还有6个。重新绘制锁住驱动副后的动平台约束线图（利用之前的分析结果），可以发现该线图的维数为6。因此，动平台不能运动，从而验证了所选驱动副是合理的。

7. 机构驱动空间 S_a

首先给出驱动旋量（actuation wrench）的定义。驱动旋量是指与分支中的驱(主)动副旋量互易积不为零，但与同一分支内的其他运动副旋量的互易积为零的旋量[10]。每个驱动副对应一个驱动旋量，因此为机构每选择一组驱动副，也就有一组驱动旋量相对应。因此，机构的驱动空间用来描述机构中由一组驱动旋量组成的旋量空间，记为 S_a，其维数一般情况下等于动平台的自由度数。由于一般情况下，驱动旋量选择具有非唯一性，也就意味着驱动空间也存在多重选择。但是，可以证明，机构的驱动空间与动平台约束空间线性无关。由此可以导出

$$\dim(S^r) + \dim(S_a) = 6 \tag{7.14}$$

下面给出简单的证明过程。

对于每个支链而言，锁住驱动副后的支链运动副空间一定是该支链运动副空间的子集，由此可以导出

$$S_{bi}^r \subset S_{lbi}^r, \quad \bigcup_i S_{bi}^r \subset \bigcup_i S_{lbi}^r, \quad S^r \subset S_l^r$$

如果锁住驱动副后动平台约束空间 S_l^r 的维度为6，说明机构的驱动副选取正确。以此为前提，考虑到动平台自由度空间维度与其约束空间维度之和为6，驱动空间维度与动平台自由度空间维度相等，因此所选取的驱动空间维度与动平台约束维度之和为6。为保证此条件，只有满足：驱动空间与动平台约束空间线性无关。而正交补（orthogonal complement）作为一种特例正好可以满足线性无关的条件。

注意：互易的一对空间可以线性相关（有公共元素），但正交补的一对空间一定线性无关（无公共元素）。用集合（A 和 B）表示（图7-21），可以看出，两集合之间无交集。这意味着机构的驱动空间与动平台约束空间线图之间无交线。

总之，根据集合间的包含关系，可得到上述旋量空间之间存在如下关系：

$$S^f \subseteq S_{bi} \subseteq S^m \tag{7.15}$$

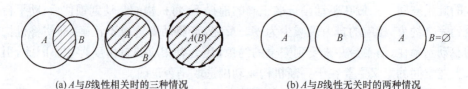

(a) A 与 B 线性相关时的三种情况   (b) A 与 B 线性无关时的两种情况

图 7-21 互易的一对旋量空间集合关系图示

$$S^c \subseteq S_{bi}^r \subseteq S^r \tag{7.16}$$

图 7-22 和图 7-23 分别给出了并联机构中的旋量空间(旋量系)及其相互之间的关系。

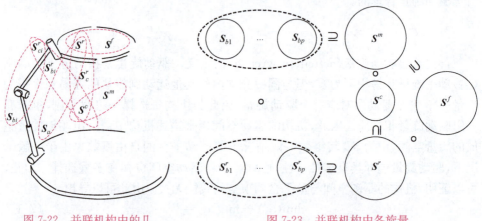

图 7-22 并联机构中的几组旋量空间

图 7-23 并联机构中各旋量空间之间的关系[8]

7.3 并联机构的图谱化构型综合

7.3.1 实用型并联机构的构型分布特征

并联机构本质上是多支链、多闭环机构。相比一般串联式构型,并联机构的构型相对复杂。如何才能保证所设计的并联机构具有实用性?性能肯定是其中最为重要的指标。目前并联机构的主要性能包括:自由度、过约束、工作空间、运动解耦性、各向同性、(动、静)刚度、精度、(动、静)平衡、(无)奇异位形、(无)伴随运动等。我们发现,实际应用中的大多数并联机构都具有很好的几何对称性。机构的性能与其结构对称性是否有某种必然的联系呢?作为自然属性的对称不仅可以带来美感,实践证明,对称设计更为重要的意义是能够改善机构的整体性能[11]。一般情况下,对称轴(面)越多,综合性能越好。

下面以 3 支链的并联机构构型为例,讨论典型对称型并联机构的构型分布特征。如表 7-1 所示,根据动(固定)平台上与 3 支链相连的 3 个转(移)动副分布方式来分类,包括 △ 形、T 形、Y 形等,更为特殊的还有正交 Y 形以及具有对称中平面的 △ 形、T 形、Y 形等。与之相对应的机构实例同样见表 7-1。

表 7-1 对称型并联机构的构型分布特征

类别	对称性分布特征	结构示意图	机构图例
△ 形	具有 1 条对称轴(轴线沿上下平台的中点连线)和 3 个对称平面	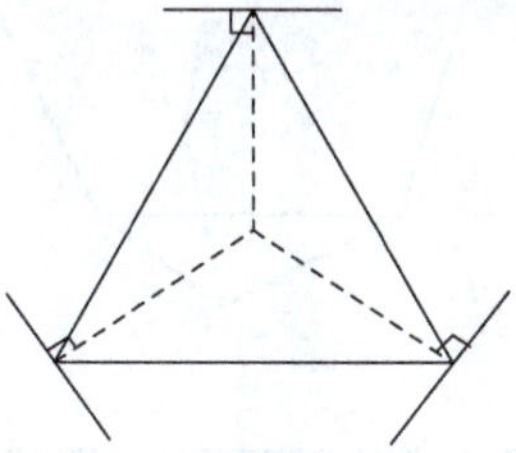	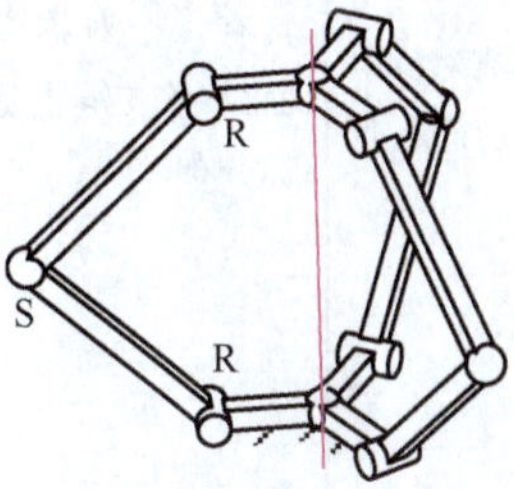 3-RSR
T 形	具有 1 个对称平面	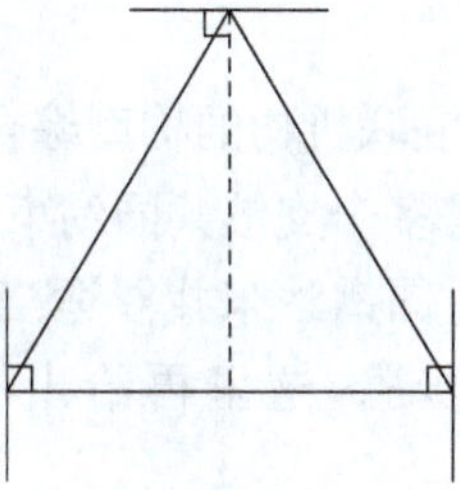	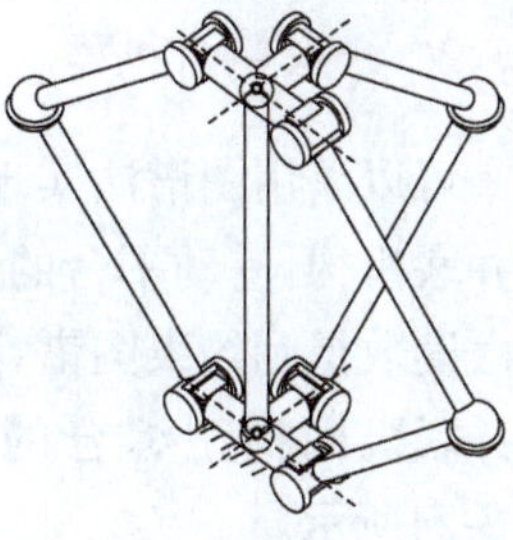 3-RSR
Y 形	具有 1 条对称轴(轴线沿上下平台的中点连线)和 3 个对称平面	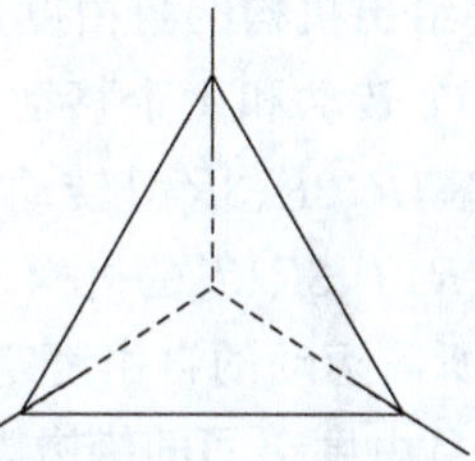	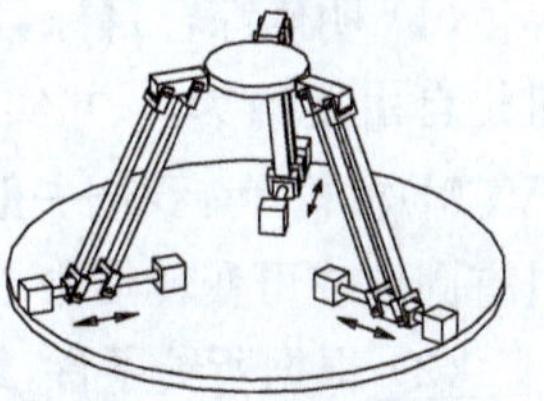 Star 机构[12]
正交 Y 形	含对称点	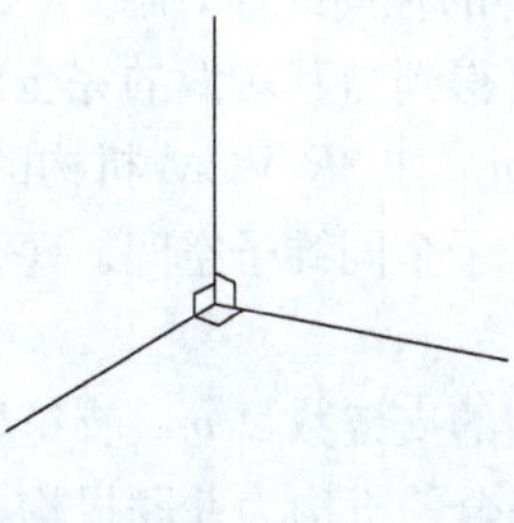	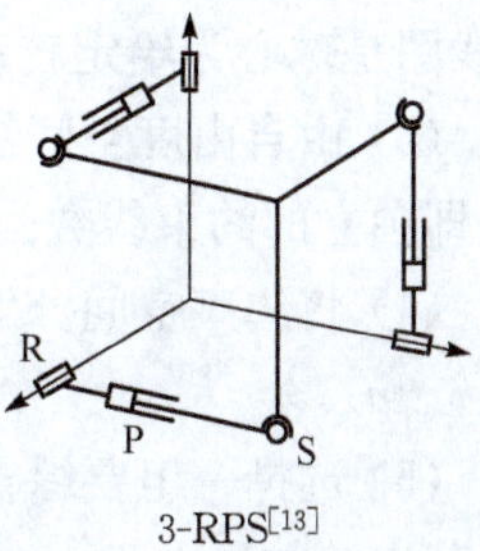 3-RPS[13]

续表

类别	对称性分布特征	结构示意图	机构图例
具有对称中平面的 △ 形	具有 1 个对称中平面,每条支链也呈对称分布	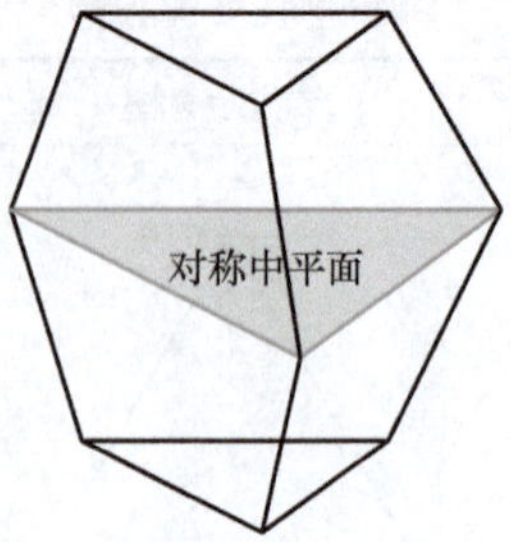 对称中平面	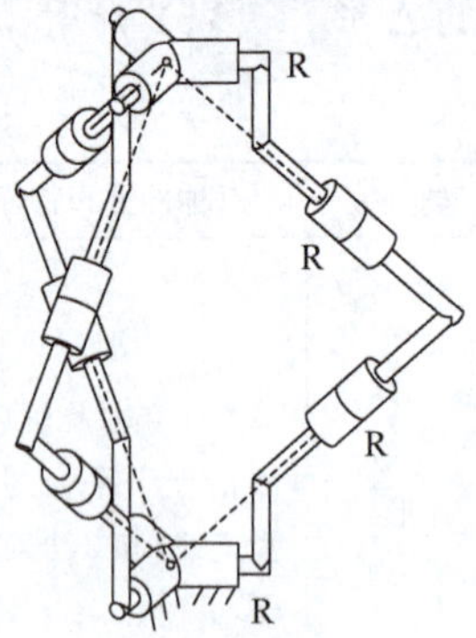 3-RRRR

7.3.2 一般综合过程

可以采用图谱法实现对并混联机构的构型综合(概念设计)。其中最典型的要属并联机构,其动平台的运动是多个支链共同约束的结果,所以可根据运动条件和自由度数得到约束图谱,再通过图谱法来找寻适当的支链。第 4 章已经简单给出了并联机构构型综合的一般步骤,这里再给出一个更详细的设计流程图,如图 7-24 所示。

具体设计步骤如下:

(1) 明确综合目标。需要给出机构的自由度数 n 和运动模式,如所需综合的机构自由度数为 3,并实现 2 个转动和 1 个移动 ($R_x R_y T_z$)。对于虚拟转动中心(VCM)机构[14],我们一般关心 $1R$、$2R$、$3R$ 且转动中心位置相对固定的机构,以及具有固定或可变转动中心的 $2R1T$、$3R1T$ 的机构。

(2) 根据所给条件,绘出所需运动的自由度空间线图。给定的自由度数 n 决定了自由度线的数目,也就是自由度空间的维数。如对于 $2R$-VCM 机构,自由度线图是圆心是给定转动中心的径向线圆盘,维数为 2,而 $3R$-VCM 机构对应的自由度线图是球心为给定转动中心的径向线球,维数为 3。

(3) 由自由度空间线图可得到与其对偶的完全约束空间线图。约束空间的维数,即独立的约束线数为 $(6-n)$,如 $2R$-VCM 机构的约束空间维数为 4。

(4) 将约束空间分解成若干个同维子空间。每个子空间中独立的约束线数仍为 $(6-n)$。

(5) 选择一组要综合机构的支链数目 m。支链数目最小为 1,即机构为串联机构;若支链数目大于 1,则要综合的机构为并联机构;若支链数目大于 $(6-n)$,则综

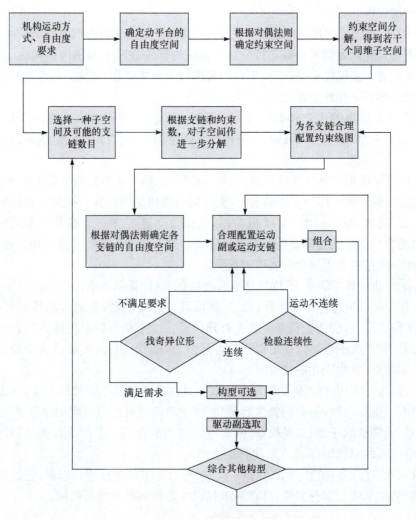

图 7-24 图谱法综合机构的一般流程图

合出的机构可能存在冗余支链或冗余约束。

(6) 根据约束线和支链的数目,对同维约束子空间分解成 m 组,得到每组的约束线图。m 组约束线之间可以有重复的约束线。

(7) 根据每组约束线图选择相应的运动链作为支链。已知运动支链结构,可很容易绘制出其约束线图;反之,已知约束,运动支链的形式却不容易想象出来,这时不妨可用枚举法列出常用运动链的约束线图,辅助支链的选择。表 4-13～表 4-18 中就列出了常用的运动链和相应的约束线图,方便设计查询。

(8) 合理配置运动支链,组成并联机构。将找到的支链放置在相应的位置,将它们的末端连接,使得叠加后的约束线图和步骤(6)中的约束线图相同或者等效,之后绘制机构简图。

（9）对机构进行连续性验证。由于约束线、自由度线的选取具有瞬时性，得到的结果也只能满足瞬时的运动特征。如果机构需要在较大范围内连续运动，则必须对机构进行连续性验证，以选出可用的机构。具体而言，机构的运动连续性验证一般可采用以下几种方法之一：

① 选择机构的几个典型位形，绘制其自由度线，观察自由度线的变化情况。例如，对于一个 2R-VCM 机构，在机构的不同位形下，由自由度线组成的圆盘圆心不变。

② 利用机构仿真软件进行验证，如 ADAMS、Pro/E 的运动仿真模块等。

③ 观察组成机构的各运动支链，支链运动性质的连续性直接影响组成机构的连续性。例如，对于一个 VCM 机构，如果每个支链都有一个固定的连续转动中心，则组合后的机构运动也能实现连续转动。这个方法虽不能验证机构的连续性，但是在一定程度上可以指导支链的选择。

④ 借助位移子群 & 子流形理论来进行判断（详见第 6 章）。

（10）对机构进行奇异性分析。当机构可以连续运动，实现运动目标后，在所需的工作空间内，仍需分析是否具有奇异位形。这个也可以通过仿真或者计算方法得到。利用线图也可以确定机构的奇异位形，即找出自由度线图或者约束线图性质（如维数）发生变化的位置。

（11）对机构进行正确的驱动副选取。具体有两种驱动副选取方法：一是试凑法，选取一组驱动副，将它们锁住后，判断锁住后动平台约束空间的维度是否为 6，如果是，说明选取正确；二是根据"驱动空间与动平台约束空间线性无关"特性，找出一组合理的驱动副（7.3.3 节将详细介绍）。

（12）综合其他构型。步骤（4）~（7）中都可有多种路径进行选择，通过组合后可得到的结果将会多种多样，这有利于我们综合得到更多的新机构。

7.3.3 并联机构驱动副的选取

前面提到，机构驱动空间与动平台约束空间线性无关，如正交补就可以满足这种线性无关特性。

利用此结论可以在已知机构（动平台）的自由度空间前提下确定该并联机构的驱动空间，并且绘制不同自由度空间所对应的驱动空间线图（图 7-25）。

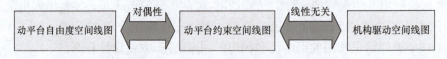

图 7-25 机构自由度空间 & 约束空间 & 驱动空间的关系

(1) 已知动平台的自由度空间为 n 维,根据 F&C 线图,找到 $(6-n)$ 维动平台约束空间线图(处于一般位形下)。

(2) 构造一个 n 维线图,保证与 $(6-n)$ 维动平台约束空间线图无公共元素。这样得到的线图就可作为机构的驱动空间线图。由于这样得到的线图具有多种可能性,还要考虑机构的运动副分布情况。这样,更常见的做法是在支链上选取 1 个单自由度运动副(一般选取基座上的运动副,并保证总数与机构的自由度数相等)作为驱动副,对应的输出力或力偶组成一个空间,进而验证该空间与动平台的约束空间是否含有公共元素。若没有说明选取正确,否则重新选取。

以切向分布的 3-RPS 并联机构(图 3-45)为例,该机构动平台的自由度空间与约束空间如图 7-26 所示,可以看出,两个空间是相同的,而且它们与三维线约束空间 $\mathcal{L}(N,n)$ 等效。其中约束所在平面在动平台上。

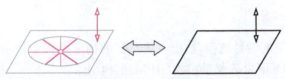

图 7-26　3-RPS 并联机构的自由度与约束对偶线图

根据驱动空间与约束线图之间线性无关的特性,驱动空间线图内不能包含上述约束线图中的任何线以及偶量。通过观察很容易得到几种可行的驱动空间,如图 7-27 所示。

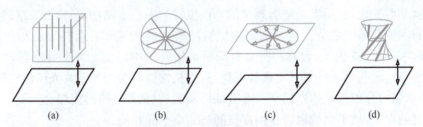

图 7-27　3-RPS 并联机构的驱动子空间线图

下面再根据驱动空间来验证驱动副选取是否合理的议题。

若选取基座上的 R 副作为驱动副,根据驱动旋量的定义,此时每个分支所对应的驱动旋量为通过球铰中心、与 P 副正交,但不与 R 副平行的驱动力。这样的 3 个空间既不平行也不相交的分布力形成一个如图 7-27(d)所示的驱动空间。可以验证,该驱动空间与动平台约束空间无公共元素(一般位形下)。因此,选取的驱动空间合理。若选取 P 副作为驱动副,此时每个分支所对应的驱动旋量为通过球铰中心、与 R 副轴线相交,但不与 P 副正交的驱动力。一种简单特殊的取法就是每个 P 副所在的直线。这样的 3 个驱动力形成一个线驱动空间。可以验证,该驱动空间与动平台约束空间也无公共元素(一般位形下)。即使处于特殊的几何分布,如上下平台等径或成等比例,也满足图 7-27(a)或图 7-27(b)所示的情况。因此,选取的驱动空间也是合理的。

易知,与约束平面正交(或斜交)的空间平行线以及过平面外一点的空间汇交线都可以选作驱动力,但所选取的驱动维数一般要与自由度数目相同。

通过上述分析,可以归纳利用图谱法来合理选取驱动副的一般过程如下:

(1) 以自由度线图形式表达并联机构动平台的自由度空间;

(2) 根据对偶线图法则,得到机构动平台的约束线图;

(3) 选取一组驱动副,确定相应的一组驱动空间,其维度要保证与自由度数相同;

(4) 根据驱动空间与约束线图之间线性无关的特性,来判断驱动副选取是否合理。如果线性相关,则返回步骤(3),重新选取一组驱动副。

7.3.4 构型综合实例

依据以上详细的设计流程,给出一个具体的构型综合实例——具有虚拟转动中心(VCM)的 2DOF 并联转动机构(RPM)的构型综合[15~17]。

对于 2DOF 并联转动机构,当其具有固定的转动中心时,将会有助于简化该并联机构的正逆运动学,非常有利于机构的运动控制;当应用于要求有精确指向等功能的场合时,可以提高机构的指向精度[18]。

根据瞬心的分类,有固定转动中心和瞬时转动中心之分。前者的位置不随机构的运动而变化,而后者是随时改变的。虚拟转动中心也是如此,虚拟二维转动中心也有固定和随变之分。具有固定虚拟转动中心的 2DOF 并联转动机构简称为 2DOF 并联 VCM 机构,而有一类具有瞬时虚拟转动中心的 2DOF 并联转动机构当满足一定的几何条件下可实现纯滚动,这类机构简称为 2DOF 并联纯滚动机构。因此,本例将分别讨论这两类 2DOF 并联转动机构(RPM)的构型综合问题。它们共同之处在于:动平台的瞬时自由度空间与约束空间相同。

1. 画出动平台的自由度空间和约束空间

2R 机构动平台的自由度空间如图 7-28(a)所示,即由过转动中心的所有自由度线组成的圆盘。与其对偶的完全约束空间如图 7-28(b)所示。约束空间内包含有一个球心为转动中心的径向线球、通过球心的一个平面,以及垂直于该平面的偶量。约束空间内只有 4 条线是相互独立的。

2. 对约束空间进行等效与分解

表 4-6 已经给出了该约束空间内有 6 种可能的同维约束子空间,如图 7-29(a)~(f)所示。

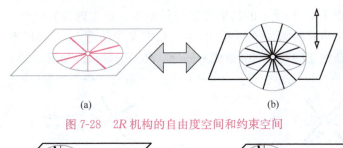

图 7-28　2R 机构的自由度空间和约束空间

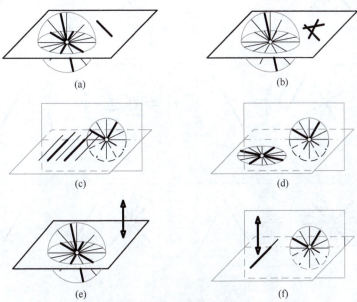

图 7-29　2R 机构约束空间的 6 种同维子空间

图 7-29(a)中选择过转动中心的 3 条相互独立的约束线,加上平面内任意 1 条独立的约束线。由于过球心的平面可以任意选取,这种情况等于选择:相交于转动中心点的 3 条约束线和 1 条不过转动中心的约束线。

图 7-29(b)中选择平面上 3 条相互独立的约束线,加上过转动中心点的 1 条非共面约束线。

图 7-29(c)中选择过转动中心的 2 条约束线和 2 条通过转动中心的平面上的两条平行线,这两个平面不能重合。

图 7-29(d)中选择过转动中心的 2 条约束线和通过转动中心的平面上的 2 条相交线,相交点不能位于两平面的交线上,两平面不能重合。

图 7-29(e)中选择 3 条通过转动中心的约束线和 1 个偶量。

图 7-29(f)中选择过转动中心的 2 条约束线和 1 条与这两条约束线不共面且不过转动中心点的约束线,以及 1 个与这条约束线相垂直的偶量。

选择图 7-29(a)~(f)中的任何一种即可完成 7.3.2 节给出的步骤(4)。下面通过具体的例子来进行说明。

这里以图 7-29(a)所示的约束线图进行说明。首先选择支链数目,如果选 1,则可组成一个串联的 2R-VCM 机构(不是我们关注的重点)。如果支链数目选择 2,则可将 4 条独立的约束线分解成两部分。典型分解情况如图 7-30 所示。

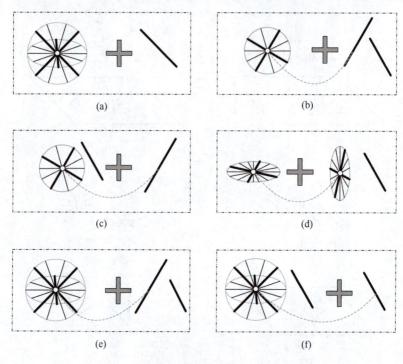

图 7-30　约束空间依据支链数量进行分解

图 7-30 中,(a)~(c)中没有冗余约束,而(d)~(f)则含有冗余约束。包含冗余约束后,分解的方式更多,这里不再枚举。

3. 构造运动链

这里仅对图 7-30(a)~(d)进行举例说明。

(1) 选择图 7-30(a)所示的分解形式,两组线图分别是圆球和不通过圆球球心的任意直线[图 7-31(a)]。分别从约束度为 3($f=3$)和 1($f=5$)的表 4-15 和表 4-17 中查找各自对应的支链,得到如图 7-31(b)所示的机构构型。

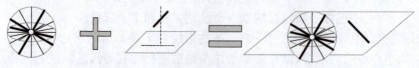

(a) 支链约束线图的组合

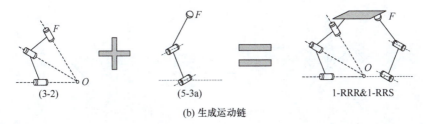

图 7-31　3R 支链与 RRS 支链组成一个并联 2R 机构

（2）选择图 7-30(b)所示的分解形式，两组线图分别是一个圆盘和另外两条空间异面直线或两条平面平行直线，其中一条直线通过圆盘圆心。从约束度为 2（$f=4$）的表 4-16 查找对应的支链，得到如图 7-32～图 7-35 所示的机构构型。

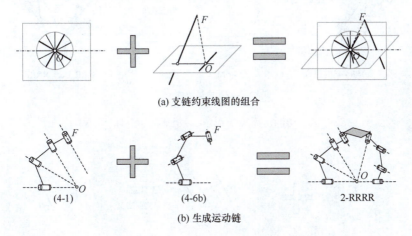

图 7-32　两个 4R 支链组成一个并联 2R 机构

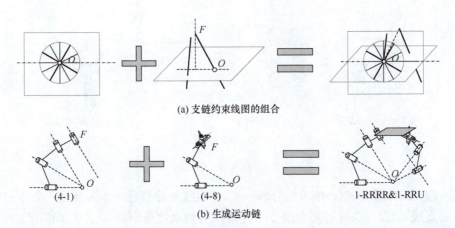

图 7-33　4R 支链与 RRU 支链组成一个并联 2R 机构

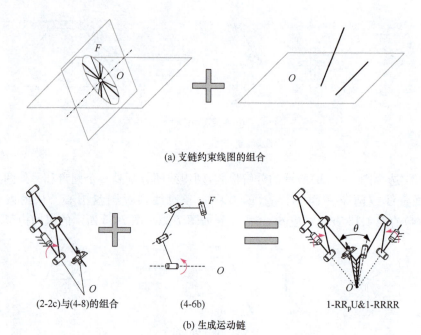

图 7-34 仿图仪支链与 4R 支链组成一个并联 2R 机构

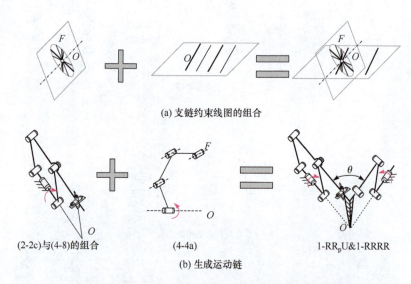

图 7-35 仿图仪支链与 4R 支链组成一个并联 2R 机构

(3) 选择图 7-30(c)所示的分解形式,两组线图分别是一个圆盘与一条不过圆心的直线,以及一条通过圆盘圆心的直线。从约束度分别为 3($f=3$) 和 1($f=5$) 的表 4-14 和表 4-17 中查找相应的支链,得到如图 7-36 所示的机构构型。

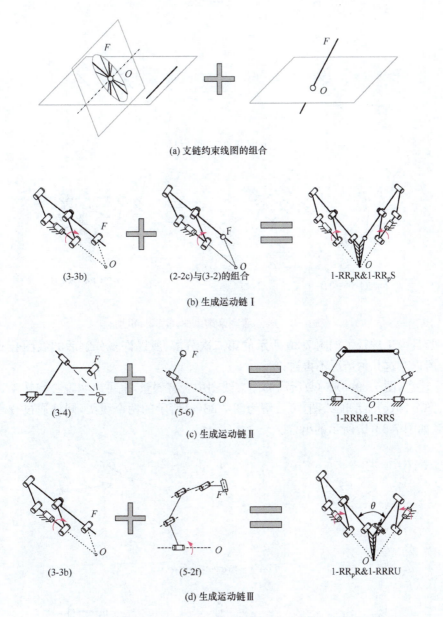

图 7-36 第三种分解方式构造 2R 机构

(4) 选择图 7-30(d)所示的分解形式，两组线图分别是两个圆心重合且不在同一平面的圆盘，其中一组中还含有一条不通过圆心的直线。两个圆盘相交后与一个圆球等价，因此冗余度为 1。分别从约束度为 2($f=4$) 和 3($f=3$) 的表 4-14 和表 4-15 中查找各自对应的支链，得到如图 7-37 所示的机构构型。

采用图 7-29(b)~(f)所示的约束线图构造并联 2R 机构的方式与前面的例子

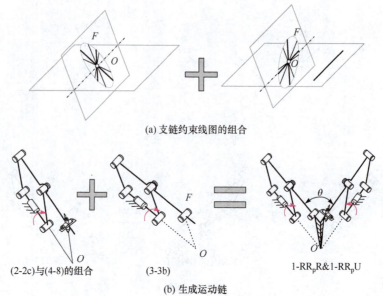

图 7-37　构造含冗余约束的并联 2R 机构

类似，且由于进行了如图 7-30 所示的第二次分解，所以许多分解后的线图会有重复，所以对这几种情况不再讨论。

注意，图 7-29(e)～(f)所示的约束线图中含有偶量，也可以实现二维转动。例如，图 7-29(e)所示的线图，可分解为图 7-38(a)所示的两个线图，同样通过查表可得到如图 7-38(b)所示的组合。

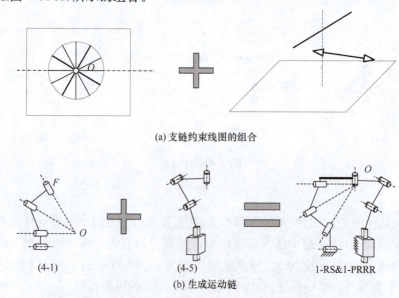

图 7-38　含有移动副的并联 2R 机构

4. 连续性、奇异性分析

在选定一种构型后,还需要验证其连续性(甚至包括奇异性)等问题。虽然图谱法不涉及尺寸等因素,但也可进行初步验证,下面用两个例子来进行说明。

1) 实例 1

如图 7-39(a)所示,一个约束线圆盘和两条平行的约束线,可组成如图 7-29(c)所示类型的约束线图,即能实现二维转动。在组合的过程中,一定要将平行约束线所在的平面通过约束线圆盘的圆心,同时平行线与圆盘成一定的夹角,如图 7-40(a)所示。如果两者平行,如图 7-40(b)所示,则组成的约束线空间维数仅为 3,不符合综合目标(这时维数为 4)。与图 7-39(a)对应的机构如图 7-39(b)所示,由前面分析可知,图中的 θ 不能等于 $180°$。

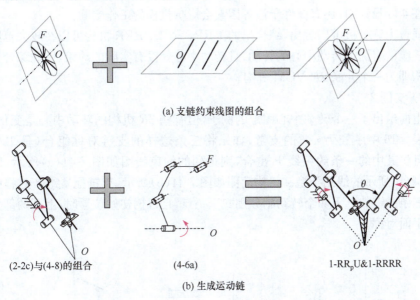

图 7-39 2R-VCM 机构

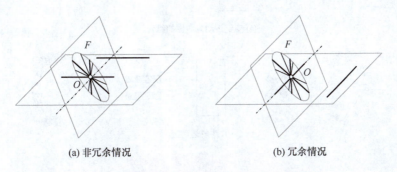

图 7-40 约束线圆盘与两条平行的约束线组合

机构的连续性分析：由于每个支链在完成一定范围的运动后，其约束线图只有相应的角度变化，而线图的类型并没有发生改变。即仿图仪支链运动到一定范围后其约束线图仍为一个圆盘，而右边的 4R 机构运动到一定范围后仍为通过地面转动副轴线的两条平行约束线。虽然它们的角度发生改变，但是两个约束线图组合的条件没有发生改变，即"组合过程中要将平行约束线所在的平面通过约束线圆盘的圆心，同时平行线和圆盘成一定的夹角"仍然成立。由于上述分析在整个转动范围内都可用，同时两个支链运动在整个转动范围内也都是连续的，因此初步判断此机构在整个转动范围（即两维转动都是 360°范围）内都是连续的。

机构的奇异性分析：同连续性分析类似。观察机构运动到一定范围后，约束线图的性质是否发生改变，没有则无奇异点。对该机构而言，由于仿图仪支链在 4 个杆件重合时存在奇异点，机构的一个奇异点发生在仿图仪支链发生奇异的位置。

在实际设计中，还有杆件干涉等因素会影响机构的工作空间。

通过上述分析可以看出，综合出的 1-RR$_p$U&1-RRRR 机构可以在较大范围内实现连续的有固定转动中心的转动，且转动中心处没有实际的约束，因此综合得到的机构即为一个并联 2R-VCM 机构。

2）实例 2

上面给出了一个转动中心固定的例子，但有些 2R 机构的转动中心是变化的。选择表 4-16 中序号为 4-7 的支链，如果将三条这样的支链对称组合（呈 120°分布），且将其中的一条约束线 F 重合，则得到的约束线图如图 7-41(a)所示，即为图 7-32(b)所示的线图类型。机构简图如图 7-41(b)所示，支链配置组装过程中需要将三条支链的上下两个转动副分别交于一点，且机构初始位置时，上下两部分关于中平面对称。

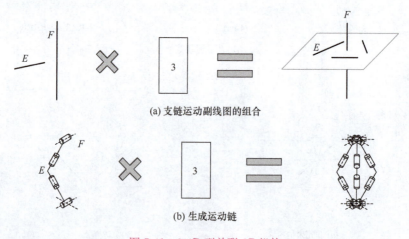

(a) 支链运动副线图的组合

(b) 生成运动链

图 7-41　3-4R 型并联 2R 机构

在初始位置时,机构的自由度线图为中平面上的二维相交直线组成的圆盘,交点通过约束线 F,当机构转动后,各个支链的约束线图都发生变化。由于机构在初始位置的瞬时转动为二维转动,没有绕着上平台中心点竖直轴线的转动,所以转动后每个支链的上下两个转动副的轴线位于同一平面上,即存在交点。图 7-42(a) 为自由度线图,上下两个转动副的自由度线相交于一点。相应地,约束线也发生改变,如图 7-42(b) 所示。

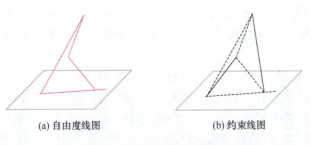

(a) 自由度线图　　　　　　(b) 约束线图

图 7-42　支链在转动后约束线图发生改变

由于竖直的约束线重合,且始终通过上下平台的中心点,而约束线表示限制沿约束线的移动,因此上下平台的中心点的位置在转动中不发生改变。

为了进一步研究转动后机构的 F&C 线图,需要对这个机构的几何形状进行分析。为了方便表述,选取一个侧面,初始位形如图 7-43(a) 所示,图中圆点表示支链转动自由度轴线相交的位置。A 点是支链的下端铰链相交的位置,对于连杆 AO,由于与 A 点连接的转动副是水平的,所以在这个视图中 AO 垂直于基座;同理 OC 垂直于动平台,并在运动时始终保持这一关系。由于上下两部分的连杆长度相同,因此机构关于 DOB 所组成的平面上下对称。

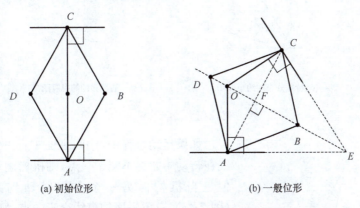

(a) 初始位形　　　　　　(b) 一般位形

图 7-43　支链在转动后各转动副的相对位置

在初始位置下,通过约束线图可知上平台 C 可绕 O 转动,得到图 7-43(b) 所示的形状。上平台平面和下平台(基座)的平面必然会相交于一条直线,在图中表示

为点 E。连接 OE，由于 $AO=CO$，且 $AO \perp AE$，$CO \perp CE$，可知 OE 为 $\angle AEC$ 的角平分线。

从而可知：

$$AC \perp EF, \quad AF=FC$$

又由 $AD=CD$，$AB=CB$，可知 B 点和 D 点必在垂直平分线上。

将此结论扩展到空间上，可导出该机构各支链自由度线的中间交点在机构转动时始终位于同一平面上，这个平面也通过上平台和下平台平面的交线，且是这两个平面所构成的空间角的角平分面。中间约束线所在的平面和竖直约束线（AC）垂直。

因此，初始位置时中平面上的三条约束线在转动后仍然共面[图 7-44（a）]，说明机构的运动是连续的。通过自由度线图[图 7-44（b）]可以看出，由于中间竖直的那条约束线绕着下平台的中心点摆动，转动中心必过竖直约束线和中间三条约束线所在平面的交点，因此转动后转动中心发生改变。图 7-44（c）绘制出了上平台绕与某一约束线平行的轴线进行转动的情况；图 7-44（d）给出了任意转动下的约束线图。

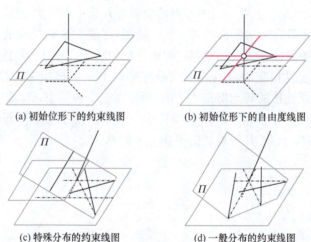

(a) 初始位形下的约束线图　　(b) 初始位形下的自由度线图

(c) 特殊分布的约束线图　　(d) 一般分布的约束线图

图 7-44　机构在不同位形下的约束线图

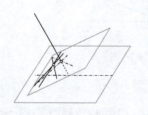

图 7-45　机构转动后存在奇异点

如果运动过程中，中间平面 Π 上的三条约束线在转动中始终不交于一点，则机构运动无奇异。但是当机构向另一个方向转动到某个角度（图 7-45），三条平面约束线交于一点，则机构的自由度数变为 3，此位置即为机构的奇异点。

对机构尺寸、结构等进行详细设计，设计出的

CAD 模型图见图 7-46。最好在设计时,考虑将奇异点置于所需的工作空间之外。

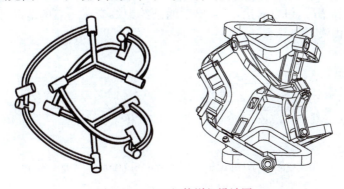

图 7-46 3-4R 机构详细设计图

若在不改变支链结构的前提下还能完全消除掉奇异的存在,可考虑重新配置支链的分布方式。本章前面已经给出了常见支链分布类型。注意到在 3-支链的并联机构中,最为常见的支链分布形式有 δ(或 Δ)形和 T 形,如图 7-47 所示。对于图 7-46 所示的机构即采用的是 δ(或 Δ)形分布方式。

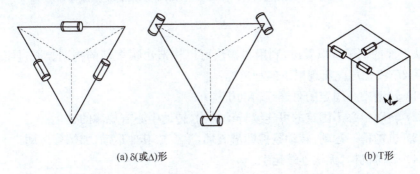

(a) δ(或Δ)形   (b) T形

图 7-47 3 支链并联机构支链分布方式示意图

事实上,完全可以采用三个支链呈 T 形分布的构型方式(图 7-48)。读者可以采用上面介绍的图谱法验证一下该机构是否还存在奇异位形。

在上面这个例子中,还可以通过增加一条支链达到去除奇异点的目的。当四条支链相互呈 90°放置时,即是我们所熟悉的 Omni-Wrist III 机构。

该机构初始位置的约束线图如图 7-49(a) 所示,得到的自由度线图如

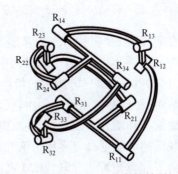

图 7-48 3 支链呈 T 形分布的并联机构

图 7-49(b)所示。图 7-49(c)和(d)绘制出了上平台绕与某一约束线平行的轴线进行转动的特殊情况,可以看出,不会出现四条约束线交于一点的情况,因此这个机构在中平面内没有奇异点。

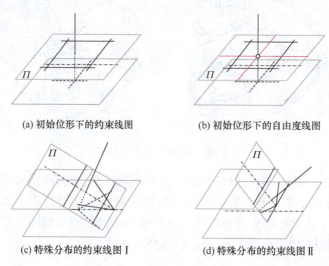

(a) 初始位形下的约束线图　　　　(b) 初始位形下的自由度线图

(c) 特殊分布的约束线图Ⅰ　　　　(d) 特殊分布的约束线图Ⅱ

图 7-49　4 支链的 2R 机构转动后的约束线和自由度线图

从上面的例子可以看出,利用图谱法可以构造出很多新的构型。通过组合后的并联 2R 机构可能出现以下四种情况:

(1) 转动中心固定的可连续转动机构;
(2) 转动中心不固定的可连续转动机构,转动中心有规律的变化;
(3) 机构稍一运动,转动条件即遭破坏,演变成其他运动,如螺旋运动;
(4) 瞬时机构,无法连续运动。

第一种机构即为 VCM 机构;第二种机构也可称为转动机构,但是其转动中心是变化的,可作为指向机构进行研究;第三种和第四种情况无法产生预期的转动。

5. 并联 VCM 机构的构型综合

在前面对 2R 机构研究的基础上,来讨论 2DOF 并联 VCM 机构的构型综合问题。事实上,前面综合得出的机构中有一部分就是 VCM 机构,如含仿图仪支链的图 7-39(b)和图 7-41(b)所示的机构。

然而,在实际的工程应用中,运动支链的关节数目增多,支链的各种误差也会相应地累积和增大。因此,运动支链数少、支链关节运动副数少、运动副类型简单的并联机构可能更具有实用价值和应用前景。

为了综合 2DOF 并联 VCM 机构,不妨首先分析一下这类机构的自由度空间或约束空间应具有的几何特征。

对于维数大于等于 3 的约束空间,当其空间内至少包含一个 3 维约束线球,与其对偶的自由度空间中只存在直线(不存在偶量),且所有自由度线均穿过约束线球的球心。表 7-2 列举了空间内包含 3 维约束线球子空间的 4 维和 5 维约束空间。由表可知,其分别对应的对偶自由度空间中各自由度线均过约束线球球心。

表 7-2 含有约束线球的 4 维、5 维约束空间及其对偶空间

维数	约束空间	自由度空间	对偶线图
3	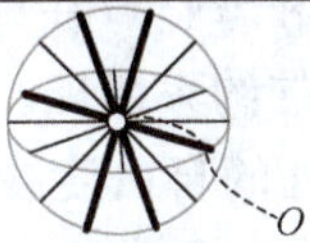	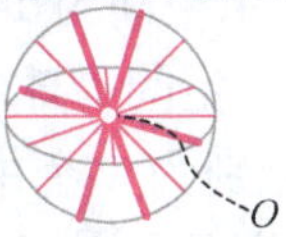	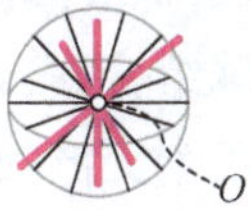
4	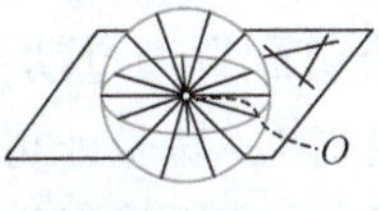	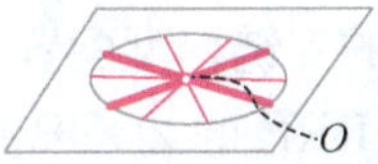	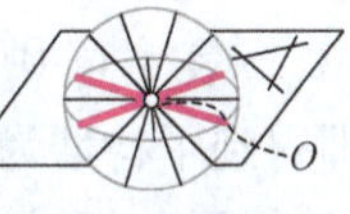
4	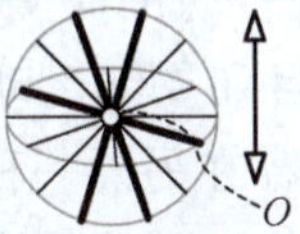	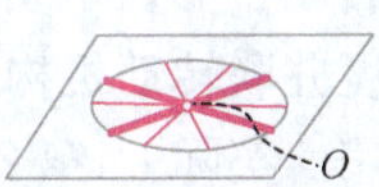	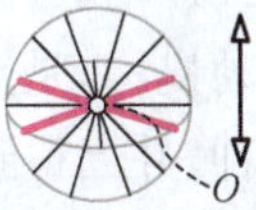
5	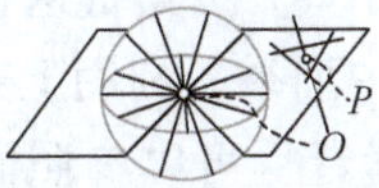	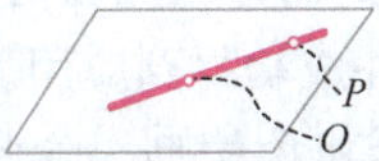	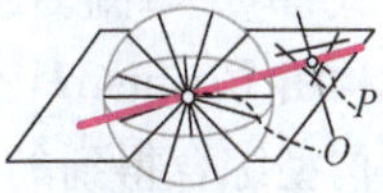
5	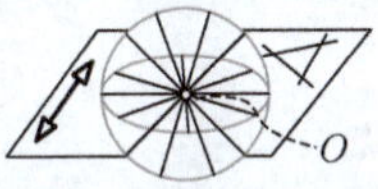	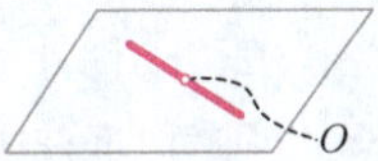	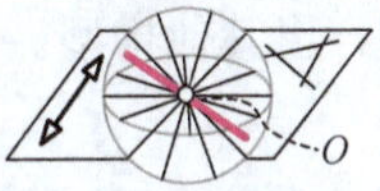
5	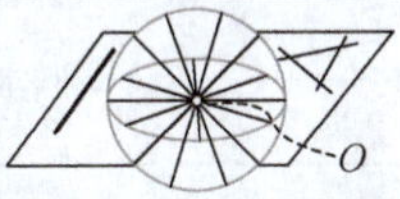	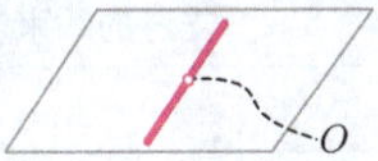	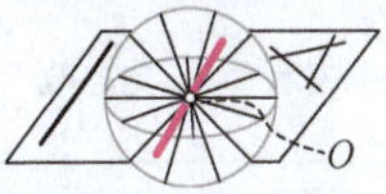

在上述推论基础上,不妨作如下假设:若上述推论中机构动平台约束空间中约束线球的球心为空间固定点,则对偶自由度空间中的自由度线也应穿过该空间固定点,即机构的动平台具有绕固定点的转动自由度。

第一种情况:简约型 2DOF 并联 VCM 机构。

能满足上述假设条件的方案有很多种,基于前述结构精简设计原则可以给出一种精简方案:在并联转动机构中,若其中某个支链的约束空间包含一个约束线球,则动平台具有绕固定点的转动自由度。结合表 7-2 可知,该支链的约束空间只有 5 种类型,且对偶自由度空间中各自由度线均穿过球心,又知该支链为纯串联支链,因此在进行支链的构型配置时,必然有一个转动自由度与机架相连,且约束空间的球心在该自由度空间的位置固定不变。换句话说,为综合得到一个具有固定转心特性的 2DOF 并联转动机构,其中必然存在这样一个串联支链,该串联支链的

约束线图类型要么是一个三维约束线球,要么是一个约束平面与一个球心在该约束平面上的约束线球组合后的空间。这一结果不仅给出了固定转心并联机构中一个支链的两种约束线图类型,同时也将大大简化利用图谱法进行构型综合的步骤,提高构型综合效率。

这样,在结构精简设计原则指导下,应尽量减少机构的支链数目和支链中的关节数目。不妨以 2 支链的并联 VCM 机构为例,首先将动平台约束空间进行分解,如图 7-50 所示:第 1 个支链的约束空间为 1 个约束平面和球心 O 在约束平面上的约束线球组合,第 2 个支链的约束空间为球心位于 O 处的约束线球。利用对偶法则求得各个支链的自由度空间分别为 1 个中心在点 O 处的自由度线盘和 1 个球心在点 O 处的自由度线球,并依照等效原则分别绘制其等效自由度线图。从表 4-15~表 4-17 中选择相应的支链构型配置,并将各支链配置通过动平台组合起来,即得到了构型为 1-RR&1-RRR 的 2DOF 并联转动机构。易验证可知,该机构可以连续运动,且具有固定的转动中心。事实上,该并联转动机构又称为空间 5R 并联转动机构,是众多二自由度并联转动机构中支链数目和支链运动副数目均较少的一种,并已得到了广泛应用。实际上,第 2 个支链还存在另外一种更简单的配置方式:单一 S 副。经组合得到的并联机构构型为 1-RR&1-S,具备这种构型的并联机构由 Rosheim[18] 设计出并成功得到应用。表 7-3 中列举了利用上述所提方法进行构型综合得到的 4 种精简机构构型。除此之外,读者也可以参照同样构型方法综合出其他构型。

表 7-3　4 种 2DOF 并联 VCM 机构

符号表示	支链数	支链的约束空间			机构构型简图
		Ⅰ	Ⅱ	Ⅲ	
1-RR&1-RRR	2			—	
1-RRR&1-RSR	2			—	
1-RR&2-RRR	3				
2-RRR&1-SRR	3				

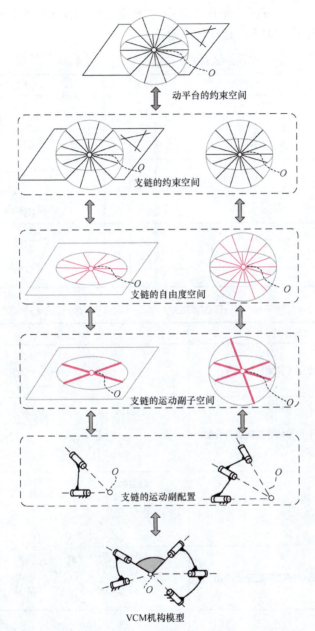

图 7-50 1-RR&2-RRR 并联 VCM 机构构型综合过程图示

第二种情况：基于仿图仪子链的 2DOF 并联 VCM 机构。

第 4 章曾讨论过仿图仪机构的固定 VCM 特性，基于该机构可以构造出多种不同自由度的固定 VCM 运动子链或运动支链，具体如表 7-4 所示。这样，即可采用与第一种情况相类似的思路和方法来构造具有仿图仪子链的 2DOF 并联 VCM

机构,具体见表 7-5。表 7-6 给出了其中 12 种基于仿图仪子链的 2DOF 并联 VCM 机构,全部通过了 ADAMS 运动仿真验证。

表 7-4 6 种基于仿图仪子链的 VCM 支链

DOF	类型	机构简图	DOF	类型	机构简图
2	Ⅰ	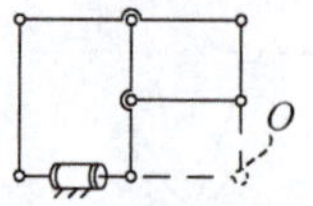	3	Ⅳ	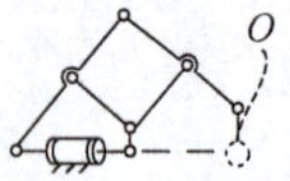
2	Ⅱ	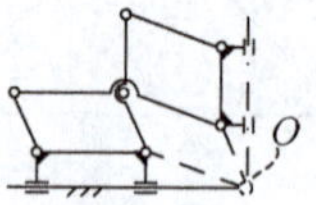	4	Ⅴ	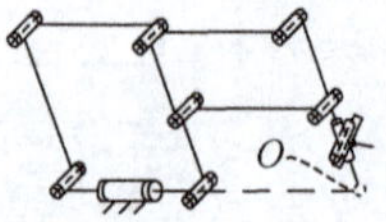
3	Ⅲ	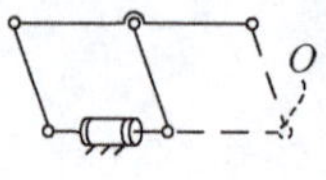	5	Ⅵ	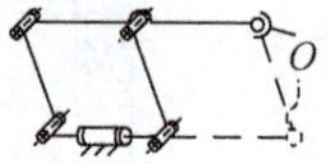

表 7-5 基于仿图仪子链的 2DOF 并联 VCM 机构构型综合过程示意

过程描述	图示
画出动平台的自由度与约束空间	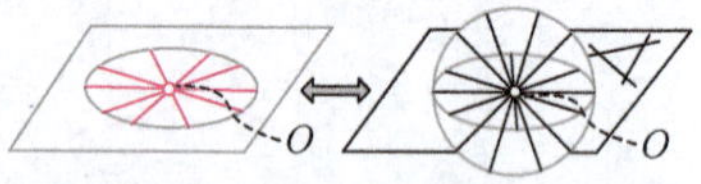
基于支链数对动平台的约束空间进行分解	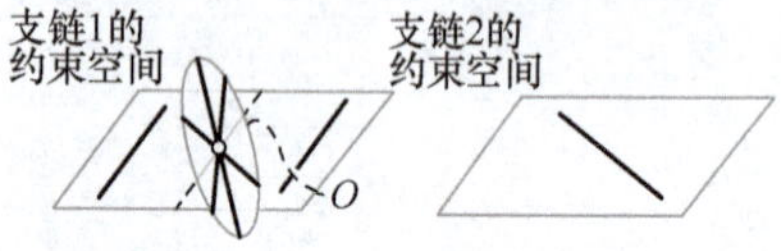
画出与每个支链约束空间对偶的自由度线图	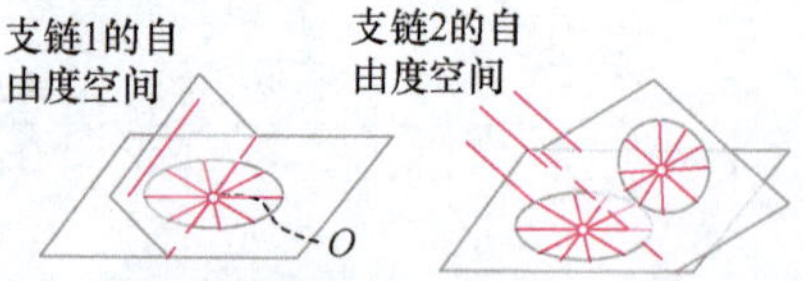
基于每个支链的自由度线图配置运动副	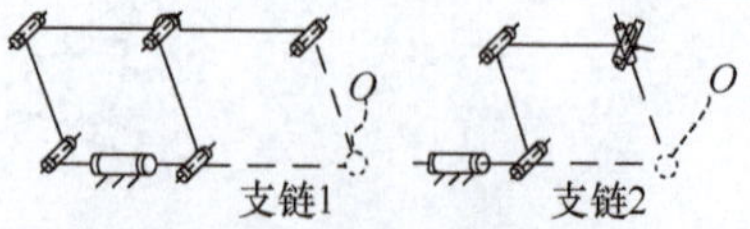
将各个支链组装成一个并联平台	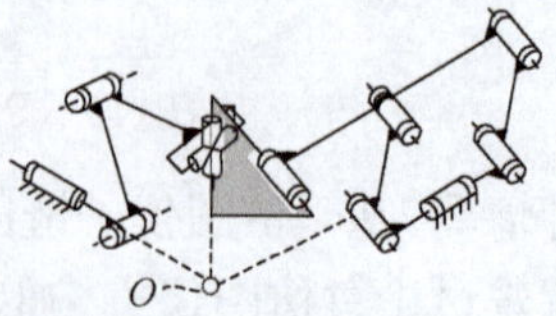

表7-6 12种基于仿图仪子链的2DOF并联VCM机构

类型	支链数	支链1的约束空间	支链2的约束空间	支链3的约束空间	机构构型简图
Ⅰ	2		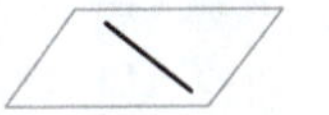		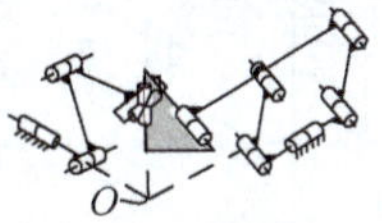
Ⅱ	2	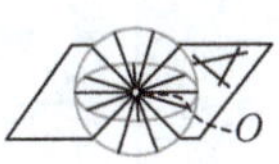			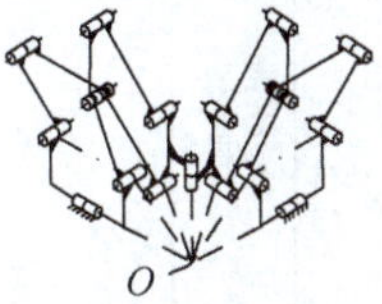
Ⅲ	3	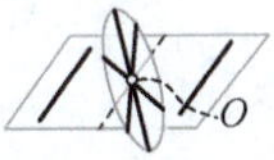			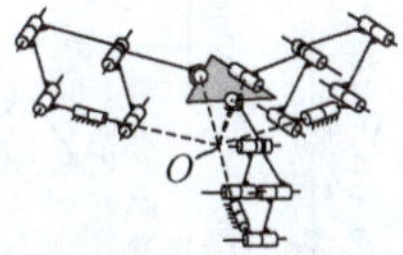
Ⅳ	3			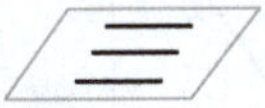	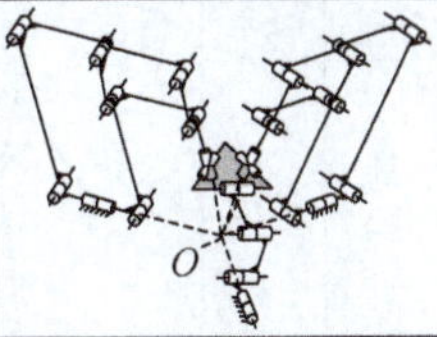
Ⅴ	3	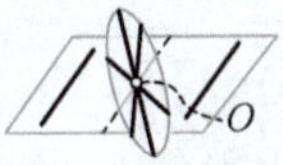	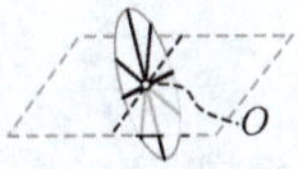		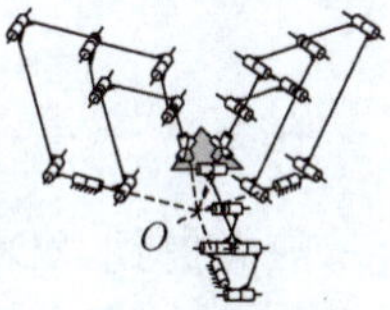
Ⅵ	3		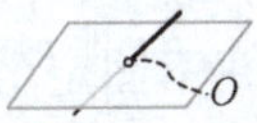	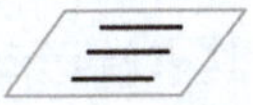	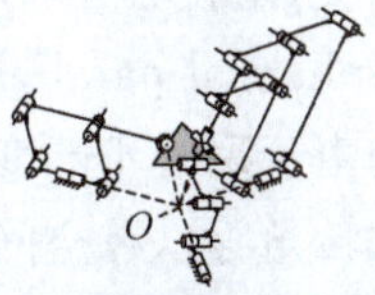
Ⅶ	3			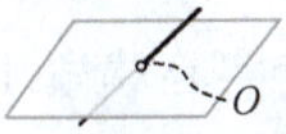	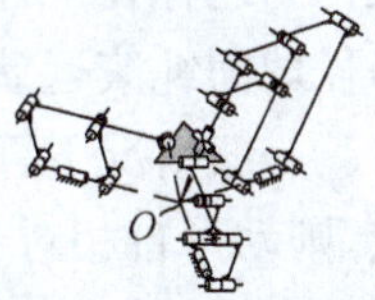
Ⅷ	3	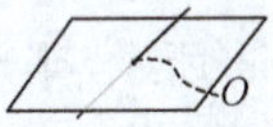		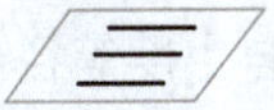	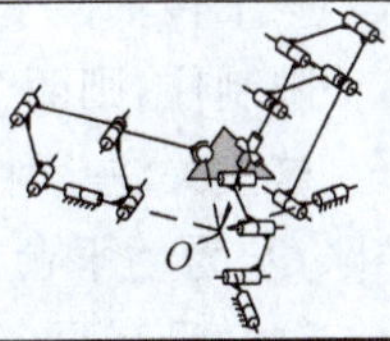

续表

类型	支链数	支链1的约束空间	支链2的约束空间	支链3的约束空间	机构构型简图
IX	3		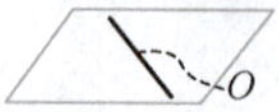	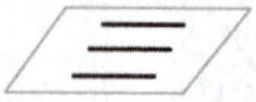	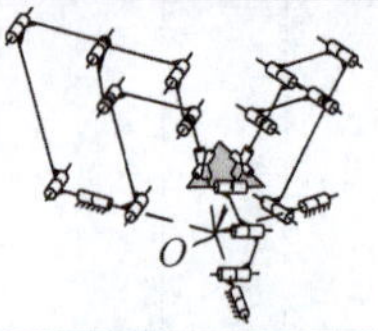
X	3				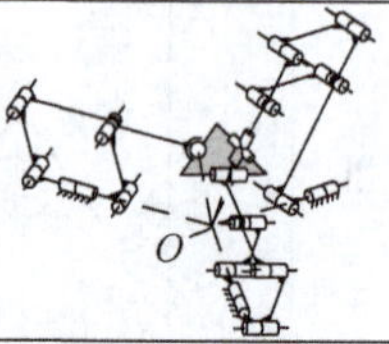
XI	3			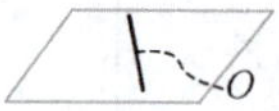	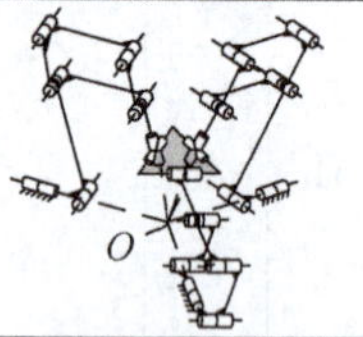
XII	3	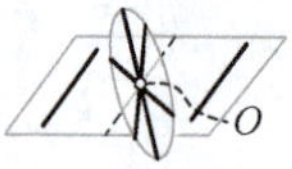			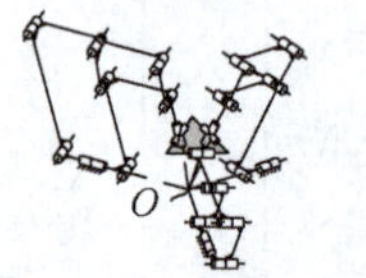

6. 二维纯滚动并联机构的构型综合

前面提到,2DOF 并联转动机构依据其瞬心变化可以分为定转心和非定转心两类,定转心并联转动机构因其末端运动空间为球面,故又被称为球面并联机构(spherical parallel mechanisms)[10],或并联 VCM 机构。而非定转心并联转动机构由于瞬心不断变化,其末端运动空间并不固定,常常表现出某种特殊的性能(如大转角等),在空间指向等领域也有着较大的应用前景。此外,非定转心并联转动机构中还存在一种具有特殊运动的子类型,其末端平台能绕静平台基座做2DOF等径球面纯滚运动。

一般情况下,两个实心球做纯滚运动。若以一个球为基座,另一个球为动平台,则动平台相对于基座将会有三个瞬时转动自由度:一个转轴为两球心的连线,另外两个转轴位于两球的切平面上,三个转轴均穿过切点。若将过两球心连线的转轴限制住,则两个实心球做二维纯滚运动。

这里关注一种二自由度等径球面纯滚运动,如图 7-51 所示,半球 O_1 为基座,半球 O_2 为动平台,半球 O_1 与半球 O_2 半径相同,动平台 O_2 绕基座 O_1 做纯滚运动。这时只有两个瞬时转轴(图中任选两条相交的红线):均位于切平面 Π 上,且

交于切点 O_3。

在该运动模型中，动平台 O_2 可相对基座 O_1 做整周旋转，在俯仰方向上满足
$$\Phi = 2\theta$$
式中，Φ 为以动平台中心线为轴线的俯仰偏向角；θ 为以定平台中心线为轴线的俯仰偏向角。

为了确保动平台半球 O_2 在基座半球 O_1 的半球面上做二自由度纯滚运动，根据自由度与约束对偶法则，需给动平台施加 4 个独立约束，具体如图 7-52 所示。动平台 O_2 可绕切平面 Π 上红色线盘内的任意两条红色自由度线 F_1 和 F_2 转动。动

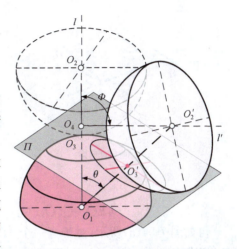

图 7-51 2DOF 等径球面纯滚运动模型

平台所受的 4 个独立约束线分别为：一条约束力线 C_1 穿过点 O_1 和 O_2，约束动平台沿 O_1O_2 方向上的移动自由度；两条相交约束力线 C_2、C_3 位于切平面 Π 上，分别约束动平台在切平面内的二维移动；一条约束力偶垂直于切平面 Π，用于约束动平台绕 O_1O_2 轴的转动自由度。在该模型中，所有的自由度线及约束线均遵循对偶线图法则，并且存在以下几何关系：

(1) 直线 O_1O_2 穿过点 O_3，且直线 O_1O_2 垂直于切平面 Π。

(2) 约束力偶 C_4 与直线 O_1O_2 平行，均垂直于切平面 Π。

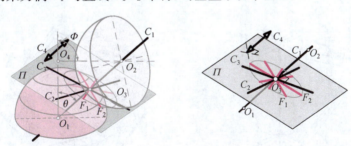

图 7-52 2DOF 等径球面纯滚运动的 F&C 线图

2DOF 等径球面纯滚运动的约束线图还可以进一步等效为图 7-53(b) 所示的完全由直线组成的约束线图。

可以验证，前面给出的 Omni-Wrist III 机构正好满足上述约束条件。因此，下面以该机构为例深入挖掘可实现二自由度纯滚运动机构的几何及物理特征。

如图 2-57 所示，Omni-Wrist III 机构具有相同的运动支链，即有如下关系：
$$EO_1 = FO_1 = GO_1 = HO_1 = l_1, \quad EO_2 = FO_2 = GO_2 = HO_2 = l_2$$

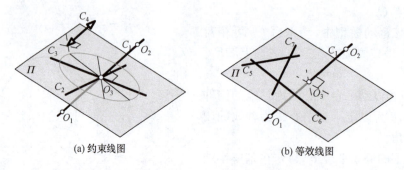

(a) 约束线图 (b) 等效线图

图 7-53 2DOF 等径球面纯滚运动约束线图及其等效线图

$$\angle O_1EO_2 = \angle O_1FO_2 = \angle O_1GO_2 = \angle O_1HO_2 = \alpha$$

再如图 7-54(a)所示,对于每一个 4R 串联支链而言,支链中共有 4 个自由度(4 个串联转动副:F_{11}、F_{12}、F_{13} 和 F_{14}),按照对偶线图法则可知,该支链对动平台能够提供 2 个约束力(C_{B1} 和 C_{B2}),且该两条约束力线满足以下几何约束条件:

(1) 第 1 条约束力线 C_{B1} 必然穿过点 O_1 和 O_2。

(2) 第 2 条约束力线 C_{B2} 必然穿过点 E,且与自由度线 F_{11} 和 F_{14} 均相交。

动平台的约束空间[图 7-54(b)]由 4 个形状类似的约束子空间组合而成,同时应与图 7-53(b)所示的空间等效。为此,还必须满足以下条件:

(3) 存在一条公共约束力线,即图 7-54(b)所示的 C_{B1}。

(4) 图 7-54(b)中的约束力线 C_{B2}、C_{B3}、C_{B4} 和 C_{B5} 必须是共面的,但不能汇交于同一点。

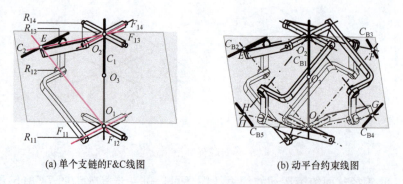

(a) 单个支链的 F&C 线图 (b) 动平台约束线图

图 7-54 Omni-Wrist III 机构的约束线图

为确保上述 4 条几何约束条件同时成立,各支链间还需满足如下三个条件:

(5) 基座上的 4 个转动轴线 R_{11}、R_{12}、R_{13} 和 R_{14} 汇交于一公共点,但不必共面;动平台上 4 个转动轴线 R_{14}、R_{24}、R_{34} 和 R_{44} 汇交于一公共点,也不必共面。

(6) 每个支链中的轴线交点 E、F、G 和 H 必须保持共面。

(7) 约束力线 C_{B2}、C_{B3}、C_{B4} 和 C_{B5} 必须位于由点 E、F、G 和 H 确定的平面

Π 上。

上述 7 个几何条件构成了 2DOF 等径球面纯滚机构应满足的必要条件,对机构本身有着很强的限制,而且对实际的机构设计有很好的指导意义。

仍取 Omni-Wrist III 机构的一个支链为例,如图 7-55 所示,图中只保留 3 个有效连杆(去除基座和动平台),其中转动副 R_{12} 和 R_{13} 的轴线相交于点 F,则点 F、O_1 和 O_2 可以构成一个封闭三角形。为保证上述 7 个条件均能满足,在几何上需满足下面的尺寸条件:

$$FO_1 = FO_2$$

即

(8) $l_1 = l_2$。

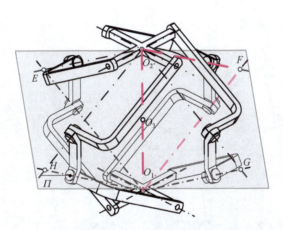

图 7-55 2DOF 等径球面纯滚运动需满足的约束条件

上述等式正好反映了 Omni-Wrist III 机构的关键几何特征所在。在上述等式条件成立的条件下,整个机构变成了一个上下对称的并联机构,而对称面正是由点 E、F、G 和 H 确定的平面(平面 Π)。图 7-56(a)很好地解释了在上述等式成立情形下机构在某瞬时的自由度及约束情况,可见只要该机构满足球面纯滚运动的约束条件,末端运动必将是一种 2DOF 等径球面纯滚运动。图 7-56(b)示意了当上述等式不满足时的约束情况,此瞬时该机构只有一个自由度,即沿 FH 轴的瞬时转动,虽然仍是球面纯滚,但只能做俯仰运动,而不能做方位旋转。因此,条件(8)给出了 2DOF 等径球面纯滚机构应满足的另一必要条件。

在给出以上条件基础上,来讨论 2DOF 等径球面纯滚并联机构的构型综合问题。所采用的仍然是本章前面介绍的图谱法及构型综合流程。

图 7-57 首先给出了满足这类机构的 5 种同维约束子空间类型。

根据条件(8),2DOF 等径球面纯滚并联机构一定具有对称中平面。这样,该机构的约束空间也一定是对称分布的。表 7-7 给出了满足此条件的 4 种同维约束子空间分解方式。

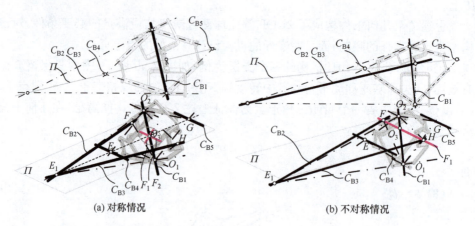

(a) 对称情况　　　　　　　　　　(b) 不对称情况

图 7-56　Omni-Wrist III 机构在几何对称与非对称下的约束分布

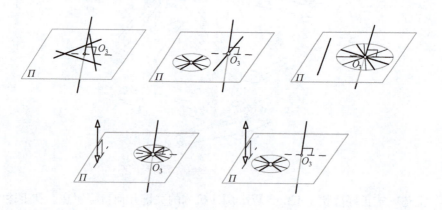

图 7-57　2DOF 等径球面纯滚并联机构的 5 种同维约束子空间

表 7-7　对称约束空间的分解类型

类型	分解图示
A	![A分解]
B	![B分解]

续表

类型	分解图示
C	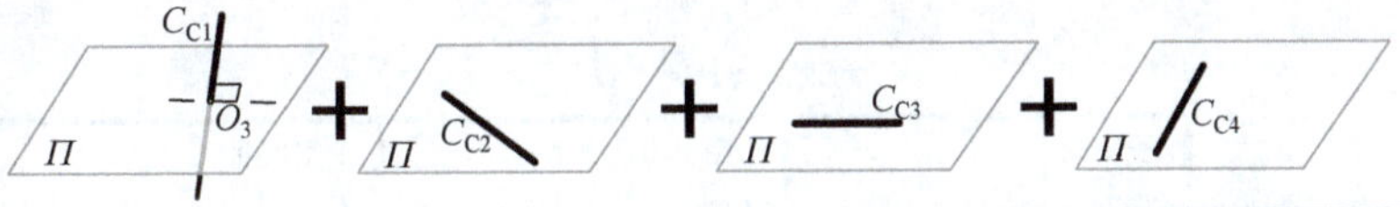 Π O_3 C_{C1} + Π C_{C2} + Π C_{C3} + Π C_{C4}
D	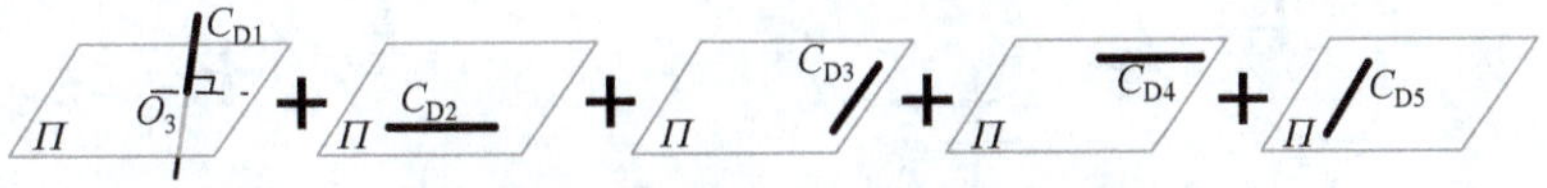 Π O_3 C_{D1} + Π C_{D2} + Π C_{D3} + Π C_{D4} + Π C_{D5}

表 7-8 则列举了满足表 7-7 的镜像对称的 4 种支链结构。

表 7-8 镜像对称的 4 种支链结构

序号	DOF	符号表达	支链的 F&C 线图	支链结构
L-Ⅰ	4	4R	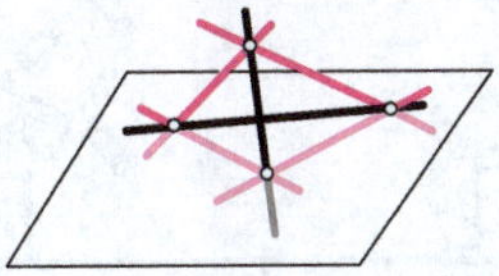	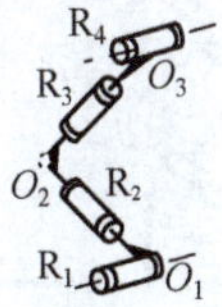
L-Ⅱ	5	5R	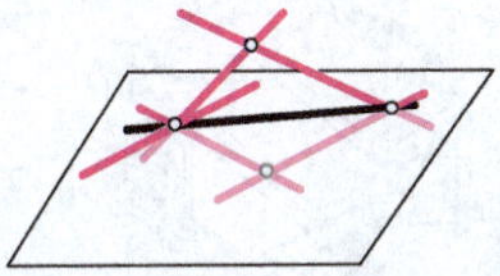	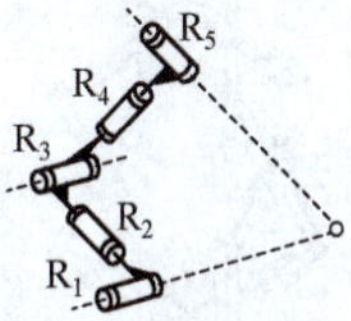
L-Ⅲ	5	RSR	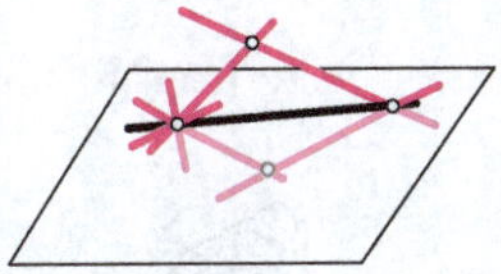	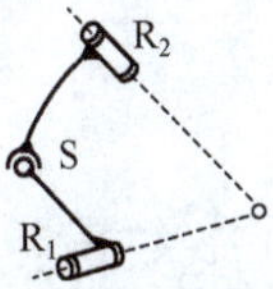
L-Ⅳ	5	SS	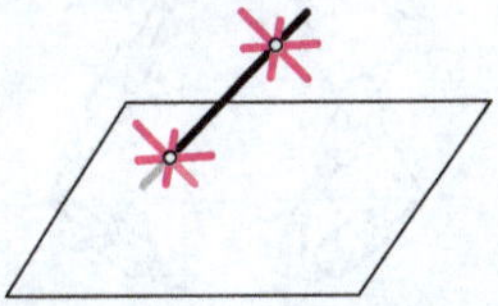	

图 7-58 图示了应用图谱法对 2DOF 等径球面纯滚并联机构进行构型综合的一般过程。

图 7-59 和图 7-60 分别给出了几种通过构型综合得到的构型,其中部分构型为已有构型。

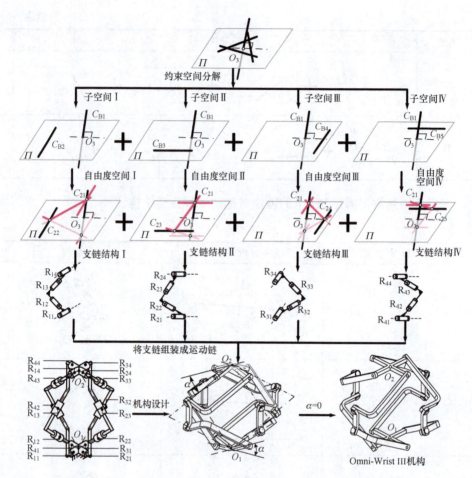

图 7-58　2DOF 等径球面纯滚并联机构图谱法构型综合图示

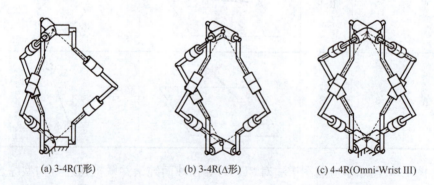

(a) 3-4R(T形)　　(b) 3-4R(Δ形)　　(c) 4-4R(Omni-Wrist III)

图 7-59　基于对称支链 L-I 综合得到的 3 种 2DOF 等径球面纯滚并联机构

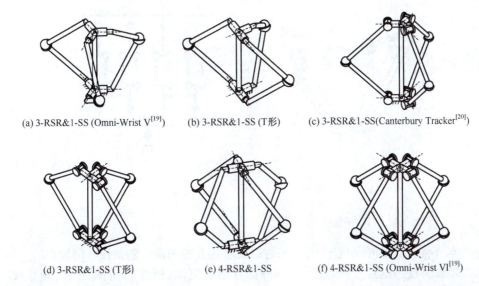

(a) 3-RSR&1-SS (Omni-Wrist V[19])　(b) 3-RSR&1-SS (T形)　(c) 3-RSR&1-SS (Canterbury Tracker[20])

(d) 3-RSR&1-SS (T形)　(e) 4-RSR&1-SS　(f) 4-RSR&1-SS (Omni-Wrist VI[19])

图 7-60　基于两种对称支链(L-Ⅲ和 L-Ⅳ)综合得到的 6 种 2DOF 等径球面纯滚并联机构

7.4　混联装置的图谱化创新设计

一般来讲,混联装置的工作空间比并联装置的要大一些。典型的混联装置包括:5 轴混联机床、外科手术机器人、工业机器人等。如图 7-61(a)所示,ABB 公司研制的 IRB 360 Flexpicker 即为一台 4DOF 的混联装置,拓扑结构为[3-R(4S)&1-RUPU]+R;属于 3 移 1 转型[$T_xT_yT_z$(并联)+R_z],移动速度可达 10m/s,加速度可达 15g。无独有偶,如图 7-61(b)所示的 Adept 公司研制的 Par4 也为一台 4DOF 的混联装置,拓扑结构为[4-R(4S)&1-4R]+R;同样属于 3 移 1 转型 [$T_xT_yT_z$(并联)+R_z],移动速度可达 10m/s,加速度可达 15g。

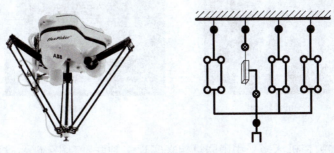

(a) IRB 360 Flexpicker

 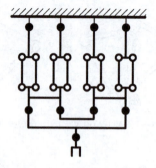

(b) Par4

图 7-61 两种典型的混联装置

7.4.1 五轴混联机械装置的结构特点

本节将以五轴混联机床为例,来讨论混联装置的图谱化创新设计问题。

随着科技的迅猛发展,现代零部件如发动机箱体、螺旋桨、涡轮叶片、轮胎模具、汽车构架、航空结构件等(图 7-62)的设计越来越先进,复杂程度不断增加,对加工工艺的要求越来越高。由于这些零部件大都具有很多处于不同倾斜角度的孔、沟槽和平面等特征,若采用传统三轴机床来加工,一般需要进行多次装卡,而且要有附加设备参与,如采用两轴转台、角度头或脱机使用的特殊装置。这些附加设备价格昂贵,且难于校准维护,尤其当工件具有一个或多个复合角度且各轴线方向不同时,很不经济。而且,由于多次装卡增加了机床的停机时间进而增加生产成本,降低了加工效率,多次装卡还会引入误差降低精度。相反,我们希望加工设备能够实现"一次装卡、五面加工"(图 7-63)。因此,必须引入更多的自由度以增加机床的灵活性。实际上,要严格保证灵活性及生产效率并提高精度,加工此类零部件需要加工设备至少具有五轴联动的加工能力[21]。

(a) 涡轮叶片   (b) 汽车构架

图 7-62 复杂加工部件

传统 5 轴数控机床多采用串联机构来实现多轴联动(图 7-64),这种机床虽然工作空间大、控制方便,但姿态调整时间长、动态响应特性差,难以满足上述复杂零部件的加工要求。

图 7-63　一次装卡五面加工示意图　　图 7-64　传统串联式五轴机床结构示意图

相反,并/混联机床通过引入并联机构来实现多轴联动,实现上述加工变得相对容易。已有研究表明:在具有典型自由空间曲面特别是复杂曲面的零部件加工领域,由于并联机构的运动学特性,五轴联动并联/混联机床的表现性能要胜过传统的五轴联动串联加工中心。而且,与全并联机床相比,集成了并联与串联机床优点于一身的混联五轴联动加工中心在工业中取得了相对广泛的应用,并逐步成为高速、高精度、高灵活性数控机床的发展趋势。这种机床一部分结构采用并联机构功能模块来实现高速、高刚度和高精度的加工性能;另外一部分则采用串联模块来实现大工作空间特性,从而使机床的综合性能更优。

从自由度的角度进行分析,几乎所有现存的五轴联动并联/混联机床均具有 3 个移动自由度和 2 个转动自由度($3T2R$),如图 7-65 所示。根据并联模块和串联模块自由度组成方式的不同可划分为表 7-9 所示的几种类型,其中,并联模块是该类混联装备的关键部件。

对于 $3T+2R$ 和 $2T+1T2R$ 类混联机床,由于大多数均串联了 A/C 关节摆头,在机床调整过程中,已加工表面有时会被高速旋转的刀具刮伤,不利于加工速度进一步提高。

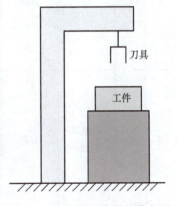

图 7-65　常见的机床结构分布图

例如,由 DS-Technologie 开发的基于 Z3 主轴头的 Ecospeed 系列加工中心,在航空结构件等具有典型自由曲面零部件的加工中取得了成功的应用。该主轴头模块就采用了 3-PRS 并联机构。同样,应用于航空结构件加工领域的 Space-5H 加工中心,其主轴头模块 Hermes 也采用了 $1T2R$ 的自由度形式。这两类加工中心均采用 $1T2R$ 并

表 7-9　商用 3T2R 混联机床的自由度分布特征

序号	组成模式	刀具自由度		工件自由度		典型实例	
		自由度类型	连接类型	自由度类型	连接类型	样机	拓扑简图
1	3+2	3T	并联	2R	串联	 Verne	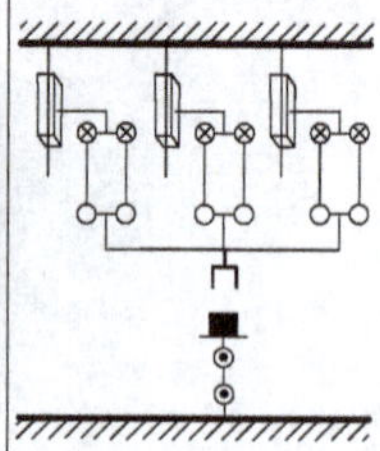
2	3+2	2T(并联)+1T	混联	2R	串联		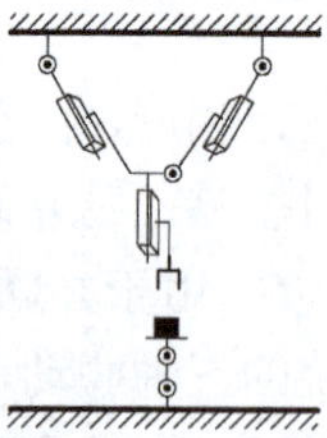
3	2+3	2T	并联	1T2R	串联	 Genius 500	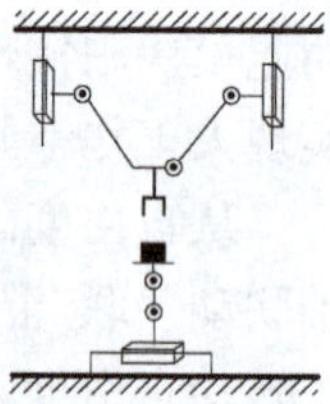
4	5+0	2T(并联)+2R(串联)	混联	—	—	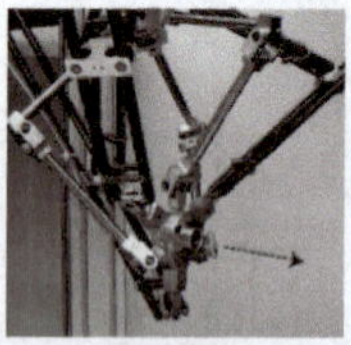 Alpha5	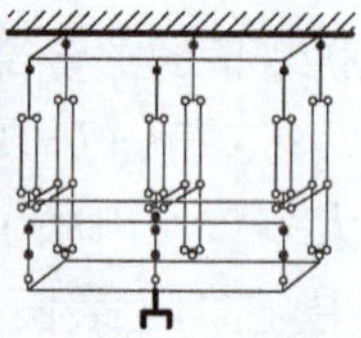
5	5+0	1T+2T(并联)+2R(串联)	混联	—	—	 Dumbo	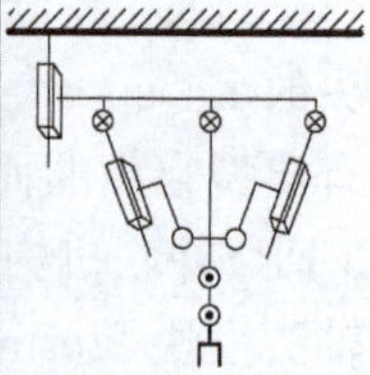

续表

序号	组成模式	刀具自由度		工件自由度		典型实例	
		自由度类型	连接类型	自由度类型	连接类型	样机	拓扑简图
6	5+0	1T2R(并联)+2T(串联)	混联	—	—	 Tricept	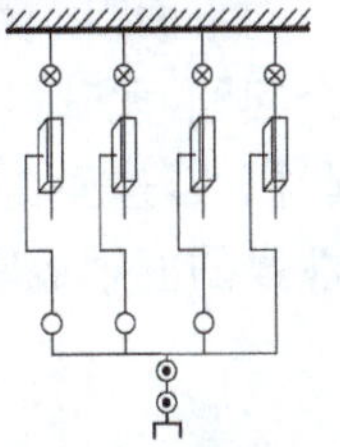
7	5+0	2T(串联)+1T2R(并联)	混联	—	—	 Hermes 刀头	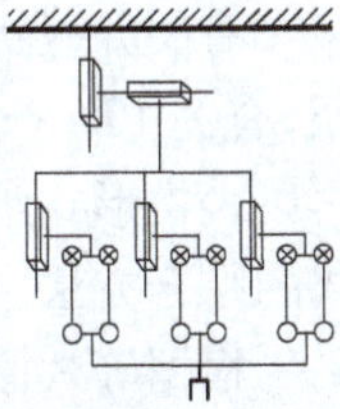
8	5+0	2T(串联)+1T2R(并联)	混联	—	—	 Z3 刀头	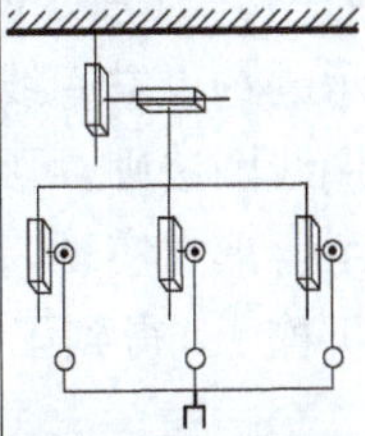
9	4+1	3T1R	并联	1R		 Hita STT	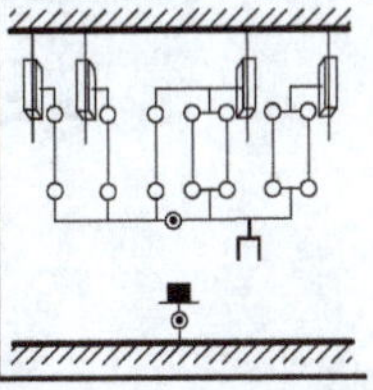

注：上图中的样机模型图片及拓扑图源于文献[23]。

联模块与 2T 串联模块的组合形式，其成功应用，充分说明了此类构型在加工具有典型自由曲面的零部件中的优势。然而，对于 1T2R+2T 类混联机床，由于其主轴头存在伴随运动(parasitic motion)，使得机床的控制变得比较复杂，同时也增加了制造和标定的难度，进而可能会影响到加工精度。相反，如果在主刀头的构型中采用具有无伴随运动的虚拟转动中心(VCM)机构，将会从拓扑层面上改善精度甚至简化运动学。有关 2DOF 并联 VCM 机构的构型设计问题，在前面已经讨论了许多。

对于 2T1R+1T1R 类混联机床，目前尚未出现成熟的机型。因此，为了使混联五轴联动加工中心取得更成功的应用，需要提出构型更加灵活、结构更加简洁的原理构型。有关这个问题的讨论可具体参考文献[22]。

7.4.2 一种高灵活性五轴混联机床的构型综合实例

下面以一种具有高灵活性的五轴混联机床作为实例来探索这类机床的构型综合问题,尤其探索具有高灵活性(动平台转角超过±90°)的可作为主轴头的新型并联模块,进而提出混联新构型,力求设计出满足现代加工工艺需求的高灵活且实用性强的五轴混联铣床。

1. 高灵活性的1T2R并联模块

有关并联机构的图谱化构型综合的一般步骤在本章前面已进行过详细的介绍,有关1T2R并联机构的图谱化构型综合问题也曾在第4章的开始讨论过,这里再以表格形式给出综合过程。读者一旦熟练掌握了图谱法,也不妨尝试这种表单式的综合方法。从一定程度上讲,该方法体现了图谱法的精髓。

根据等效原理可得表4-1所示约束空间的3个典型同维子空间(图7-66),按照图7-24所示的综合流程,需要对这三个空间进行分别讨论。对于图7-66(a)所示的约束空间线图,可按表7-10所示方式进行拆分并获得支链约束空间。根据对偶线图法则,可得3个五维的支链自由度空间,该自由度形式可由PRS的运动副组合形式实现,将这三个支链组合可得3-PRS构型,该机构为典型的[PPS]类并联机构[22],得到了广泛的研究,具有运动连续性和连续的非奇异工作空间。

(a) 子空间1　　　　(b) 子空间2　　　　(c) 子空间3

图7-66　平面约束同维子空间线图

表7-10　由图7-66(a)所示同维子空间构型综合所得到的构型

	支链约束空间	自由度空间	支链模型图示
支链1			

续表

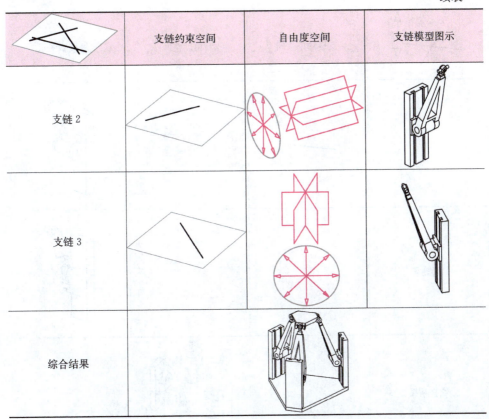

对于图 7-66(b)所示的约束空间线图,可按表 7-5 所示方式进行拆分并获得支链约束空间。其中,支链 1 提供全部约束,支链 2 提供部分约束,而支链 3 不提供任何约束。根据对偶线图法则,可分别得到三维、四维和六维的支链自由度空间,上述自由度形式可分别由 PU、PRU 和 PSS 的运动副组合形式实现。将这三个支链组合可得如表 7-11 所示的新构型。经验证,该机构具有连续的非奇异工作空间。

表 7-11 由图 7-66(b)所示同维子空间构型综合得到的新构型

	支链约束空间	自由度空间	支链模型图示
支链 2			
支链 3	∅		
综合结果			

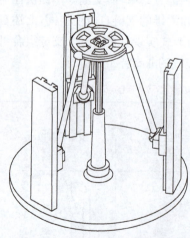

图 7-67 3-PSS&1-PU 并联机构[22]

同样,对于图 7-66(b)所示的约束空间线图,可对其进行拆分并获得含 4 个支链的约束空间。不同的是,这里考虑添加 1 个被动支链,即 3 个驱动支链均不施加任何约束,支链约束空间为空集,而被动副支链提供全部约束。根据对偶线图法则可以得到 3 个六维和 1 个三维的支链自由度空间,并分别通过 PSS 和 PU 的运动副组合形式实现。将 3 个支链组合可得如图 7-67 所示的 3-PSS&1-PU 并联机构。

对于图 7-66(c)所示的约束空间,其综合过程和结果均与表 7-9 类似,所得构型为左右对称的 3-PRS 机构。

2. 高灵活性的 1T2R 并联 VCM 模块

并联 VCM 模块族中，2R 机构最为普遍[24,25]。除此之外，还有一类 1T2R 并联 VCM 模块。该类机构的特点是：VCM 点在机构运动过程中或者不动，或者只沿一固定直线移动。最早提出这种机构类型的是瑞士著名机构学家、Delta 机器人的发明者 Clavel 教授。他利用相似三角形的思想构造了一种由两个线性 Delta 机器人等差驱动实现特殊类型的运动[26]。该机构的演化过程如图 7-68 所示。

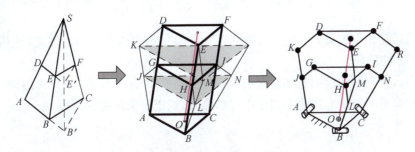

图 7-68　Delta Thales 机构结构演化图示

最近，刘辛军等[27] 提出了一种新型的 1T2R 并联 VCM 机构。机构模型如图 7-69(a)所示，动平台与定平台通过 3 个支链相互连接，支链 1 和支链 2 共同包含一个 U 形架，该 U 形架通过转动副与动平台相连。连杆 1 和连杆 2 分别通过转动副与 U 形架相连，两个转动副的轴线分别平行和垂直于动平台的旋转轴线，而且，3 个转动副位于同一个平面内。连杆 1 的另一端与驱动滑块固定相连，而连杆 2 的另一端与驱动滑块通过转动副相连。支链 3 的一端通过球铰与动平台相连，另一端通过球铰或者虎克铰与驱动滑块相连。上述滑块通过移动副与定平台相连且所有移动副均为竖直方向。上述结构描述表明：支链 3 具有 6 个自由度，即该支链未对动平台施加任何运动约束。当固定支链 1 滑块驱动另外两个滑块时，动平台具有绕 U 形架上转动副轴线的两个旋转运动。因此，当驱动 3 个滑块时，该机构具有绕 x 轴和 y 轴的两个转动自由度和一个沿 z 轴方向的移动自由度。由于所述两个转动轴线在任何时候都相互垂直，垂足处没有沿 x 轴和 y 轴的伴随运动。众所周知，一个没有伴随运动的机构更容易控制，且可能实现更高的精度。因此，该并联 VCM 机构具有灵活的转动能力且无伴随运动，适合作为一个独立的加工模块。

采用图谱法可以非常容易地验证出该机构的自由度分布情况。支链 1 和支链 2(支链 3 具有全部 6 个自由度，可以不予考虑)的自由度线图分布如图 7-69(b)所示。每个支链中都含有一个过 N 点的平面二维转动和一个垂直方向的移动。无

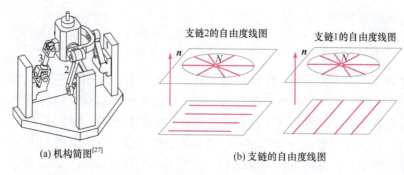

(a) 机构简图[27]　　　　　　　(b) 支链的自由度线图

图 7-69　1-PSS&(1-PRR&1-PRR)R 机构

论机构运动在何位置，N 点始终在垂直方向的一条直线上运动。因此，该机构满足 VCM 的特征。

那么该问题的反问题如何解决呢？即如何找到更多形式的 $1T2R$ 并联 VCM 机构？读者不妨从上述两个例子中寻求启发，找出解决问题的途径。

3. 高灵活性五轴混联机床新构型

在图 7-69 所示并联模块的基础上，为了增加所设计原理构型的移动灵活性，并使其具备五轴联动的能力，需引入额外两个自由度。这里，引入两个与图 7-69 所示机构的移动自由度方向相垂直的另外两个移动自由度，得到如图 7-70 所示的原理构型，串联的 2 个移动自由度的方向如图中箭头所示，并联模块可沿导轨在垂直方向上整体移动，安装工件的工作台沿水平方向移动。这样，在充分发挥图 7-69 所示并联机构的高转动灵活度优势的同时，保障了该原理构型具有灵活的移动能力和较大的工作空间。同时，由于并联模块具备无伴随运动的特性。这些优势使得该混联构型非常适合应用于具有复杂曲面的大型零部件加工领域，尤其适用于航空结构件的加工中。

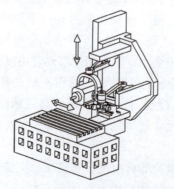

图 7-70　清华大学研制的五轴联动混联机床原理构型及样机[22]

7.5 本章小结

并/混联的机械装置得到了越来越广泛的应用,从宏到微,从重载和高速,从刚到柔,都能找到这类装置的身影。同时,作为一种"知识密集型"的机械装置,在其概念设计阶段所体现的难度和挑战性都是其他装置难以企及的。本章通过将图谱法引入并混联装置的概念设计,有望降低解题的难度,为设计师及工程师提供一种简单有效的思考问题与解决问题的手段:

(1) 从旋量空间线图的角度剖析了存在典型并联装置中的各类旋量系,及其相互之间的映射关系,为该类机构的分析与构型综合提供知识的储备。

(2) 给出了并联装置图谱化构型综合的一般过程,特别对其中的关键环节给出了详细的解释,如基于驱动空间的驱动副选取问题、自由度或约束空间的同维等效及分解,以及运动连续性的判别等。

(3) 在并联装置图谱化构型综合的基础上,以典型的五轴混联机床为例,讨论了混联装置的图谱化构型综合的问题。

特别地,本章对两种特殊的 2DOF 并联转动装置——VCM 机构和等径球面纯滚机构的构型综合问题进行了详细讨论。主要源于该类机构具有非常广泛的应用价值和前景。

参 考 文 献

[1] Stewart D. A platform with 6 degrees of freedom. Proceedings of the Institution of Mechanical Engineers,1965,180(Part 1,15):371-386.

[2] Clavel R. Delta,a fast robot with parallel geometry. 18th International Symposium on Industrial Robot,Lausanne,1988,91-100.

[3] Pernette E, Henein S, Magnani I, et al. Design of parallel robots in microrobots. Robotica, 1997,15:417-420.

[4] Neumann K E. Tricept applications. Proceedings of the 3rd Chemnitz Parallel Kinematics Seminar, Zwickau: Verlag Wissenschaftliche Scripten,2002,547-551.

[5] 高峰,杨家伦,葛巧德. 并联机器人型综合的集理论. 北京:科学出版社,2011.

[6] Sofka J, Skormin V, Nikulin V, et al. Omni-Wrist III—A new generation of pointing devices. Part I. Laser beam steering devices-mathematical modeling. IEEE Transactions on Aerospace and Electronic Systems,2006,42(2):718-725.

[7] Taylor R H, Funda J, LaRose D, et al. A telerobotic system for augmentation of endoscopic surgery. Proceedings of Engineering in Medicine and Biology Society,Paris,1992,1054-1056.

[8] Dai J S, Huang Z, Lipkin H. Mobility of over-constrained parallel mechanisms. ASME Journal

of Mechanical Design,2006,128(1):220-229.
- [9] Hunt K H. Kinematic Geometry of Mechanisms. London:Oxford University Press,1978.
- [10] Kong X W,Gosselin C M. Type Synthesis of Parallel Mechanisms. Heidelberg: Springer-Verlag,2007.
- [11] Yu J J,Li S Z,Bi S S,et al. Symmetry design in flexure systems using kinematic principles. The 2013 ASME International Design Engineering Technical Conferences, Oregon, 2013, DETC2013-12385.
- [12] Hervé J M. Group mathematics and parallel link mechanisms. Proceedings of IMACS/SICE International Symposium on Robotics, Mechatronics, and Manufacturing Systems, Kobe, 1992,459-464.
- [13] 黄真,赵永生,赵铁石. 高等空间机构学. 北京:高等教育出版社,2006.
- [14] 裴旭. 基于虚拟运动中心概念的机构设计理论与方法. 北京:北京航空航天大学博士学位论文,2009.
- [15] 裴旭. 基于图谱法的 VCM 机构构型综合. 北京:北京航空航天大学博士后研究工作报告,2010.
- [16] Wu K,Yu J J,Li S Z,et al. Type synthesis of two degrees-of-freedom rotational parallel mechanisms with a fixed center-of-rotation based on a graphic approach. The 2012 ASME International Design Engineering Technical Conferences,Washington,2012,DETC2012-71028.
- [17] Wu K,Yu J J,Zong G H,et al. Type synthesis of 2-DOF rotational parallel manipulators with an equal-diameter spherical pure rolling motion. The 2013 ASME International Design Engineering Technical Conferences,Oregon,2013,DETC2013-12305.
- [18] Rosheim M E,Sauter G F. Free space optical communication system pointer. Free-space Laser Communication Technologies XV. Proceedings of SPIE,2003,4975:126-133.
- [19] Rosheim M E,Sauter G F. New high-angulation omni-directional sensor mount. Free-space Laser Communication Technologies II. Proceedings of SPIE,2002,4821:163-174.
- [20] Dunlop G,Jones T. Position analysis of a two DOF parallel mechanism-the Canterbury tracker. Mechanism and Machine Theory,1999,34(4):599-614.
- [21] Wu Y Q,Li Z X,Shi J B. Geometric properties of zero-torsion parallel kinematics machines. IEEE International Conference on Intelligent Robots and Systems,Taipei,2010,2307-2312.
- [22] 谢富贵. 高灵活度五轴联动混联铣床的设计理论及实验研究. 北京:清华大学博士学位论文,2012.
- [23] Pham P. Design of Hybrid-Kinematic Mechanisms for Machine Tools. Lausanne: EPFL, Ph. D. Thesis,2009.
- [24] Gogu G. Fully-isotropic over-constrained parallel wrists with two degrees of freedom. Proceedings of the IEEE International Conference on Robotics and Automation, Barcelona, 2005,4014-4019.
- [25] Carricato M,Parenti-Castelli V. A novel fully decoupled two-degrees-of-freedom parallel wrist. International Journal of Robotics Research,2004,23(6):661-667.

[26] Pham P, Regamey Y J, Clavel R. Delta Thales, a novel architecture for an orientating device with fixed RCM (remote center of movement) and linear movement in direction of the RCM. PKS Parallel Kinematics Seminar Chemnitz 2006, Chemnitz, 2006.

[27] 刘辛军,汪劲松,李枝东等. 一种无伴随运动的并联式三轴主轴头结构. 中国: ZL200910079838. 3, 2011.

第8章 柔性设计

8.1 柔性机构及其应用

人与自然之间存在很多差异,其中一方面可体现在"产品"设计方式上。在工程学上,人类所缔造的伟大工事,总是体现出刚而强的一面,而自然界总是刚柔并济的。

拿生物界来说,许多生物体都是通过巧妙地使用自身机体的柔性将可用能转化为精妙复杂的运动(图 8-1)。例如,蝗虫的腿部通过特定的柔性设计,将其肌肉内储存的能量快速地释放出来并产生高出自身尺寸数百倍的跳跃动作;蜈蚣依赖分布柔性完成掘洞或其他功能;许多昆虫或鸟类依靠胸腔的柔性可以以很高的频率来拍打翅膀;人类心脏的瓣膜更是柔性应用的伟大"杰作"之一:其柔性可抵抗数以百亿次的冲击而不疲劳。

(a)

(b)
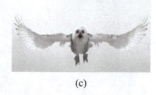
(c)

(d)

图 8-1 生物界中柔性的应用

人类从中获取灵感的历史可以追溯到几千年以前,那时的人类已发明和使用弓和弹弓之类的工具。1638 年,伽利略(Galileo)在他所著的《关于两门新学科的谈话及数学证明》一书中总结了质点动力学和结构材料的力学性能,奠定了弹性力学的研究基础。1678 年,胡克(Hooke)提出了著名的弹性定律,在其著作《势能的恢复》中,描述了弹簧的伸长与所受拉力成正比这一规律。这是柔性机械形成的理论基础。1828 年,柯西(Cauchy)建立了各向同性和各向异性弹性力学的本构方程。1864 年,麦克斯韦(Maxwell)最早利用材料的弹性变形来实现精密定位。然而,对柔性单元以及具有柔性单元的机构进行理论研究发端于 20 世纪 60 年代。柔性单元的主要表现形式是柔性铰链(flexure)[1]。1965 年,Paros 等提出了圆弧缺口型柔性铰链的结构形式,并给出了其弹性变形表达式。20 世纪 90 年代,Purdue大学的 Midha 和 Howell 等[2]开始对具有柔性单元的机构进行系统性的研究,并赋予了该类机构一个专门的术语——柔性机构(compliant mechanism)。

作为一种新型机构,柔性机构是指利用材料的弹性变形传递或转换运动、力或能量的一类机构[3]。柔性机构实施运动时,若通过柔性铰链来实现,则通常称为柔性铰链机构(flexure mechanism)[4]；如果应用在精密工程场合，该类机构又称为柔性精微机构。在仿生机械及机器人等领域，柔性机构也发挥着越来越重要的作用。例如，各种新型柔性关节、柔性爬虫等大大改善了机械(或机器人)的灵活性或机动性能。

较之于传统的刚性机构(铰链)，柔性机构(铰链)具有许多优点，如：①可以整体化(或一体化)设计和加工，故可简化结构、减小体积和重量、免于装配、降低成本；②无间隙和摩擦，可实现高精度运动；③免于磨损，提高寿命；④免于润滑，避免污染；⑤改变结构刚度；等等。

柔性机构的发端源于平面机构，因其结构简单而多应用于工业及日常产品中：工业产品的应用，如图 8-2 所示的 HP 紫外线记录仪，将柔性四杆机构用于微小范围内调整光学检流计的镜子。采用这种结构，既提高了精度，又大大降低了装配成本。而日常产品中应用更多，如各类运动器材、香波的瓶盖、牛奶箱口的喷管、订书机以及鱼钳等(图 8-2)。

(a) 瓶盖

(b) 钳子

图 8-2 柔性产品

伴随着微纳米技术的兴起所引发的制造、信息、材料、生物、医疗和国防等众多领域的革命性变化，使得柔性机构在微电子、光电子元器件的微制造和微操作、微机电系统(MEMS)、生物医学工程等这些定位精度和运动分辨率的要求一般在亚微米级甚至纳米级的领域中得到了广泛的应用。例如，基于传统刚性铰链结构形式的商用精密定位平台所能达到的分辨率极限是 50nm，精度 1μm，很难突破这一瓶颈。而柔性机构的应用可以使同类产品精度提高 1～3 个数量级。在精微领域，柔性机构可以用在超精密加工机床、精密传动装置、执行器、传感器等设计中(图 8-3)。柔性精微机构已成为当前机构学领域的主要研究方向和热点。

(a) 微小型电火花加工机床

(b) 光纤对接用微操作手

(c) MEMS器件——驱动器

图 8-3 柔性精微机械

在仿生机械及机器人等领域,柔性机构也发挥着越来越重要的作用。各种新型柔性关节、柔性爬虫等的开发大大改善了机械(或机器人)的灵活性或机动性能。由于尺度效应对微小型生物的影响起着支配作用,因此在微小型仿生机械的研究及研制过程中,也很难离开柔性的作用。目前,柔性在微小型仿生机械的应用越来越多,如仿生跳蚤、仿生机器鱼、微小型仿生扑翼飞行器、仿生壁虎等(图8-4)。

(a) 六足机器人

(b) 扑翼鱼

(c) 仿生壁虎

图 8-4 柔性仿生机械

8.2 与柔性有关的基本术语及主要性能指标

1. 柔性单元(flexible elements)及柔性铰链

一般来讲,柔性铰链是指在外部力或力矩的作用下,利用材料的弹性变形在相邻刚性杆之间产生相对运动的一种运动副结构形式,这与传统刚性运动副的结构有很大不同(图8-5)。柔性铰链是柔性机构中一种常见的柔性单元。此外,具有大变形特征的柔性杆(wire)或簧片(blade)也通常作为柔性机构(或柔性铰链)中的基本柔性单元,但性能上与柔性铰链有很大不同,应区别开来。

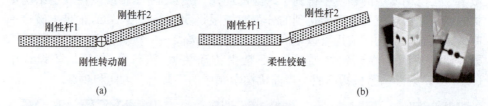

图 8-5 刚性运动副与柔性铰链的区别

2. 线性变形与非线性变形

在精密运动场合应用的柔性机构一般遵循的都是线性小变形假设。而实际中,当有结构非线性的情况发生时,这种假设将会失效。结构非线性可分成两类,即材料非线性和几何非线性。材料非线性是指应力与应变不成正比的情况(即不满足胡克定律),典型的例子是发生塑性变形、超弹性及蠕变等。几何非线性通常

是指几何大变形的情况,应力与应变仍然成正比,而变形体的挠曲线方程为

$$\frac{1}{\rho}=\frac{\dfrac{\mathrm{d}^2y}{\mathrm{d}x^2}}{\left[1+\left(\dfrac{\mathrm{d}y}{\mathrm{d}x}\right)^2\right]^{3/2}} \tag{8.1}$$

评价柔性机构(包括柔性铰链)性能的主要包括以下指标。

1) 行程

材质(许用应力)与几何形状决定其运动行程的大小。运动行程是柔性单元在其保持线弹性范围内的最大转动或移动范围。也就是说,柔性单元在运动过程中,在能回复到原始位置的前提下所能达到的最大运动范围。运动行程并不是越大越好,要符合工程应用的要求。

2) 精度:轴心/轴线漂移

几乎所有的柔性铰链都会不可避免地出现轴心漂移的情况,这也是影响柔性铰链性能非常重要的一个因素。例如,柔性转动副在转动的过程中,转动中心并不是恒定不变的,而是随着转角的变化而发生偏移,称之为轴心漂移(axis drift);又如,在平行四杆型柔性移动副在运动过程中,其上边的杆会产生寄生运动(parasitic motion)。在产生相同变形的条件下,轴心漂移或寄生运动越小越好(图 8-6)。

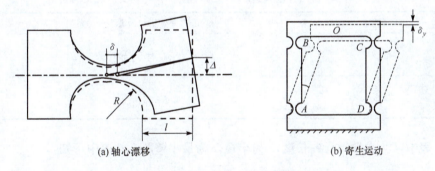

(a) 轴心漂移　　　　　　　　　(b) 寄生运动

图 8-6　柔性铰链的精度评价

3) 刚度/柔度:非轴向刚度与轴向刚度的比值

刚度是指在运动方向上产生单位位移时所需力的大小,这里所说的位移和力都是指广义的;而柔度是与刚度互逆的,是指在运动方向上施加单位力所产生的位移量。功能方向是柔性铰链的主要运动方向,是其发挥作用的方向。柔性单元在其功能方向上拥有较小的刚度,即意味着驱动时需要较小的力,因此功能方向上的刚度越小越好。非功能方向是指柔性单元在运动时产生寄生运动的方向。寄生运动对柔性单元来说是消极的,会减小它的运动精度,造成较大误差,影响柔性铰链的运动性能。因此,柔性单元在非功能方向上的刚度要足够大。

4) 强度与应力：应力集中、疲劳寿命

在柔性机构中，强度特性很重要，因为它反映的是承受负载（或抵抗柔性元素失效）能力的大小，这使得任何柔性元件都有变形的极限（一般以到达屈服强度极限为标志）。这有别于机构的刚度特性（用来衡量机构在负载条件下的变形程度）。

疲劳断裂是许多机械零件发生破坏的主要原因。柔性单元在经过一定次数的运动循环后，也会产生疲劳。疲劳寿命受许多因素的影响，如表面粗糙度、缺口类型、应力水平等。对这些因素的研究可以找到提高柔性单元疲劳强度的方法和途径。

8.3 材料选择

材料对柔性机构的性能有着重要的影响，材料过柔会影响机构的整体刚度，直至影响其动态性能及精度；过刚又会影响机构工作行程或空间的大小。

表 8-1 列举出了几种典型形状的截面下，最大应力值（一般取屈服强度）与变形的关系。

表 8-1　不同截面下，许用应力、尺寸参数与功能方向变形之间的关系

截面类型	功能方向变形与最大强度关系
矩形	$\delta_{max} = \dfrac{2l^2 \sigma_{max}}{3Et}$
圆形	$\delta_{max} = \dfrac{l^2 \sigma_{max}}{3Er}$

表中，l 为柔性单元的长度，r 为半径，t 为最小壁厚。从表中可知：

$$\delta = k \frac{\sigma_{max}}{E} \tag{8.2}$$

变形量与截面的材料与形状有关，σ_{max}/E 只与材料有关，而 k 值根据截面的形状不同而变化。如果考虑机构弹性部位能产生较大的变形，从材料的角度就要有较大的强度极限与弹性模量比，而且越大越好。由此给出了柔性机构材料选择的几个基本原则：

1) 主要考虑其弹性极限（σ_{max}）与弹性模量（E）之比

表 8-2 给出了常用材料的强度极限与弹性模量比。从中可以看出，铍青铜、钛合金等都是首选的金属弹性材料，而聚丙烯、多晶硅等是理想的非金属弹性材料。

表 8-2　特殊材质的强度与弹性模量比

材料种类	屈服强度 σ_{max}/GPa	弹性模量 E/GPa	比值
钛合金(Ti-6Al-4V)	1.18	117	0.010
聚丙烯(polypropylene)	0.032	1.36	0.023
淬火钢(steel AISI 4142 quenched)	1.62	206	0.0078
多晶硅(polysilicon)	1.2	170	0.0071
铝合金(aluminum T-6061)	0.275	68.6	0.0040
合金钢(steel AISI 1040CD)	0.488	206	0.0024
回火钢(tempered steel)	1.0	210	0.0047
Perunal(Al-Zn-Mg-Cu)	0.48	72	0.0066
铍青铜($CuBe_2$)	0.75	126	0.006

2) 充分考虑材料的抗疲劳指标

柔性铰链处的变形大小受到材料许用应力的限制,而许用应力的大小又直接与材料的疲劳强度有关。由于柔性铰链是通过周期性负载的作用而产生变形的,因此必须考虑材料的抗疲劳指标。材料需要有较长的疲劳寿命才可能正常地执行其功能。总体上非金属弹性材料的疲劳寿命要比金属小得多。

3) 选择加工相对容易的材料

有些材料具有很好的柔性和抗疲劳性能,但加工较为困难,如钛合金等。确保材料在变形时不会发生张力松弛或蠕变。长期的应力作用或高温环境会造成材料的张力松弛或蠕变,应尽量避免这种情况的出现。

4) 材料的脆、韧性并不影响作为柔性单元的选择

应用在大变形场合的柔性单元,可优选脆性材料,因为脆性材料可承受较大变形而不失效。多晶硅就是这类材料的典型代表。同样,如果充分利用材质,韧性材料也是一个不错的选择,因为这类材料即使超过了其屈服极限仍不会失效,如聚丙烯。很多柔性仿生机构可以优先选用此类材料。

8.4　加工方法概述

目前,柔性机构的加工多采用非机械接触加工的方法,如电火花线切割加工法(EDM)、快速成型、半导体加工技术、光刻技术,以及 SPM 技术等。在以上方法中,普遍采用的是电火花加工法,而线切割是其中最为普遍的一种加工方法。国内外对该加工技术不断探索与完善,使得它已在与柔性机构加工相结合及实用化方面取得了较大进展。现在发展的趋势包括利用多功能复合加工的方法,如半导体加工技术、光刻技术、电火花与电解加工复合方法以及 SPM 技术等。此外,还有

注塑法、钻孔法、数控铣切割、激光切割、水切割等。不过无论采取何种方法,都优先考虑一体化的加工方式。另外,不同的加工方法会对材料的性能参数(如弹性模量 E、弹性极限等)造成影响,由此导致的加工误差也有区别。

数控铣削法只适用于非金属材料(如聚丙烯等)。若加工金属材料,由于产生的铣削力较大,易产生振动,且产生很多的热量,容易使柔性单元断裂,或导致材料的过烧,其弹性性能受到影响。

注塑法只适用于非金属材料(如聚丙烯等),优点是成本低、速度快、切口处光滑、各向同性好、寿命长等。但非金属材料的弹性及疲劳强度往往不如金属材料。

激光切割法可加工的材料很多,如钢、不锈钢、钛、铝、黄铜、青铜、塑料、陶瓷等,在加工过程中也不产生力。但激光切割法只适用于平面机构加工,效率低、成本高。对于导热性好的金属(如铝、铜合金等),激光束的热量被迅速吸收,因此不易加工块状的金属。

电火花加工是利用工件和工具电极之间的脉冲性火花放电,产生瞬间高温使工件材料局部熔化和汽化,从而达到蚀除加工的目的。实现电火花加工的关键在于工具电极的在线制作、工具电极的微量伺服进给、系统控制及加工工艺方法等。但电火花加工不易加工形状过于复杂的柔性机构。

线切割加工的线直径一般为 $33\sim50\mu m$,当产生火花加工时,两侧会各产生 $3.8\mu m$ 的间隙。如果在加工柔性单元时,以线中心轨迹作为柔性单元的轮廓,将产生误差。另一缺点是,线切割加工易产生残余应力,如果冷处理不当,将可能导致变形(图 8-7)。

 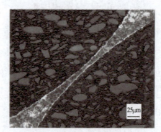 

(a) 线切割加工　　(b) 显微镜观察线切割加工质量　　(c) 残余应力导致变形

图 8-7　线切割加工柔性机构

激光成型加工利用紫外光硬化树脂作为被加工材料,当树脂受到紫外光照射时,可由液态变为固态,控制曝光方式,即可形成各种三维结构。进行激光成型加工时,聚焦的紫外光斑依靠 XYZ 工作台的运动扫描硬化一层树脂,然后 Z 向运动调节光斑聚焦位置,扫描硬化相邻层树脂。三维结构的成型由这样一层一层的二维形状堆叠而成。成型尺寸和精度取决于光硬化树脂的光敏分辨率、光源聚焦精度、机械结构 XYZ 方向的运动控制精度以及液态树脂的黏性等。

8.5 基本柔性单元及其等效自由度(或约束)模型

8.5.1 基本柔性单元

基本柔性单元(图 8-8)是柔性机构的变形源,现有各种类型的柔性铰链都是由基本柔性单元组成。梁(beam)是最基本的柔性单元(这里主要关注简单的均质梁结构)。以梁为基础,衍生出的柔性单元包括缺口型(notch)柔性单元、簧片型(plate)柔性单元、细长杆型(wire)柔性单元等。

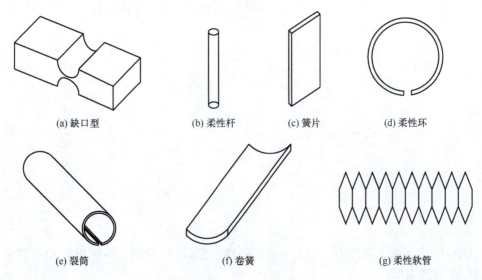

(a) 缺口型　　(b) 柔性杆　　(c) 簧片　　(d) 柔性环

(e) 裂筒　　(f) 卷簧　　(g) 柔性软管

图 8-8　几种典型的基本柔性单元

缺口型柔性单元是一种具有集中柔度的柔性元件,它在缺口处产生集中变形;而簧片(又称为薄板)和细长杆在受力情况下,其中每个部分都产生变形,它们是具有分布柔度的柔性元件。缺口型柔性单元容易在缺口处产生应力集中,局部应力最先达到材料的弹性极限,使得材料的性能不能充分发挥。簧片和细长杆尽管在其功能方向上具有相当高的柔性,在拉伸和压缩时却具有相当高的刚性。这些元件的抗弯刚度与抗拉刚度比值可能会达到几个数量级。簧片和细长杆结构与缺口型结构比较,有以下特点:①无严重的应力集中现象;②元件的每个部分都参与变形,材料的性能得到充分发挥;③变形机理复杂,理论推导比较困难。

8.5.2 基本柔性单元(对称结构)的等效自由度或约束模型

梁是柔性机构中最基本的柔性单元。无论细长杆还是簧片都是梁的一种,因此其性能令人关注。对于均质梁结构,伯努利-欧拉(Bernoulli-Euler)和铁摩辛柯

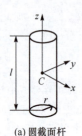
(a) 圆截面杆

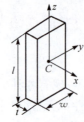
(b) 矩形截面杆

图 8-9 均质梁单元

(Timoshenko)分别给出了细长及短粗均质悬臂梁结构的弹性力学模型及公式,后人则利用旋量方法导出了同样的结果[5]。如图 8-9 所示,当在均质梁末端施加载荷 $\boldsymbol{F}$(力旋量)时,梁末端产生变形 $\boldsymbol{\xi}$(运动旋量),二者之间的关系满足:

$$\boldsymbol{\xi}=\boldsymbol{CF} \tag{8.3}$$

式中,$\boldsymbol{C}$ 为梁的柔度矩阵。根据 von Mise 的梁变形理论[6],坐标系位于梁质心时,长度为 l 的空间均质梁柔度矩阵计算为

$$\boldsymbol{C}_c=\begin{bmatrix} \dfrac{l^3}{12EI_y} & 0 & 0 & 0 & 0 & 0 \\ 0 & \dfrac{l^3}{12EI_x} & 0 & 0 & 0 & 0 \\ 0 & 0 & \dfrac{l}{EA} & 0 & 0 & 0 \\ 0 & 0 & 0 & \dfrac{l}{EI_x} & 0 & 0 \\ 0 & 0 & 0 & 0 & \dfrac{l}{EI_y} & 0 \\ 0 & 0 & 0 & 0 & 0 & \dfrac{l}{GJ} \end{bmatrix} \tag{8.4}$$

式中,I_x、I_y 为截面惯性矩,$J=I_x+I_y$ 为极惯性矩;E、G 分别为弹性模量和剪切模量;A 为截面积。

对于图 8-9(a)所示的圆截面梁有

$$A=\pi r^2, \quad I_x=I_y=\frac{\pi r^4}{4}, \quad J=I_x+I_y=\frac{\pi r^4}{2}$$

对于图 8-9(b)所示的矩形截面梁有

$$A=wt, \quad I_x=\frac{w^3 t}{12}, \quad I_y=\frac{wt^3}{12}, \quad J=I_x+I_y=\frac{wt(w^2+t^2)}{12}$$

下面考虑四种特殊情况:

(1) 圆截面的细长杆结构(杆长与直径比近似为 20∶1),其参数满足:

$$A=\pi r^2, \quad I_x=I_y=\pi r^4/4, \quad J=I_x+I_y=\pi r^4/2$$

$$\frac{c_x}{c_z}=\frac{c_y}{c_z}=\frac{l^3}{12EI_y}\Big/\frac{l}{EA}=\frac{1}{3}\left(\frac{l}{r}\right)^2\approx 500$$

$$\frac{c_{\theta x}l^2}{c_z}=\frac{c_{\theta y}l^2}{c_z}=1600$$

$$\frac{c_{\theta z}l^2}{c_z}=\frac{4(1+\mu)l^2}{r^2}\geqslant 6400$$

因此,该类圆截面细长杆结构的等效理想约束模型是线约束(z)。

(2) 圆截面的短杆结构(杆长与直径比近似为 2∶1),其参数满足:
$$A=\pi r^2, \quad I_x=I_y=\pi r^4/4, \quad J=I_x+I_y=\pi r^4/2$$

$$\frac{c_x}{c_z}=\frac{c_y}{c_z}=\frac{l^3}{12EI_y}\bigg/\frac{l}{EA}=\frac{1}{3}\left(\frac{l}{r}\right)^2\approx 5$$

$$\frac{c_{\theta x}l^2}{c_z}=\frac{c_{\theta y}l^2}{c_z}=\frac{l^2}{r^2}=16$$

$$\frac{c_{\theta z}l^2}{c_z}=\frac{4(1+\mu)l^2}{r^2}\approx 100$$

因此,该类圆截面短杆结构的等效理想约束模型是空间共点约束(x,y,z)。

(3) 矩形截面的薄板结构(长 l∶宽 w∶厚 t 近似为 100∶60∶1)——宽簧片,其参数满足:
$$A=wt, \quad I_x=w^3t/12, \quad I_y=wt^3/12, \quad J=I_x+I_y=wt(w^2+t^2)/12$$

$$\frac{c_x}{c_z}=\frac{l^3}{12EI_y}\bigg/\frac{l}{EA}=\left(\frac{l}{t}\right)^2\approx 10000$$

$$\frac{c_y}{c_z}=\frac{l^3}{12EI_x}\bigg/\frac{l}{EA}=\left(\frac{l}{w}\right)^2\approx 3$$

$$\frac{c_{\theta y}}{c_{\theta x}}=\left(\frac{w}{t}\right)^2\approx 3600, \quad \frac{c_{\theta z}}{c_{\theta x}}>3600$$

因此,该矩形截面宽簧片的等效理想约束模型是平面约束(y,z,θ_x)。

(4) 矩形截面的薄板结构(长 l∶宽 w∶厚 t 近似为 100∶10∶1)——板条,其参数满足:
$$A=wt, \quad I_x=w^3t/12, \quad I_y=wt^3/12, \quad J=I_x+I_y=wt(w^2+t^2)/12$$

$$\frac{c_x}{c_z}=\frac{l^3}{12EI_y}\bigg/\frac{l}{EA}=\left(\frac{l}{t}\right)^2\approx 10000$$

$$\frac{c_y}{c_z}=\frac{l^3}{12EI_x}\bigg/\frac{l}{EA}=\left(\frac{l}{w}\right)^2\approx 100$$

$$\frac{c_{\theta y}}{c_{\theta x}}=\left(\frac{w}{t}\right)^2\approx 100, \quad \frac{c_{\theta z}}{c_{\theta x}}>100$$

因此,该矩形截面板条的等效理想约束模型是平面平行约束(z,θ_x)。

从柔度计算结果来看,簧片完全可以看作是平面约束;另外,簧片也可以看作是由分布同一平面的无数多个细长杆组成,每个细长杆都可以提供一个线约束。根据约束空间的特性,平面内只要有 3 个不同轴、平行、共点汇交的线约束即可构成平面三维约束,即约束整个平面,其他约束均构成冗余约束。因此,从约束空间的角度来看,簧片可以看作是无数个柔性杆(线约束)组成的平面约束,只是进行了弹性平均(elastic average);而板条则可近似认为提供了二维的平行线约束。

采用类似的方法可以得到其他类型基本柔性单元的等效理想约束及自由度模型。表 8-3 给出了一些常见基本柔性单元的等效约束和自由度模型,其约束线图与自由度线图满足对偶线图法则。可以看到,基本柔性单元很难实现力偶约束,一般情况下均为线约束(力约束)。

表 8-3　柔性单元的等效约束及自由度模型

柔性单元	等效约束线图		等效自由度线图	
	维数	图示	维数	图示
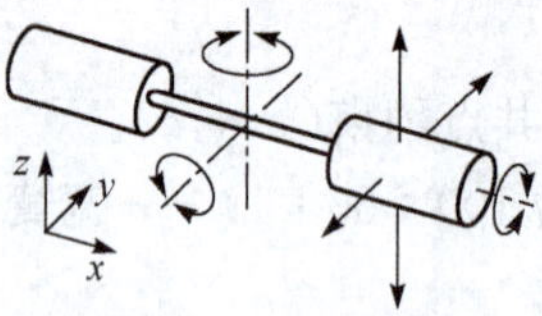	1	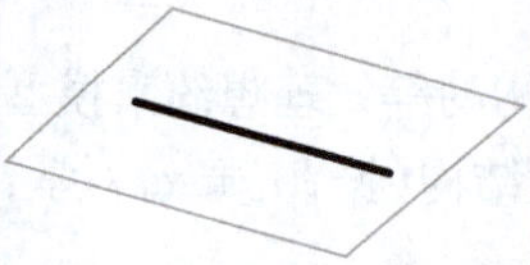	5	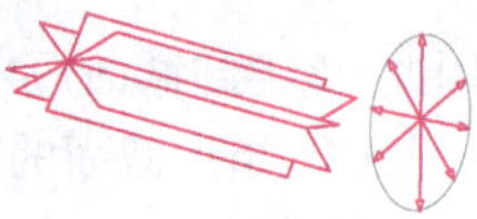
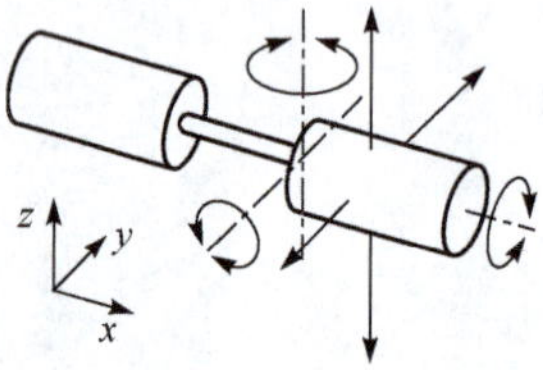	3	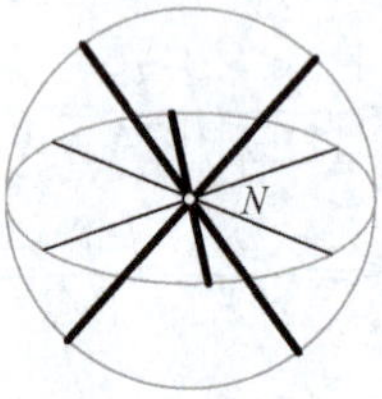	3	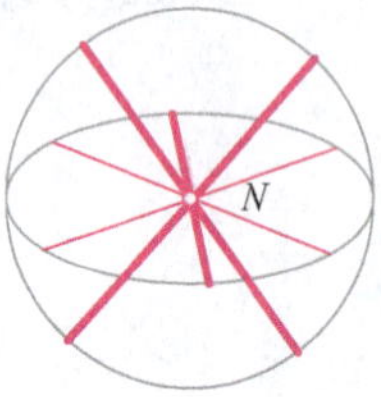
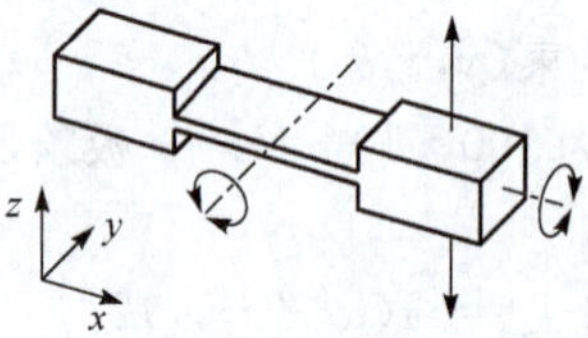	2	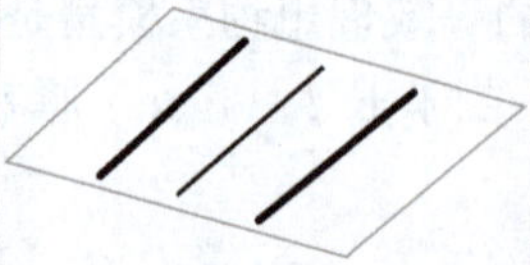	4	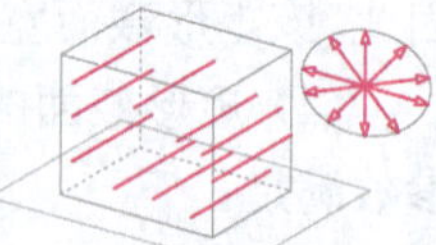
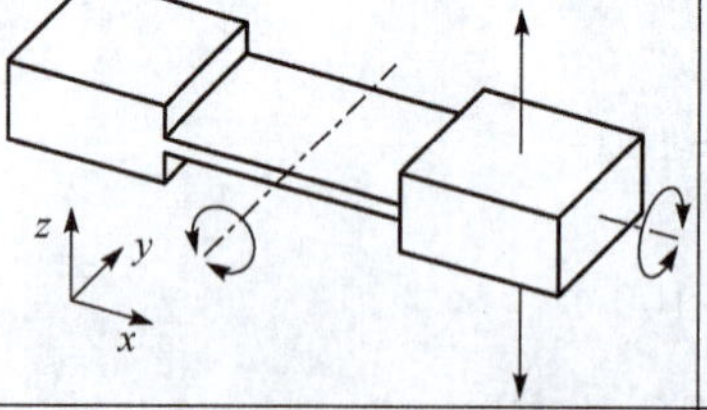	3	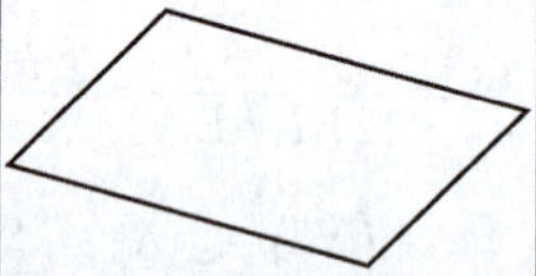	3	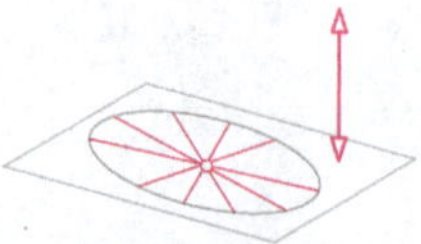
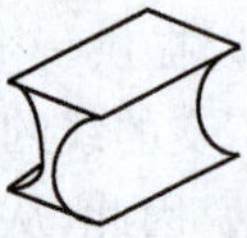	5	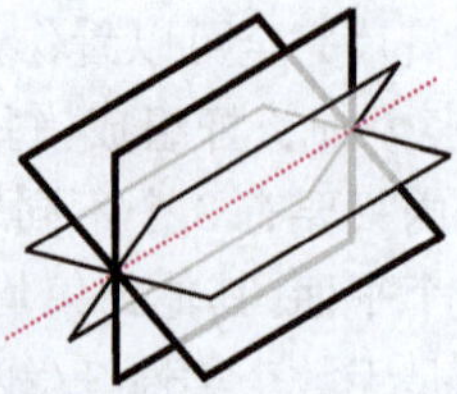	1	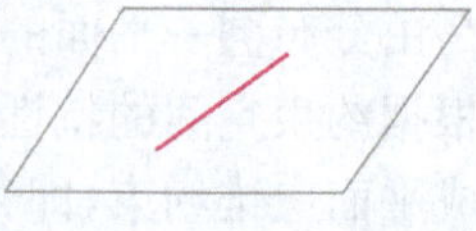

续表

柔性单元	等效约束线图		等效自由度线图	
	维数	图示	维数	图示
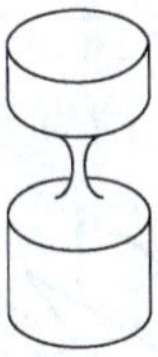	3	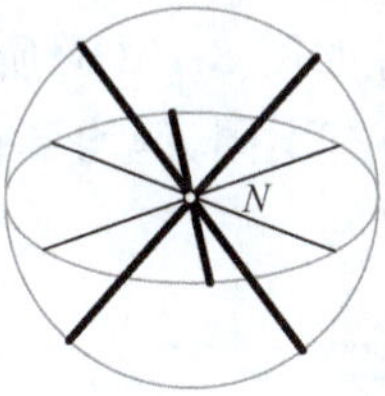	3	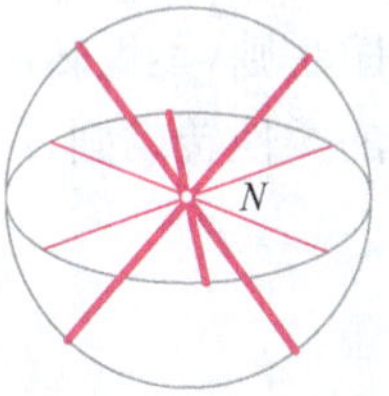
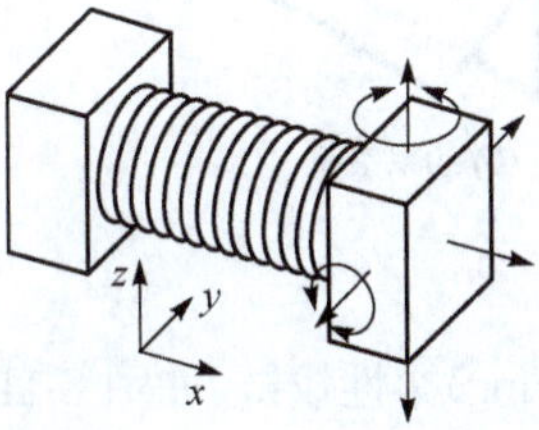	1	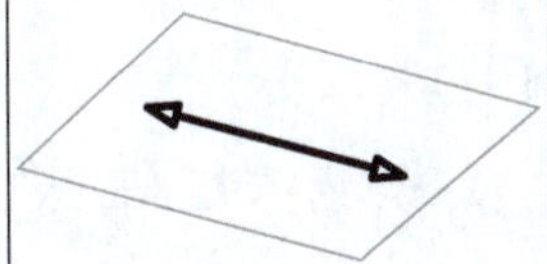	5	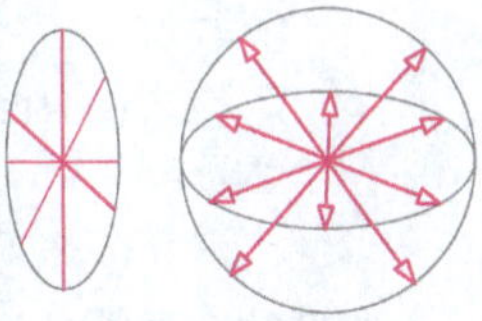
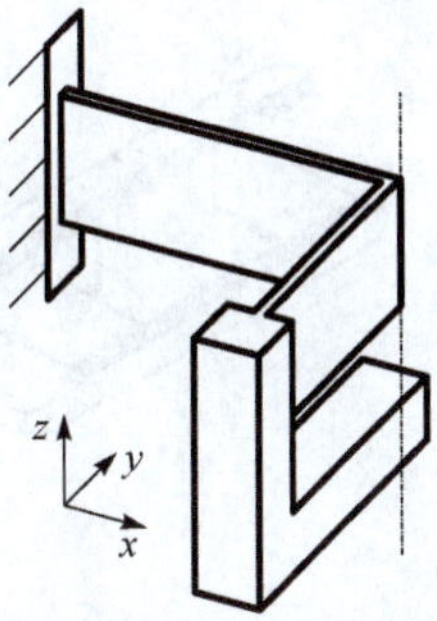	1	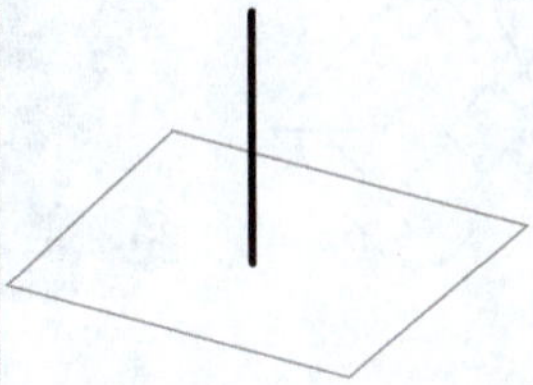	5	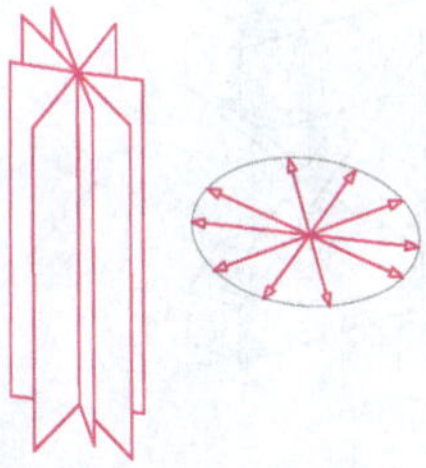

8.6 常见柔性铰链及柔性机构的分类

8.6.1 柔性铰链的分类与枚举

由基本柔性单元可以组合成种类各异的柔性铰链,以实现与之相对应的刚性运动副的运动功能。但是,无论簧片型柔性铰链还是缺口型柔性铰链都存在着较为明显的缺点,如前者轴漂大、后者转角小等。如果将这些基本的柔性单元组合,可以得到性能更佳的柔性运动副构型。例如,由簧片基本柔性单元的组合演化可以衍生出多种形式的柔性转动副,如交叉簧片型结构和多簧片型结构等。下面将按照自由度和约束空间来对现有的柔性铰链进行分类总结。

1. 柔性转动副（这里重点考虑簧片型）

柔性转动副只有一个转动自由度，其自由度空间如图8-10(a)所示。根据对偶线图法则，柔性转动副应具有如图8-10(b)所示的约束空间。下面给出了几种典型的柔性转动副，尽管构型各有不同，但均具有图8-10(b)所示的约束空间。

图 8-10 柔性转动副的自由度与约束空间

典型的交叉簧片型柔性转动副是十字交叉型（cross-spring）柔性铰链，如图8-11所示。十字交叉型柔性铰链由两个相同的簧片叠合而成，柔性很大，转动幅度最大超过±20°。但由于是组合装配式结构，不可避免地存在装配误差，且转动轴漂较大。

图 8-11 交叉簧片型柔性转动副

将分立的两个簧片有机地整合到一起，可以设计成更为紧凑的一体化对称性结构，如图8-12所示。这类典型的结构被称为轮毂式柔性铰链（cartwheel hinge），这类结构可以有效地消除装配误差，轴漂很小。

图 8-12 轮毂式柔性转动副

三个或更多的簧片可以组合成多簧片构型的柔性转动副(图 8-13)。如图 8-13(a)所示的三簧片构型的柔性铰链,能在两个圆环形外圈之间提供有限的相对转动,因此可作为柔性转动副使用;再如图 8-13(c)所示的蝶型柔性铰链通过轮毂式柔性铰链的叠加,增大了转动角度,并大大减小了轴漂,提高了精度。

(a) 轮辐三簧片式　　(b) 轮辐六簧片式　　(c) 蝶型铰链[7]

图 8-13　具有多簧片构型的柔性转动副

2. 柔性移动副

与柔性转动副类似,柔性移动副也是一种通过特殊的结构设计及基本柔性单元组合,使与之相连接的两构件间发生相对移动的结构形式。功能上,能仿效常规形式的移动副。不同的结构类型可满足柔性移动副所要求的功能。同样,柔性移动副只有一个移动自由度,其自由度空间如图 8-14(a)所示,约束空间如图 8-14(b)所示。

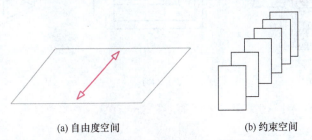

(a) 自由度空间　　　　(b) 约束空间

图 8-14　柔性移动副的自由度与约束空间

具有集中柔度的柔性移动副:最为常用的是如图 8-15 所示的平行四杆型,其结构源于刚性平行四杆机构。该柔性移动副包含有四个缺口型柔性转动副,具有良好的运动性能与导向精度,可实现平动的功能,但是运动行程小。

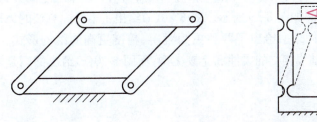

图 8-15　缺口型平行四杆机构

具有分布柔度的柔性移动副：为增大柔性移动副的运动范围，可用具有分布柔度的簧片组合成柔性移动副来代替图 8-15 所示的缺口型柔性移动副。图 8-16(a) 是平行簧片型柔性移动副构型。其两个支链是簧片结构，运动行程大。但该柔性铰链在竖直方向存在着明显的寄生误差，故可采用图 8-16(b) 和 (c) 所示的复合型结构来消除寄生运动。

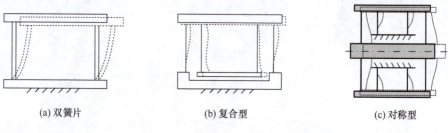

图 8-16　平行簧片型柔性移动副

此外，还有其他几种形式的柔性移动副结构，具体如图 8-17 所示。

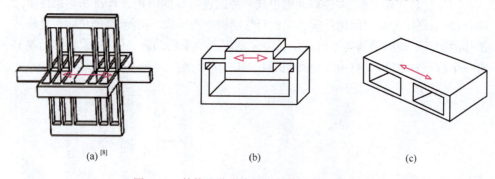

图 8-17　其他几种形式的平行簧片柔性移动副

3. 柔性虎克铰

除了前面介绍的柔性转动副和柔性移动副外，还可以通过柔性转动副组合（串联）来实现柔性虎克铰的功能。柔性虎克铰具有两个转动自由度，当两条转动轴线相交时，其自由度空间与约束空间如图 8-18 所示；而当两转动轴线空间交错时，其自由度空间与约束空间如图 8-19 所示。图 8-20(a) 给出了柔性虎克铰的原理变形结构，而图 8-20(b) 和 (c) 中给出了两种更为紧凑、精度更高的结构形式。其中，图 8-20(b) 给出的是轴线相交的柔性虎克铰类型；而图 8-20(c) 给出的则是轴线交错的柔性虎克铰类型。

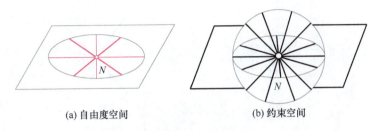

(a) 自由度空间　　　　　　　　(b) 约束空间

图 8-18　柔性虎克铰轴线相交时的自由度空间与约束空间

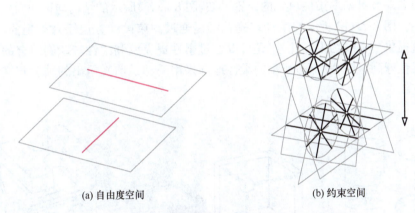

(a) 自由度空间　　　　　　　　(b) 约束空间

图 8-19　柔性虎克铰轴线交错时的自由度空间与约束空间

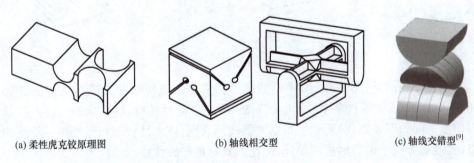

(a) 柔性虎克铰原理图　　　(b) 轴线相交型　　　(c) 轴线交错型[9]

图 8-20　柔性虎克铰

4. 柔性球副

柔性球副也是一种常用结构,它可以在小运动范围内实现传统球铰的功能。柔性球副有三个转动自由度,且转动轴线相交于空间一点,其自由度空间与约束空间如图 8-21 所示。

(a) 自由度空间　　　　　　　　(b) 约束空间

图 8-21　柔性球副的自由度空间与约束空间

由 8.5 节对基本柔性单元的讨论可知,图 8-22(a)所示的结构均可作为柔性球副使用。图 8-22(b)所示的柔性球副构型是通过约束设计方法综合得到的,其每条支链提供一个线约束。此外,还可以通过柔性虎克铰和柔性转动副组合的方式得到柔性球副。图 8-22(c)所示的柔性球副采用的即是前文给出的轴线相交型柔性虎克铰。

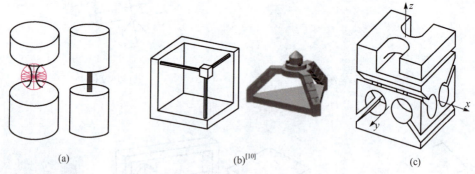

(a)　　　　　　　　(b)[10]　　　　　　　　(c)

图 8-22　柔性球副

值得一提的是,图 8-22(b)所示的第二种构型。该构型的支链结构如图 8-23 所示,它由两个或多个簧片单元串联而成,因此该柔性铰链具有 3R2T 自由度,其自由度空间如图 8-24(a)所示。根据对偶线图法则,该柔性铰链只能提供一维线约束,其效果等同于柔性细长杆单元,但比之具有更好的性能。

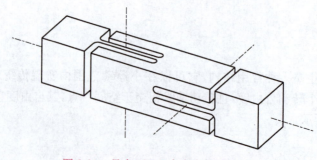

图 8-23　具有 3R2T 自由度的柔性铰链

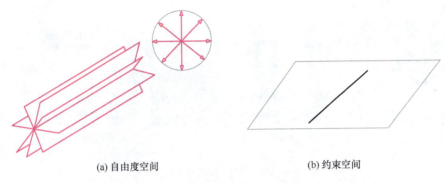

(a) 自由度空间　　　　　　　　(b) 约束空间

图 8-24　图 8-23 所示柔性铰链的自由度空间与约束空间

以上针对不同类型的自由度及约束空间,对常见的柔性铰链进行了分类总结。在进行柔性机构的构型设计时,这些柔性铰链同基本柔性单元一样,也可作为模块直接使用,进而更加丰富了柔性机构的类型。

8.6.2　常用柔性模块(机构)的分类

本节对文献中出现的一些常用的柔性机构(模块)按照自由度和约束空间类型进行分类综合。这些柔性机构(模块)在结构上比 8.6.1 节中的柔性铰链还要复杂。但同上述柔性铰链和基本柔性单元一样,这些柔性机构(模块)在进行柔性机构构型综合时可作为模块直接使用。

1. 2T 型柔性机构($T_x T_y$)

2T 型柔性机构的自由度与对偶约束线图如图 8-25 所示。

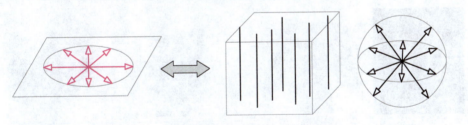

图 8-25　具有 2T 运动的自由度空间与对偶约束空间

一些典型的 2T 型柔性机构如图 8-26 所示。其中,图 8-26(a)所示的柔性机构由 4 个平行四杆型移动机构组成,每个支链为 2 个平行四杆移动机构串联而成;图 8-26(b)和(c)所示的柔性机构则分别由 8 个和 16 个双平行四杆型移动机构组成;图 8-26(d)所示的柔性机构由 4 个图 8-26(c)所示的对称型移动机构组合而成。无论构型如何,这些 2T 型柔性机构都具有如图 8-25 所示的自由度空间和约束空间。

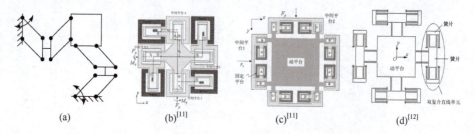

图 8-26　平行四杆组合型 2T 机构

2. 2R1T 型柔性机构($R_xR_yT_z$)

2R1T 型柔性机构的自由度与对偶约束线图如图 8-27 所示。

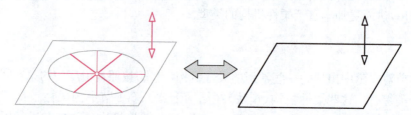

图 8-27　2R1T 运动的自由度空间与对偶约束空间

一些典型的 2R1T 型柔性机构如图 8-28 所示。该类柔性机构基本都是由 3-RPS 机构衍生而来,其每个支链仅提供 1 个线约束,3 个支链提供的 3 个线约束共面且不汇交,形成平面约束。

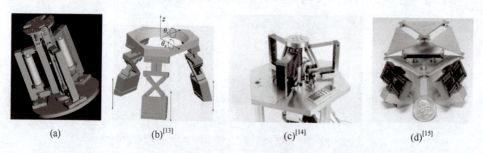

图 8-28　典型的 2R1T 型柔性机构

3. 1R2T 型柔性机构($T_xT_yR_z$)

1R2T 型柔性机构的自由度与对偶约束线图如图 8-29 所示。

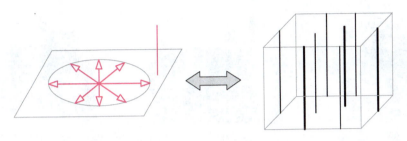

图 8-29　1R2T 运动的自由度空间与对偶约束空间

一些典型的 1R2T 型柔性机构如图 8-30 所示。该类柔性机构大多是由 3-RRR 机构衍生而来，其每个支链提供空间平行且不共面的三维线约束，3 个支链提供的线约束彼此平行，形成空间平行约束。

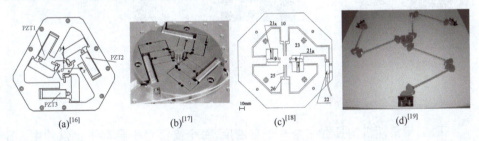

图 8-30　典型的 1R2T 型柔性机构

4. 3T 型柔性机构

3T 型柔性机构的自由度与对偶约束线图如图 8-31 所示。

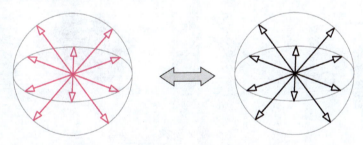

图 8-31　3T 运动的自由度空间与对偶约束空间

一些典型的 3T 型柔性机构如图 8-32 所示。该类柔性机构大多由 3-PPP 机构衍生而来，每个支链提供三维力偶约束，3 个支链提供的约束求并后仍为三维力偶约束。

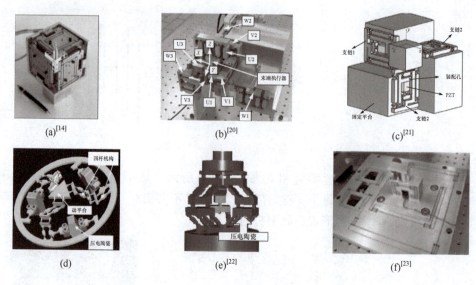

图 8-32 典型的 3T 型柔性机构

5. 3R3T 型柔性机构

3R3T 型柔性机构具有完全 6 个自由度，每个支链对平台都不提供约束。比较典型的 3R3T 型柔性机构既可能由全并联结构组成，也可能通过两个并联机构再串接而成。如图 8-33(a)和(b)所示的结构由 PSS 支链并联而成；图 8-33(c)和(d)所示的结构则由一个具有面内(in-plane)运动的柔性机构和一个面外(out-of-plane)运动机构串联组合而成。

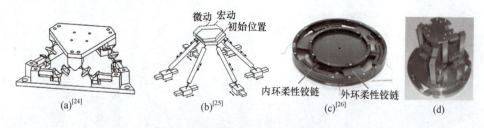

图 8-33 典型的 3R3T 型柔性机构

8.7 柔性机构自由度分析的图谱法和解析法

自由度是衡量机构运动能力的一个重要指标。有关刚性机构的自由度分析方法已比较成熟，典型的如 Grübler 公式。对柔性机构而言，由于结构的特殊性，其自由度分析更加困难。用评价刚性体机构自由度的方法来评价柔性机构的运动能力显然已不再适合,包括原有的计算公式对柔性机构而言也不再有什么意义。为此,Howell[3]提出了一种计算简单平面柔性机构自由度的方法,但该方法对衡量复杂的空间柔性机构的运动能力很受限制。本节给出了两种针对柔性精微机构的自由度分析方法:一种是图谱法[27],另一种则是建立在对柔度矩阵特征分析上的解析法[27~29]。

8.7.1 柔性机构自由度分析的图谱法

下面对并联和串联两种情况分别来讨论。

对并联式柔性机构,自由度分析过程如下:

(1) 确定各支链提供给动平台的约束线图。前面已经给出了基本柔性单元以及常见柔性模块的等效自由度与约束线图。求支链约束线图时,需要遵循如下原则:如果是单一柔性单元,则直接给出约束线;如果是并联连接,则对约束线进行组合;如果是串联连接,则对自由度线进行组合。

(2) 将各支链的约束线图求并,得到动平台的约束空间。根据第 3 章对组合式线图的讨论,可以得到动平台约束空间的维数 n 以及具体的约束线图表达。

(3) 求柔性机构的自由度数目。显然,柔性机构的自由度数为$(6-n)$。

(4) 确定柔性机构的自由度性质,包括自由度类型及转轴位置等。根据对偶线图法则,可以得到与动平台约束空间对偶的自由度空间。依据自由度空间的线图表达,可以得出柔性机构的自由度类型(直线表示转动,两端带箭头的线段表示移动)以及转轴位置等信息。

作为一个例证,下面根据上述过程来分析图 8-34 所示的并联式柔性机构。该柔性机构由 1 个动平台和 1 个基平台通过 4 个基本柔性杆并联连接而成。其中,柔性杆 1 与 2 平行,所在平面通过基平台的中心;柔性杆 3 与 4 相交于基平台的中心点处,二者所在平面与柔性杆 1、2 所在平面垂直。

由前面对基本柔性单元的讨论可知,每个柔性杆单元提供沿杆中线的一维线约束。对 4 条支链所提供的约束求并,就可以得到动平台的约束空间,如图 8-35(a)所示。根据对偶线图法则或 F&C 图谱,得到该柔性机构的自由度空间,如图 8-35(b)所示。图 8-35(c)所示的自由度线图是该机构自由度空间的同维子空间。由第 3 章对线图维数的讨论可知,该柔性机构的自由度数目为 3,类型是 $2R1T(R_xR_zT_x)$,如图 8-36 所示。

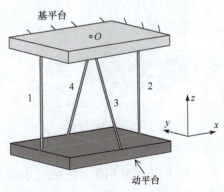

图 8-34　并联式柔性机构

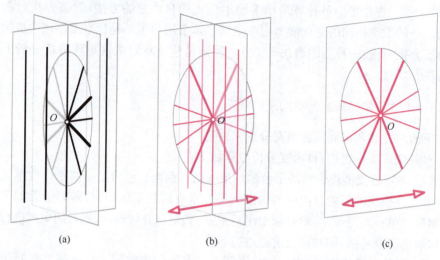

图 8-35 动平台约束空间及自由度空间

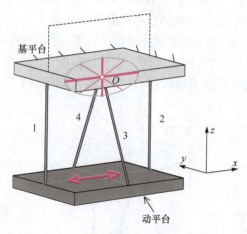

图 8-36 自由度特征图示

对串联式柔性机构,自由度分析过程如下:

(1) 对参与串联的各个柔性模块进行自由度分析,得到各个模块的自由度线图。对柔性模块的自由度分析方法参见并联式柔性机构的自由度分析过程。

(2) 将各模块的自由度线图求并,得到机构末端的自由度空间。

(3) 确定机构自由度的数目及性质。串联式柔性机构的自由度数目为末端自由度空间维数。自由度的性质同样可由自由度空间的线图表达来确定。

至此,给出了利用图谱法来对并联式和串联式柔性机构进行自由度分析的一般方法。一般地,对于结构复杂的柔性机构,都可以将其分解为并联和串联模块的组合。对每个模块遵循各自的分析方法,进而得到整个机构的自由度。

8.7.2* 柔性机构自由度分析的解析法

基于图谱法的柔性机构自由度分析方法是建立在柔性单元的等效自由度或约束模型基础上的,而这种等效是一种近似的、理想化的等效。举例来说,柔性杆单元的理想等效约束模型为一维线约束,而实际上除了该线约束外,柔性杆单元同样提供了其他方向上的约束,只不过其他方向上的约束相比于该线约束要小很多。

从前面的讨论中可以看到,这些等效模型是通过比较柔性单元各方向的柔度得出的。如果柔性单元某一方向上的移动柔度要远大于其他柔度,则可认为柔性单元在该方向上具有一个移动自由度。而这种比较只有在相同的量纲下才有意义。受此启发,我们在将转动柔度和移动柔度无量纲化的基础上,提出了一种针对实际柔性机构的自由度分析方法。

由附录 A 可知,在力旋量 $F=(\tau;f)$ 的作用下,机构的动平台产生微小变形 $\xi=(\theta;\delta)$(实质上是个运动旋量),二者满足:

$$\xi=CF \quad \text{或} \quad \Delta\xi=C\Delta F \tag{8.5}$$

假设力旋量与运动旋量是同一个旋量的标积,则可以得到笛卡儿坐标系下的特征值方程:

$$\lambda e=\Delta C\Delta e \tag{8.6}$$

一般地,式(8.6)中有 6 个特征值 λ_i 和 6 个特征向量 e_i。其中,特征值 λ_i 称为特征柔度(eigen-compliance),它是运动旋量与力旋量的比值。与特征值对应的特征向量 e_i 称为柔度的特征旋量(eigen-screw)。这些特征旋量可表示柔性机构在直角坐标系中的基本运动模式,柔性机构的所有运动均可由这些特征旋量线性表示。

前面提到,转动柔度和移动柔度具有不同的量纲,因此不能直接对二者进行比较。为此,可将转动柔度除以 $l/(EI_y)$,移动柔度除以 $l^3/(EI_y)$,从而将转动柔度和移动柔度化为无量纲量。这里,l 为机构中梁单元的长度(一般取最长者作为标准),I_y 为其截面惯性矩。

下面给出解析法确定柔性机构自由度的一般过程:

(1) 计算机构的柔度矩阵 C,单位统一采用国际单位制。

(2) 计算柔度矩阵 $\Delta C\Delta$ 的特征值及特征向量。

(3) 将特征值按其表示的柔度类型(转动柔度或移动柔度)进行无量纲化。

(4) 对无量纲的特征值进行比较。比较方法如下:取无量纲特征值中的最大者,记为 λ_{max};将其余特征值 λ_i 与 λ_{max} 相比,若 $|\lambda_i/\lambda_{max}|\ll 1$,则将该特征值赋值为 0。

(5) 处理后,非零特征值的数目即为柔性机构的自由度数目。

(6) 寻找与零特征值对应的特征向量(旋量),这些特征向量构成了机构的约束旋量空间。注意:由与零特征值对应的所有特征向量组成的线性空间同机构所受的所有约束旋量组成的线性空间是完全一致的。

(7) 根据自由度空间与约束空间的对偶性,求得机构(动平台)的自由度空间。

按照上述方法,可以对实际柔性机构的自由度特性进行分析。下面通过实例来验证。

【例8-1】 平行四杆型柔性铰链。

该平行四杆型柔性铰链与附录 A 中所给的柔性机构(当 n 取 0 时)相同,柔度矩阵可由式(A.35)给出。参考坐标系以及各结构参数如图 8-37 所示。

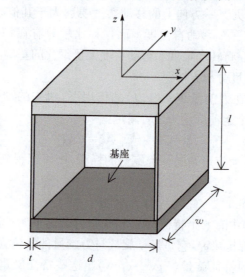

图 8-37 平行四杆型柔性铰链

给定平行四杆型柔性铰链参数如下:

$l=100\text{mm}$, $d=80\text{mm}$, $w=50\text{mm}$, $t=2\text{mm}$, $E=70\text{GPa}$, $\mu=0.346$

代入式(A.35)可直接计算得到柔度矩阵 C:

$$C=\begin{bmatrix} 34.2857 & 0 & 0 & 0 & -1.7143 & 0 \\ 0 & 4.4634 & 0 & 0.2232 & 0 & 0 \\ 0 & 0 & 14.9587 & 0 & 0 & 0 \\ 0 & 0.2232 & 0 & 17.8683 & 0 & 0 \\ -1.7143 & 0 & 0 & 0 & 0.1143 & 0 \\ 0 & 0 & 0 & 0 & 0 & 0.0071 \end{bmatrix}\times 10^{-6}$$

$\Delta C\Delta$ 的特征值矩阵与特征向量矩阵为

$$\lambda=\text{diag}(34.3715,\ 4.4596,\ 14.9587,\ 17.872,\ 0.0285,\ 0.0071)\times 10^{-6}$$

$$V=\begin{bmatrix} 0 & 0 & 0 & 1 & 0 & 0 \\ 0.05 & 0 & 0 & 0 & 1 & 0 \\ 0 & 0 & 0 & 0 & 0 & 1 \\ -1 & 0 & 0 & 0 & 0.05 & 0 \\ 0 & 1 & 0 & 0 & 0 & 0 \\ 0 & 0 & 1 & 0 & 0 & 0 \end{bmatrix}$$

将特征值无量纲化后,得到

$$\lambda = \text{diag}(0.802, 0.104, 0.349, 41.7, 0.0665, 0.01667) \times 10^{-3}$$
$$\approx \text{diag}(0, 0, 0, 41.7, 0, 0) \times 10^{-3}$$

与零特征值对应的特征向量组成机构的约束空间(列向量表示约束力旋量):

$$W = \begin{bmatrix} 0 & 0 & 0 & 0 & 0 \\ 0.05 & 0 & 0 & 1 & 0 \\ 0 & 0 & 0 & 0 & 1 \\ -1 & 0 & 0 & 0.05 & 0 \\ 0 & 1 & 0 & 0 & 0 \\ 0 & 0 & 1 & 0 & 0 \end{bmatrix}$$

根据自由度空间与约束空间的对偶性,可得动平台的自由度空间:

$$\xi = (0,0,0;1,0,0)$$

上式表明,平行四杆型柔性铰链具有一个沿 x 方向的移动自由度。若利用图谱法也可以得出与之相同的结论。

【例 8-2】 车轮型柔性铰链。

车轮型柔性铰链的两个簧片单元相交于点 O,且关于 O 点对称。参考坐标系及各结构参数如图 8-38 所示。

簧片单元 1、2 坐标变换的伴随矩阵如下:

$$\text{Ad}_1 = \begin{bmatrix} R_1 & 0 \\ T_1 R_1 & R_1 \end{bmatrix}, \quad \text{Ad}_2 = \begin{bmatrix} R_2 & 0 \\ T_2 R_2 & R_2 \end{bmatrix} \tag{8.7}$$

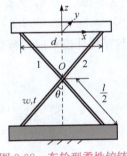

图 8-38 车轮型柔性铰链

式中

$$R_1 = \begin{bmatrix} \cos\theta & 0 & \sin\theta \\ 0 & 1 & 0 \\ -\sin\theta & 0 & \cos\theta \end{bmatrix}, \quad R_2 = \begin{bmatrix} \cos\theta & 0 & -\sin\theta \\ 0 & 1 & 0 \\ \sin\theta & 0 & \cos\theta \end{bmatrix}, \quad T_1 = T_2 = \begin{bmatrix} 0 & \dfrac{l\cos\theta}{2} & 0 \\ -\dfrac{l\cos\theta}{2} & 0 & 0 \\ 0 & 0 & 0 \end{bmatrix}$$

因此,该车轮型柔性铰链在参考坐标系下的柔度矩阵为

$$C = \left[(\text{Ad}_1 C_b \text{Ad}_1^T)^{-1} + (\text{Ad}_2 C_b \text{Ad}_2^T)^{-1} \right]^{-1} \tag{8.8}$$

给定该型柔性铰链参数如下:

$l = 200\text{mm}$, $d = 100\text{mm}$, $w = 50\text{mm}$, $t = 2\text{mm}$, $\theta = 30°$, $E = 70\text{GPa}$, $\mu = 0.346$

将参数代入式(8.4)和式(8.8)中可计算得到柔度矩阵 C:

$$C = \begin{bmatrix} 0.8134 & 0 & 0 & 0 & -0.0704 & 0 \\ 0 & 428.5714 & 0 & 37.1154 & 0 & 0 \\ 0 & 0 & 1.2962 & 0 & 0 & 0 \\ 0 & 37.1154 & 0 & 3.2149 & 0 & 0 \\ -0.0704 & 0 & 0 & 0 & 0.0084 & 0 \\ 0 & 0 & 0 & 0 & 0 & 0.0002 \end{bmatrix} \times 10^{-4}$$

$\Delta C \Delta$ 的特征值矩阵与特征向量矩阵为

$$\lambda = \mathrm{diag}(1.2962, 431.7857, 0.8195, 0.0023, 0.0006, 0.0002) \times 10^{-4}$$

$$V = \begin{bmatrix} 0 & 0.086 & 0 & 0 & 1 & 0 \\ 0 & 0 & -0.086 & 1 & 0 & 0 \\ 0 & 0 & 0 & 0 & 0 & 1 \\ 0 & 0 & 1 & 0.086 & 0 & 0 \\ 0 & 1 & 0 & 0 & -0.086 & 0 \\ 1 & 0 & 0 & 0 & 0 & 0 \end{bmatrix}$$

将特征值进行无量纲化后,得到

$$\lambda = \mathrm{diag}(1.5, 503.8, 0.9561, 0.06617, 0.01654, 0.00555) \times 10^{-3}$$
$$\approx \mathrm{diag}(0, 503.8, 0, 0, 0, 0) \times 10^{-3}$$

与零特征值对应的特征向量组成机构的约束空间(列向量表示约束力旋量):

$$W = \begin{bmatrix} 0 & 0 & 0 & 1 & 0 \\ 0 & -0.086 & 1 & 0 & 0 \\ 0 & 0 & 0 & 0 & 1 \\ 0 & 1 & 0.086 & 0 & 0 \\ 0 & 0 & 0 & -0.086 & 0 \\ 1 & 0 & 0 & 0 & 0 \end{bmatrix}$$

根据自由度空间与约束空间的对偶性,可得动平台的自由度空间:

$$\xi = (0, 1, 0; 0.086, 0, 0)$$

上式表明,车轮型柔性铰链具有 1 个转动自由度,转动轴线平行于 y 轴,且通过点 $(0, 0, -0.086)$。注意到,在理想情况下,O 点坐标为 $(0, 0, -l\sin\theta/2) = (0, 0, -0.0866)$。因此,车轮型柔性铰链的转动轴线通过 O 点,这与利用图谱法得到的结论一致。读者可以自行验证。

8.8 柔性机构构型综合的图谱法

柔性机构(含柔性铰链)的图谱化构型综合旨在从期望的自由度入手,找到与自由度空间对偶的约束空间,并通过物理方法来实现。然而,在柔性机构的概念设计过程中,一般需要遵循以下几个原则:①综合到的机械机构应尽可能简单、紧凑,这样有利于减小误差、振动、热变形等,而且小的结构刚度更易实现高精度;②为了提高柔性机构的性能,需要合理选择和安排各支链结构;③折中柔性机构的(大)行程和(高)精度,在满足要求行程的前提下,尽可能地提高精度。此外,还需要考虑并联、串联等连接方式,通过串联增大行程,利用并联提高系统的刚度。

本节首先以一柔性铰链的构型综合为例说明图谱法进行柔性机构构型综合的一般思路,然后分别给出针对并联式和串联式柔性机构的图谱化构型综合步骤[30,31]。在本节中,并联式柔性机构是指多个柔性支链以并联方式连接在动平台与基座之间,这里的柔性支链可以是基本柔性单元,也可以是串联或并联柔性模块,如8.5节提到的各种类型的柔性模块;而串联式柔性机构是指多个基本柔性单元或柔性模块以串联方式连接在末端执行器与基座之间。

8.8.1 构型综合的基本思路

下面以一维转动机构(典型的如柔性转动副)为例来阐述图谱法构型综合的思路。

首先给出与柔性转动副对应的约束空间(图8-39)。从图中可知,5维约束空间中含有两种基本型3维约束(其中包含更多的2维约束):3维平面约束和3维空间平行约束。每种约束都可以分别映射成一种几何模块 $\mathcal{L}(N,n)$ 和 $\mathcal{F}(u)$,它们的本质是集合。因此,与5维约束空间对应的组合型几何模块可以用几种基本型几何模块的组合来表达,再利用集合交、并等运算法则可找到各种形式的等效约束模块。表8-4中给出了该5维约束空间中包含的部分等效约束模块。

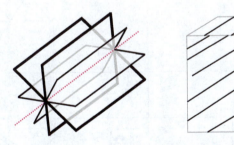

图8-39 与柔性转动副对应的约束空间

有了这些等效约束模块,可以很容易地构造出各种类型的柔性转动副。不妨先对现有铰链进行枚举,发现几乎所有现有构型均包含在表中所给出的范围之内(具体见8.5.1节)。

表8-4 5维约束空间中包含的部分等效约束模块（Ⅰ）

类别	集合 A	集合 B	$A \cap B$	几何条件	图示
Ⅰ	$\mathcal{F}_2(N,u,n)$	$\mathcal{L}(N',n')$	$\varnothing$	$n \neq n'$ $\overline{NN'} \cdot n \neq 0$	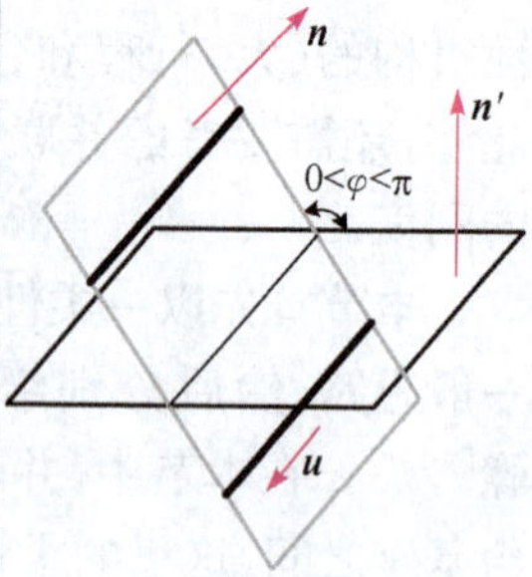
Ⅱ	$\mathcal{F}_2(N,u,n)$	$\mathcal{L}(N',n')$	$\varnothing$	$n \neq n'$ $u \neq n \times n'$	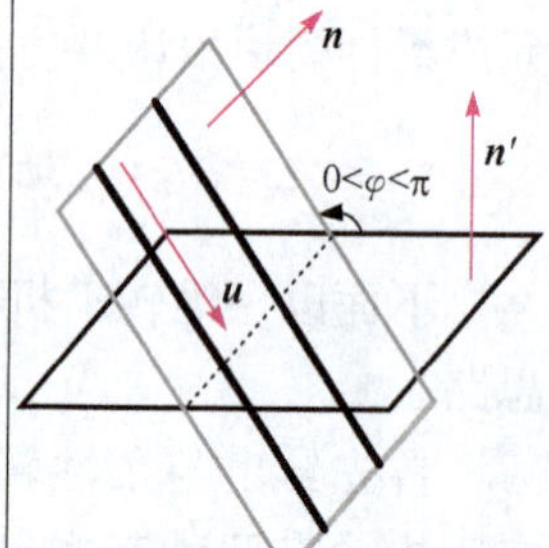
Ⅲ	$\mathcal{L}(N,n)$	$\mathcal{L}(N',n')$	$\mathcal{R}(N,u)$ $(u = n \times n')$	$n \neq n'$ $\overline{NN'} \cdot n \neq 0$	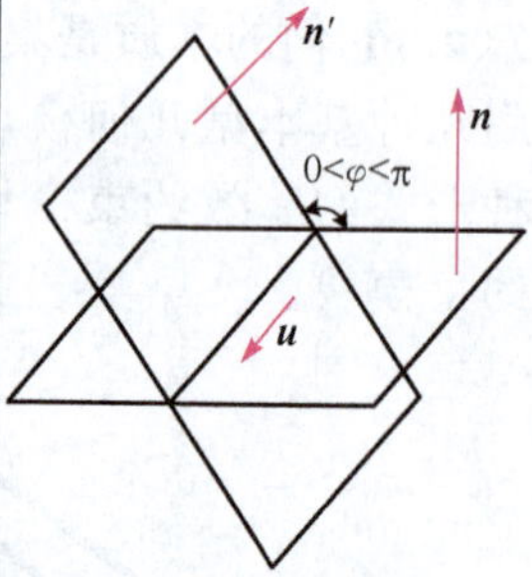
Ⅳ	$\mathcal{L}(N,n)$	$\mathcal{L}(N',n') \cup$ $\mathcal{L}(N'',n'') \cup$ $\cdots$	$\mathcal{R}(N,\overline{NN'})$	$n \neq n' \neq n'' \neq \cdots$ NN'为公共交线	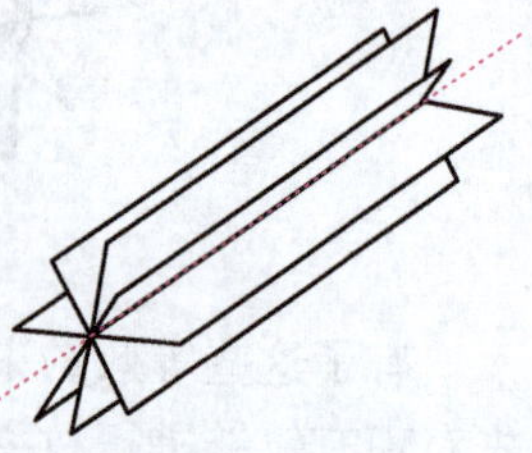

(1) 由两个簧片单元组成(每个簧片提供平面三维约束)的转动副,包括车轮型、交叉簧片型等(图 8-40)。这种情况下,满足表 8-4 中的类型Ⅲ。

(2) 由三个或三个以上簧片单元组成(每个簧片提供平面三维约束)的转动副,满足类型Ⅳ(图 8-41),此类型提供冗余约束。

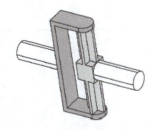

图 8-40 $\mathcal{L}(N,n) \cup \mathcal{L}(N',n')$

图 8-41 $\mathcal{L}(N,n) \cup \mathcal{L}(N',n') \cup \mathcal{L}(N'',n'') \cup \cdots$

类似的方法也可以用于柔性移动副。基于该方法,同时考虑冗余约束,完全可以综合出一些新的柔性铰链来。

表 8-5 中给出了更多形式的等效约束模块,其中的元素都可以表示成线约束的形式。

表 8-5 5 维约束空间中包含的部分等效约束模块(Ⅱ)

类别	集合 A	集合 B	A∩B	几何条件	图示
Ⅰ	$\mathcal{F}_2(N,u,n)$	$\mathcal{F}(u')$	$\varnothing$	$u \neq u'$ $u \times u' \neq n$	
Ⅱ	$\mathcal{U}(N,n)$	$\mathcal{F}(u')$	$\varnothing$	$u' = n$	

续表

类别	集合 A	集合 B	$A\cap B$	几何条件	图示
Ⅲ	$\mathcal{F}_2(N,u,n)$	$\mathcal{S}(N')$	$\varnothing$	$\overline{NN'}\cdot n\neq 0$	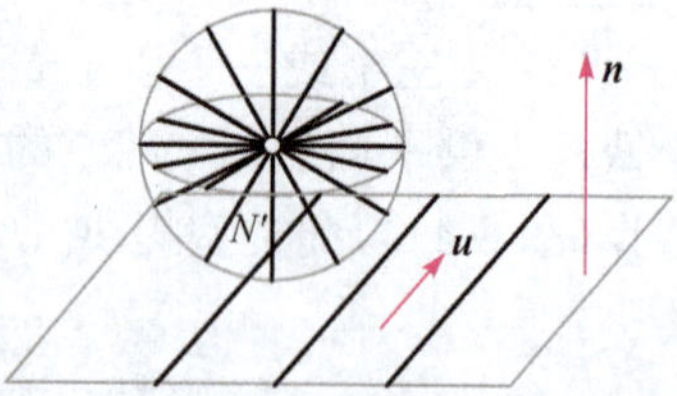
Ⅳ	$\mathcal{U}(N,n)$	$\mathcal{L}(N',n')$	$\varnothing$	$n\neq n'$ $\overline{NN'}\cdot n'\neq 0$	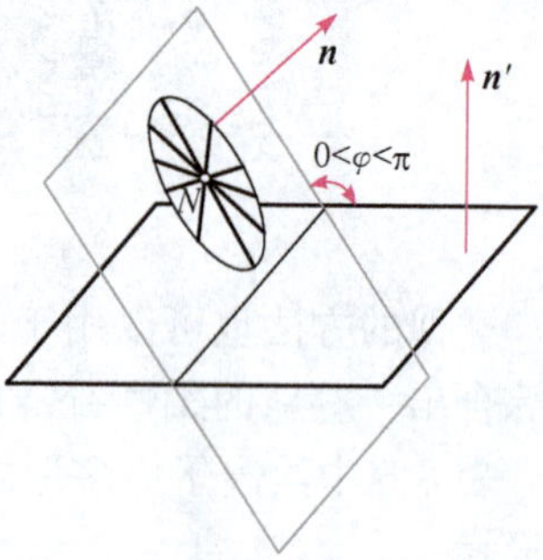
Ⅴ	$\mathcal{U}(N,n)$	$\mathcal{S}(N')$	$\varnothing$	$N\neq N'$ $\overline{NN'}\cdot n\neq 0$	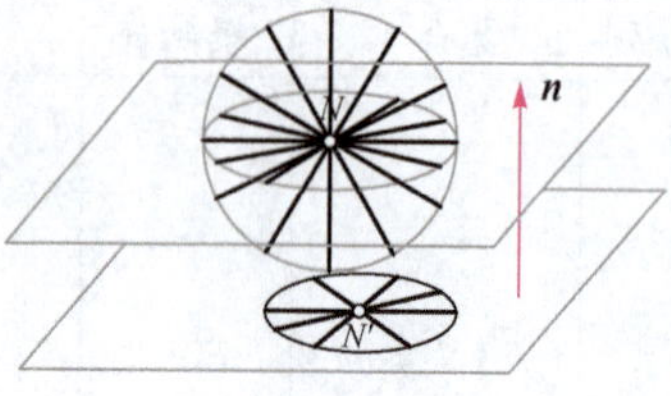
Ⅵ	$\mathcal{F}(u)$	$\mathcal{S}(N)$	$\mathcal{R}(N,u)$		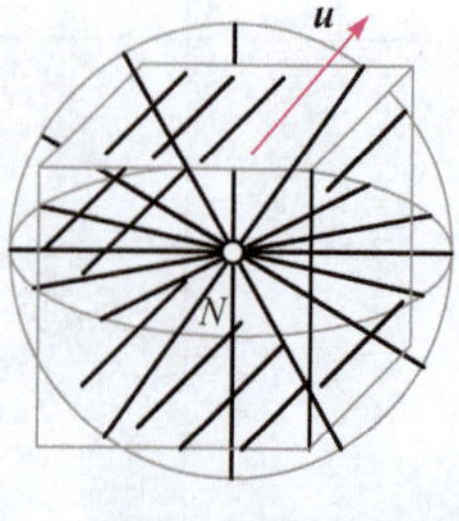

续表

类别	集合 A	集合 B	A∩B	几何条件	图示
Ⅶ	$\mathcal{F}(u)$	$\mathcal{S}(N)\cup$ $\mathcal{S}(N')\cup$ ...	$\mathcal{R}(N,u)$		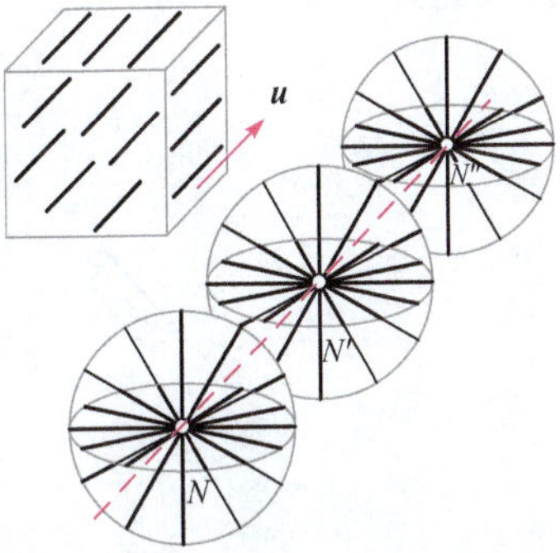
Ⅷ	$\mathcal{S}(N)$	$\mathcal{S}(N')$	$\mathcal{R}(N,\overline{NN'})$	$N\neq N'$	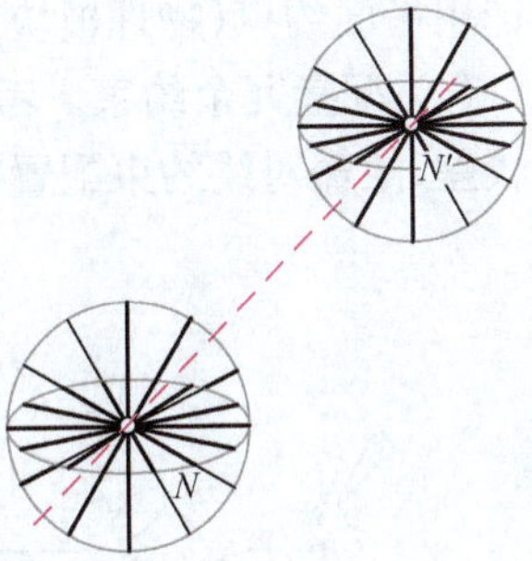
Ⅸ	$\mathcal{S}(N)$	$\mathcal{S}(N')\cup$ $\mathcal{S}(N'')\cup$ ...	$\mathcal{R}(N,\overline{NN'})$	$NN'N''\cdots$ 共线	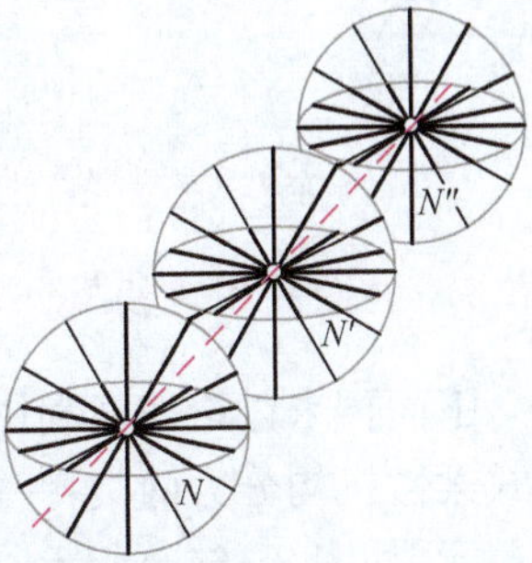

下面举一个简单例子，来说明整个构型综合过程。

(1) 设计 1R 柔性机构输出件的形状，同时确定轴线的位置，如图 8-42 所示。

(2) 选择合适的约束空间。从表 8-5 中选择一种集合组合类型，这里不妨选择类型Ⅳ，如图 8-43 所示。

图 8-42　轴线的位置

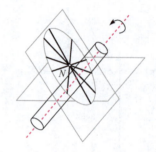

图 8-43　选择合适的约束空间

(3) 在约束空间内选择合适的约束类型。这里选用两种不同的约束类型，在 $\mathcal{U}(N,n)$ 空间内选择用线约束（物理模块对应细杆或细板条），而在 $\mathcal{L}(N,n)$ 空间内则选用平面约束（物理模块对应簧片），如图 8-44 所示。

(4) 配置冗余约束。考虑到约束应尽可能分散和对称，尤其考虑到线约束刚性较差，故需对线约束配置冗余约束，具体如图 8-45 所示。

图 8-44　选择合适的物理约束

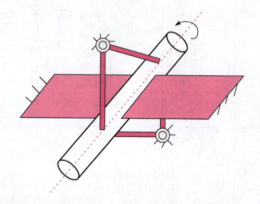

图 8-45　配置冗余约束

8.8.2　并联式柔性机构的构型综合

下面再来讨论如何利用图谱法对并联式柔性机构进行构型综合。本节中，并联式柔性机构分为两类：一类是简单全并联式柔性机构，其中每个支链都是基本柔性单元，如图 8-46(a) 所示；另一类称为广义并联式柔性机构，其中每个支链不再是基本的柔性单元，而是基本柔性单元组合而成的柔性模块（并联或串联），如图 8-46(b) 所示。

(a) 简单全并联

(b) 广义并联

图 8-46　简单全并联式与广义并联式柔性机构

无论简单全并联式柔性机构还是广义并联式柔性机构，都可以采用下面的构型综合步骤：

(1) 根据所要综合的自由度类型，以线图形式表示柔性机构的自由度空间 S_T；

(2) 根据对偶线图法则或者 F&C 图谱，确定出与自由度空间 S_T 对偶的约束空间 S_W；

(3) 找出约束空间 S_W 的所有同维子空间（多个），寻找方法详见第 4 章；

(4) 给定柔性机构的支链数目（可以有多种取法）；

(5) 根据所选支链数目，对约束空间的每个同维子空间进行枚举式分解（可以得到多个分解方案），具体分解方法如第 4 章所述；

(6) 对步骤(5)中得到的每一个分解方案，采用柔性模块（也可以为基本柔性单元）实现各支链所提供的约束；

(7) 合理配置各支链，得到满足要求的并联式柔性机构。

下面以一个 2R 柔性机构的构型综合为例，来说明上述构型方法的有效性。该例中要求柔性机构具有两个轴线相交的转动自由度。8.5 节提到的柔性虎克铰即可满足要求，但现有的柔性虎克铰多为串联结构。利用上述构型综合方法，可以得到并联式 2R 柔性机构，具体构型综合过程如下：

(1) 用线图表示自由度空间。该例中柔性机构具有如图 8-47 所示的自由度空间，自由度空间维数为 2。

(2) 求约束空间。根据对偶线图法则，可以得到如图 8-48 所示的约束空间，约束空间维数为 4。

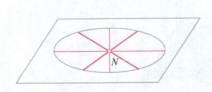

图 8-47　2R 柔性机构的自由度空间

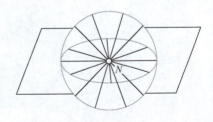

图 8-48　2R 柔性机构的约束空间

(3) 找同维子空间。该约束空间的同维子空间前文已有讨论,详见表 4-6 中 4 维空间中的第一类。该约束空间存在 6 种同维子空间(图 7-29)。

(4) 选择支链数目。这里取柔性支链的数目为 2。

(5) 分解同维子空间。为避免繁复,这里仅对 6 种同维子空间的前两种进行分解。具体的分解方案见图 4-28 和图 4-29。

(6) 配置柔性支链,并组合成机构。这里以图 4-28 和图 4-29 中的分解方案(a)为例,来配置各柔性支链。

图 4-28 分解方案(a)中,同维子空间被分解为一个 3 维平面约束和一个 1 维线约束。根据前文对基本柔性单元的讨论,柔性簧片可以提供平面约束,柔性杆可以提供线约束,如图 8-49 所示。事实上,任一提供平面约束的柔性模块都可以替代柔性簧片,任一提供一维线约束的柔性模块也可以替代柔性杆。

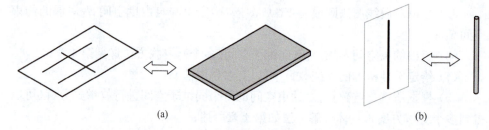

图 8-49　柔性簧片与柔性杆的等效约束模型

这里,分别将柔性簧片和柔性杆作为一个支链,可以得到如图 8-50 所示的简单全并联式 2R 柔性机构。

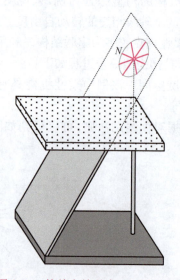

图 8-50　简单全并联式 2R 柔性机构

再者，图 4-29 的分解方案(a)中，同维子空间被分解为一个 3 维空间汇交线约束和一个 1 维线约束。我们知道，柔性球铰正好可以提供空间汇交线约束。因此，可分别采用图 8-51 所示的柔性球铰和柔性杆作为支链。

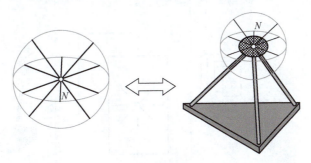

图 8-51 柔性球铰等效约束模型

支链组合后可以得到如图 8-52 所示的并联柔性机构。

类似地，对于每一种分解方案，都可以得到不同的构型，从而为后面的构型优选、参数优化等提供了丰富资源。可以看出，利用图谱法进行柔性机构的构型综合，简单直观，而且得到的构型具有一定的完备性。

下面给出利用上述构型综合步骤得到的部分少自由度柔性机构，并分别列在表 8-6～表 8-8 中。表中给出了自由度与约束对偶线图、约束同维子空间及相应的构型图示。

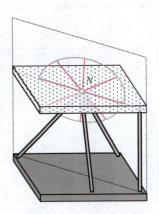

图 8-52 简单并联式 2R 柔性机构

表 8-6 部分 1 自由度并联柔性机构综合实例

类型	自由度与约束对偶线图	约束同维子空间	构型图示
1R			

续表

类型	自由度与约束对偶线图	约束同维子空间	构型图示
1T			

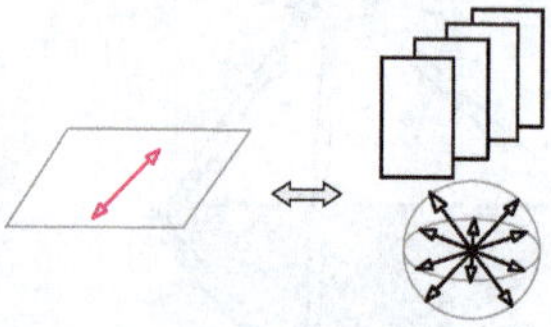

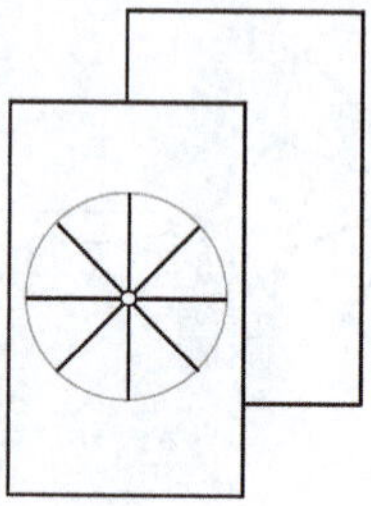

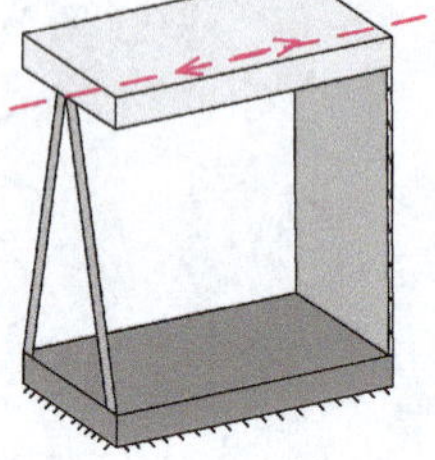

表 8-7　部分 2 自由度并联柔性机构综合实例

类型	自由度与约束对偶线图	约束同维子空间	构型图示
2R			

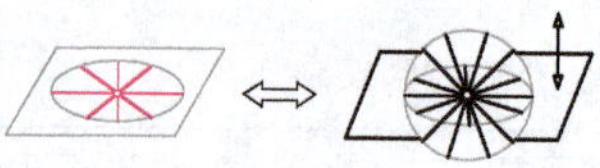

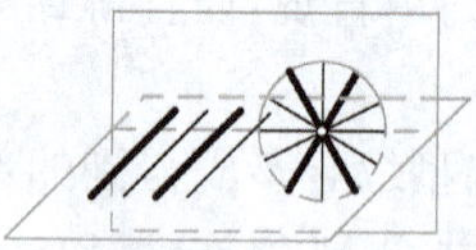

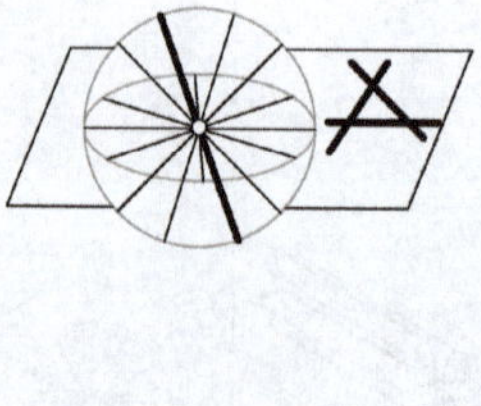

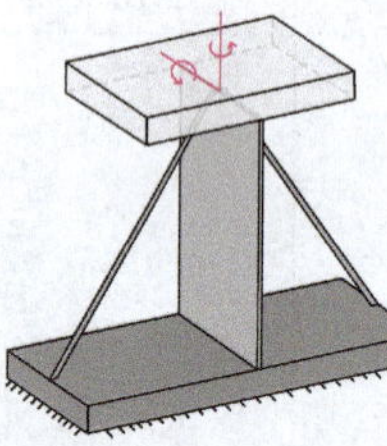

续表

类型	自由度与约束对偶线图	约束同维子空间	构型图示
2R	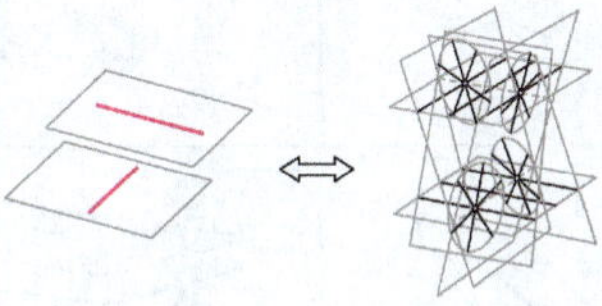	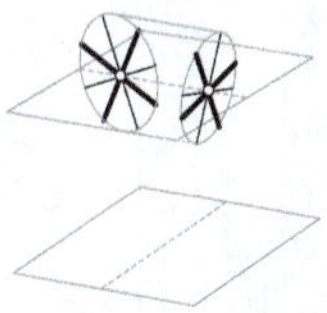	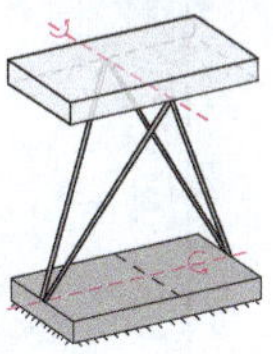

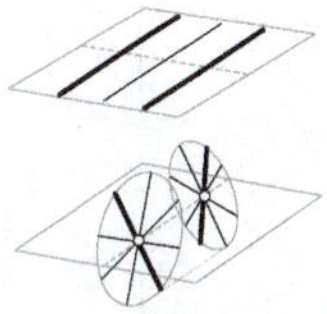

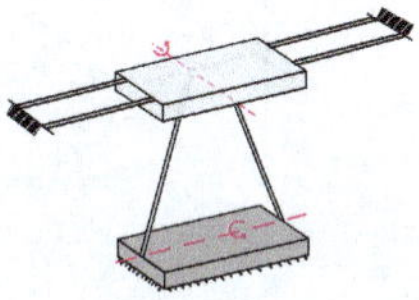

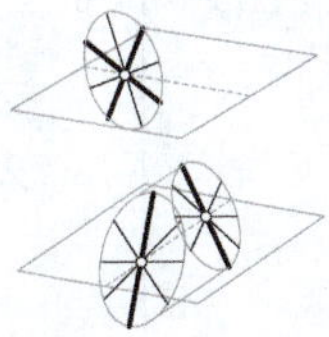

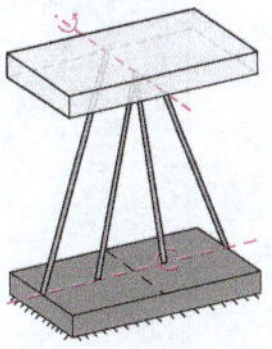

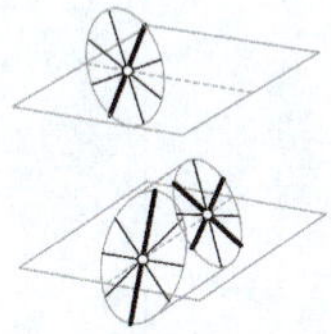

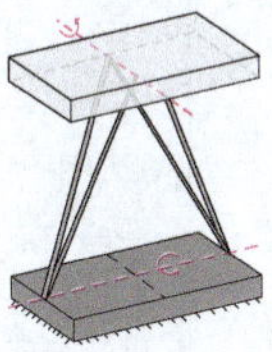

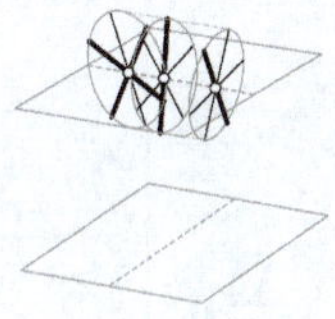

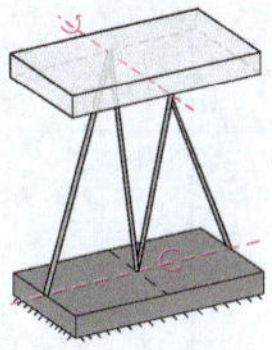

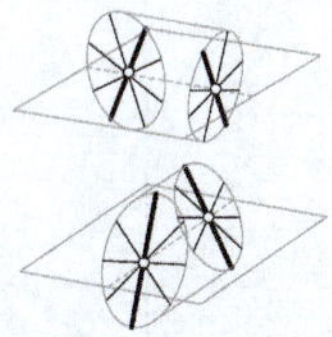

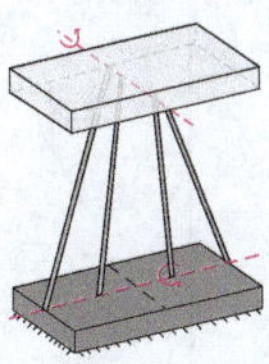

续表

类型	自由度与约束对偶线图	约束同维子空间	构型图示
1R1T	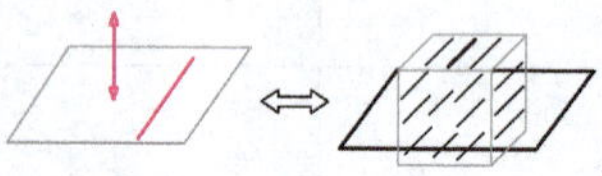	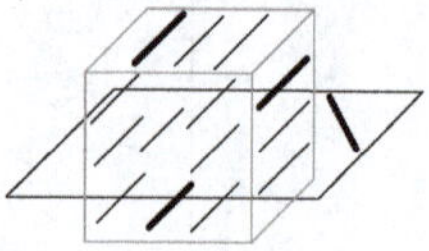	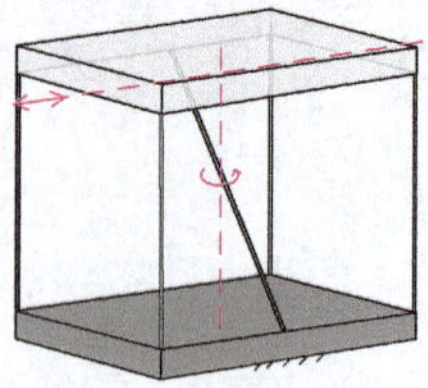

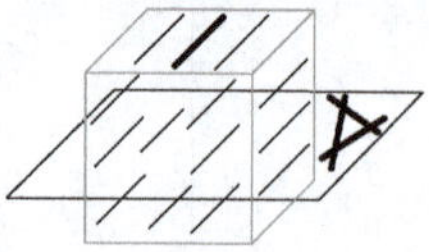

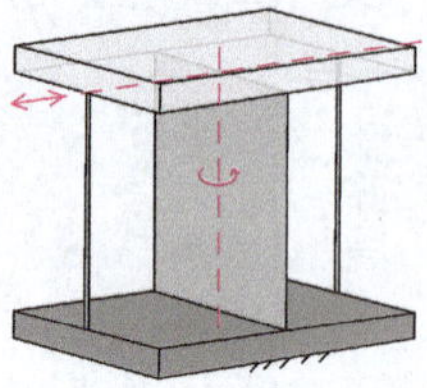

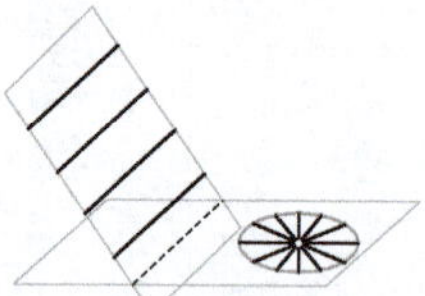

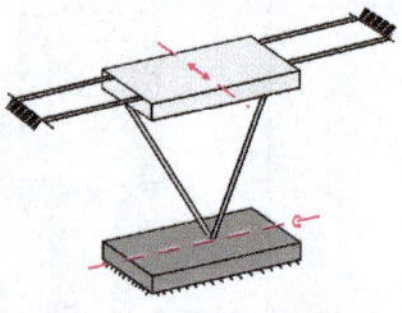

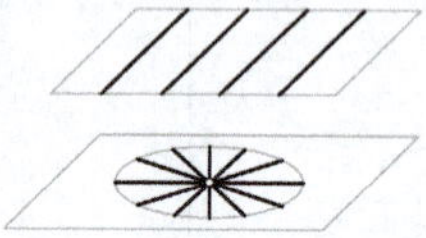

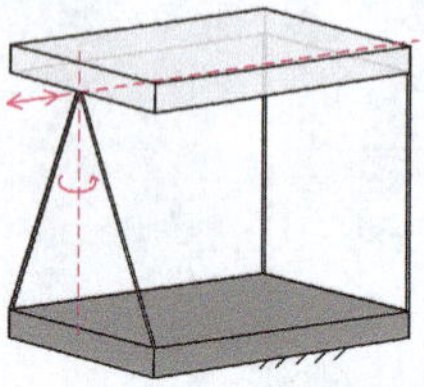

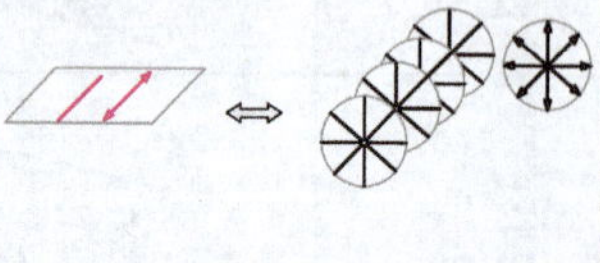

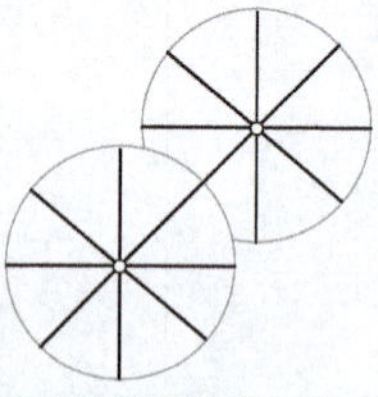

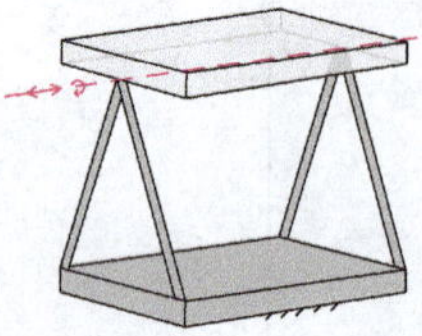

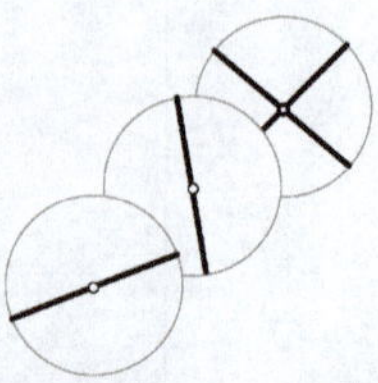

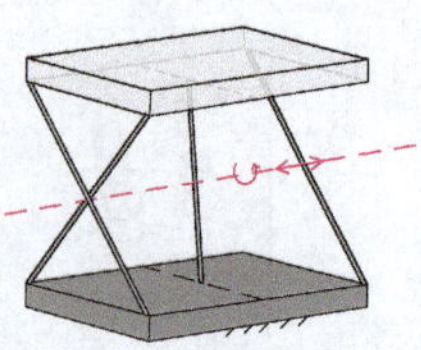

表 8-8　部分 3 自由度并联柔性机构综合实例

类型	自由度与约束对偶线图	约束同维子空间	构型图示
3R			
2R1T			
2R1T	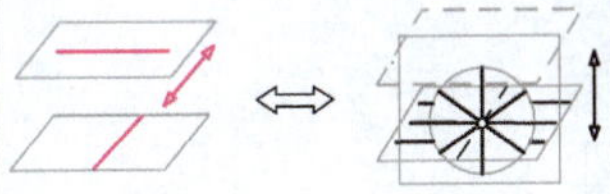	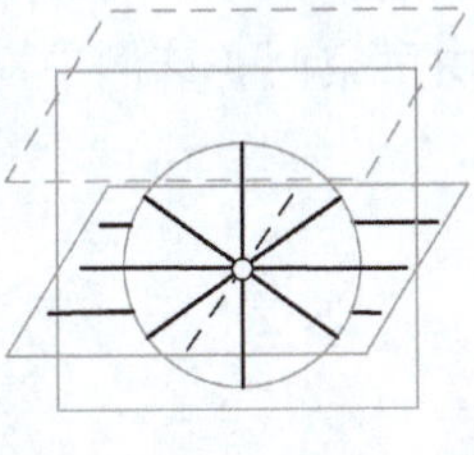	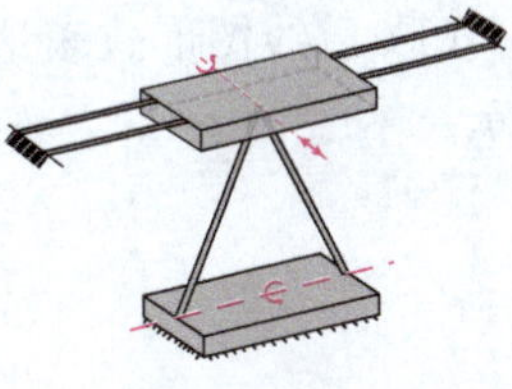
1R2T			

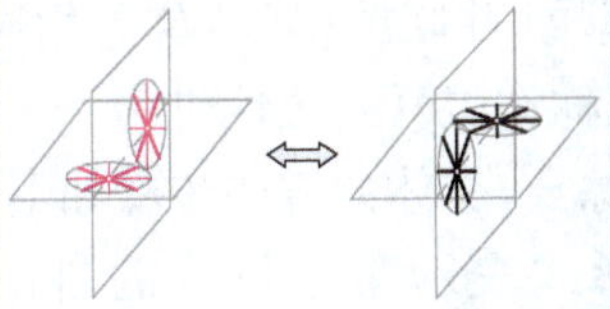

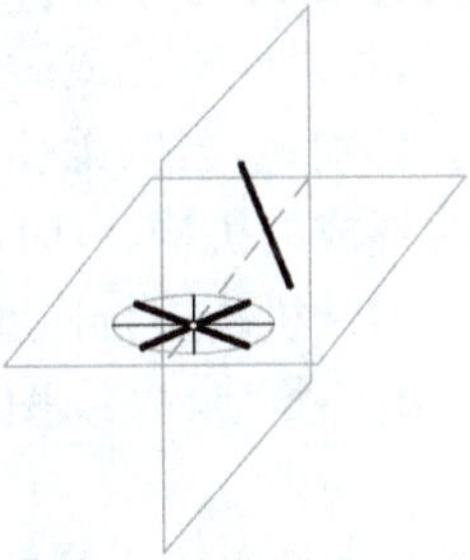

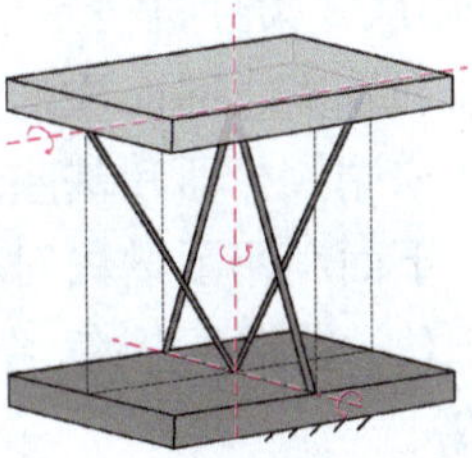

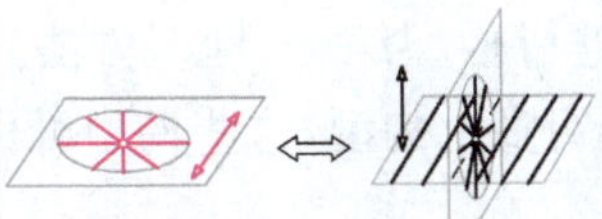

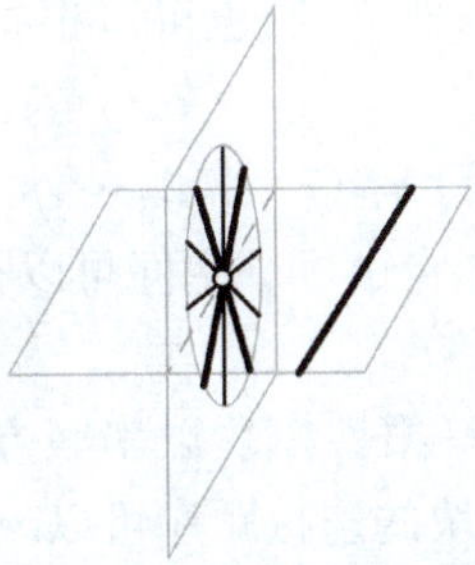

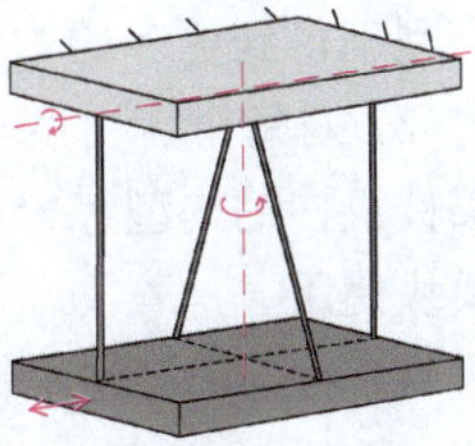

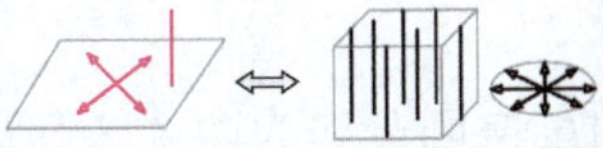

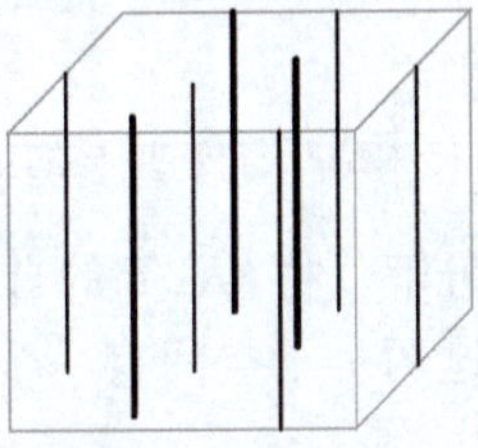

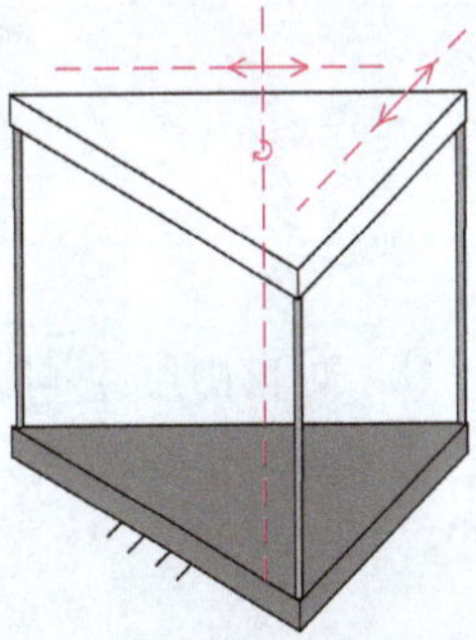

8.8.3 串/混联式柔性机构的构型综合

下面继续讨论如何利用图谱法实现对串联式柔性机构的构型综合。在本节中,串联式柔性机构是指多个基本柔性单元或柔性模块以串联方式连接在末端执行器和基座之间形成的机构。特别地,当以柔性模块(并联或串联)首尾相连地连接在末端执行器和基座之间时形成的机构,有时也称作混联式柔性机构。

下面利用图谱法对串联式柔性机构进行构型综合,具体的方法步骤如下:

(1) 根据所要综合的自由度类型,以线图形式表示柔性机构的自由度空间 S_T。

(2) 将自由度空间分解为几个低维子空间的并集 $S_T = S_{T1} \cup S_{T2} \cup \cdots \cup S_{Tn}$,具体分解方法可参考第 4 章;除此之外,也可以根据要求自行分解,分解方案的多样性有利于得到更多的构型。

(3) 对每个自由度子空间 $S_{Ti}(i=1,2,\cdots,n)$ 进行构型综合,构型方法同并联式柔性机构的构型综合;每个自由度子空间可以得到多个构型,这些构型可作为柔性模块使用。

(4) 从各子空间中任选一柔性模块以串联方式连接,从而得到满足要求的串联式柔性机构;注意,柔性模块的连接顺序可以改变。

按照上述构型综合步骤可以得到串联式柔性机构。作为一个例证,下面利用本节给出的构型综合方法来综合图 8-23 所示的 3R2T 串联式柔性模块。

(1) 以线图形式表达自由度空间。该例中,自由度与约束对偶空间如图 8-53 所示。

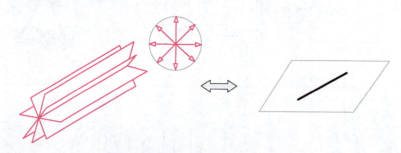

图 8-53 3R2T 自由度与约束对偶线图

(2) 对自由度空间进行分解。将 3R2T 的自由度空间分解为两个 2R1T 子空间的并集,如图 8-54 所示。这两个子空间有一个公共的转动自由度,即两平面的交线。

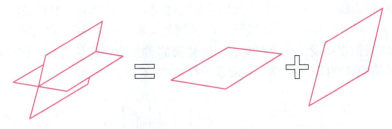

图 8-54 3R2T 自由度空间分解

(3) 子空间的构型综合。2R1T 子空间的自由度与约束对偶线图如图 8-55 所示。可以看到,每个 2R1T 子空间可以用簧片来实现。

图 8-55 2R1T 自由度与约束对偶线图

(4) 以串联方式连接子空间对应的柔性模块。本例中,两个簧片串联连接在一起,且相互正交,就得到了图 8-23 所示的串联式柔性模块。

图 8-56 详细图示了本例的整个构型过程。

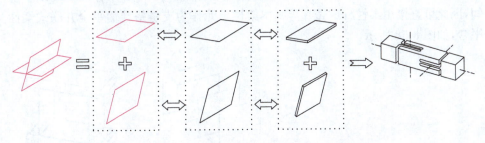

图 8-56 3R2T 串联式柔性机构的构型综合过程图示

8.9 并/混联柔性机构构型设计的深层考虑

8.9.1 简单全并联的实现条件

给定某一机械装置的 n 维自由度空间,根据对偶法则,该机械装置必存在 $(6-n)$ 维的约束空间。但是该约束空间并不一定能由 $(6-n)$ 个线性无关的直线张成,换句话说,该约束空间内不一定存在一个同维线子空间。所谓同维线子空间,即约束空间中仅由线约束组成的且与约束空间维数相同的子空间。同维线子空间存在的现实意义在于:在柔性机构设计中,多采用柔性杆和柔性簧片等基本柔性单元作为约束支链,而由前面对基本柔性单元的分析,这些基本柔性单元一般只提供线约束。因此,约束空间中只有存在同维线子空间,才可能实现简单全并联的构型设计。

例如,我们想要设计一个可实现二维移动的柔性精密定位平台。该装置的自由度和对偶约束空间(不考虑一般旋量的存在)如图 8-57 所示。

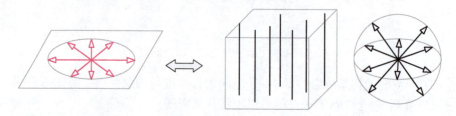

图 8-57 二维移动平台的自由度与对偶约束空间

可以看出,约束空间中包含有两个模块:一个 3 维线子空间和一个 3 维偶量子空间。因此,无法在该约束空间中找到四条线性无关的直线。这就意味着无法搭建一个直接用柔性杆或簧片等基本柔性单元作为支链的简单全并联式柔性平台,只能转而考虑采用其他类型的结构。

同理,对于三维移动的柔性装置而言,类似的简单全并联结构同样不能实现。相反,如果我们想要设计一个可实现平面一维移动的柔性精密定位平台。由该装置的自由度线图和对偶约束线图可以看到,该约束空间(5 维)中存在 5 维线子空间,因此可直接用柔性杆或簧片等基本柔性单元作为支链搭建简单全并联式柔性平台,如图 8-58 所示。

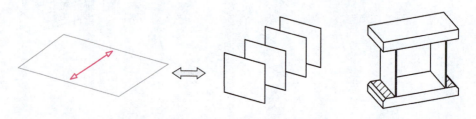

图 8-58 一维移动柔性机构

简单而言,一个柔性机构能否通过简单全并联实现取决于其自由度空间的对偶约束空间中是否存在同维线子空间[32]。若存在,则说该柔性机构(或者该自由度空间)可采用简单全并联实现;若不存在,则该柔性机构不能通过简单全并联实现,只能采用其他(如串联或混联)方式实现。

由于自由度空间和约束空间都是一种旋量空间,该问题可抽象为判断一个旋量空间是否具有对偶线空间。所谓旋量空间具有对偶线空间是指该旋量空间的对偶旋量空间内存在同维线子空间。事实上,5.4.1 节已经给出了对偶旋量空间内是否存在同维线子空间的条件及判断方法,这里不再赘述。

如果读者对图谱法的知识非常熟悉，也可直接通过自由度和约束空间线图来判断约束空间中是否存在同维子空间。而 5.4.1 节介绍的方法更具普适性，可以判断任一旋量空间的对偶空间中是否包含同维线子空间。这里，采用 5.4.1 节所提方法直接给出常见的 1～3 维自由度空间及其对偶约束空间，并对这些自由度空间判断能否通过简单全并联实现。具体的描述及结果列在表 8-9 中，其中约束线图中没有考虑有一般旋量存在。

表 8-9　对 1～3 维自由度空间简单全并联实现的简易判断

自由度数	类型	自由度线图	自由度线图特征	约束线图	并联实现	同维的约束线子空间
1	1R		1 维转动自由度	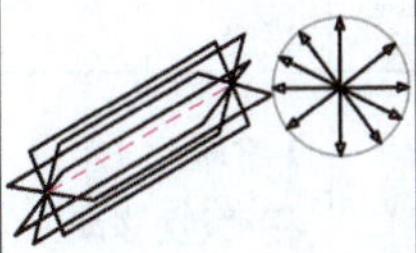	Y	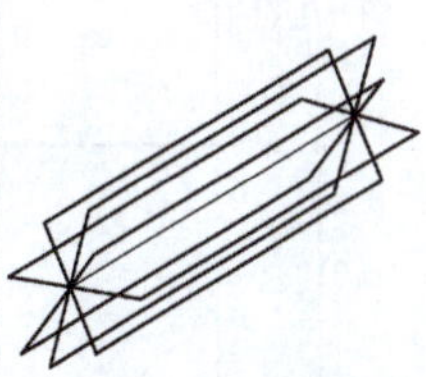
1	1T	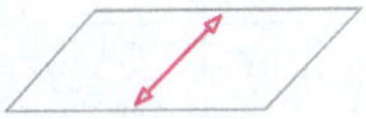	1 维移动自由度	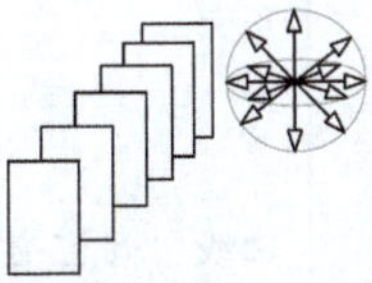	Y	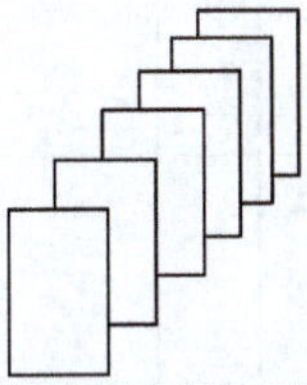
2		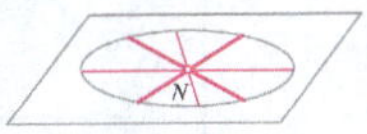	轴线平面汇交的 2 维转动自由度	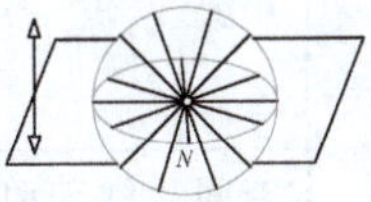	Y	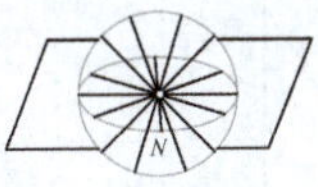
2	2R	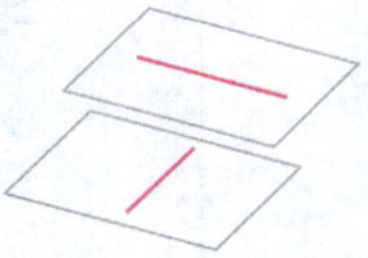	轴线异面的 2 维转动自由度	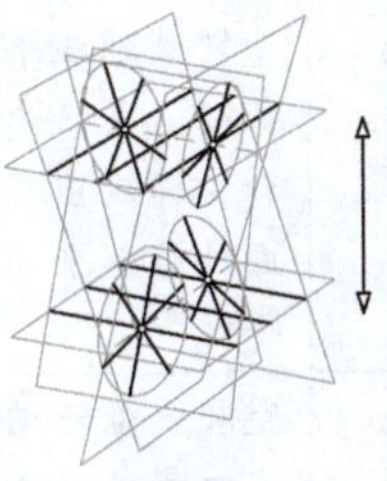	Y	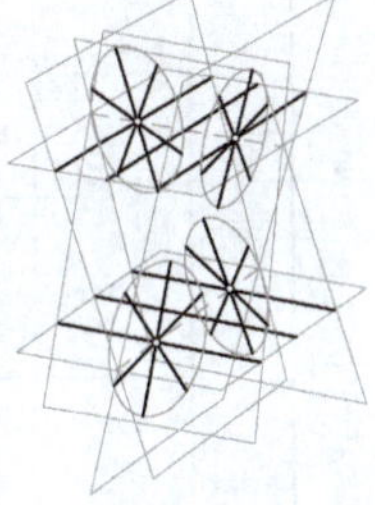
2	2T	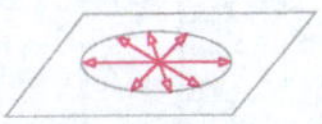	2 维移动自由度	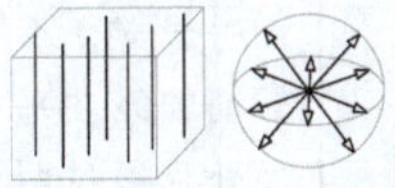	Y	—

续表

自由度数	类型	自由度线图	自由度线图特征	约束线图	并联实现	同维的约束线子空间
2	1R1T	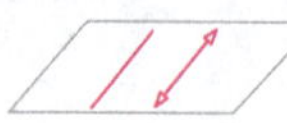	1维转动＋1维同轴移动自由度	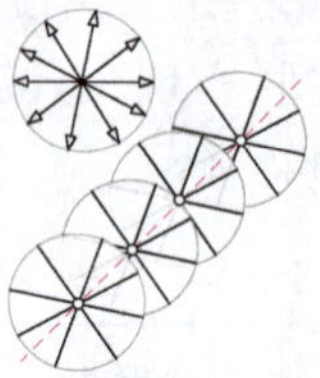	Y	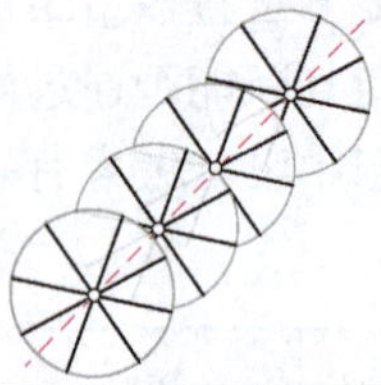
		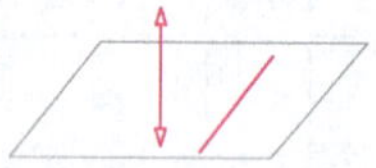	1维转动＋1维移动,且移动方向与转动轴线正交	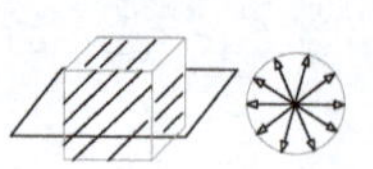	Y	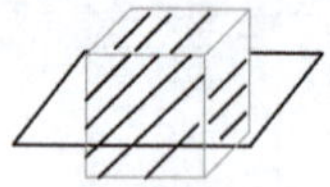
		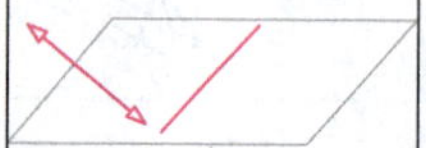	1维转动＋1维移动,且移动方向与转动轴线既不平行也不正交	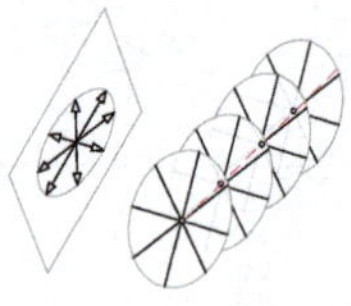	Y	
3	3R	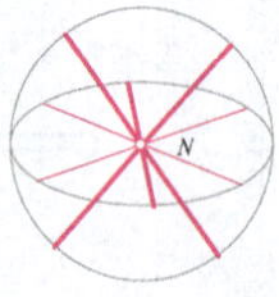	轴线空间汇交的3维转动自由度	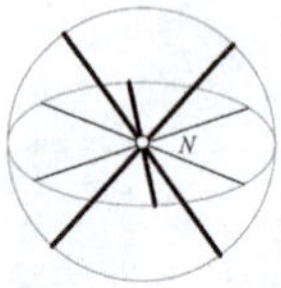	Y	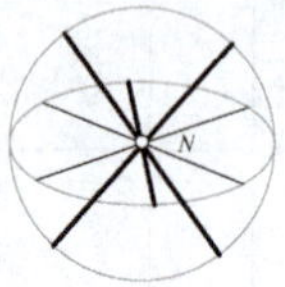
		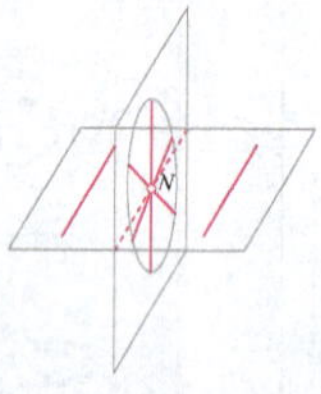	空间3维转动自由度,其中2个转动轴线平面相交,第3个转动轴线在平面外且与平面平行	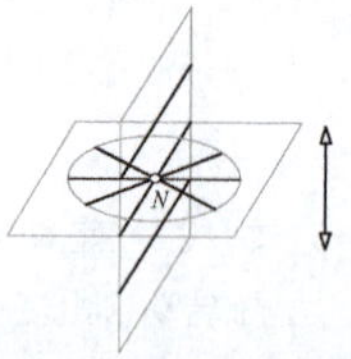	Y	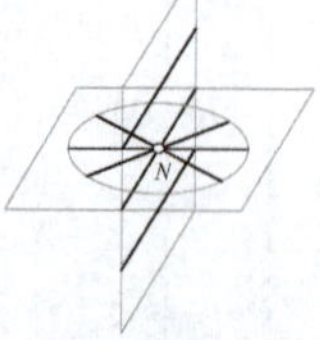
		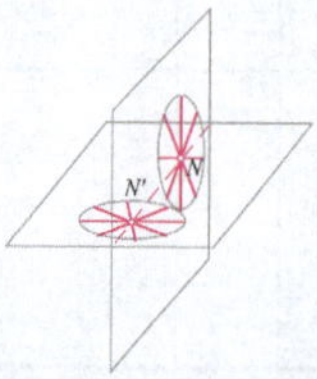	空间3维转动自由度,其中2个转动轴线平面相交,第3个转动轴线在平面外且通过两平面交线	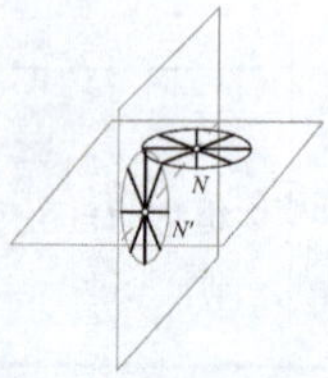	Y	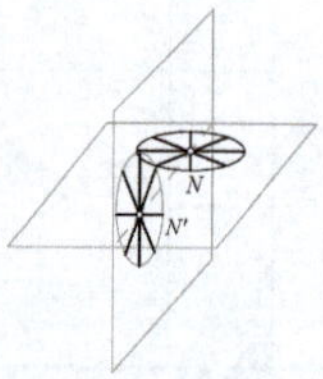

续表

自由度数	类型	自由度线图	自由度线图特征	约束线图	并联实现	同维的约束线子空间
3	3R	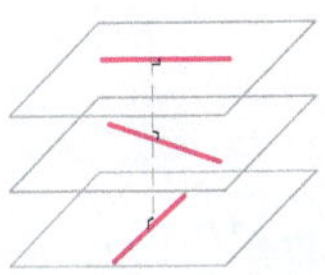	轴线异面的3维转动自由度，所在平面具有1条公法线	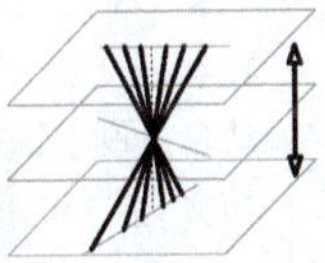	Y	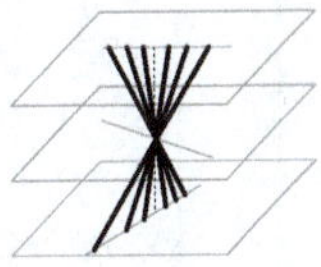
		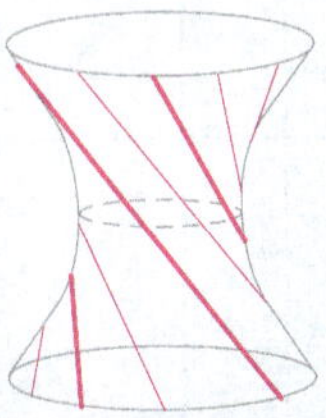	轴线异面的3维转动自由度，且转动轴线分布在同一单叶双曲面上	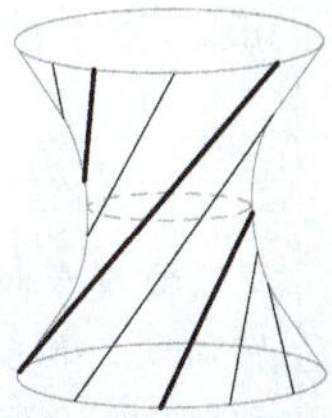	Y	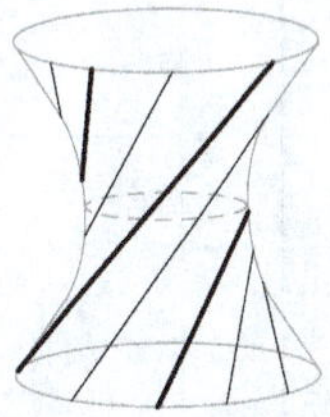
		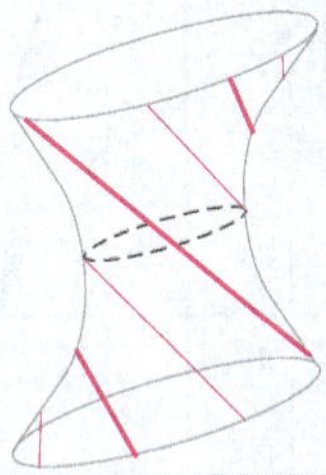	轴线异面的3维转动自由度，且转动轴线分布在同一椭圆双曲面上	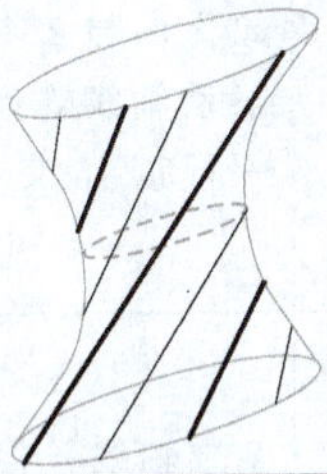	Y	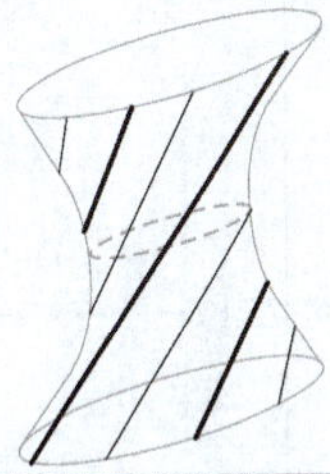
	3T	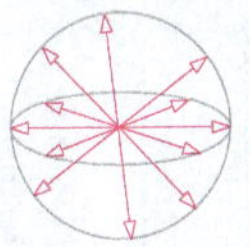	空间3维移动自由度	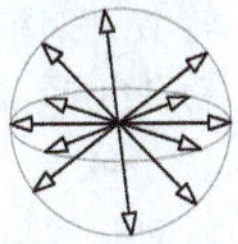	Y	—
	2R1T	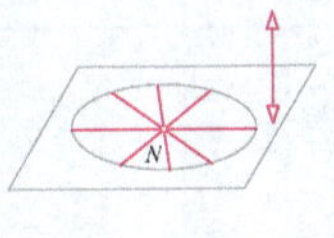	2维平面汇交转动+1维移动自由度，且移动方向与转动轴线所在平面正交	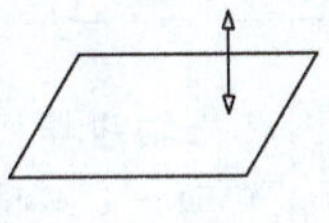	Y	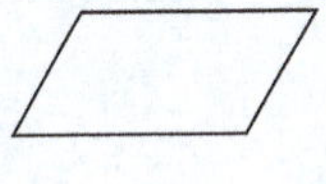
		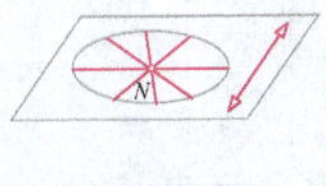	2维平面汇交转动+1维移动自由度，且移动方向与转动轴线所在平面平行	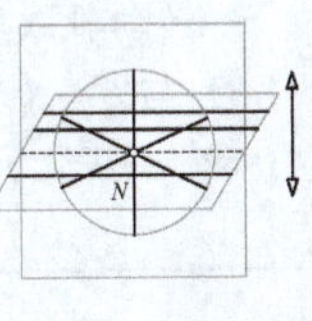	Y	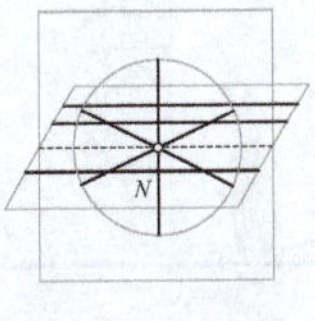

续表

自由度数	类型	自由度线图	自由度线图特征	约束线图	并联实现	同维的约束线子空间
3	2R1T	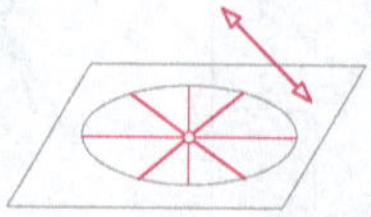	2维平面汇交转动+1维移动自由度,且移动方向与转动轴线所在平面既不平行也不正交	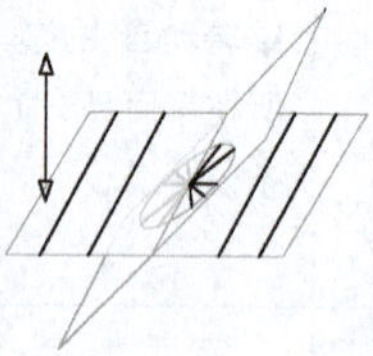	Y	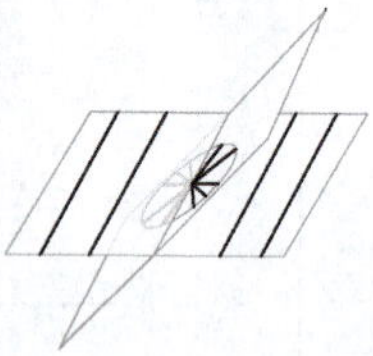
		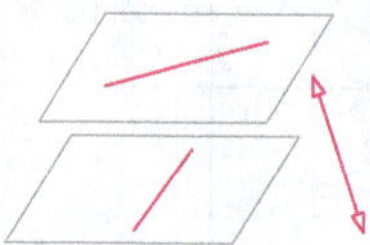	2维轴线异面转动+1维移动自由度,且移动方向与2个转动轴线既不平行也不正交	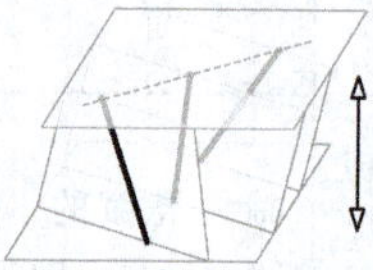	Y	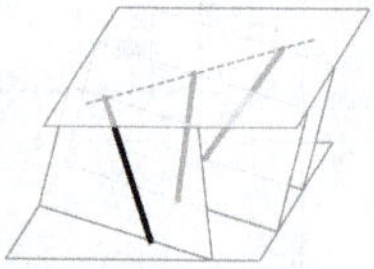
		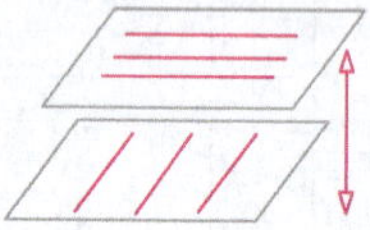	2维轴线异面转动+1维移动自由度,且移动方向与2个转动轴线既不平行也不正交	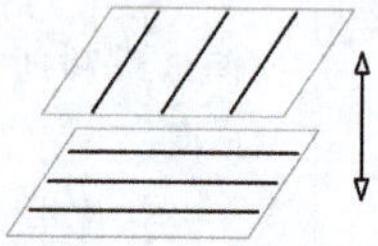	Y	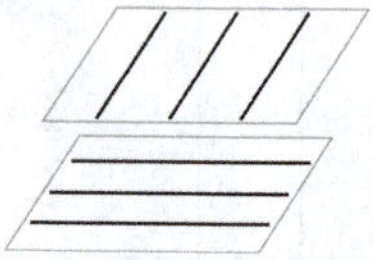
		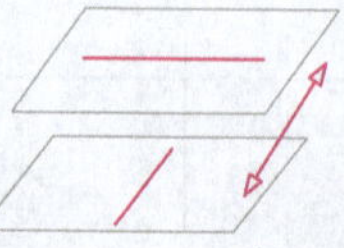	2维轴线异面转动+1维移动自由度,且移动方向与其中一转动轴线平行,与另一个转动轴线正交	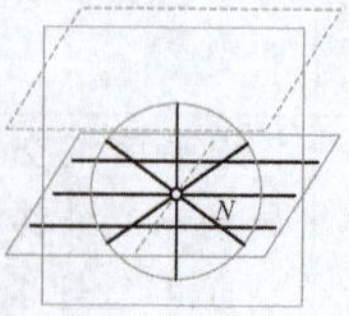	Y	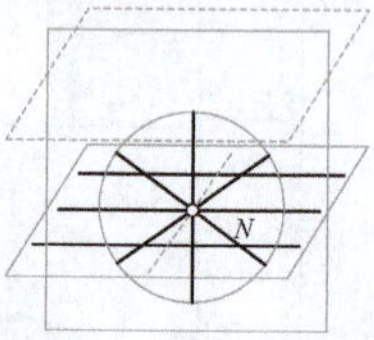

续表

自由度数	类型	自由度线图	自由度线图特征	约束线图	并联实现	同维的约束线子空间
3	1R2T	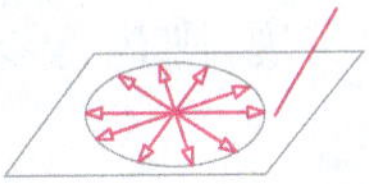	1维转动+2维移动自由度，且转动轴线与移动方向既不平行也不正交	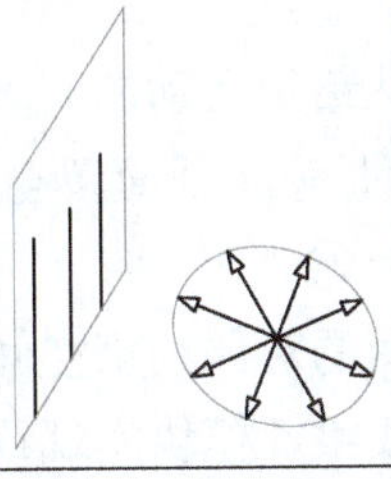	N	—
		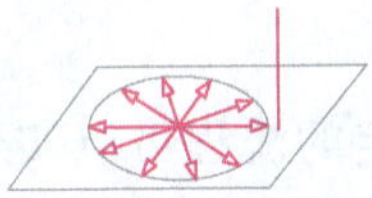	1维转动+2维移动自由度，且转动轴线与移动正交	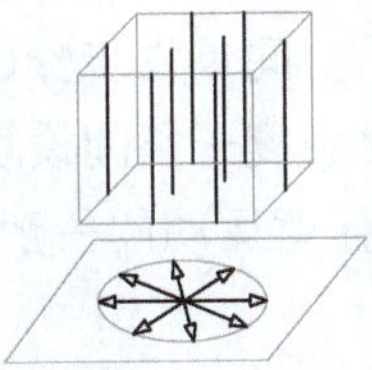	Y	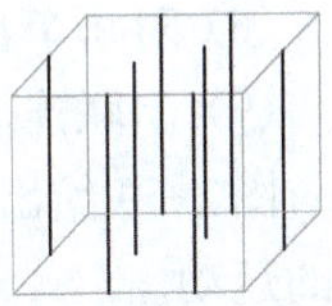
		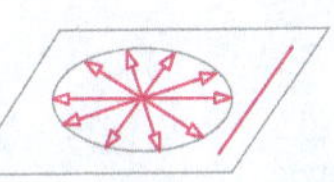	1维转动+2维移动自由度，且转动轴线与移动所在平面平行	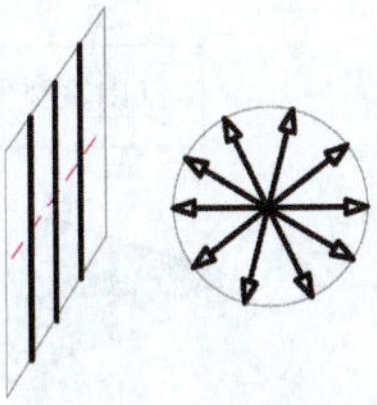	N	—

8.9.2 柔性机构的混联实现

由上面的讨论可知，并非所有的运动都可通过简单全并联来实现。如表 8-8 所示的二维移动以及三维移动，均不能以简单全并联的方式实现。然而，这些运动却可以通过其他连接方式，如串联、混联来实现。以二维移动为例，二维移动可由两个一维移动模块通过串联方式来实现。之所以采用这种方式实现，是因为一维移动是可以通过简单全并联实现的。换句话说，采用这种模块串联实现的前提是分解后单个模块的运动可通过简单全并联实现。下面给出采用模块串联的方式实现自由度空间时应该遵循的一般原则与过程[32]：

(1) 将自由度空间分解为自由度子空间的并集，如二维移动可分解为两个一维移动的并集。

(2) 确保自由度子空间可通过简单全并联实现，若自由度子空间不能全并联实现，则将该自由度子空间继续分解为更低维的子空间，直至能够实现简单全并联。

事实上,采用柔性模块串联的方式在理论上可实现所有类型的运动。因为一维运动(包括一维转动、一维移动以及一维螺旋运动)均可通过简单全并联实现,而不管何种类型的运动都可分解为一维运动串联的形式。下面给出可实现任意运动的一般设计步骤:

(1) 用矩阵形式表达给定运动的 n 维自由度空间 S_T;
(2) 判断自由度空间 S_T 能否简单全并联实现,若能实现,则执行步骤(3)~(4),否则执行步骤(5)~(7);
(3) 计算自由度空间的对偶约束空间 S_W,并构造约束空间的同维线子空间;
(4) 采用柔性单元或柔性模块实现约束线子空间;
(5) 将自由度空间分解成各子空间的并集,直至各子空间能简单全并联实现;
(6) 对每个自由度子空间重复步骤(3)~(4),将得到的机构作为模块;
(7) 串联连接各个自由度子空间模块。

图 8-59 给出了实现任意运动的一般流程。按照给定的流程可以实现任意类型的运动。

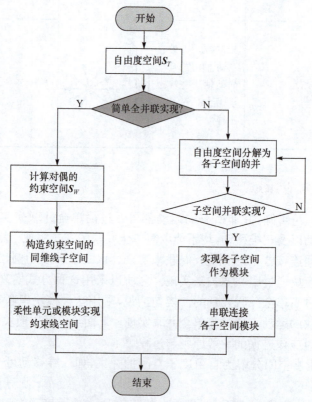

图 8-59 给定运动的设计流程

对柔性机构而言，大多数高维度的运动都很难通过简单全并联的方式来实现，如 4～6 维的自由度空间。表 8-10 中，对常用的 4～6 维自由度空间能否通过简单全并联实现进行了枚举。对于能简单全并联实现的自由度空间给出了其对偶约束线空间，而对于不能简单全并联实现的自由度空间则给出了几种可行的分解方案。

表 8-10　4～6 维自由度空间的简单全并联实现判断及自由度空间分解

DOF 类型	自由度空间	并联实现	约束线空间/自由度空间分解方案				
3R1T		Y					
		Y					
		Y					
	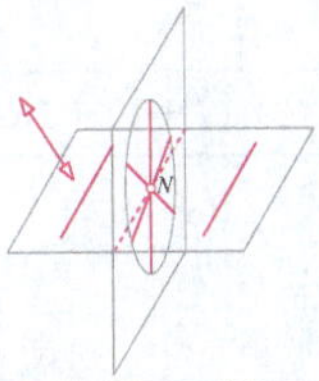	Y	(1) 3R+1T 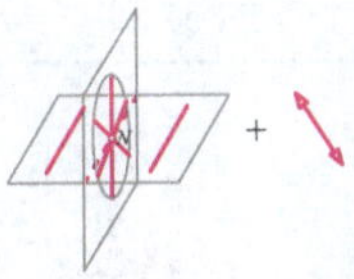		(2) 2R+1R1T 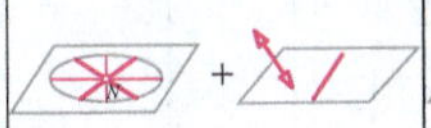		(3) 1R+2R1T 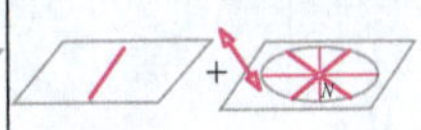
	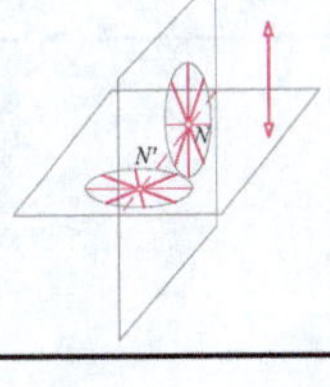	Y					

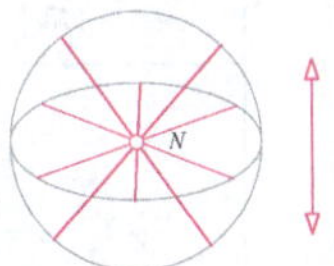

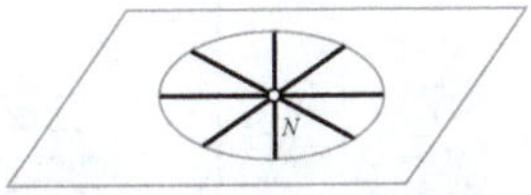

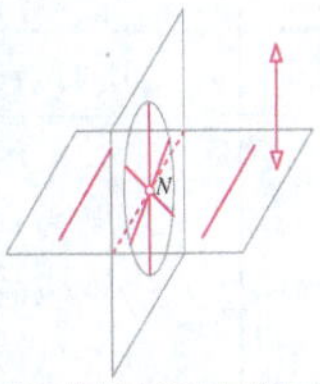

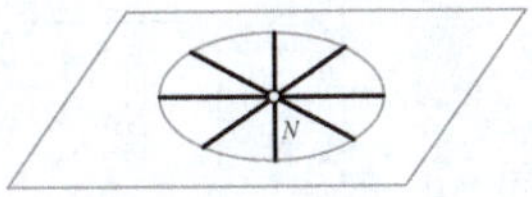

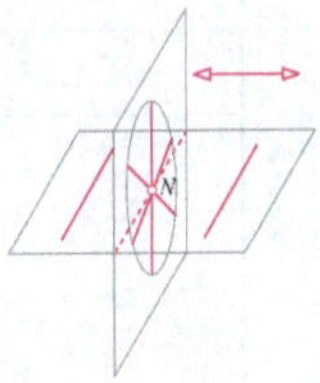

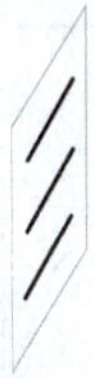

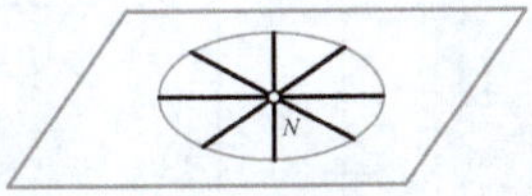

续表

DOF 类型	自由度空间	并联实现	约束线空间/自由度空间分解方案		
3R1T	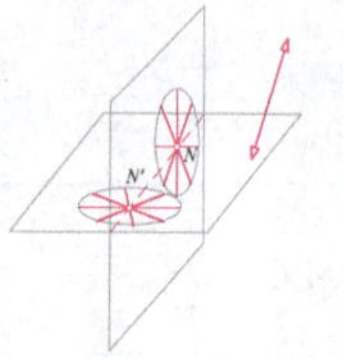	N	(1) 3R+1T	(2) 2R+1R1T	(3) 1R+2R1T
		N	(1) 3R+1T	(2) 2R+1R1T	(3) 1R+2R1T
		N	(1) 3R+1T	(2) 2R+1R1T	(3) 1R+2R1T
		N	(1) 3R+1T	(2) 2R+1R1T	(3) 1R+2R1T
1R3T	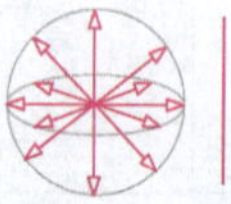	N	(1) 1T+1R2T		(2) 1T+1T+1R1T
2R2T	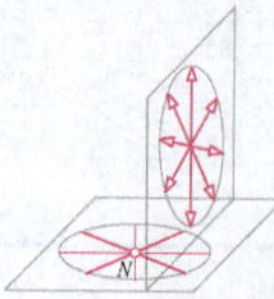	Y			

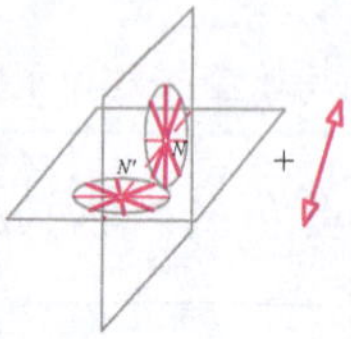

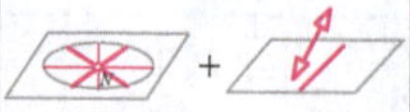

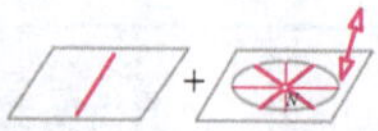

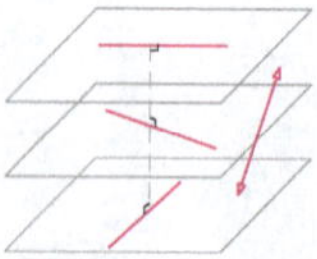

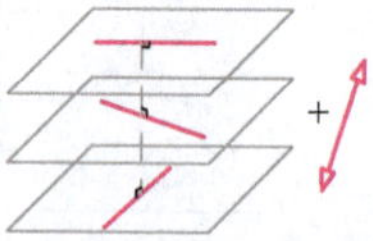

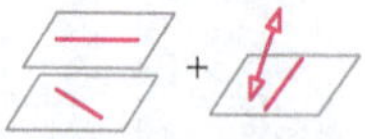

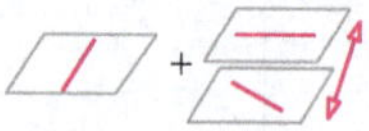

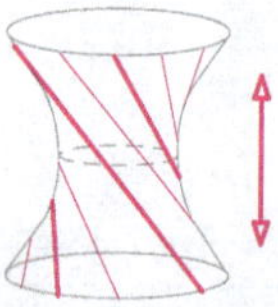

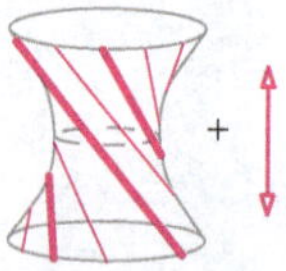

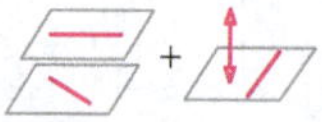

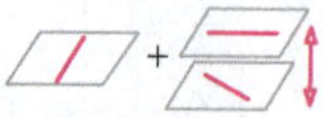

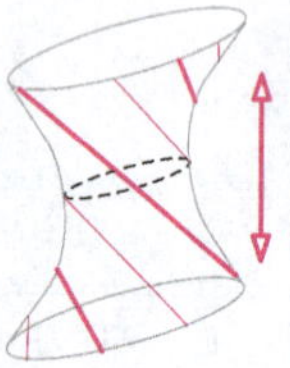

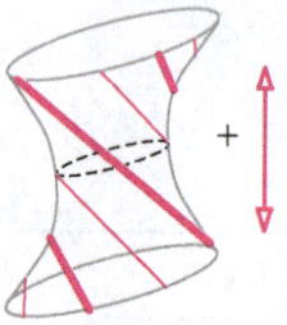

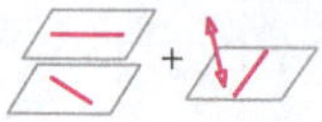

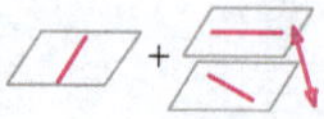

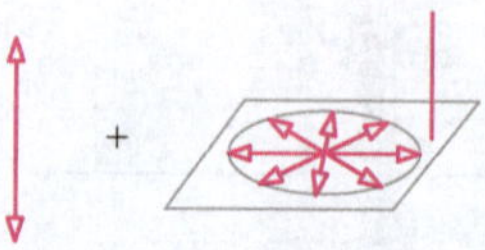

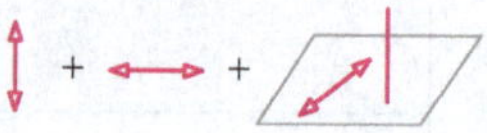

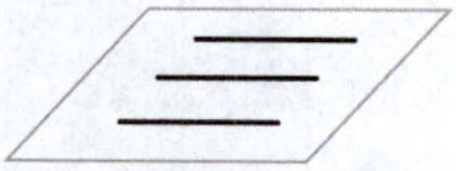

续表

DOF 类型	自由度空间	并联实现	约束线空间/自由度空间分解方案	
2R2T	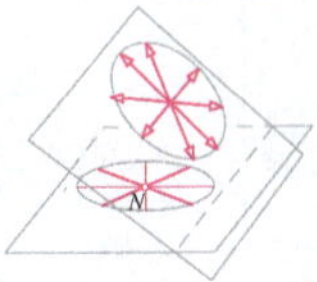	N	(1) 2R1T+1T	(2) 1R1T+1R1T
		Y		
		N	(1) 2R1T+1T	(2) 1R1T+1R1T
3R2T	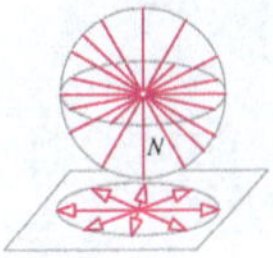	Y		
		N	(1) 3R1T+1T	(2) 2R1T+1R1T
		N	(1) 3R+1T+1T	(2) 2R1T+1R1T

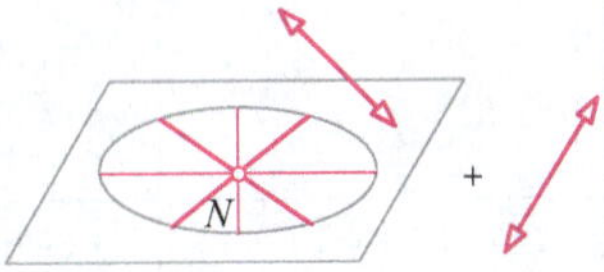

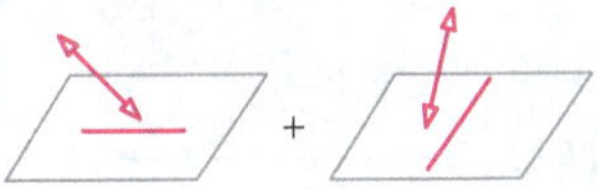

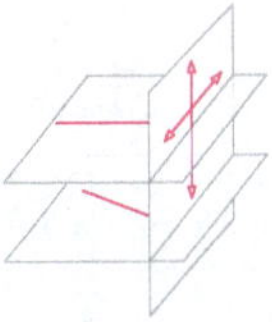

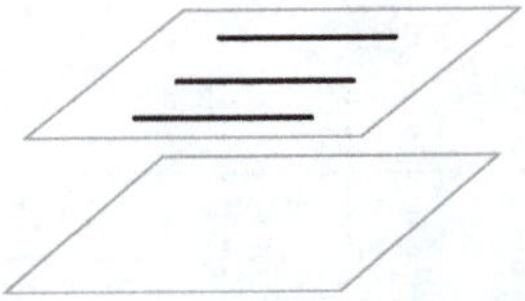

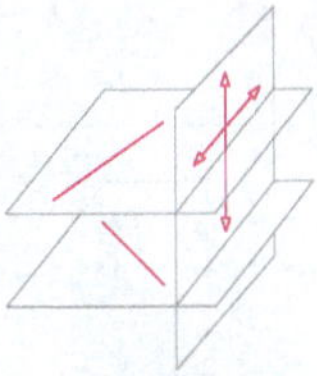

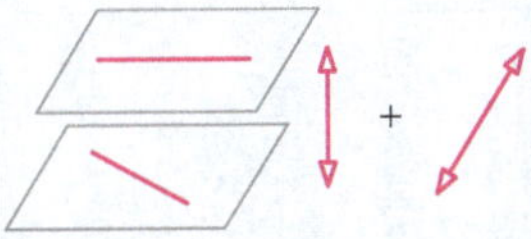

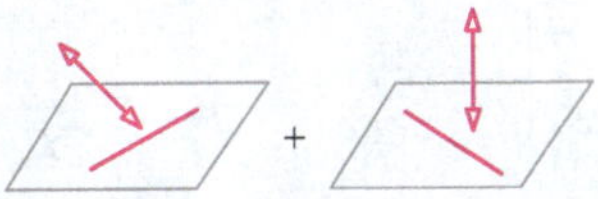

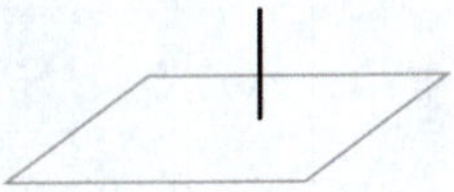

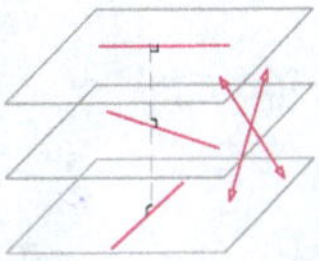

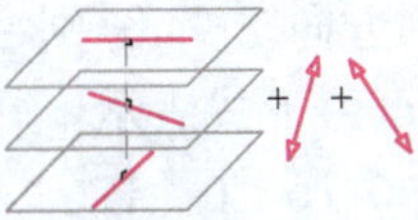

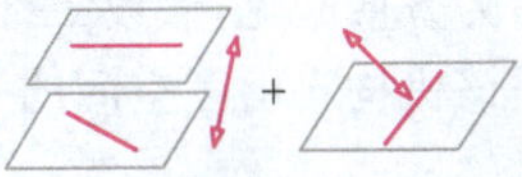

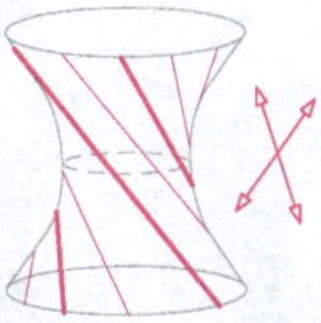

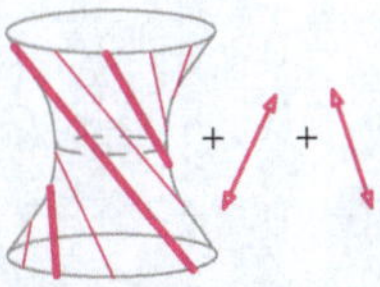

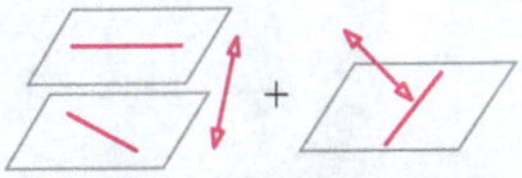

续表

DOF类型	自由度空间	并联实现	约束线空间/自由度空间分解方案		
2R3T	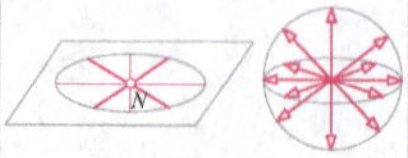	N	(1) 2R1T+1T+1T 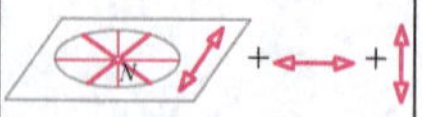	(2) 2R+1T+1T+1T 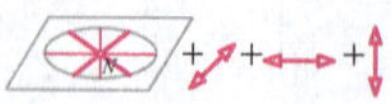	(3) 1R2T+1R1T 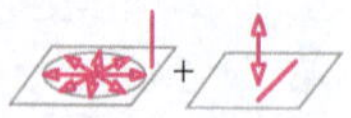
2R3T		N	(1) 2R1T+1T+1T	(2) 2R+1T+1T+1T	(3) 1R2T+1R1T
	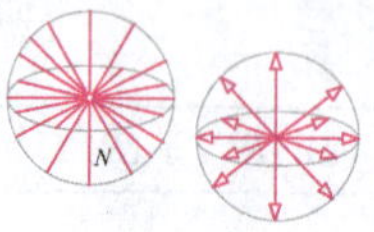	N	(1) 2R1T+1R2T 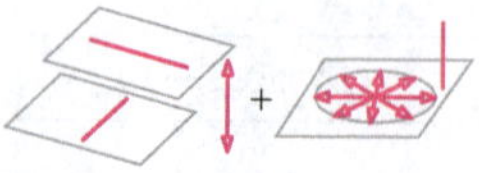	(2) 3R+1T+1T+1T 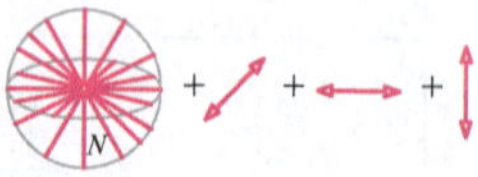	
3R3T		Y	∅		
	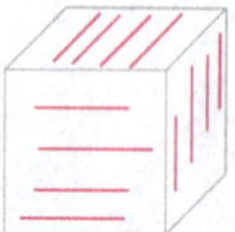	Y	∅		

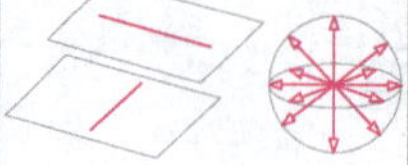

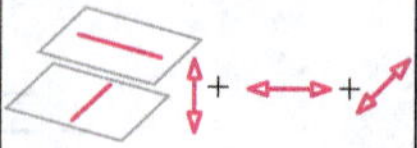

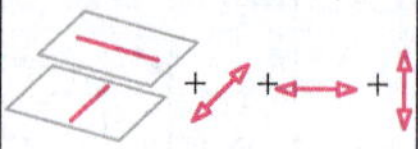

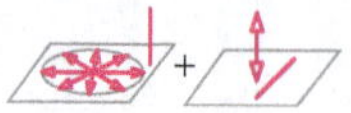

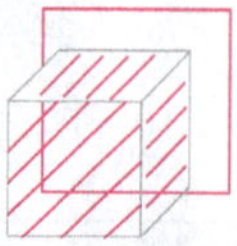

【例 8-3】 二维平动柔性机构的混联设计。

为方便起见,假设二维平动的方向正交,分别沿 x 轴和 y 轴方向。

该机构自由度空间的一组基可由下式表示:

$$S_T = \begin{bmatrix} 0 & 0 & 0 & 1 & 0 & 0 \\ 0 & 0 & 0 & 0 & 1 & 0 \end{bmatrix} \tag{8.9}$$

其约束空间的一组基可根据互易积公式计算如下:

$$S_W = \begin{bmatrix} 0 & 0 & 1 & 0 & 0 & 0 \\ 0 & 0 & 0 & 1 & 0 & 0 \\ 0 & 0 & 0 & 0 & 1 & 0 \\ 0 & 0 & 0 & 0 & 0 & 1 \end{bmatrix} \tag{8.10}$$

因此,约束空间中一般旋量可由下式来表达:

$$\$ = (0, 0, a; b, c, d) \tag{8.11}$$

式中，a,b,c,d 为任意实数，但不同时为零。

由式(8.11)可以看出，即使对 a,b,c,d 取不同值，也无法得到 4 个线性无关的直线(组成一组基)。因此，根据 8.9.1 节所提条件，此例中的二维平动无法通过简单全并联方式来实现，只能采用串联或混联来实现。

这里采用混联的形式，即用两个分别沿 x 轴和 y 轴方向平动的并联柔性机构串联起来，组合得到的混联机构可实现预期目标。其概念设计如图 8-60 所示。

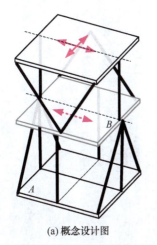
(a) 概念设计图

(b) 模型图片

图 8-60 二维平动柔性机构的构型设计

【例 8-4】 考察具有 $1R3T$ 运动的柔性机构设计。

由表 8-10 可知，$1R3T$ 运动是不能全并联实现的，需要将 $1R3T$ 自由度空间进行分解。这里采用表 8-10 中的分解方案(1)。

不失一般性，假设 $1R3T$ 运动的移动方向分别沿 x、y、z 轴方向，且转动轴线与 z 轴重合。根据表 8-10 中的分解方案(1)，该 $1R3T$ 运动可分解为 $1R2T$ 与 $1T$ 运动的串联组合，其中 $1R2T$ 运动包含 x、y 方向的移动。图 8-61 详细示出了该 $1R3T$ 运动的分解以及设计过程，其中一维移动采用图 8-17(a)所示的模块。

8.9.3 柔性机构的驱动空间

前面已经系统讨论了柔性机构的图谱化构型综合问题，但从系统设计的角度而言，仅有这些是不够的。对于一个主动的实际柔性系统，如何选取和配置驱动也很重要。目前，柔性系统中常见的驱动元件主要是压电陶瓷和音圈电机。其中，压电陶瓷(piezo ceramics)多为直线驱动；而音圈电机(voice coil motor)有直线型音圈电机与摆动型音圈电机两种。一般地，压电陶瓷驱动和直线型音圈电机驱动可以看作是对系统提供的驱动力，而摆动型音圈电机驱动则可看作是对系统提供的

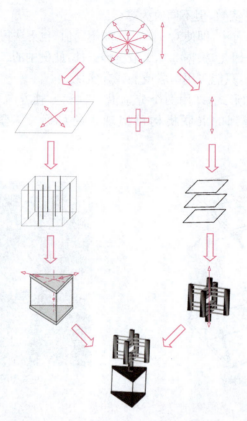

图 8-61　1R3T 柔性机构的构型设计过程图示

驱动力矩。如果驱动配置不当,可能会给柔性系统引入额外的误差,从而降低控制精度,影响机构性能;或者造成驱动之间的干涉、驱动冗余等。事实上,这些问题的讨论同样可以归结到第 7 章有关驱动空间的议题。也就是说,柔性机构中还存在有驱动空间的综合问题[33]。而本节的主要任务是拟采用图谱法对柔性机构的驱动空间进行综合。

对于拓扑结构源于刚性机构的柔性机构(即通过等效刚体模型法得到的柔性机构),其驱动空间与驱动副选取的问题可沿用第 7 章所给出的刚性体机构驱动选取方法。对于拓扑结构中无明显主动副和被动副而只有约束单元的柔性机构,其驱动空间的选取方法有其特殊之处。

由于机构的驱动实质上也是力旋量,因此与自由度空间与约束空间类似,驱动空间也可用线图的方式来表达,我们称之为驱动线图(actuation line pattern)。为此,本节用灰色粗直线表示驱动力,用两端带箭头的灰色线段表示驱动力矩。

文献[34]导出了"柔性系统在发生小变形条件下,驱动空间与约束空间线性无关",并作为驱动空间综合的重要准则。因篇幅所限,这里不再重复。由线性代数的知识可得,驱动空间又可看作是约束空间的补空间。换言之,不包含在约束线图中的任一直线或者偶量都可以作为驱动线图中的元素。这一结论可作为图谱法驱动空间综合的重要准则。

举例说明:不妨考虑满足 $2R1T(R_xR_yT_z)$ 自由度的柔性机构,其自由度与约束对偶空间如图 8-62 所示。

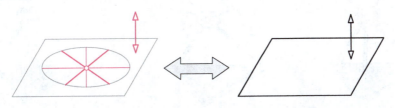

图 8-62　$2R1T$ 运动类型的自由度与对偶约束空间

根据驱动空间图谱综合的准则,驱动线图内不能包含上述约束线图中的任何线以及偶量。按照这样的思路来确定驱动空间在实际操作上并非易事,但可直接通过观察得到驱动空间中的几个同维子空间,如图 8-63 所示。

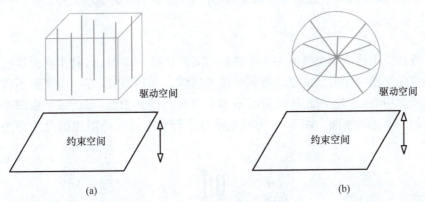

图 8-63　两种同维驱动子空间

易知,与约束平面正交(或斜交)的空间平行线以及过平面外一点的空间汇交线都可以选作驱动力。所选取的驱动维数一般要与自由度数目相同。

通过上述分析,可以归纳利用图谱来综合驱动空间的一般过程如下[27]:

(1) 以线图形式表示柔性机构的自由度空间;

(2) 根据广义对偶线图法则或者 F&C 图谱,得到机构约束线图;

(3) 根据驱动空间的图谱综合准则,在约束线图的补空间中选取线或者偶量作为驱动力或者驱动力矩。

下面通过几个例子来具体说明驱动空间的图谱综合方法。

1. 3R 转动(柔性球铰)

一个典型柔性球铰的自由度空间与约束空间见图 8-64。由驱动空间的图谱综合准则易知,不通过约束线汇交点的平面以及垂直平面的偶量均为满足要求的驱动,如图 8-64 所示。因此,可选取平行于基平台的平面作为驱动子空间。

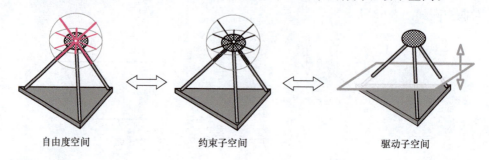

图 8-64　柔性球铰的同维驱动子空间线图

由于柔性球铰有 3 个自由度,可在驱动子空间平面内取 3 条不共点的直线作为驱动力;或者取 2 条直线作为驱动力,外加 1 个偶量作为驱动力矩。

2. 1R1T 正交运动

直接给出该运动类型的一个柔性机构实例如图 8-65 所示,其中自由度空间与约束空间在图中标出。由驱动空间的图谱法综合准则易知,若一个平面不通过约束线圆盘中心,且与平面 B 的交线不为平面 B 内的约束线,那么该平面即是满足要求的一个驱动平面。图 8-65 为与基平台平行且不通过约束线圆盘中心的驱动平面。

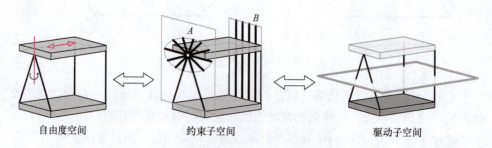

图 8-65　1R1T 正交运动的驱动子空间线图

由于该例中机构具有 2 个自由度,可在综合得到的驱动平面内选取 2 条直线作为驱动力。两种常用的选取方式如图 8-66 所示。

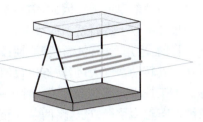

图 8-66 1R1T 正交运动的驱动力选取

3. 2R1T 运动

直接给出 2R1T 运动类型的一个柔性机构实例如图 8-67 所示,其中自由度空间与约束空间在图中标出。与 1R1T 正交运动类似,若一个平面不通过约束线圆盘 A 中心,且与平面 B 的交线不为平面 B 内的约束线,那么该平面即是满足要求的一个驱动平面。图 8-67 为与基平台平行且不通过约束线圆盘中心的驱动平面以及与驱动平面垂直的偶量。

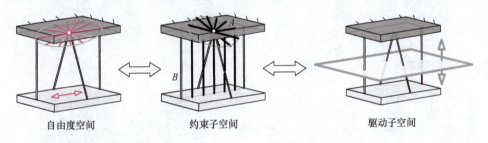

图 8-67 2R1T 运动的驱动子空间

由于该机构具有 3 个自由度,可在驱动子空间平面内取 3 条不共点的直线作为驱动力;或者取 2 条直线作为驱动力,外加 1 个偶量作为驱动力矩。

8.9.4 大行程柔性精微机构的构型综合[35~40]

要增加柔性机构(铰链)的运动行程,可以从材料、尺寸参数、拓扑构型等方面来考虑。从材料角度来看,大行程柔性机构需要材料的许用应力尽可能大。而尺寸参数的影响则体现在对一个固定构型的柔性机构改变其变形部分的截面惯性矩,以及整体尺寸大小等方面。例如,将材料变形部分进一步细化,以减少材料的内应力,进而达到更大的行程;或增大铰链的整个尺寸,从而达到增大行程的目的。而对拓扑结构的研究则是如何找到更加合理或优化的变形部分的分布形式,从而达到改善现有柔性机构构型性能的目标。在上述三个方面中,通过前面两种途径在现有条件下有一定的局限性。例如,材料最大许用应力不可能无限增大,而且当增大一般铰链转动角度后其转动误差迅速增大,同样的局限也发生在铰链整体尺寸以及簧片的厚度上。因此，需要从拓扑层面上找寻新的大行程柔性铰链，并在材料和尺寸参数上进行适当的改善，才有可能同时实现大行程和高精度。

目前，应用最多的大行程柔性铰链还是交叉簧片型柔性铰链[图 8-68(a)]。优点在于其转动角度大，但缺点也很明显，如转动精度低、需要装配难以一体化加工等。加工技术的革命催生了一种可一体化加工的大行程柔性铰链——车轮型柔性铰链。车轮型柔性铰链，由两条互相交叉的等长簧片连接上刚体和基座，上刚体可绕着簧片交叉的轴线转动。与交叉簧片型柔性铰链不同的是，两条簧片在其交叉点处连接在一起，如图 8-68(b)所示。车轮型柔性铰链与交叉簧片型柔性铰链相比，最大转动角度减小为原来的约 1/4，刚度增加了 4 倍，而精度增加了 5 倍[35]。与之相对应，图 8-68(c)所示的蝶型铰链则可同时实现较大的最大行程（±15°）和较高的精度（转动角度±10°时轴漂小于 $1\mu m$）。除了上述具有平面布局的转动铰链外，图 8-68(e)~(g)分别给出了基于缺口型和初弯曲簧片的大行程柔性铰链。

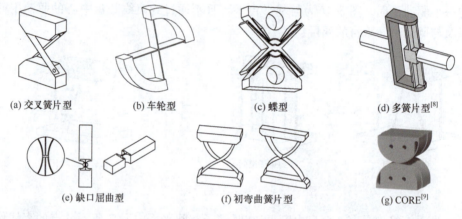

(a) 交叉簧片型　　(b) 车轮型　　(c) 蝶型　　(d) 多簧片型[8]

(e) 缺口屈曲型　　(f) 初弯曲簧片型　　(g) CORE[9]

图 8-68　大变形的柔性铰链

现有的大行程直线导向机构大多是以簧片作为柔性单元的平行四杆柔性机构，以及在其基础上衍生的多平行四杆柔性机构。例如，将两个平行四杆柔性机构进行串联[图 8-69(a)]来增加行程并提高精度或将两个双平行四杆柔性机构并联[图 8-69(b)]获得更高精度等；还可以在平行四杆基础上衍生出图 8-69(c)所示的构型。为了抑制非功能方向的自由度，在双平行四杆柔性机构的基础上，引入了连接两个模块的比例控制杠杆，以减小寄生运动[图 8-69(d)]。此外，还可利用刚度补偿原理，获得零刚度的双平行四杆柔性机构。

以大转角柔性铰链为柔性模块是实现大行程平动的另一种手段。例如，利用交叉簧片柔性铰链构造平行四杆移动导引机构，或通过车轮型柔性铰链搭建平行四杆柔性移动平台。此外，还可用双梯形结构或 Roberts 机构来构造大行程直线导向柔性机构，如图 8-70 所示。

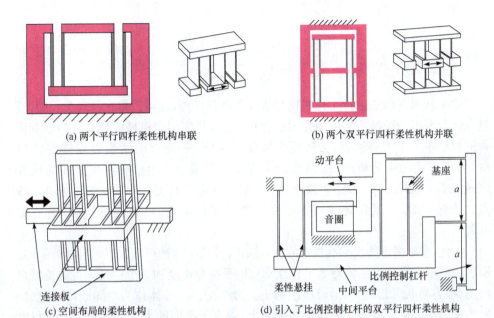

图 8-69 基于平行四杆的柔性直线机构[10]

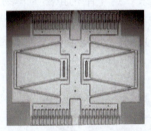

(a) 双梯形直线柔性机构

(b) Roberts柔性直线导向机构

图 8-70 新型柔性直线机构[10]

而多自由度的柔性移动机构可由多个 1DOF 柔性直线导向机构组合构成,如图 8-71 所示的两个大行程 2DOF 移动平台都使用了多个平行四边形柔性模块。

图 8-71 大行程 2DOF 移动柔性平台[11]

8.10 柔性装置图谱化创新设计的应用实例

8.10.1 一种模块化、可重构柔性教具的设计与使用

除了利用图谱法进行柔性机构分析与创新设计外,还可以将这种理念反哺,通过设计开发出一种精巧的可视化柔性教具[41],将其应用到机械原理及机构学等课程的教学中[42]。具体而言,希望能实现如下功能:一是帮助学生直观理解自由度、约束与虚约束等概念;二是作为实物验证并演示自由度与约束之间的定性定量关系(对偶法则)。作为教学用具,该系统需具有简单紧凑、直观易用等特点。当然,如果教具还能具有像乐高玩具那样模块化、可重构的功能,会更加有趣。

为此,借助图谱法及柔性机构的有关知识,设计了两种可能方案,具体如图 8-72 所示。由于空间自由刚体有 3 个相互垂直的平移自由度和 3 个相互垂直的旋转自由度,很容易联想起图 8-72(a)所示的正交型结构。正方体作为空间刚体,施加法向约束力与约束力偶在正方体的各平面上,垂直于平面的力可以限制与力平行方向的移动自由度,与坐标轴平行的力偶可以限制这个方向的转动自由度。用单个杆表示一维力约束,两个平行杆则可提供一维力偶约束。这个结构虽然简单易懂,但是制作起来非常困难。为此,采用另外一种并联式构型方案[图 8-72(b)]:先假定有两个刚体(平板),二者通过线约束(细长柔性杆)相连;当其中一个刚体固定时,另一刚体的自由度取决于约束的个数和具体分布。

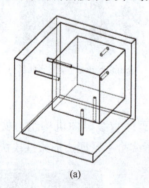 

(a)   (b)

图 8-72 两种教具实现方案

在所设计的教具中,整个套件包含有两个基板(刚性平板),以及五种不同类型的基本柔性模块(每种模块数目若干),即单直杆、单斜杆、一斜一直杆、二斜杆、二斜一直杆,它们均位居平面内,以便于一体化加工。具体形状如图 8-73 所示。在不影响可搭接构型的前提下,并考虑到加工及装配的方便,上下平板各均匀分布 9 个十字孔,以供各个柔性杆插拔。具体分布见图 8-74。

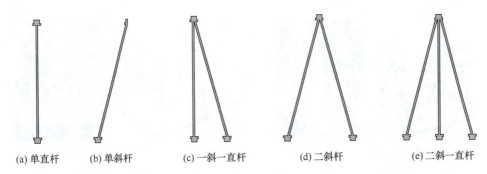

(a) 单直杆　　(b) 单斜杆　　(c) 一斜一直杆　　(d) 二斜杆　　(e) 二斜一直杆

图 8-73　各基本杆件的具体形状

在对教具的材料进行选择时，要求材料在常值力或力矩作用下，有较大变形而不失效，即有较小的刚度、较大的许用应力和较好的稳定性。结合柔性教具对材料高强度模量比、加工制作成本低、使用安全等设计要求，可知金属材料不太适合制作柔性教具，而塑料的优点与设计要求相吻合，故教具中的柔性杆优先选用塑料（ABS、聚丙烯等）。因为柔性教具中的基板（即固定和移动平板）要有足够的刚度，而且要移动方便，同时一定厚度的塑料板可有较大的刚度和较小的质量，所以教具中的基板也选用塑料制作。

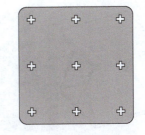

图 8-74　刚性平板及十字孔分布

该教具作为一种实物模型，可面向课内实验教学，主要用于：①演示机构自由度与约束间的关系，判断验证虚约束的情况，辅助学习自由度、约束及虚约束等基本概念；②帮助初学者了解柔性单元及柔性机构的相关概念；③作为学生课外实验的平台，验证演示自由度与约束对偶法则；④验证柔性机构构型综合的多解性；⑤辅助旋量理论教学。

下面以验证柔性机构构型综合的多解性为例，来说明该柔性教具的使用。

假设柔性机构的动平台能够绕其上的某一轴线转动，首先可根据自由度与约束对偶法则确定独立约束线的个数为 5，进而根据图谱法布置各种可行的约束线分布方式。例如，若要使动平台具有 $1R$ 的自由度，构型可选含三组约束的构型。其中，前两组约束均为两条平面相交的线约束，且这两组约束所在的平面平行；第三组约束为与前两组约束所在平面空间相交的一条线约束，且此线约束位于经过前两组约束交点的平面内。具体的搭接构型如图 8-75 所示。

根据约束独立性可以知道，平面内平行的直线至多有两条相互独立。再结合线约束的等效性，可构造出此构型种类下，含冗余约束的常见实体构型，如图 8-76 所示。

(a)   (b)

图 8-75　无冗余设计及实物构型

(a)   (b)

图 8-76　冗余设计及实物构型

表 8-11 给出了用该教具实现的 1~3 维自由度实物模型。

表 8-11　1~3 维自由度空间简单全并联实现的实物模型

自由度数	类型	自由度线图	约束线图	模型概念设计	实体模型
1	1R				
	1T				
	1H				

续表

自由度数	类型	自由度线图	约束线图	模型概念设计	实体模型
2	2R	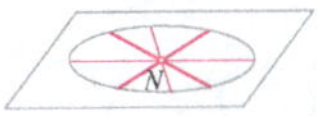	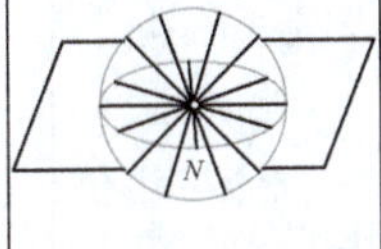	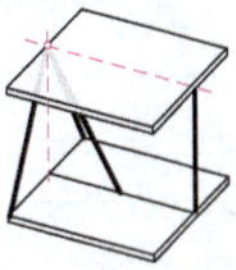	
	1R1T				
3	3R				

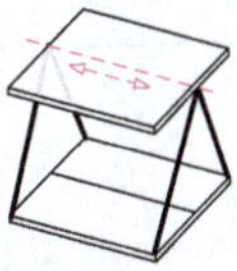

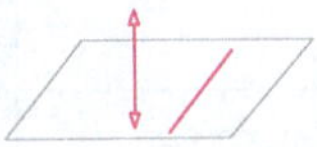

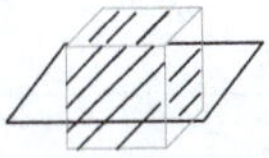

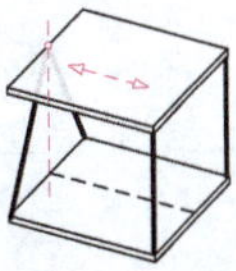

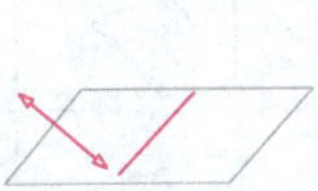

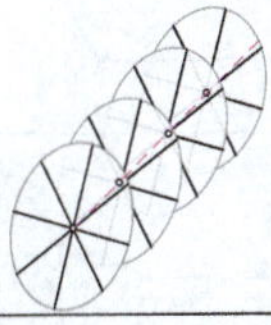

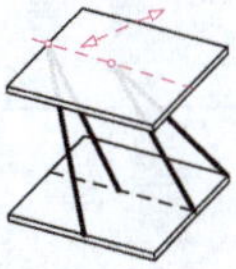

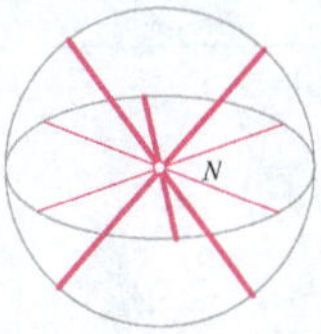

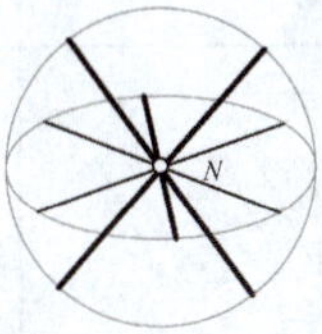

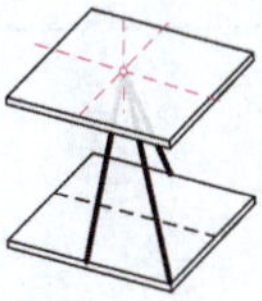

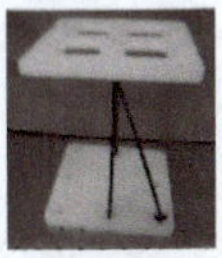

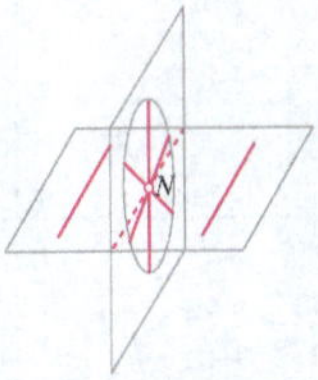

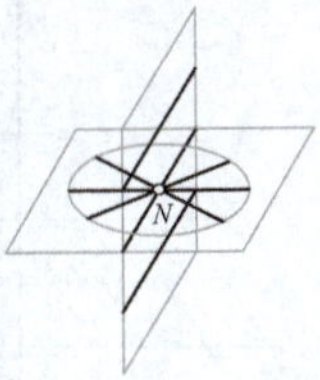

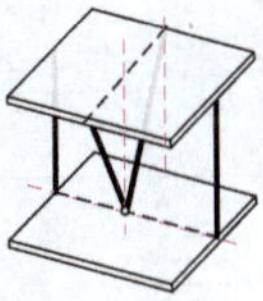

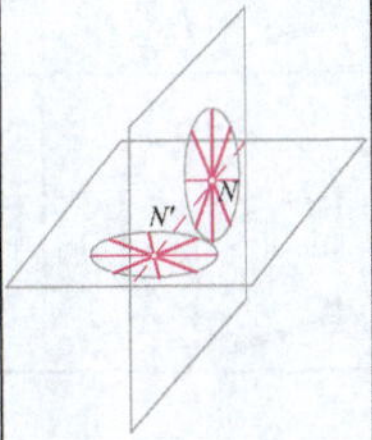

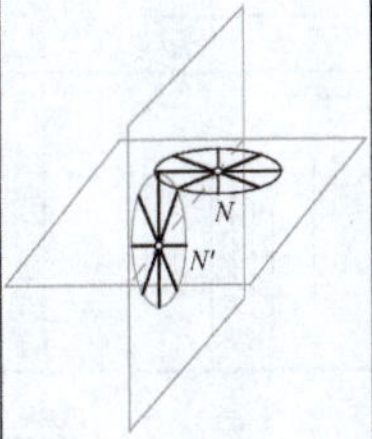

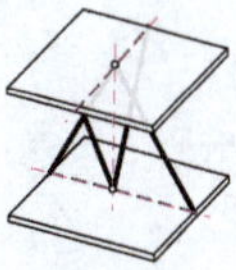

续表

自由度数	类型	自由度线图	约束线图	模型概念设计	实体模型
3	3R	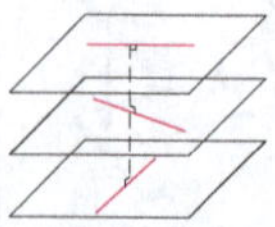	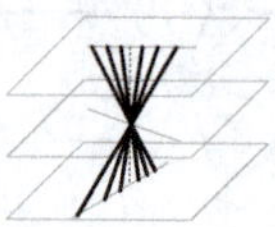	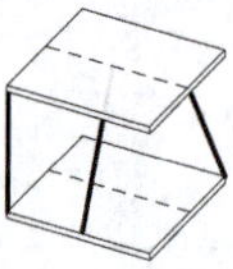	
		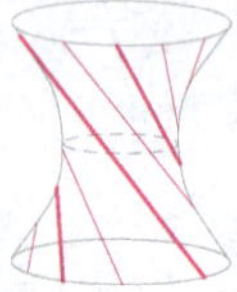		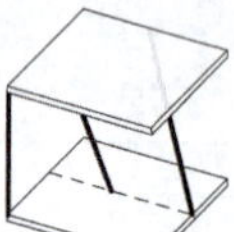	
	2R1T				
		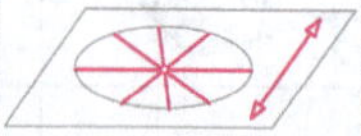	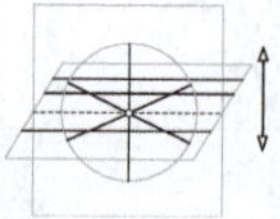	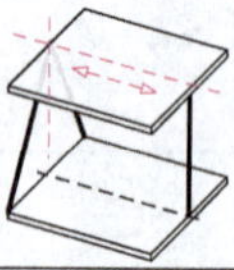	
		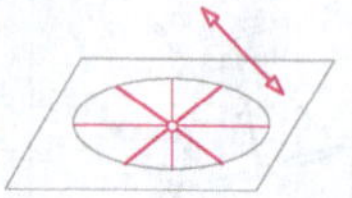	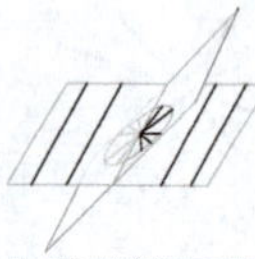	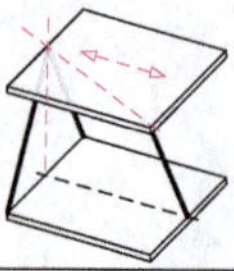	
		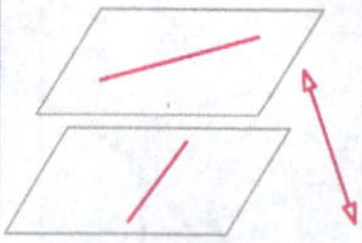		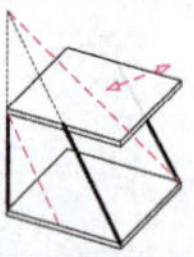	
		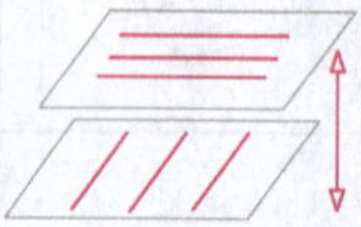	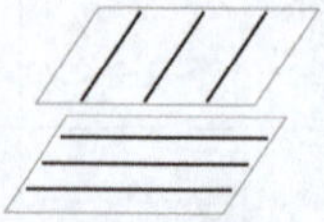	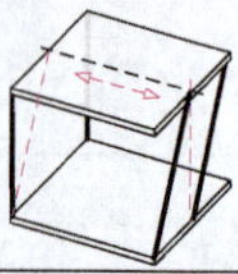	
		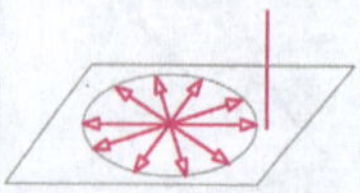	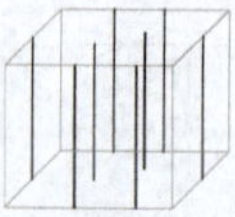	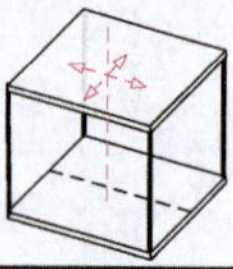	

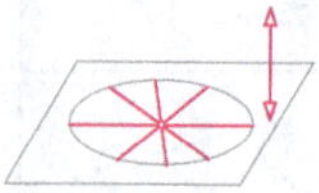

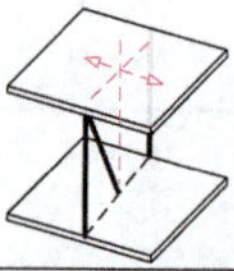

8.10.2 柔性重力梯度敏感机构的概念设计

在惯性导航领域,扰动重力引起的误差已成为高精度惯性导航系统中最主要的误差源。为提高惯性导航系统的精度,迫切需要在运动载体上实时测量重力梯度数据。通过重力梯度测量,可以准确地分离出载体所在位置的重力,从而实时对重力扰动分量和垂线偏差进行估计;或者利用图形匹配技术导航,以减小系统的定位误差。这样,惯性导航系统无需定期利用外部信息就可以有效抑制惯性导航系统误差的长期积累,从而使运载体实现长期、自主、高精度、全天候隐蔽航行和定位。不仅如此,重力梯度测量在大地测量、地球物理、地质、地震、海洋、导弹弹道、航空和空间等多个学科领域也都有着广泛的应用前景。

实际上,理想的重力梯度测量不仅限于竖直方向,还应包括有其他坐标方向的轴向分量,以及轴间的交叉分量。为实现有效测量,无论何种应用场合,一维或多维重力梯度测量的精度范围都应分布在 $10^{-10} \sim 10^{-8}/s^2$ 内。因此,用于重力梯度测量的敏感装置——敏感头机构(简称敏感机构)应是具有纳米精度的结构部件,为此采用柔性来设计重力梯度敏感机构。

目前,比较典型的重力梯度敏感机构包含三类:用于测量单个轴向线加速度、角加速度(单一敏感方向)的机构,以及对线加速度或角加速度同时敏感的机构。尤其对于后者,具有结构紧凑、减少制冷成本、提高测量精度的优势。这三类机构类型尤其是柔性构型很少有人进行研究,因此这里尝试采用图谱法对这三种自由度类型的机构进行构型设计[43,44]。首先综合出具有单一敏感方向的敏感结构,在此基础上,采用并联设计柔性约束,综合出同时具有移动与转动自由度的柔性圆柱副;然后进行构型优选与优化,得到较为实用的构型及结构。

1. 1T 机构

1T 机构是具有一个移动自由度的敏感机构,可用于测量重力梯度的轴向分量。利用图谱法对此类机构进行构型综合,得到了两类构型:一类是精确约束无冗余的 5 约束构型,由 5 个柔性杆组成,或者由柔性板等效替换上面的 3 个柔性杆,如图 8-77 所示;另一类是含冗余约束的 6 约束构型,如图 8-78 所示。

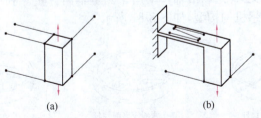

图 8-77 无冗余的轴向分量敏感机构构型

(a)   (b)   (c)   (d)

图 8-78　有冗余的轴向分量敏感机构构型

2. 1R 机构

1R 机构是具有一个转动自由度的敏感机构，可用于测量重力梯度的交叉分量。利用图谱法对此类机构进行构型综合，同样得到了两类构型：一类是精确约束无冗余的 5 约束构型，如图 8-79 所示；另一类是含冗余约束的 6 约束构型，如图 8-80 所示。

 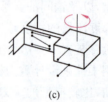

(a)   (b)   (c)

图 8-79　无冗余的交叉分量敏感结构构型

(a) 双弯曲2柔性板　　(b) 弯扭2柔性板　　(c) 交叉2柔性板　　(d) 7柔性杆

图 8-80　有冗余的交叉分量敏感结构构型

3. 1R1T 机构型综合

1R1T 机构是二维敏感机构，具有移动与转动两个自由度，可用于同时测量重力梯度轴向与交叉分量。该敏感机构将质量块与转臂质量一体化设计，转臂质量绕轴转动用于测量交叉分量，沿轴移动用于测量轴向分量。利用图谱法可以得到满足条件的新型敏感机构构型，如图 8-81 所示。

(a) 柔性细长杆　　　　(b) 两端铰接刚性杆　　　(c) 折角结构等效杆

图 8-81　两分量柔性敏感机构

8.11* 柔性机构创新设计的几种主要方法概述[45]

在柔性机构的概念设计阶段,创造性的设计方法占有非常重要的地位。新型柔性机构的产生总是离不开设计方法的有力支持。早期的柔性机构设计倾向于使用试凑法,这是一类非系统化的创新设计方法,很大程度上依赖于设计者的经验和灵感。直到最近20年,有关柔性机构设计的新方法才开始萌发。更多的研究者普遍采用了基于拓扑结构的系统化分析及设计方法,如刚体替换法(典型的有伪刚体模型法、结构矩阵法)、连续法(典型的有拓扑优化法、均匀化法、基础结构法、窗函数法、水平集法)等。前者旨在将构型综合与尺度综合分离,而后者意在将构型综合与尺度综合统一起来。系统化设计方法在设计平面柔性机构中较为成功,综合出了大量的功能型柔性机构,如导向机构、运放机构、常力机构、稳态机构等,特别在 MEMS 器件及支撑装备上已经得到了广泛的应用。但这些方法也有其各自的缺点:如伪刚体法虽然可以提供简单的参数化模型,但由于受到维度、精度等因素的限制很难直接用于空间结构;而连续法在优化设计过程中需要考虑的参数又太多(多数要通过有限元法来实现)。

正是基于此原因,学者又提出了其他几种柔性机构的分析及设计方法,如约束设计法、基于旋量理论的拓扑综合法、模块法、基于屈曲原理的设计方法等。这些方法在某些层面上可以很好地弥补上述方法的不足。例如,用在大行程、高精度柔性机构创新设计上,弥补了早期方法的不足,也不乏成功的实例,而且约束设计和模块法还很适合向空间结构拓展。但这些方法也各自都略有不足:如约束设计法将约束作为基本单元,而非传统由运动单元来构造柔性机构,相比之下,构型受限,不容易觅得最优解;应用模块法囿于先建模块库,再由库元素衍生新机构,难免使创新的活性不足;等等。

下面主要针对上述几种设计方法进行简单的概述。

8.11.1 与图谱法相关的几种设计方法

1. 约束设计法

第2章对该方法已有详细描述,这里只做简单评述。基于约束设计方法在精密工程领域广泛应用,它的基本思想是首先确定一个机构中所有约束的位置和方向,然后利用自由度与约束对偶原理,来确定机构的运动。约束法的优点在于可以可视化表达机构的运动,因此该方法比较适合柔性机构的早期设计。但是该方法没有一个系统的设计过程,不容易得出最优设计,而且需要长期的知识和经验积累。

约束设计法的萌芽始于两个世纪前的 Maxwell,他提出了自由与约束对偶原理,即加在一个系统上的非冗余约束数与系统的自由度数之和为 6。随后,

Blanding等[46]先后采用约束设计方法进行柔性机构的构型综合。尤其是 Blanding 提出了自由度线与约束线之间应遵循的对偶准则(简称为 Blanding 法则),即系统的所有约束线都与其所有自由线相交。Hale[47]深入研究了约束设计方法,并设计了多种精密定位平台(如用于 EUVL 光学投影系统的柔性平台等),从而论证了其方法在设计精密机构方面的有效性。Culpepper 等[48]基于约束设计方法设计了一种新颖的 6 轴柔性纳米定位平台。该平台是一体化的平面柔性机构,其核心是如图 8-82 所示的 HexFlex 柔性机构。在此基础上,又设计了一款 6 轴微小型纳米定位机构——μHexFlex[49](图 8-83)。

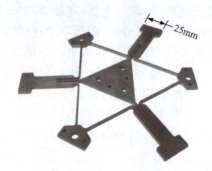
图 8-82 HexFlex 柔性机构[48]

图 8-83 μHexFlex 柔性机构[49]

Awtar 等[50]提出了一种空间 XYZ 三维移动机构,如图 8-84 所示。该机构可实现运动解耦,且结构紧凑对称,运动精度高。

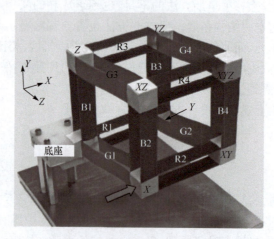
图 8-84 空间 XYZ 运动机构[50]

2. 自由与约束空间拓扑方法

自由度与约束空间拓扑(FACT)综合方法是 Hopkins 等[51,52]受 Blanding 的理论启发,并有机结合旋量理论,发展延伸而来的。而后,通过 Su、Yu 等逐渐完善,已发展成为一种系统化的柔性机构构型综合方法。该方法具体从旋量系理论出发,按照物体所允许的运动引入了一系列具有特定维度的自由度空间(FS)和约束空间(CS),FS 代表物体在空间中所允许的运动,而 CS 则代表物体在空间中受限的运动,即物体所受约束。这些空间通过几何表达显得更加形象直观。实际上,FS 与 CS 之间的关系可由互易旋量系来表达,而 Blanding 法则可以看作是旋量系互易的一种特例(旋量退化为线矢量)。自由度与约束空间拓扑方法可以系统实现对多自由度柔性机构的构型综合,一种典型的综合过程如图 8-85 所示。该方法物理含义清晰,过程简单,在旋量理论的指导下,得到的构型也具有一定程度的完备性。但目前该方法采用的柔性约束一般为细杆或薄板,因此综合得到的机构可能有较大的寄生运动。之后,Su 等[53]给出了 FACT 方法的旋量解析以及一种 FACT 构型综合方法的软件实现方案。Yu 等[30]在旋量理论的框架下,实现了对包括基于约束单元和运动单元类型的并联、串联、串并联柔性机构的构型综合。

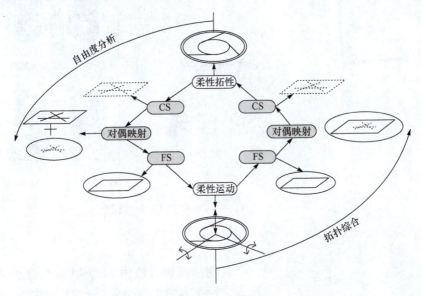

图 8-85　FACT 方法进行柔性机构综合的流程

3. 模块化方法

模块化的设计方法是利用已知特性的柔性单元或机构作为模块,按照一定的规则串联或并联起来实现所要求的运动性能。模块化方法的一般设计思路是:首先将综合问题具体描述(包括所要求运动的性能指标),抽象成数学或几何表达(如自由度空间等)。然后根据要求的性能同模块库中的各模块进行匹配,若有满足要求或性能更优的模块,则此模块便为最终构型;若无合适模块,则将问题分解,再对子问题与模块库进行匹配;依次类推,直至找到满足子问题的所有模块。最后按一定的组合方法将各模块组合起来形成最终的机构构型。该方法的前提是建立模块库,库中的模块必须是特性已知的柔性单元或机构。作为一种概念设计方法,利用模块化方法可以生成较好的构型,但同时寻优过程可能不收敛而致使综合不到合适构型。

Kim[54,55]通过引入柔度椭球概念来研究柔性模块的特性,并利用柔性折梁模块组合得到了一些机构构型,如图 8-86 所示。随后,又提出了一种基于瞬心的模块组合方法来综合放大机构,如图 8-87 所示。这种瞬心设计方法操作简单,物理含义明确,但其应用范围较小,仅针对该类放大机构。而且,为了简化问题,采用了线性分析方法,在大变形时将产生一定的误差。

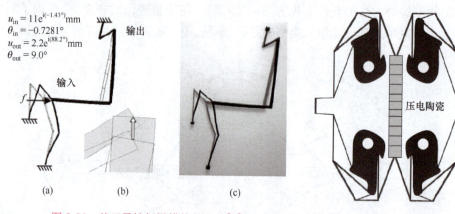

图 8-86　基于柔性折梁模块的机构[54]　　　　图 8-87　压电运动放大机构[55]

8.11.2　其他几种构型设计方法

1. 伪刚体模型法

伪刚体模型方法由 Howell 最先提出,随后他对多种基本的柔性单元(悬臂梁、固定-导向梁等)进行了伪刚体建模,为伪刚体模型法的发展奠定了基础;同时指出了伪刚体模型法在柔性商业产品设计中的价值,并用此方法设计分析了自行车变速器和手闸两种并联机构。Saxena 和 Kramer[56]采用伪刚体模型分析了末端受力和力矩作用的柔性梁的变形情况,并用数值积分求解了梁方程,随后用此方法综合了如图 8-88 所示的

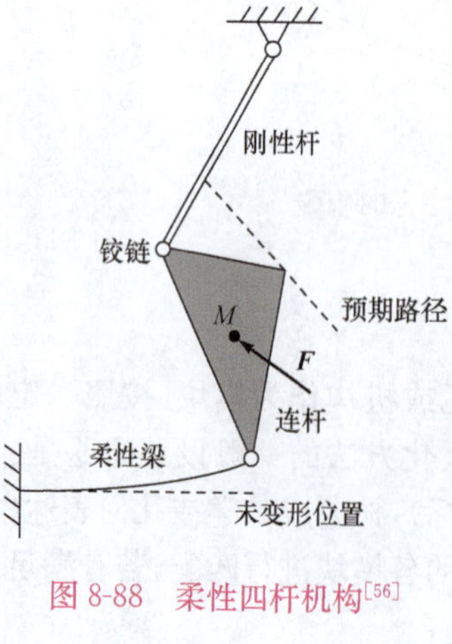

图 8-88　柔性四杆机构[56]

柔性四杆机构。Jacobsen 等[57]提出了一种 Lamina Emergent 型的柔性转动铰链（LET），如图 8-89 所示，这种铰链能够提供较大的转动角度。

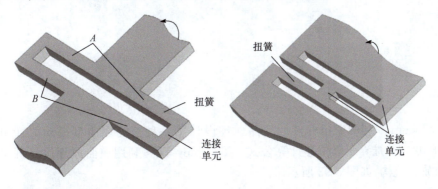

图 8-89　LET 柔性铰链[57]

就本质而言，伪刚体模型法（PRBM）是一种刚体替换法。通过合理的运动学等效替换，可以借鉴刚性机构成熟的理论和方法来研究柔性机构。提出者的初衷主要为分析非线性大变形单元提供一种简单有效的方法，这无疑也是该方法最大的亮点。利用 PRBM 可以快速验证一个初始概念设计的正确性，但直接采用该方法来生成初始概念设计却非易事。另外，刚性机构也仅仅是柔性机构的一种特例，因此这种方法大大限制了柔性机构的构型种类，目前还主要应用于平面机构中。

2. 拓扑结构优化设计法

拓扑结构优化设计方法[58~64]的主要思想是根据机构所要求的运动以及约束等设计目标函数，并在给定的边界条件下，利用寻优算法生成合理构型。该方法涉及在一个基结构上利用优化算法选择性地去掉网格，进而生成设计构型。结构优化设计方法是一个系统化的概念综合方法，能够从问题要求中直接生成初始设计。但是该方法严重依赖于设计的目标函数以及优化算法，且有时生成的设计难于加工。

3. 基于屈曲原理的创新设计

在传统缺口型柔性铰链设计方法研究中，Howell 等[65]提出了避免柔性铰链屈曲的两种方法——倒置法和转移法。图 8-90 为其采用转移法设计的大变形贝壳式柔性铰链。此外，为避免屈曲，EPFL[14]还提出了一种设计柔性铰链的阻挡法，就是在柔性铰链及其机构中增加一些辅助的阻挡结构，以限制其因受到高压载荷而产生过大的变形运动，这样就起到了"过载保护"的作用。但是与倒置法和转移法相比，阻挡法只能用于载荷较小的场合，图 8-91 为利用阻挡法所设计的 2DOF 柔性移动副。

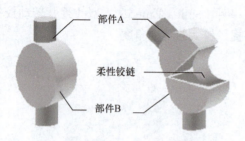

图 8-90　贝壳式柔性铰链[65]　　　　　图 8-91　阻挡法应用实例[14]

Slocum[66]利用受压杆件的屈曲原理设计了一种正交屈曲型平动柔性机构（图 8-92），并推导了其位移计算公式。Thornley 等[67]利用屈曲原理设计开发了三角放大机构，如图 8-93 所示。

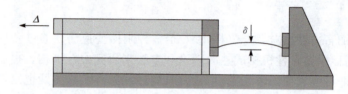

图 8-92　正交屈曲型柔性机构[66]

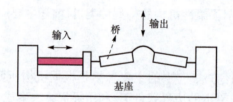

图 8-93　三角放大机构[67]

除上述构型方法外，Lin 等[68]利用图论提出了综合柔性直线移动机构的方法。综合到的直线机构如图 8-94 所示。

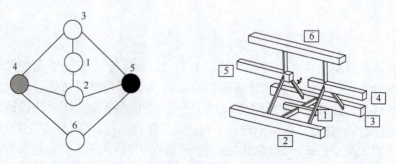

图 8-94　利用图论综合柔性直线机构[68]

8.12 本章小结

本章主要向读者介绍如何将图谱法用在柔性装置特别是柔性精微机构的创新设计中。该方法的宗旨是将复杂的柔性机构创新设计问题转化为直观的几何描述。可以看出,柔性机构图谱化构型设计方法简单直观,物理意义明确。

(1) 给出了一些常用基本柔性单元(柔性杆、簧片等)的理想自由度和约束模型,这是对柔性机构进行构型分析与设计的基础。按照不同类型的自由度和约束空间,将常见的柔性铰链和柔性机构进行了分类总结与枚举。这些柔性铰链和柔性机构同基本柔性单元一起,可作为柔性模块用于柔性机构的构型设计。

(2) 利用图谱法对并联式和串联式柔性机构进行了自由度分析,并且给出了自由度分析的具体过程。其中,图谱法是建立在理想自由度和约束模型基础上的,是对实际机构性能的近似分析方法;同时,为了更接近柔性机构的真实特性,又给出了一种基于特征柔度矩阵的自由度分析方法,该方法的关键在于对柔度进行无量纲化处理。

(3) 针对并联式和串联式柔性机构,分别给出了基于图谱法的构型综合过程。与刚性机构的图谱化构型综合方法相比,用在柔性机构构型设计中的图谱法更加简单:①由于柔性机构多用于微动或小变形,因此无须像刚性机构那样再进行机构运动连续性判别;②简单全并联柔性机构的构型是柔性机构中的一种特有构型,图谱法对这类机构的构型综合显得非常简单。

(4) 基于旋量理论,给出了柔性机构的自由度空间可实现简单全并联的条件。简言之,核心在于判断自由度空间的对偶约束空间中是否存在同维线子空间。可以看出,并非所有的自由度空间都可通过简单全并联实现。对于不能通过简单全并联实现的自由度空间则给出了基于自由度的分解,并通过模块串联或混联的方式实现。

(5) 图谱法不仅可用在柔性机构本体的构型综合中,本章还给出了一种利用图谱综合柔性机构驱动空间的简单方法。

(6) 给出了两种柔性机构图谱化创新设计的成功应用实例。特别是柔性教具的成功开发,对本章理论内容提供了强有力的模型验证。

(7) 对当前几种主流的柔性机构创新设计方法进行了简要概述,给出了各自的优缺点。

参 考 文 献

[1] Paros J M, Weisbord L. How to design flexure hinges. Machine Design, 1965, 37(27):151-156.

[2] Howell L L, Midha A. Parametric deflection approximations for end-loaded, large-deflection beams in compliant mechanisms. ASME Journal of Mechanical Design, 1995, 117(1): 156-165.

[3] Howell L L. Compliant Mechanisms. New York: Wiley Interscience, 2001.

[4] Smith S T. Flexures: Elements of Elastic Mechanisms. New York: Gordon and Breach Science Publishers, 2000.

[5] Selig J M, Ding X L. A screw theory of static beams. IEEE/RSJ International Conference on Intelligent Robots and Systems, Hawaii, 2001, 312-317.

[6] von Mises R. Motorrechnung: Ein neues hilfsmittel in der mechanic. Zeitschrift fur Angewandte Mathematic und Mechanic, 1924, 4(2): 155-181.

[7] Henein S, Spanoudakis P, Droz S, et al. Flexure pivot for aerospace mechanisms. 10th European Space Mechanisms and Tribology Symposium, San Sebastian, 2003, 1-4.

[8] Trease B P, Moon Y M, Kota S. Design of large-displacement compliant joints. ASME Journal of Mechanical Design, 2005, 127(4): 788-798.

[9] Cannon J R, Lusk C P, Howell L L. Compliant rolling-contact element mechanisms. The 2005 ASME International Design Engineering Technical Conferences, Long Beach, 2005, DETC2005-84073.

[10] Howell L L, Olsen B M, Magleby S P. Handbook of Compliant Mechanisms. New York: John Wiley & Sons, 2012.

[11] Awtar S, Slocum A H. Constant-based design of parallel kinematic XY flexure mechanisms. ASME Journal of Mechanical Design, 2007, 129(8): 816-830.

[12] Choi K, Kim D. Monolithic parallel linear compliant mechanism for two axes ultraprecision linear motion. Review of Scientific Instruments, 2006, 77(6): 065106. 1-7.

[13] Pham P, Regamey Y, Fracheboud M, et al. Orion MinAngle: A flexure-based, double-tilting parallel kinematics for ultra-high precision applications requiring high angles of rotation. Proceedings of the 36th ISR International Symposium on Robotics, Tokyo, 2005, 1-7.

[14] Pernette E, Henein S, Magnani I, et al. Design of parallel robots in microrobots. Robotica, 1997, 15: 417-420.

[15] Canfield S L, Beard J. Development of a spatial compliant manipulator. International Journal of Robotics and Automation, 2002, 17(1): 63-71.

[16] Ryu J W, Gweon D, Moon K S. Optimal design of a flexure hinge based $XY\varphi_z$ wafer stage. Precision Engineering, 1997, 21(1): 18-28.

[17] Chao D H, Zong G H, Liu R, et al. A novel kinematic calibration method for a 3DOF flexure-based parallel mechanism. Proceedings of the 2006 IEEE/RSJ International Comference on Intelligent Robots and Systems, Beijing, 2006, 4660-4665.

[18] Chang S, Tseng C, Chien H. An ultra-precision $XY\varphi_z$ piezo-micropositioner—Part I: Design and analysis. IEEE Transactions on Ultrasonics, Ferroelectrics, and Frequency Control, 1999, 46(4): 897-905.

[19] Jeanneau A, Herder J, Laliberte T, et al. A compliant rolling contact joint and its application

in a 3-DOF planar parallel mechanism with kinematic analysis. Proceedings of the 2004 ASME Design Engineering Technical Conferences, Chicago, 2004, DETC2004-57264.

[20] Tang X, Chen I M. A large-displacement and decoupled XYZ flexure parallel mechanism for micromanipulation. IEEE International Conferences on Automation Science and Engineering, Shanghai, 2006, 73-78.

[21] Li Y M, Xu Q S. Design and analysis of a totally decoupled flexure-based XY parallel micromanipulator. IEEE Transactions on Robotics, 2009, 25(3): 645-657.

[22] Koseki Y, Tanikawa T, Arai T, et al. Kinematic analysis of translational 3-DOF micro parallel mechanism using matrix method. Proceedings of the IEEE/RSJ IROS2000, Takamatsu, 2000, 786-792.

[23] Kim D M, Kang D W, Shim J Y, et al. Optimal design of a flexure hinge-based XYZ atomic force microscopy scanner for minimizing Abbe errors. Review of Scientific Instruments, 2005, 76(7): 073706. 1-7.

[24] Wu T L, Chen J H, Chang S H. A six-DOF prismatic-spherical-spherical parallel compliant nanopositioner. IEEE Transactions on Ultrasonics, Ferroelectrics, and Frequency Control, 2008, 55(12): 2544-2551.

[25] Dong W, Sun L N, Du Z J. Stiffness research on a high-precision, large-workspace parallel mechanism with compliant joints. Precision Engineering, 2008, 32(3): 222-231.

[26] Choi K B, Lee J J. Passive compliant wafer stage for single-step nano-imprint lithography. Review of Scientific Instruments, 2005, 76(7): 075106.

[27] 李守忠. 基于旋量理论的柔性精微机构综合. 北京: 北京航空航天大学博士学位论文, 2012.

[28] 于靖军. 全柔性机器人机构分析及设计方法研究. 北京: 北京航空航天大学博士学位论文, 2002.

[29] Yu J J, Bi S S, Zong G H. A method to evaluate and calculate the mobility of a general compliant parallel manipulator. ASME International DETC2004, 2: 28th Biennial Mechanisms and Robotics Conference, Salt Lake City, 2004, 743-748.

[30] Yu J J, Li S Z, Su H J, et al. Screw theory based methodology for the deterministic type synthesis of flexure mechanisms. ASME Journal of Mechanisms and Robotics, 2011, 3(3): 031008. 1-14.

[31] Yu J J, Li S Z, Pei X, et al. A unified approach to type synthesis of both rigid and flexure parallel mechanisms. Science China: Technological Sciences, 2011, 54(5): 1206-1219.

[32] Li S Z, Yu J J, Zong G H. Conditions for realizable configurations in synthesis of constraint-based flexure mechanisms. Chinese Journal of Mechanical Engineering, 2012, 48(6): 1086-1095.

[33] Hopkins J B, Culpepper M L. A screw theory basis for quantitative and graphical design tools that define layout of actuators to minimize parasitic errors in parallel flexure systems. Precision Engineering, 2010, 34(4): 767-776.

[34] Yu J J, Li S Z, Qiu C. An analytical approach for synthesizing Line actuation spaces of parallel flexure mechanisms. ASME Journal of Mechanical Design,2013,135(11):124501.1-5.

[35] Pei X, Yu J J, Zong G H, et al. The modeling of cartwheel flexural hinges. Mechanism and Machine Theory,2009,44(10):1900-1909.

[36] Bi S S, Zhao H Z, Yu J J. Modeling of a cartwheel flexural pivot. ASME Journal of Mechanical Design,2009,131(7):061010.1-10.

[37] Pei X, Yu J J, Zong G H, et al. The modeling of leaf-type isosceles-trapezoidal flexural pivots. ASME Journal of Mechanical Design,2008,130(8):217-223.

[38] Pei X, Yu J J, Zong G H, et al. A novel family of leaf-type compliant joints: Combination of two isosceles-trapezoidal flexural pivots in series. ASME Journal of Mechanism and Robotics, 2009,1(2):021005.

[39] Zhao H Z, Bi S S, Yu J J. A novel compliant linear-motion mechanism based on parasitic motion compensation. Mechanism and Machine Theory,2012,50(4):15-28.

[40] Pei X, Yu J J, Zong G H, et al. A family of butterfly flexural joints: Q-LITF pivots. ASME Journal of Mechanical Design,2012,134(12):121005.1-8.

[41] Li S Z, Yu J J, Wu Y, et al. Development of a reconfigurable compliant education kit for undergraduate mechanical engineering education. Conference on Reconfigurable Mechanisms and Robots (ReMAR2012),Tianjin,2012.

[42] Yu J J, Lu D F, Ding X L, et al. Teaching creative mechanism design by integrating synthesis methodology and physical models. The 2013 ASME International Design Engineering Technical Conferences,Oregon,2013,DETC2013-12173.

[43] 贾明,杨功流. 基于约束线图的超导重力梯度敏感结构型综合. 北京航空航天大学学报, 2012,38(12):1606-1610.

[44] 贾明,杨功流. 基于超导的全张量重力梯度敏感头设计. 中国惯性技术学报,2012,20(1): 11-14.

[45] 于靖军,裴旭,毕树生等. 柔性铰链机构设计方法的研究进展. 机械工程学报,2010,46 (13):2-13.

[46] Blanding D L. Exact Constraint: Machine Design Using Kinematic Processing. New York: ASME Press,1999.

[47] Hale L C. Principles and Techniques for Designing Precision Machines. Cambridge: Massachusetts Institute of Technology,Ph. D. Thesis,1999.

[48] Culpepper M L, Gordon A. Design of a low-cost nano-manipulator which utilizes a monolithic, spatial compliant mechanism. Precision Engineering,2004,28(4):469-482.

[49] Chen S C, Culpepper M L. Design of a six-axis micro-scale nanopositioner—μHexFlex. Precision Engineering,2006,30(3):314-324.

[50] Awtar S, Ustick J, Sen S. An XYZ parallel kinematic flexure mechanism with geometrically decoupled degrees of freedom. ASME Journal of Mechanisms and Robotics,2013,5(1): 015001.1-7.

[51] Hopkins J B, Culpepper M L. Synthesis of multi-degree of freedom, parallel flexure system concepts via freedom and constraint topology (FACT), Part I: Principles. Precision Engineering, 2010, 34(2): 259-270.

[52] Hopkins J B, Culpepper M L. Synthesis of multi-degree of freedom, parallel flexure system concepts via freedom and constraint topology (FACT), Part II: Practice. Precision Engineering, 2010, 34(2): 271-278.

[53] Su H J, Dorozhkin D V, Vance J M. A screw theory approach for the conceptual design of flexible joints for compliant mechanisms. ASME Journal of Mechanisms and Robotics, 2009, 1(4): 041009. 1-9.

[54] Kim C J. A Conceptual Approach to the Computational Synthesis of Compliant Mechanisms. Ann Arbor: University of Michigan, Ph. D. Thesis, 2005.

[55] Krishnan G, Kim C J, Sridhar K. A lumped-model based building-block concatenation for a conceptual compliant mechanism synthesis. Proceedings of ASME 2008 International Design Engineering Technical Conferences & Computers and Information in Engineering Conference, New York, 2008, (2): 379-392.

[56] Saxena A, Kramer S N. A simple and accurate method for determining large deflections in compliant mechanisms subjected to end forces and moments. ASME Journal of Mechanical Design, 1998, 120(3): 392-401.

[57] Joseph O J, Chen G M, Howell L L. Lamina emergent torsional (LET) Joint. Mechanism and Machine Theory, 2009, 44(11): 2098-2109.

[58] Ananthasuresh G K, Kota S. Designing compliant mechanisms. Mechanical Engineering, 1995, 117(11): 93-96.

[59] Frecker M I, Ananthasuresh G K, Nishiwaki S, et al. Topological synthesis of compliant mechanisms using multi-criteria optimization. ASME Journal of Mechanical Design, 1997, 119(2): 238-245.

[60] Sigmund O. On the design of compliant mechanisms using topology optimization. Journal of Structural Mechanics, 1997, 25(4): 494-524.

[61] Hetrick J A, Kota S. An energy formulation for parametric size and shape optimization of compliant mechanisms. ASME Journal of Mechanical Design, 1999, 121(2): 229-234.

[62] Wang M Y, Chen S, Wang X, et al. Design of multi-material compliant mechanisms using level-set methods. ASME Journal of Mechanical Design, 2005, 127(5): 941-956.

[63] Zhou H, Ting K L. Topological synthesis of compliant mechanisms using spanning tree theory. ASME Journal of Mechanical Design, 2005, 127(4): 753-759.

[64] Hull P V, Canfield S. Optimal synthesis of compliant mechanisms using subdivision and commercial FEA. ASME Journal of Mechanical Design, 2006, 128(2): 337-348.

[65] Guerinot E, Magleby S P, Howell L L, et al. Compliant joint design principles for high compressive load situation. ASME Journal of Mechanical Design, 2005, 127(4): 774-781.

[66] Slocum A H. Precision Machine Design. New York: Society of Manufacturing Engineers, 1992.

[67] Thornley J K. Piezoelectric and electrostrictive actuators: Device selection and application techniques. Proceedings of the IMechE Eurotech Direct Conference on Machine Systems, Drivers and Actuators, Birmingham, 1991, 115-119.
[68] Lin Y T, Jyh-Jone L. Structural synthesis of compliant translational mechanisms. The 12th IFToMM World Congress, Besancon, 2007.

附录 A　柔度矩阵的建模与坐标变换

A.1　柔度的坐标变换

众所周知,当对机构的动平台施加载荷时,动平台会产生运动。根据旋量理论,在给定如图 A-1 所示的坐标系下,动平台的微小运动可以用运动旋量 $\boldsymbol{\xi}=(\boldsymbol{\theta};\boldsymbol{\delta})=(\theta_x,\theta_y,\theta_z;\delta_x,\delta_y,\delta_z)$ 来表示;施加在其上的载荷可以用力旋量 $\boldsymbol{F}=(\boldsymbol{\tau};\boldsymbol{f})=(\tau_x,\tau_y,\tau_z;f_x,f_y,f_z)$ 来表示。其中,$\boldsymbol{\theta}$、$\boldsymbol{\delta}$ 分别代表动平台的角变形和线变形,而 $\boldsymbol{\tau}$、$\boldsymbol{f}$ 则代表了施加在动平台上的力矩和纯力。

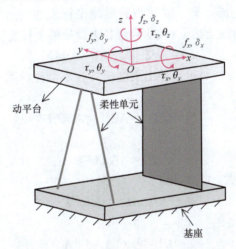

图 A-1　柔性机构的受力与变形

根据线弹性理论,机构运动旋量与力旋量之间存在如下关系:

$$\boldsymbol{\xi}=\boldsymbol{CF},\quad \boldsymbol{F}=\boldsymbol{K}\boldsymbol{\xi},\quad \boldsymbol{C}=\boldsymbol{K}^{-1} \tag{A.1}$$

式中,$\boldsymbol{C}$ 和 $\boldsymbol{K}$ 分别表示机构的 6 阶柔度矩阵和刚度矩阵。

显然,对柔度矩阵或刚度矩阵的讨论只有在同一个坐标系下才有意义。例如,为了建立机构的整体柔度(或刚度)矩阵,一般需要将各局部坐标系下的柔度(或刚度)矩阵转化到统一的参考坐标系下,即涉及柔度(或刚度)矩阵的坐标变换。

下面首先来推导柔度(或刚度)矩阵在不同坐标系下的映射关系[1,2]。

假设在参考坐标系下,机构运动旋量和力旋量分别表示为 $\boldsymbol{\xi}^S=(\boldsymbol{\theta}^S;\boldsymbol{\delta}^S)$ 和 $\boldsymbol{F}^S=(\boldsymbol{\tau}^S;\boldsymbol{f}^S)$;而在与动平台固连的局部坐标系下,运动旋量和力旋量分别表示为 $\boldsymbol{\xi}^B=(\boldsymbol{\theta}^B;\boldsymbol{\delta}^B)$ 和 $\boldsymbol{F}^B=(\boldsymbol{\tau}^B;\boldsymbol{f}^B)$。其中,运动旋量是旋量的射线坐标表达,而力旋量

则是旋量的轴线坐标表达。

由式(A.1)可得

$$\xi^S = C^S F^S, \quad \xi^B = C^B F^B \tag{A.2}$$

另设局部坐标系与参考坐标系间坐标变换的旋转矩阵为 R，平移向量为 $t = (x, y, z)^T$，则坐标变换的伴随矩阵为 $\mathrm{Ad} = \begin{bmatrix} R & 0 \\ TR & R \end{bmatrix}$，其中 $T = \begin{bmatrix} 0 & -z & y \\ z & 0 & -x \\ -y & x & 0 \end{bmatrix}$ 为由平移向量 t 定义的反对称矩阵。

引入算子 $\boldsymbol{\Delta}$，

$$\boldsymbol{\Delta} = \begin{bmatrix} 0 & I \\ I & 0 \end{bmatrix}$$

式中，I 为 3 阶单位矩阵。算子 $\boldsymbol{\Delta}$ 可以将轴线坐标表达的力旋量转化成射线坐标形式 $\boldsymbol{\Delta F}$。因此，在射线坐标下，运动旋量和力旋量的坐标变换如下：

$$\xi^S = \mathrm{Ad} \xi^B, \quad \boldsymbol{\Delta} F^S = \mathrm{Ad} \boldsymbol{\Delta} F^B \tag{A.3}$$

由式(A.2)和式(A.3)可以导出柔度矩阵在不同坐标系下的变换关系式。具体推导过程如下：

$$\xi^S = C^S F^S = \mathrm{Ad} \xi^B = \mathrm{Ad} C^B F^B \tag{A.4}$$

由于 $\boldsymbol{\Delta}^{-1} = \boldsymbol{\Delta}$，于是

$$F^S = \boldsymbol{\Delta} \mathrm{Ad} \boldsymbol{\Delta} F^B \tag{A.5}$$

将式(A.5)代入式(A.4)，得到

$$C^S \boldsymbol{\Delta} \mathrm{Ad} \boldsymbol{\Delta} F^B = \mathrm{Ad} C^B F^B \tag{A.6}$$

整理得到

$$C^S = \mathrm{Ad} C^B \boldsymbol{\Delta} \mathrm{Ad}^{-1} \boldsymbol{\Delta} \tag{A.7}$$

注意到

$$\mathrm{Ad}^{-1} = \begin{bmatrix} R^T & 0 \\ -R^T T & R^T \end{bmatrix}, \quad \mathrm{Ad}^T = \begin{bmatrix} R^T & -R^T T \\ 0 & R^T \end{bmatrix} \tag{A.8}$$

因此

$$\boldsymbol{\Delta} \mathrm{Ad}^{-1} \boldsymbol{\Delta} = \begin{bmatrix} 0 & I \\ I & 0 \end{bmatrix} \begin{bmatrix} R^T & 0 \\ -R^T T & R^T \end{bmatrix} \begin{bmatrix} 0 & I \\ I & 0 \end{bmatrix} = \mathrm{Ad}^T \tag{A.9}$$

将式(A.9)代入式(A.7)，得到柔度矩阵在不同坐标系下的变换关系：

$$C^S = \mathrm{Ad} C^B \mathrm{Ad}^T \tag{A.10}$$

对于刚度矩阵，变换关系可根据 $K = C^{-1}$ 直接得到

$$K^S = (\mathrm{Ad}^{-1})^T K^B \mathrm{Ad}^{-1} \tag{A.11}$$

式(A.10)和式(A.11)分别给出了柔度矩阵和刚度矩阵在不同坐标系下的映射关系。

A.2 空间柔度矩阵的建模

以简单的柔性单元为例,说明空间柔度矩阵的建模过程[1,3]。

鉴于大多数的柔性单元实际上都可以看作是一柔性梁,因此不能仅考虑纯粹的弯曲变形,还要考虑拉压、扭转、剪切等其他形式的变形。

不妨考虑一种简单的柔性变形单元——长为 l、密度为 ρ、横截面面积为 A 的均匀梁。静止状态下,杆件的中心轴线为 z,如图 A-2 所示。假设杆件的左端固定,当梁处于平衡状态下,只有末端作用一广义力(即力旋量)$\boldsymbol{F}=(\boldsymbol{\tau};\boldsymbol{f})$。与自由状态下相比,受末端力的作用沿着梁 z 轴任一点的变形被定义为一个运动旋量 $\boldsymbol{\xi}(z)=(\boldsymbol{\theta}(z);\boldsymbol{\delta}(z))$。因此,杆件末端点的变形能够写成一个 6 维向量的形式 $\boldsymbol{\xi}(l)=(\theta_x(l),\theta_y(l),\theta_z(l);\delta_x(l),\delta_y(l),\delta_z(l))^{\mathrm{T}}$。$\boldsymbol{\theta}_{3\times 1}(l)$ 和 $\boldsymbol{\delta}_{3\times 1}(l)$ 分别是关于末端坐标系坐标轴的三个角位移变形分量和线位移变形分量。

当系统处在平衡状态下,见图 A-3,在 Oyz 的投影平面中,根据经典的梁理论,由边界条件通过积分得到力与弯曲变形的关系方程。

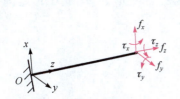

图 A-2 静止状态下梁杆件的描述(未变形)

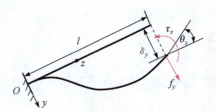

图 A-3 在 Oyz 投影平面的梁杆件的弯曲变形

$$\delta_y(0)=\frac{\partial \delta_y(0)}{\partial z}=0, \quad z=0 \tag{A.12}$$

$$EI_x \frac{\partial^2 \delta_y(z)}{\partial z^2}=-\tau_x+(l-z)f_y \tag{A.13}$$

$$EI_x \frac{\partial \delta_y(z)}{\partial z}=-z\tau_x+z\left(l-\frac{z}{2}\right)f_y \tag{A.14}$$

$$EI_x \delta_y(z)=-\frac{z^2}{2}\tau_x+\frac{z^2}{2}\left(l-\frac{z}{3}\right)f_y \tag{A.15}$$

注意到 $\frac{\partial \delta_y(z)}{\partial z}=-\theta_x(z)$,所以式(A.13)可以写成

$$EI_x \theta_x(z)=z\tau_x-z\left(l-\frac{z}{2}\right)f_y \tag{A.16}$$

同样，通过观察能够发现，在 Oxz 投影平面的弯曲可以描述为

$$EI_y \frac{\partial^2 \delta_x(z)}{\partial z^2} = \tau_y + (l-z)f_x \tag{A.17}$$

$$EI_y \frac{\partial \delta_x(z)}{\partial z} = z\tau_y + z\left(l - \frac{z}{2}\right)f_x \tag{A.18}$$

$$EI_y \delta_x(z) = \frac{z^2}{2}\tau_y + \frac{z^2}{2}\left(l - \frac{z}{3}\right)f_x \tag{A.19}$$

同时，注意到，$\frac{\partial \delta_x(z)}{\partial z} = \theta_y(z)$，由式(A.18)，得到如下方程：

$$EI_y \theta_y(z) = z\tau_y + z\left(l - \frac{z}{2}\right)f_x \tag{A.20}$$

沿着 z 轴长度方向上的分量 $\delta_z(z)$、f_z 和 $\theta_z(z)$、τ_z 的关系式可以得到

$$GJ\theta_z(z) = z\tau_z \tag{A.21}$$

$$EA\delta_z(z) = zf_z \tag{A.22}$$

以上各式中，E 为柔性梁的弹性模量，G 为柔性单元的剪切模量，I_x 为柔性单元 x 轴截面惯性矩，I_y 表示 y 轴截面惯性矩，J 表示截面极惯性矩。

这样，由式(A.17)～式(A.22)，能够建立起杆件变形 $\xi(z)$ 和力 F 之间的关系：

$$\xi(z) = C(z)F \tag{A.23}$$

这里，沿 z 轴的任一点 P 处的柔度矩阵为

$$C(z) = \begin{bmatrix} \frac{z^2}{2EI_y}\left(l - \frac{z}{3}\right) & 0 & 0 & 0 & \frac{z^2}{2EI_y} & 0 \\ 0 & \frac{z^2}{2EI_x}\left(l - \frac{z}{3}\right) & 0 & -\frac{z^2}{2EI_x} & 0 & 0 \\ 0 & 0 & \frac{z}{EA} & 0 & 0 & 0 \\ 0 & \frac{-z\left(l - \frac{z}{2}\right)}{EI_x} & 0 & \frac{z}{EI_x} & 0 & 0 \\ \frac{z\left(l - \frac{z}{2}\right)}{EI_y} & 0 & 0 & 0 & \frac{z}{EI_y} & 0 \\ 0 & 0 & 0 & 0 & 0 & \frac{z}{GJ} \end{bmatrix} \tag{A.24}$$

令 $z=l$，就可以得到整个均匀梁的空间柔度矩阵：

$$C = \begin{bmatrix} \dfrac{l^3}{3EI_y} & 0 & 0 & 0 & \dfrac{l^2}{2EI_y} & 0 \\ 0 & \dfrac{l^3}{3EI_x} & 0 & -\dfrac{l^2}{2EI_x} & 0 & 0 \\ 0 & 0 & \dfrac{l}{EA} & 0 & 0 & 0 \\ 0 & -\dfrac{l^2}{2EI_x} & 0 & \dfrac{l}{EI_x} & 0 & 0 \\ \dfrac{l^2}{2EI_y} & 0 & 0 & 0 & \dfrac{l}{EI_y} & 0 \\ 0 & 0 & 0 & 0 & 0 & \dfrac{l}{GJ} \end{bmatrix} \quad (\text{A.}25)$$

可以看出，柔度矩阵为一对称阵。

式(A.10)和式(A.11)给出了柔性机构的柔度和刚度在不同坐标系下的映射关系，式(A.25)又给出了基本均质梁单元的柔度矩阵模型。因此，可以将各个柔性单元的柔度矩阵转换到统一的参考坐标系下。随后，在参考坐标系下可以将单元柔度矩阵组合成柔性机构的柔度矩阵。但是，串联机构与并联机构的组合方式又有所不同。

简言之，串联式柔性机构末端变形是各柔性单元变形的总和，因此在参考坐标系下串联式柔性机构柔度矩阵为各柔性单元柔度矩阵的总和。设串联式柔性机构各柔性单元的柔度矩阵为 C_{si}，则整个串联式柔性机构的柔度矩阵计算如下：

$$C_s = \sum_{i=1}^{m} \mathrm{Ad}_i C_{si} \mathrm{Ad}_i^{\mathrm{T}} \quad (\text{A.}26)$$

式中，Ad_i 为串联式柔性机构中第 i 个柔性单元到参考坐标系的坐标变换运算；m 为柔性单元的数量。

并联式柔性机构动平台产生相同变形所需载荷为各柔性单元所需载荷的总和，因此在参考坐标系下并联式柔性机构的刚度矩阵为各柔性单元刚度矩阵的总和。设并联式柔性机构各柔性单元柔度矩阵为 C_{pj}，则整个并联式柔性机构的柔度矩阵计算如下：

$$C_p = \Big[\sum_{j=1}^{n} (\mathrm{Ad}_j C_{pj} \mathrm{Ad}_j^{\mathrm{T}})^{-1} \Big]^{-1} \quad (\text{A.}27)$$

式中，Ad_j 为并联式柔性机构中第 j 个柔性单元到参考坐标系的坐标变换运算；n 为柔性单元的数量。

式(A.26)和式(A.27)分别给出了串联式和并联式柔性机构的柔度矩阵计算方法。利用这两个公式可以对各种柔性机构进行柔度矩阵建模。

A.3 实例

【例 A-1】 试求图 A-4 所示矩形截面均质悬臂梁的柔度矩阵。

解 参考坐标系选在梁的质心（中点）处，一力旋量作用在该点。根据 von Mise 的梁变形理论，对一空间的均质梁，在力旋量作用下柔度矩阵为对角阵

$$C_C = \mathrm{diag}\left(\frac{l^3}{12EI_y}, \frac{l^3}{12EI_x}, \frac{l}{EA}, \frac{l}{EI_x}, \frac{l}{EI_y}, \frac{l}{GJ}\right) \tag{A.28}$$

式中，E 为弹性模量；G 为剪切模量；$A=tb$ 为截面积；$I_x=tb^3/12$ 和 $I_y=bt^3/12$ 表示截面相对轴线 x 和 y 的惯性矩；$J=I_x+I_y=tb(t^2+b^2)/12$ 表示极惯性矩。

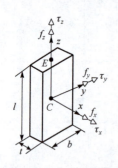

图 A-4　坐标系的建立

由于通常情况下，力旋量通常作用在梁的末端。这时，有必要进行柔度矩阵的坐标变换，即将梁在中点处的柔度矩阵转换成在其末端处的柔度矩阵表达。为此，需采用伴随矩阵：

$$\mathrm{Ad} = \begin{bmatrix} I & 0 \\ T & I \end{bmatrix} \tag{A.29}$$

式中

$$T = \begin{bmatrix} 0 & -\dfrac{l}{2} & 0 \\ \dfrac{l}{2} & 0 & 0 \\ 0 & 0 & 0 \end{bmatrix} \tag{A.30}$$

这样，新坐标系下的柔度矩阵表达为

$$C_E = \mathrm{Ad}\, C_C\, \mathrm{Ad}^T = \begin{bmatrix} \dfrac{l^3}{3EI_y} & 0 & 0 & 0 & \dfrac{l^2}{2EI_y} & 0 \\ 0 & \dfrac{l^3}{3EI_x} & 0 & -\dfrac{l^2}{2EI_x} & 0 & 0 \\ 0 & 0 & \dfrac{l}{EA} & 0 & 0 & 0 \\ 0 & -\dfrac{l^2}{2EI_x} & 0 & \dfrac{l}{EI_x} & 0 & 0 \\ \dfrac{l^2}{2EI_y} & 0 & 0 & 0 & \dfrac{l}{EI_y} & 0 \\ 0 & 0 & 0 & 0 & 0 & \dfrac{l}{GJ} \end{bmatrix} \tag{A.31}$$

【例 A-2】 试求图 A-5 所示柔性机构的柔度矩阵。

图 A-5 所示的柔性机构由多个相同的平行簧片以并联方式均匀分布在动平台与基座之间。簧片单元从左到右编号为 $1,2,\cdots,n+2$。局部坐标系建立在各簧片单元质心,参考坐标系建立在动平台的中心。坐标系中各个坐标轴方向及结构参数如图 A-5 所示。

易知,局部坐标系下,各簧片单元的柔度矩阵相同,即

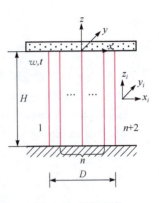

图 A-5 柔性机构

$$\boldsymbol{C}_b = \mathrm{diag}\left(\frac{12H}{Ew^3t}, \frac{12H}{Ewt^3}, \frac{12H}{Gwt(w^2+t^2)}, \frac{H^3}{Ewt^3}, \frac{H^3}{Ew^3t}, \frac{H}{Ewt}\right) \quad \text{(A.32)}$$

各簧片单元局部坐标系到参考坐标系的坐标变换伴随矩阵如下:

$$\mathrm{Ad}_i = \begin{bmatrix} \boldsymbol{I} & \boldsymbol{0} \\ \boldsymbol{T}_i & \boldsymbol{I} \end{bmatrix}, \quad i=1,2,\cdots,n+2 \quad \text{(A.33)}$$

式中

$$\boldsymbol{T}_i = \begin{bmatrix} 0 & \dfrac{H}{2} & 0 \\ -\dfrac{H}{2} & 0 & \dfrac{D}{2}-\dfrac{(i-1)D}{n+1} \\ 0 & -\dfrac{D}{2}+\dfrac{(i-1)D}{n+1} & 0 \end{bmatrix} \quad \text{(A.34)}$$

根据式(A.27),得到柔性机构在参考坐标系下的柔度矩阵:

$$\boldsymbol{C} = \left[\sum_{i=1}^{n+2}(\mathrm{Ad}_i \boldsymbol{C}_b \mathrm{Ad}_i^{\mathrm{T}})^{-1}\right]^{-1} \quad \text{(A.35)}$$

由上式可以给出该柔性机构的 x 和 z 方向的移动柔度:

$$c_x = c_{44} = \frac{H^3}{(n+2)Ewt^3}\left[\frac{(n+3)D^2+4(n+1)t^2}{(n+3)D^2+(n+1)t^2}\right] \quad \text{(A.36)}$$

$$c_z = c_{66} = \frac{H}{(n+2)Ewt} \quad \text{(A.37)}$$

由于 $t \ll D$,于是式(A.36)可近似简化为

$$c_x \approx \frac{H^3}{(n+2)Ewt^3} \quad \text{(A.38)}$$

参 考 文 献

[1] 于靖军,刘辛军,丁希仑等. 机器人机构学的数学基础. 北京:机械工业出版社,2008.
[2] 李守忠. 基于旋量理论的柔性精微机构综合. 北京:北京航空航天大学博士学位论文,2012.
[3] Selig J,Ding X. A screw theory of static beams. Proceedings of the 2001 IEEE/RSJ International Conference on Intelligent Robots and Systems,Maui,2001,1:312-317.